Futh

Rationalisierung der Datenverarbeitung
Band I

Oldenbourg

Dipl.-Kfm. Horst Futh

Rationalisierung der Datenverarbeitung

Band I

Grundlagen der EDV

Hardware – Software – Orgware

Mit 241 Abbildungen

R. Oldenbourg Verlag
München Wien 1977

CIP-Kurztitelaufnahme der Deutschen Bibliothek

Fath, Horst
Rationalisierung der Datenverarbeitung. – München, Wien : Oldenbourg.
Bd. 1. Grundlagen der EDV : Hardware, Software, Orgware. – 1. Aufl. – 1977.
ISBN 3-486-34901-5

Druck und Bindung: Verlagsdruckerei E. Rieder, Schrobenhausen

ISBN 3-486-34901-5

Inhalt

Vorwort zur Gesamtausgabe

Alle mit der Datenverarbeitung zusammenhängenden Fragen sind heute aktueller denn je. Nicht nur, daß die Anzahl der installierten EDV-Anlagen von Jahr zu Jahr wächst und immer mehr Anwendungsgebiete auf die EDV umgestellt werden, auch die EDV-Probleme haben erheblich zugenommen. Während in den 60er Jahren die maschinelle Abwicklung von Massen- und Routinearbeiten im Vordergrund stand, werden heute Lösungen für Dispositions- und Informationssysteme, für den Einsatz von Dialoggeräten und für den Aufbau von Datenbanken gesucht. Diese Entwicklung stellt neue Fragen und verlangt ein Abweichen von eingefahrenen Wegen. Hinzu kommt, daß die Unternehmen heute aus wirtschaftlichen Gründen gezwungen sind, in der EDV rationellere Verfahren und Techniken einzusetzen: Mehr Planung und Überwachung, der Einsatz normierter Organisations- und Programmierungstechniken und die Einführung von Kostenbudgets und Wirtschaftlichkeitsrechnungen werden bald zum Maßnahmenkatalog jeder EDV-Abteilung gehören.

Dem Wandel in der EDV und den Anforderungen, die künftig an die EDV-Mitarbeiter, aber auch an die Geschäftsleitungen und Mitarbeiter in den Fachabteilungen gestellt werden, will diese Buchreihe Rechnung tragen. Sie erstreckt sich auf das Gesamtgebiet der EDV-Technik und wird nur dort eingeschränkt, wo sich die EDV-Aktivitäten auf herstellerbezogene Hardware- und Softwaretechniken beziehen.

Die neue Buchreihe umfaßt folgende Bände:

Band I	Grundlagen der EDV - Hardware, Software, Orgware -
Band II	Planung und Einrichtung von EDV-Abteilungen - Aufgaben- und Datenanalyse, Gesamtsystem, Hardware- und Softwareauswahl, Wirtschaftlichkeitsanalyse, Gesamtplanung, organisatorischer, personeller und räumlicher Aufbau der EDV-Abteilung -
Band III	Entwicklung und Einführung von EDV-Systemen - Voruntersuchung, Projektsteuerung, Projektrealisierung, Änderungsdienst -
Band IV	Rechenzentrumsorganisation - Arbeitsplanung und Ablaufvorbereitung, Datenerfassung und Datenverarbeitung, Kontrolle und Abstimmung -
Band V	EDV-Systemrevision - Revision der Projektumstellung, Revision der RZ-Abwicklung, Revision projektunabhängiger Bereiche -
Band VI	EDV-Personalführung - EDV-Personalorganisation, EDV-Personalplanung, EDV-Personalmanagement -
Band VII	Datenschutz und Datensicherung - Begriffe, Bundes-Datenschutzgesetz, Risiken, Maßnahmen, Kosten, Überwachung, Realisierung -
Band VIII	Die EDV in den Griff bekommen - EDV für Führungskräfte -

Januar 1977 Horst Futh

Vorwort zu Band I

Nur Uneingeweihte glauben, daß es zum Betrieb einer EDV lediglich maschineller Einrichtungen wie der EDV-Anlage, der Datenerfassungsgeräte und der Datenübertragungseinrichtungen bedarf. Der EDV-Benutzer weiß dagegen, welche Anstrengungen nötig sind, um die Programme vorzubereiten, auszuarbeiten und zu prüfen, ohne die eine EDV-Anlage nicht arbeiten kann. Zu den technischen Einrichtungen (Hardware) und den Programmsystemen (Software) kommen die organisatorischen Maßnahmen (Orgware) als dritte Säule für eine wirksame und wirtschaftliche Datenverarbeitung.

Während die Hardware und Software in diesem Buch umfassend und ausführlich behandelt werden, bringt das Kapitel Orgware nur eine Übersicht über die umfangreichen und vielfältigen organisatorischen Maßnahmen bei der Einrichtung und beim Betrieb einer EDV. Zur Vertiefung des Stoffes sei auf die übrigen Bände der Buchreihe

Rationalisierung der Datenverarbeitung

des Verfassers hingewiesen.

Die Texte des Buches werden durch zahlreiche Fotos und schaubildliche Darstellungen ergänzt.

Januar 1977 Horst Futh

1. Einführung

1.1 Daten erfassen, verarbeiten und auswerten

Jede Büro- und Verwaltungstätigkeit besteht darin, Daten zu erfassen, sie anschließend zu verarbeiten und die Ergebnisse des Verarbeitungsprozesses auszuwerten. Bei den Daten, die erfaßt, verarbeitet und ausgewertet werden, kann es sich um externe Daten (Geschäftsvorfälle wie Kundenaufträge, Zahlungseingänge und Lieferantenrechnungen) oder um interne Daten (Betriebsvorfälle wie Lohnbelege, Materialscheine und Produktionsergebnisse) handeln.

Die von außen oder aus dem Unternehmen eingehenden Daten werden je nach Verfahren aufgenommen, geprüft, vervollständigt, auf einen Datenerfassungsbeleg übertragen, in einen Datenträger verschlüsselt oder in Einzelfällen direkt in die EDV-Anlage eingegeben.

Erst in einer zweiten Stufe werden die erfaßten Daten verarbeitet, das heißt umgeformt, verschiedenen Rechenoperationen unterworfen und verdichtet. Die Datenverarbeitung umfaßt eine meist große Anzahl gleichförmiger Vorgänge wie Lesen, Rechnen, Vergleichen, Buchen, Vervielfältigen, Übertragen, Ändern und Schreiben. Diese Tätigkeiten können nun rein manuell, manuell mit Hilfsmaschinen oder automatisch mit Hilfe von EDV-Anlagen durchgeführt werden.

Der Datenverarbeitung schließt sich in einer dritten Stufe die Auswertung der gewonnenen Ergebnisse an:

die bestellten Waren werden geliefert, neue Produkte produziert, Investitionen geplant und Pläne geändert. Bild 1 zeigt eine Übersicht über den Gesamtprozeß der Datenverarbeitung, und in Bild 2 ist das Beispiel eines Arbeitsablaufes der Datenerfassung, Datenverarbeitung und Datenauswertung dargestellt.

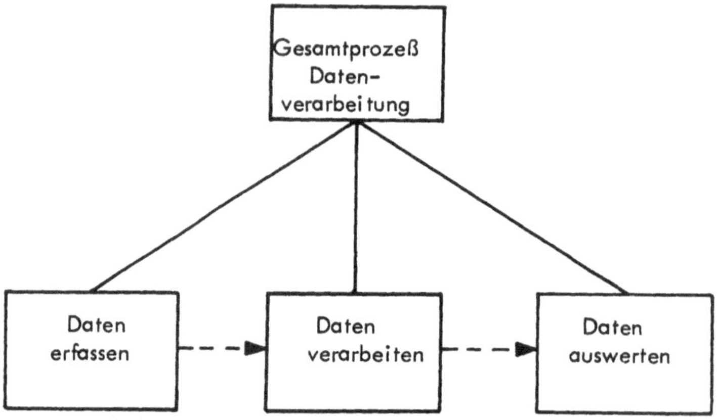

Daten erfassen	Daten verarbeiten	Daten auswerten
1. Datenaufnahme	1. Dateneingabe mit Prüfung	1. Information
2. Datenprüfung	2. Sortierung	2. Entscheidung
3. Übertragung in Datenträger	3. Speicherung	3. Veranlassung von Maßnahmen
4. Prüfung der Datenübertragung	4. Bearbeitung	4. Ablage
5. Übermittlung der Daten	5. Ergebniskontrolle	
6. Gruppierung der Daten	6. Ergebnisausgabe	

Bild 1: Gesamtprozeß der Datenverarbeitung

Beispiel

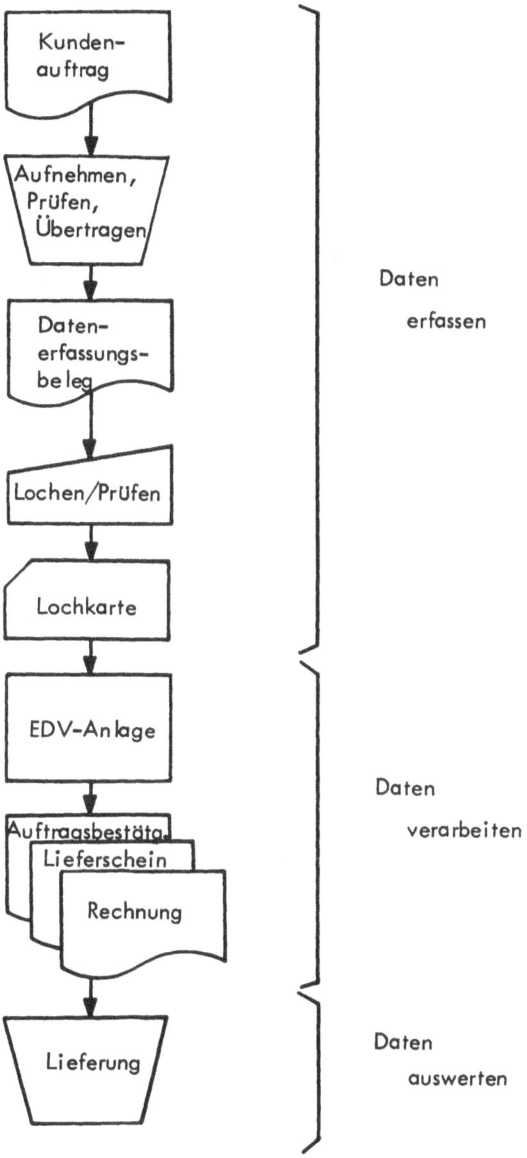

Bild 2: Arbeitsablauf der Datenerfassung, -verarbeitung und -auswertung

1.2 Manuelle und maschinelle Datenverarbeitung

Wie beschrieben kann die Datenverarbeitung rein manuell, manuell mit Hilfsmaschinen oder automatisch mit EDV-Anlagen erfolgen.

Bei der rein manuellen Datenverarbeitung erfaßt der Sachbearbeiter nicht nur die notwendigen Daten, er verarbeitet sie auch selbst und wertet die Ergebnisse anschließend aus. Der Mensch führt jede Arbeitsstufe selbst durch. Er verfolgt den Arbeitsablauf und kontrolliert, ob jeder Schritt in der vorgeschriebenen Weise erfolgt ist.

Der Einsatz arbeitssparender Büromaschinen wie Schreib- und Rechenmaschinen, Vervielfältigungapparate, maschinelle Brieföffner und Frankiermaschinen ändert im Prinzip nichts daran, daß die Durchführung der Arbeit innerhalb eines Ablaufes dem Menschen obliegt. Die genannten Maschinen sind nur technische Hilfsmittel, die einzelne Arbeitsoperationen - Schreiben, Rechnen, Vervielfältigen, Buchen usw. - übernehmen. Alle Maschinen müssen während des Arbeitsprozesses von Menschen bedient, gesteuert und kontrolliert werden.

Erst wenn mindestens die Ausführung selbständiger Operationseinheiten von Maschinen übernommen wird, bezeichnet man dieses Verfahren als maschinelle Datenverarbeitung. Die maschinelle Datenverarbeitung umspannt den weiten Bereich von der Mechanisierung einzelner Arbeitsgänge mit Hilfe herkömmlicher Lochkartenmaschinen (heute nicht mehr aktuell) über die Teilautomatisierung durch Maschinen der mittleren Datentechnik bis hin zur Automation ganzer Arbeitsbereiche durch leistungsfähige EDV-Anlagen mit Großraumspeichern.

Bild 3 zeigt noch einmal eine Übersicht über die drei Formen der Datenverarbeitung.

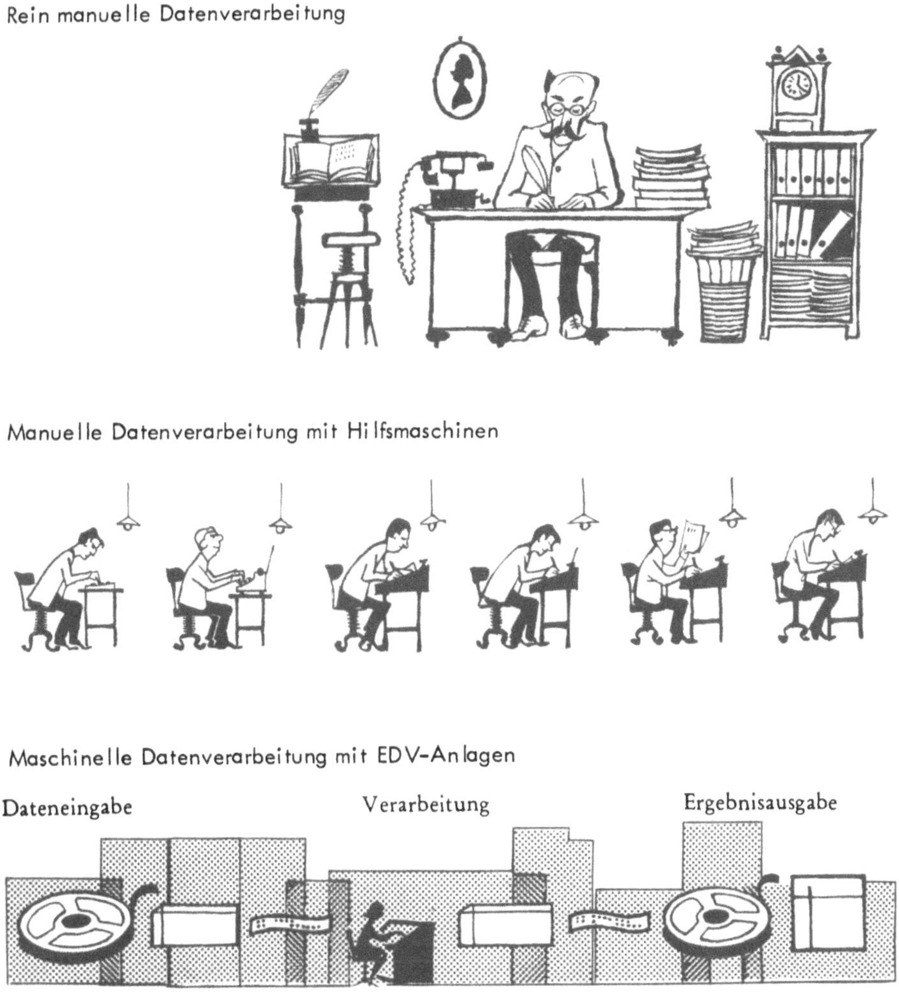

Bild 3: Manuelle und maschinelle Datenverarbeitung

1.3 Geschichte der maschinellen Datenverarbeitung

1.31 Von der Staffelwalze zum Computer

Die geschichtliche Entwicklung, die zum Bau der gegenwärtigen elektronischen Datenverarbeitungsanlagen geführt hat, kann in drei Zeitabschnitte unterteilt werden.

In die erste Periode (von 1640 bis 1850) fällt die Erfindung der handgetriebenen mechanischen Rechenmaschinen und die Darstellung des binären Zahlensystems. Es sind außerdem erste Gedanken und Pläne für eine Programmsteuerung und Datenspeicherung zu erkennen.

Die zweite Periode umfaßt den Zeitraum von etwa 1880 bis 1930. In dieser Zeit entstehen die bekannten herkömmlichen Lochkartenmaschinen auf mechanischer und elektrischer Grundlage, auch Hollerithmaschinen genannt. Darüber hinaus werden die mechanischen Rechenmaschinen verbessert, ihre Bedienung vereinfacht und ihre Geschwindigkeit durch elektrischen Antrieb erhöht.

Die Entwicklung vom elektromechanischen Relaisrechner zur modernen elektronischen Datenverarbeitungsanlage behandelt die dritte Periode, die etwa 1930 beginnt. Sie verläuft in den europäischen Ländern paralell zu den Vereinigten Staaten.

1.32 Erste Periode: mechanische Rechenmaschinen

Dem 18jährigen Franzosen BLAISE PASCAL wurde bislang der Bau der ersten wirklich arbeitenden Rechenmaschine im Jahr 1641 zugeschrieben, die allerdings nur addieren konnte. Durch neuere Forschung ist bekannt geworden, daß der Deutsche WILHELM SCHICKARD (1592 - 1635) schon 1623, im Geburtsjahr PASCALS, in Tübingen eine Rechenmaschine gebaut hat, die Additionen und Subtraktionen durchführte und eine einwandfreie Zehnerübertragung über 6 Stellen gewährleistete. Es war sogar möglich, mit Hilfe einer verstellbaren Einmaleinstafel zu multiplizieren und zu dividieren. Anhand von Briefen und Skizzen gelang es 1960 ein Modell nachzubauen, das diese Angaben bestätigt. Eines dieser Modelle steht heute im Tübinger Rathaus.

Von dem deutschen Philosophen und Mathematiker G.W. LEIBNIZ stammt die Staffelwalze (1671), die zur Grundlage für die Entwicklung der ersten Rechenmaschine durch den Deutschen PH. M. HAHN (1770) wurde und die in der Lage war, ohne Hilfsmittel zu addieren, zu subtrahieren, zu multiplizieren und zu dividieren.
Die Rechenmaschine von LEIBNIZ enthielt für jede Dezimalstelle ein Zählrad. Dieses Zählrad wurde bei der Addition von Ziffern um die entsprechende Anzahl von Einheiten bewegt. Ging das Ergebnis der Addition über 9 hinaus, so erfolgte eine Zehnerübertragung auf das nächst höhere Zählrad. Zählräder blieben seitdem die Grundelemente mechanischer Rechenmaschinen.
Bild 4 zeigt die Rechenmaschine von BLAISE PASCAL.

Bild 4: Additionsmaschine von BLAISE PASCAL

LEIBNIZ wies zur gleichen Zeit nach, daß es außer dem gebräuchlichen Dezimalsystem auch noch andere Zahlensysteme gibt. Das technisch einfachste ist das binäre Zahlensystem, das statt auf den Ziffern 0 - 9 nur auf den beiden Zahlen 0 und 1 beruht.
Da Zahlensysteme eine wichtige Grundlage der elek-

tronischen Rechentechnik bilden, ist es erforderlich, in einem getrennten Abschnitt auf ihre Darstellung und Verwendung einzugehen.

Die Erfindung der Programmsteuerung von Rechenmaschinen wird dem Engländer CHARLES BABBAGE zugeschrieben. Bereits 1804 steuerte der Franzose JACQUARD seine Webstühle mit Hilfe aneinandergereihter Lochkarten. BABBAGE griff diese Idee auf, verbesserte 1848 seine im Jahre 1821 gebaute Rechenmaschine und beschäftigte sich mit dem Plan, eine Maschine zu bauen, die nicht nur nach einem vorgegebenen Programm arbeitete, sondern auch bereits 1000 Ziffern aufbewahren konnte. Aber sowohl die Programmsteuerung als auch die Möglichkeit, eine größere Anzahl von Daten zu speichern, lassen sich bei mechanischen Rechenmaschinen nur schwer verwirklichen. Die Aneinanderreihung von Programmschritten und die Speicherung von Daten wurden deshalb erst bei Verwendung elektrischer und elektronischer Elemente möglich. Die Idee jedoch, Rechenoperationen, Programmsteuerung und Datenspeicherung in einer Maschine zu kombinieren, muß auf BABBAGE zurückgeführt werden.

1.33 Zweite Periode: herkömmliche Lochkartenmaschinen

Die Ausgangsidee, mit Hilfe von Löchern einen lesbaren Beleg für die maschinelle Auswertung zu schaffen, stammt von HERMANN HOLLERITH. Sein Vater, ein Deutscher, wanderte mit seiner Familie nach Amerika aus, wo HERMANN HOLLERITH 1860 in Buffalo geboren wurde. Bereits mit 19 Jahren besaß er das Diplom eines Bergwerksingenieurs. 1880 arbeitete er an der Vorbereitung und Durchführung der 10. amerikanischen Volkszählung mit. Die aufwendige und eintönige Arbeit bei der Auswertung, hervorgerufen durch die Notwendigkeit, jeden Zählbeleg mehrmals auszuwerten (für die Zählung nach Wohnort, Geschlecht, Arbeitsort, Anzahl der Kinder, den Wohnverhältnissen usw.), brachte ihn auf den Gedanken, eine Zählmaschine zu bauen. Ausgang der maschinellen Auswertung mußte ein Beleg sein, den eine Maschine "lesen" konnte. Dazu bot sich die Lochkarte an, mit der JACQUARD bereits seine Webstühle steuerte.

Schon bei der 11. amerikanischen Volkszählung, im Jahre 1890, bestanden die ersten Hollerithmaschinen ihre Bewährungsprobe. Die Auswertung durch diese Maschinen war achtmal schneller als die Zählmethode von Hand. Die bisher verwendeten Zählblätter wurden durch Zählkarten ersetzt. Die Zählkarten (zusammen mit dem Zählblatt in Bild 5 dargestellt) nahmen die einzelnen Begriffe der Volkszählung in Form runder Löcher auf. Zum Lochen der Zählkarte diente der Einstempel-Locher (Bild 6). Die Löcher steuerten beim Abfühlen bestimmte Zähler der Zählmaschine, die in Bild 7 zu sehen ist. HOLLERITH bediente sich der Möglichkeit "Loch oder kein Loch", um

ALTER	STAND	BERUF	RELIGION
bis 5 Jahre	ledig	Industrie-Arbeiter ✓	prot. ✓
6-10 J.	verheir. ✓	Land-Arbeiter	kath.
11-20 J.	gesch.	Kaufm. Angest.	jüd.
21-30 J.	Zahl der Kinder	Leitend. kaufm.Ang.	andere
31-40 J.	1 Kind	Staats-dienst	Mtl. Eink.
41-50 J. ✓	2 Kinder	Freier Beruf	bis 100 $ ✓
51-60 J.	3 Kinder ✓	andere Berufe	bis 200 $
61-70 J.	4 Kinder	Bürger-Recht	bis 500 $
71-80 J.	5 Kinder	ja ✓	über 500 $
über 80 Jahre	mehr Kinder	nein	

ALTER	STAND	BERUF	RELIGION
bis 5 Jahre	ledig	Industrie-Arbeiter ●	prot. ●
6-10 J.	verheir. ●	Land.-Arbeiter	kath.
11-20 J.	gesch.	Kaufm. Angest.	jüd.
21-30 J.	Zahl der Kinder	Leitend. kaufm.Ang.	andere
31-40 J.	1 Kind	Staats-dienst	Mtl. Eink
41-50 J. ●	2 Kinder	Freier Beruf	bis 100 $ ●
51-60 J.	3 Kinder ●	andere Berufe	bis 200 $
61-70 J.	4 Kinder	Bürger-Recht	bis 500 $
71-80 J.	5 Kinder	ja ●	über 500 $
über 80 Jahre	mehr Kinder	nein	

Bild 5: An die Stelle des mit Häkchen versehenen Zählblattes (links) tritt die gelochte Zählkarte (rechts)
(Werkbild IBM)

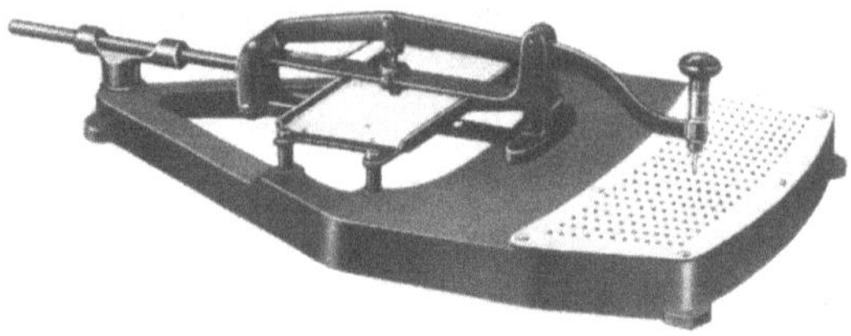

Bild 6: Erster Locher: Einstempel-Locher (Werkbild IBM)

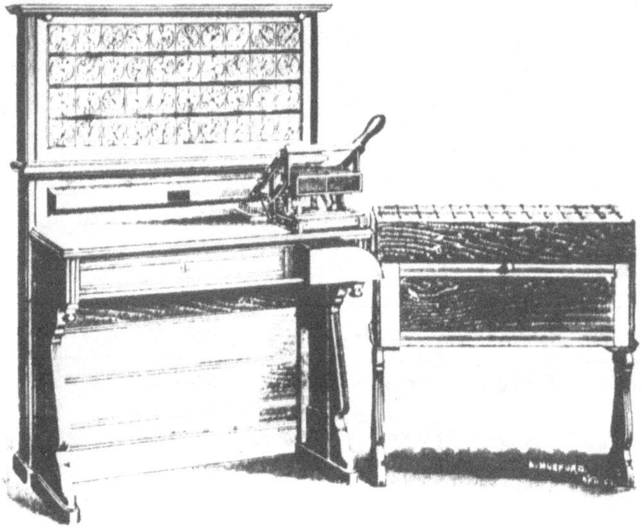

Bild 7: Erste elektrische Lochkartenapparatur mit Kontaktpresse, Zählwerken (oben links) und Sortierkasten (Werkbild IBM)

damit auszudrücken, ob beispielsweise ein Mann auf dem Lande oder in der Stadt lebte und ob er verheiratet oder ledig war. Die Lochungen in der Karte wurden durch Metallstifte abgefühlt. An den Stellen, die gelocht waren, traten die Metallstifte durch die Löcher und schlossen elektrische Kontakte. Die hierdurch entstandenen elektrischen Impulse erregten wiederum elektromagnetische Relais, die ihrerseits Zähler betätigten. Das elektrische Prinzip des Hollerithverfahrensgilt auch heute noch bei Lochkartenmaschinen.

Zur Auswertung seiner Ideen gründete HOLLERITH 1896 die Tabulating Machine Company, aus der, nach dem Zusammenschluß mit anderen Unternehmen, die heutige International Business Machines Corporation (IBM) hervorging. Aus der Deutschen Hollerith-Maschinen-Gesellschaft mbH, die 1910 gegründet wurde, entstand nach dem Zweiten Weltkrieg die IBM Deutschland.
Die erste Lochkartenabteilung in Deutschland errichteten die Farbenfabriken, vormals Fr. Bayer & Co., in Elberfeld. Bild 8 zeigt diese erste Lochkartenabteilung, Bild 9 eine Lochkarte für die Volkszählung von 1910.

JAMES POWERS, ein Techniker und Arbeitskollege von HOLLERITH, baute das Lochkartenverfahren weiter aus und entwickelte neue Maschinen. Zur Auswertung seiner Patente gründete er 1911 die Powers Accounting Machine Company, die bereits 1912 die ersten horizontalen Sor-

Bild 8: Erste Lochkartenabteilung in Deutschland (Werkbild IBM)

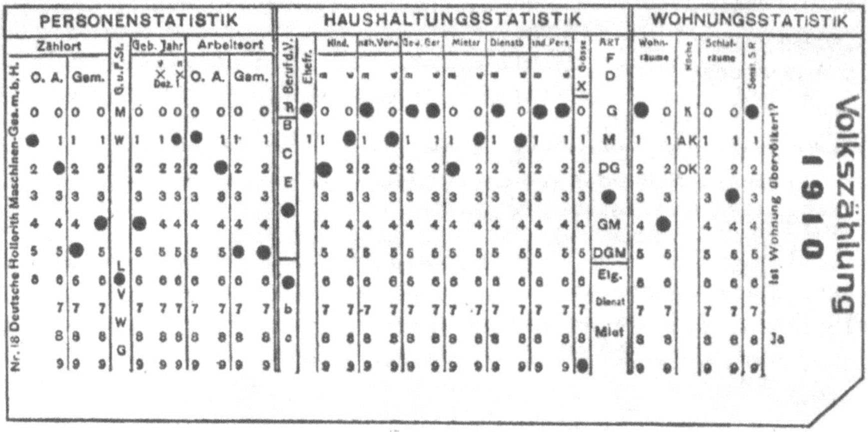

Bild 9: Erste deutsche Volkszählungslochkarte, 1910 (Werkbild IBM)

tiermaschinen und schreibenden Tabelliermaschinen baute. Powers Firma wurde später von Remington Rand übernommen.

In der Folgezeit wurden die Lochkartenmaschinen ständig weiterentwickelt. Rechnende und schreibende Tabelliermaschinen, der Schreiblocher, die Leitkammer als mechanisches Steuerungssystem, Saldiervorrichtungen an der Tabelliermaschine und Ergänzungsmaschinen wie Kartenmischer, Lochkartenbeschrifter, Kartendoppler, Zeichenlocher u.a. sind die wichtigsten Namen und Stationen dieser Entwicklungsgeschichte. Ferner müssen die elektrische Schalttafelsteuerung und die Ausrüstung lochkartenmaschineller Rechengeräte mit elektronischen Elementen genannt werden. Bild 10 zeigt eine herkömmliche Lochkartenanlage.

Bild 10: Herkömmliche Lochkartenanlage (Werkbild BULL)

1.34 Dritte Periode: elektronische Rechenanlagen

Zur gleichen Zeit, da elektronische Elemente die mechanischen Zählräder in lochkartenmaschinellen Rechengeräten ablösten, wurden die ersten elektronischen Rechenanlagen (engl. computer) für kaufmännische Aufgaben eingesetzt, die man bis zu dieser Zeit nur für wissenschaftliche und militärische Zwecke verwendet hatte. Die unterschiedlichen Aufgaben wissenschaftlich-technischer und kaufmännischer Datenverarbeitung machten eine abweichende Ausrüstung der Rechenanlagen erforderlich. Wollte man diese Maschinen auch im kaufmännischen Bereich einsetzen, mußte es möglich sein, eine große Anzahl Daten schnell, sicher und wirtschaftlich ein- und auszugeben. Dazu aber waren damals nur die bekannten Geräte und Maschinen der herkömmlichen Lochkartentechnik in der Lage. So wurden auch die ersten elektronischen Rechenanlagen für den Einsatz im kaufmännischen Büro und in der Verwaltung mit Lochkartenlese- und -stanzgeräten sowie mit Tabelliermaschinen ausgerüstet.

Aus diesen Ein- und Ausgabegeräten entstanden später Lese- und Stanzgeräte sowie Schnelldrucker für elektronische Datenverarbeitungsanlagen mit wesentlich höherer Geschwindigkeit und automatischer Ein- und Ausgabekontrolle. Die Kombination elektronischer Rechenanlagen mit herkömmlichen Lochkartenmaschinen für die Datenein- und -ausgabe stellt jedoch lediglich einen Übergang zur elektronischen Datenverarbeitung dar. Maschinen dieser Art werden heute nicht mehr gebaut.

In Europa und den USA begann die Entwicklung programmgesteuerter Rechenanlagen auf elektromagnetischer und später elektronischer Grundlage etwa zur gleichen Zeit. In Frankreich beschäftigte sich von 1930 ab COUFFIGNAL mit den theoretischen Grundlagen programmgesteuerter Rechenmaschinen nach den Plänen von CHARLES BABBAGE. Seine Vorstellungen wurden aber erst nach dem Zweiten Weltkrieg von der französischen Firma Bull verwirklicht.

Ein Pionier auf dem Gebiet der elektronischen Rechentechnik ist KONRAD ZUSE, der 1935 in Deutschland die erste programmgesteuerte Rechenmaschine entwickelte. Der noch mechanisch arbeitenden ZUSE Z 1 (Bild 11) folgte bald die verbesserte Z 2. Die Z 3, die 1939 entstand, war mit mehreren tausend elektromagnetischen Relais ausgerüstet und arbeitete bereits auf der Grundlage des binären Zahlensystems. Der kurz vor Kriegsende fertiggestellte Relaisrechner Z 4 konnte gerettet werden und wurde nach dem Kriege von der Eidgenössischen Technischen Hochschule in Zürich übernommen. Die erste nach dem Kriege gebaute Rechenmaschine Z 5 ist gleichzeitig das letzte Gerät, das mit Relais bestückt ist. Alle folgenden Anlagen arbeiten mit Elektronenröhren, Transistoren oder Mikroschaltelementen. Neben einigen technischen Hochschulen befaßten sich später im wesentlichen die Olympia Werke AG, die Siemens & Halske AG, die Standard Elektrik Lorenz AG, die Telefunken GmbH und die VEB Carl Zeiss in Jena mit der Entwicklung und dem Bau elektronischer Rechen- und Datenverarbeitungsanlagen.

Bild 11: Mechanischer Speicher der ZUSE Z1 (Werkbild Zuse)

Neben den Universitäten sind in England zahlreiche Unternehmen bekannt, die sich auf diesem Gebiete betätigen. In der Bundesrepublik ist davon nur die ICL vertreten, ein Zusammenschluß der bedeutendsten englischen Herstellerfirmen. Aus den Niederlanden kam 1958 das leistungsfähige elektronische Datenverarbeitungssystem X 1 der Firma Electrologica auf den Markt, von dem mehrere Anlagen in der Bundesrepublik eingesetzt sind; später folgte die X 8. Heute ist die Firma Electrologica eine Tochter der niederländischen Philips GmbH. Den weitaus größten Anteil an der Entwicklung und dem Bau elektronischer Rechen- und Datenverarbeitungsanlagen haben die USA. Schon im Kriege wurden erhebliche Mittel zur Verfügung gestellt, um diese Maschinen für militärische Aufgaben einzusetzen. Das Raketenprogramm trug weiter dazu bei, die Entwicklung stark zu fördern. 1944 baute HOWARD AIKEN in Zusammenarbeit mit IBM-Ingenieuren den Relaisrechner MARK 1. Zwei Jahre später gelang einer zweiten Gruppe unter ECKERT, MAUCHLY und GOLDSTEIN die Entwicklung der mit 18.000 Elektronenröhren ausgerüsteten Rechenanlage ENIAC (Electronic Numerical Integrator and Automatic Computer). Der ENIAC ist zugleich die erste elektronische Rechenanlage der Welt. Von dieser Zeit an werden elektromagnetische Relais durch elektronische Elemente ersetzt. Dem ENIAC folgte 1948 MARK 2, 1950 MARK 3, 1952 MARK 4 und EDVAC. 1951 ist der Beginn der berühmten UNIVAC-Serie von Remington Rand. Die UNIVAC 1 ist die erste serienmäsige Großrechenanlage für kaufmännische Aufgaben. Bild 12 zeigt den ENIAC, Bild 13 die UNIVAC I.

Während sowohl in Europa als auch in den Vereinigten Staaten die ersten Elektronenrechner ausschließlich wissenschaftlichen oder militärischen Zwecken dienten, sah man bald die Möglichkeit, diese Anlagen auch für die Lösung kommerzieller Aufgaben einzusetzen.

Bild 12: ENIAC - die erste digitale Rechenanlage (Werkbild Remington Rand)

Bild 13: UNIVAC I - die erste serienmäßige Großrechenanlage für kommerzielle Zwecke (Werkbild Sperry Rand GmbH, vormals Remington Rand)

Elektronische Rechenanlagen für die ausschließliche Lösung wissenschaftlich-mathematischer Aufgaben unterscheiden sich von den elektronischen Datenverarbeitungsanlagen für kaufmännische Zwecke. Bei wissenschaftlich-mathematischen Aufgaben werden meist nur verhältnismäßig wenige Daten in die Anlage eingegeben, dann aber einer großen Anzahl schwieriger Rechenoperationen unterworfen und schließlich nur wenige Daten wieder ausgegeben. Elektronische Rechenanlagen für wissenschaftliche Anwendungen müssen deshalb in der Lage sein, eine große Anzahl von Befehlen, Tabellenwerten und Zwischenergebnissen aufzunehmen und schnell abzugeben; sie benötigen einen großen Arbeitsspeicher mit schnellem Zugriff. Umfangreiche wissenschaftliche Programme machen darüber hinaus eine hohe interne Verarbeitungsgeschwindigkeit erforderlich.

Dagegen ist es nicht notwendig, für die Ein- und Ausgabe extrem schnelle Ein- und Ausgabegeräte anzuschließen.

Im Gegensatz dazu bestehen kommerzielle Programme aus vergleichsweise wenigen Befehlen, mit denen große Datenmengen auf die gleiche Art und Weise verarbeitet werden können. Großraumspeicher, die für den Nachschub der Daten sorgen, ergänzen die Arbeitspeicher mit relativ geringer Kapazität. Einer niedrigeren Rechengeschwindigkeit stehen hohe Leistungen der Ein- und Ausgabegeräte gegenüber. Durch den großen Fortschritt in den letzten Jahren ist die Steuerung der Anlagen, ihre interne und externe Speicherfähigkeit und ihre Arbeitsgeschwindigkeit so verbessert und gesteigert worden, daß heute größere EDV-Anlagen gleichermaßen gut für technisch-wissenschaftliche und kommerzielle Anwendungen eingesetzt werden können.

Die genannten elektronischen Rechen- und Datenverarbeitungsanlagen werden auch als digitale Systeme bezeichnet, weil sie "digital" (lat.), "mit den Fingern", zählen und rechnen. Demgegenüber arbeiten Analogrechner (auch Prozeßrechner genannt), deren bekanntes (nicht-elektronisches) Beispiel der Rechenschieber ist, mit physikalischen Analogien wie z.B. Längen, Temperaturen, Drücken, elektrischen Werten usw. Bild 14 zeigt Beispiele für analoge und digitale Darstellungen.

Seit dem ersten Einsatz von Elektronenrechern für kaufmännische Zwecke vor mehr als 20 Jahren ist die Entwicklung elektronischer Datenverarbeitungsanlagen geradezu stürmisch verlaufen. Besonders hervorzuheben sind die Konstruktion neuer elektronischer Bauelemente, größere und schnellere Speicher für die Daten- und Programmaufnahme sowie die Erhöhung der Geschwindigkeit und die Verbesserung der Zuverlässigkeit der Ein-

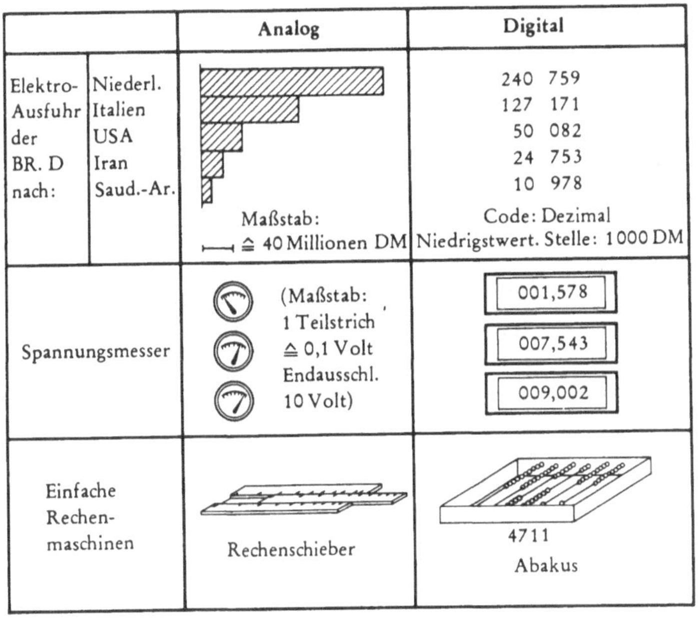

Bild 14: Beispiele für analoge und digitale Darstellungen

und Ausgabegeräte. Dieser Fortschritt macht es überhaupt erst möglich, EDV-Anlagen zur automatischen Abwicklung ganzer Arbeitskomplexe wirtschaftlich einzusetzen. Bild 15 zeigt ein modernes Datenverarbeitungssystem.

In Bild 16 ist noch einmal eine Übersicht über die Gruppen der elektronischen Rechenanlagen dargestellt. Neben den Analogrechnern interessiert besonders die große Gruppe der Digitalrechner, die wiederum in elektronische Digitalrechenanlagen für wissenschaftlich-mathematische und für kommerzielle Zwecke zu unterteilen ist, sofern es sich nicht um Mehrzweckanlagen handelt. Neuerdings werden die Digitalrechner für kommerzielle Zwecke weiter gegliedert in EDV-Anlagen und Computer der mittleren Datentechnik. Die mittlere Datentechnik hat sich aus den elektronischen Buchungs- und Fakturiermaschinen heraus entwickelt und dringt heute stark in den Markt der kom-

Bild 15: Datenverarbeitungssystem IBM/370, Modell 168
(Werkbild IBM)

merziellen Datenverarbeitung ein. Da sich dieses Buch jedoch ausschließlich mit den elektronischen Datenverarbeitungsanlagen beschäftigt, sei auf die einschlägige Literatur verwiesen.(1)

(1) Insbesondere. L. Heinrich, Mittlere Datentechnik, Verlagsgesellschaft Rudolf Müller, Köln, 3.Auflage 1972

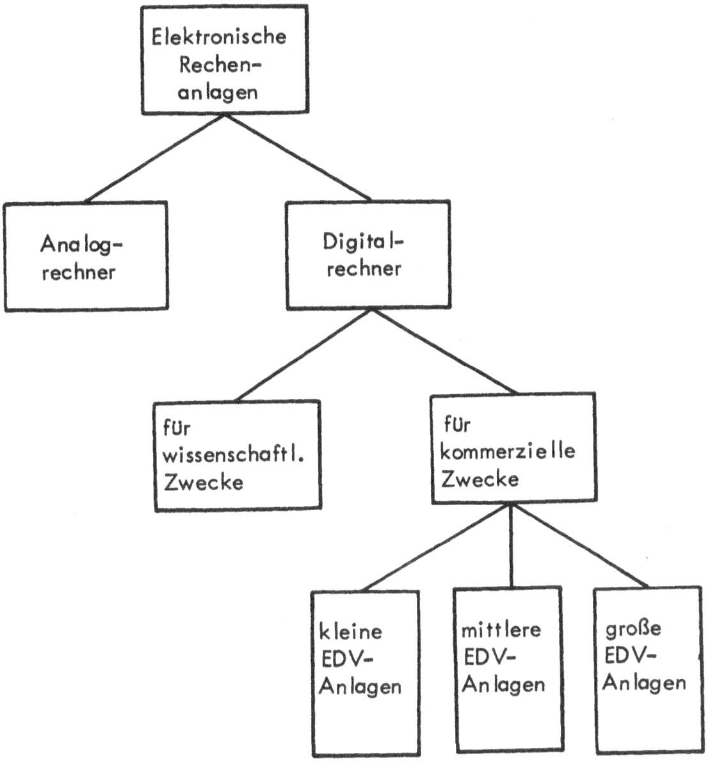

Bild 16: Einteilung elektronischer Rechenanlagen

1.4 Von der Elektronik und den Zahlensystemen

1.41 Elektronische Bauelemente

Der große Fortschritt der elektronischen Rechen- und Datenverarbeitungstechnik wäre ohne die bedeutenden Erfindungen und Entwicklungen auf dem Gebiet der elektronischen Bauteile nicht möglich gewesen. Die Vorgänger elektronischer Rechenmaschinen in den Entwicklungsjahren bis kurz nach dem Zweiten Weltkrieg waren mit elektromagnetischen Relais ausgerüstet.
Ein Relais, wie es beispielsweise die elektrische Klingel benutzt, besitzt den großen Nachteil, daß sein

mechanischer Teil (die Relaiskontakte) dem sogenannten Trägheitsgesetz unterliegt. Dieses Gesetz, von dem englischen Naturforscher NEWTON aufgestellt, besagt, daß jeder Körper eine Trägheit besitzt, die einer Änderung der Größe und Richtung seiner Geschwindigkeit einen Widerstand entgegensetzt. Das bedeutet, daß die Geschwindigkeit, mit der das Relais als elektromechanisches Element arbeitet, über eine bestimmte Grenze hinaus nicht gesteigert werden kann. Nachteilig für die Zuverlässigkeit und für die Wartung der Anlage wirken sich auch die Abnutzung und die Verschmutzung der Relaiskontakte aus. Bild 17 zeigt den Aufbau eines Relais.

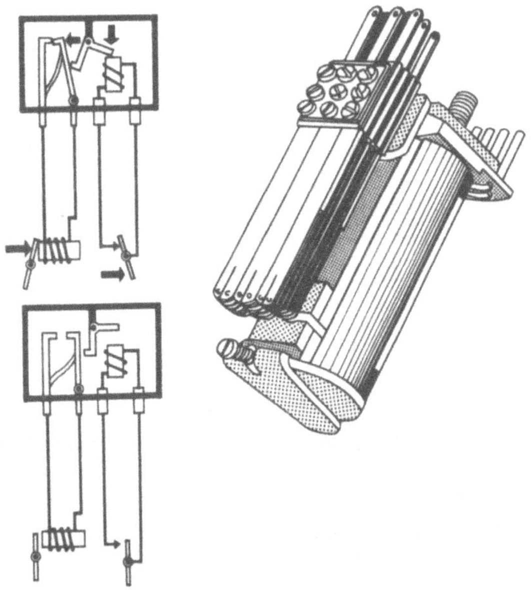

Bild 17: Aufbau eines elektromagnetischen Relais

Elektronenröhren dagegen, wie sie von der Radio- und Fernsehtechnik her bekannt sind, arbeiten trägheitslos. Da sie keinerlei mechanische Teile haben, erreichen sie hohe Schaltgeschwindigkeiten. Elektronische Röhren können aber nicht nur, wie beim Radio- und Fernsehgerät,

Stromimpulse verstärken, sie lassen sich auch wie ein Relais benutzen. Durch Öffnen und Schließen kann die Röhre so gesteuert werden, daß entweder Strom oder kein Strom durch sie hindurchfließt. Die Vorzüge gegenüber dem elektromechanischen Relais sind offensichtlich. Aber auch Elektronenröhren haben so wesentliche Nachteile, daß sie heute nicht mehr als Bauelemente bei elektronischen Anlagen benutzt werden. Ihr verhältnismäßig großer Platzbedarf , ihre große Heizleistung, ihre hohe Wärmeentwicklung, ihre Störanfälligkeit und die zu geringe Schaltzeit im Bereich von Millisekunden haben die Technik vor neue Probleme gestellt. Die mit Elektronenröhren ausgerüsteten Anlagen werden heute als Rechenanlagen der I. Generation bezeichnet. Bild 18 zeigt den Aufbau einer Elektronenröhre.

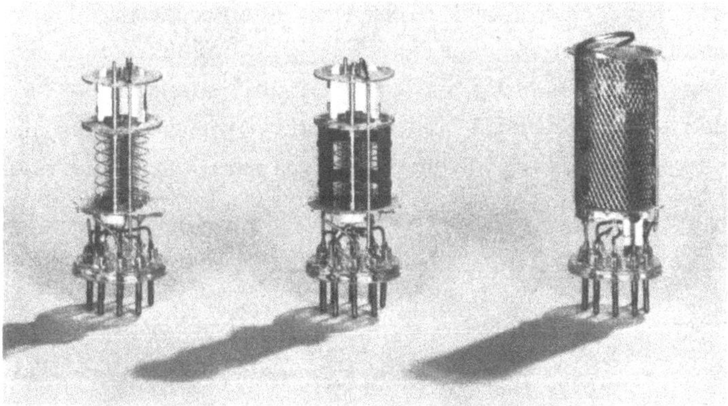

Bild 18: Aufbau einer Elektronenröhre (Werkbild Siemens)

Mit der Entwicklung der Halbleitertechnik wurde ein bedeutender Schritt auf der Suche nach neuen elektronischen Elementen mit besseren Eigenschaften als denen der Elektronenröhre gemacht. Kristalldioden, Ferraktoren, vor allem aber Transistoren weisen bei hohen Schaltgeschwindigkeiten und fast unbegrenzter Haltbarkeit den Vorzug eines geringen Platzbedarfs auf. Die sehr kleine Energieaufnahme und Wärmeabgabe bedürfen nur noch einer geringen Klimatisierung. Die Elemente sind auf Kunststoffplatten (von der

Größe einer Postkarte) zu Baugruppen zusammengefaßt, wobei die Verbindungen durch eingeätzte und im Tauchverfahren aufgebrachte Metallschaltungen (sogenannte gedruckte Schaltungen) hergestellt werden. Diese leicht auswechselbaren Einschubplatten bilden die Voraussetzungen für die geringe Ersatzteilhaltung, vereinfachte Wartung, hohe Zuverlässigkeit und große Betriebssicherheit der elektronischen Datenverarbeitung. Elektronische Rechenanlagen dieser Entwicklungsstufe (Mitte der 50er bis Anfang der 60er Jahre) werden als Computer der II. Generation bezeichnet. Typischer Vertreter diese Maschinengeneration ist die Datenverarbeitungsanlage IBM 1401. Die Bilder 19 und 20 zeigen Größenvergleiche der elektronischen Elemente aus der I. und II.Computergeneration.

Mit elektronischen Elementen ausgerüstet, die aus der amerikanischen Raumfahrttechnik heraus entwickelt wurden, sind seit etwa Mitte der 60er Jahre Computer der III. Generation im Einsatz. Sie verfügen über neu entwickelte, erheblich verkleinerte Schaltelemente: die

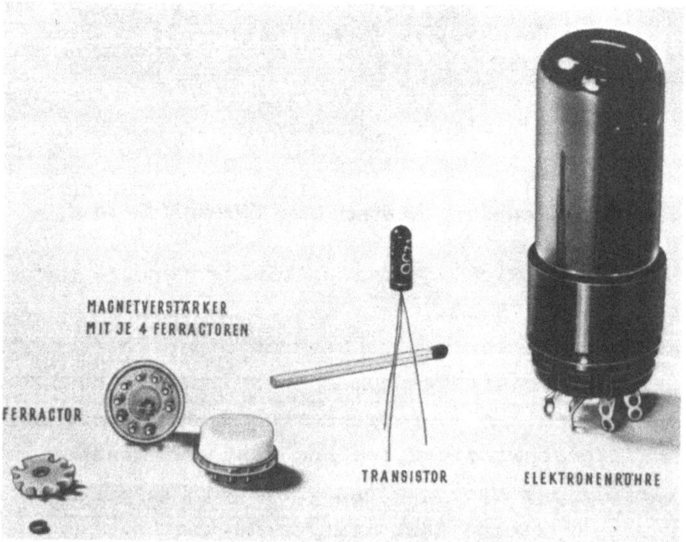

Bild 19: Elektronische Elemente (Werkbild Remington Rand)

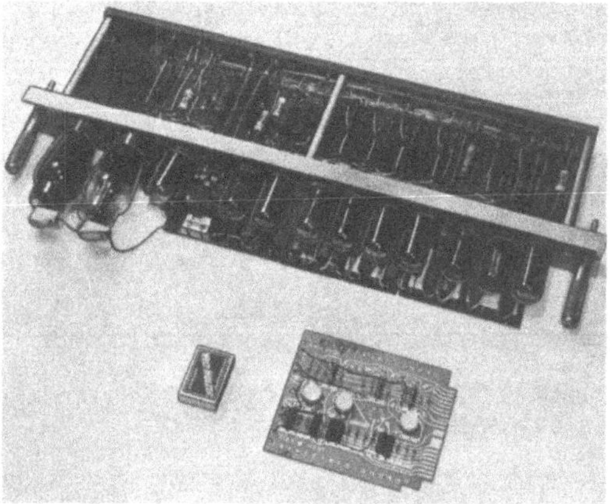

Bild 20: Vergleich zwischen röhrenbestückten Chassis und einer gedruckten Schaltung (Werkbild Remington Rand)

sogenannte SLT-Technik (SLT - engl. Solid Logic Technology). Diese Schaltkreise, wie sie u.a. für die Systeme IBM/360 und Siemens 4004 verwendet werden, sind in einer völlig neuartigen technischen Konzeption hergestellt. Die wichtigsten Bauteile dieser Mikro-Schaltkreise sind Miniaturtransistoren von der Größe eines Salzkornes, die, zu gedruckten Schaltungen zusammengefaßt, auf einer Keramikplatte von der Größe des vierten Teils einer Briefmarke aufgebracht sind. Die neuen Mikroschaltungen, auch SLT-Modules genannt, erlauben eine wesentliche Verkürzung der Leitungswege für die elektronischen Impulse und ermöglichen damit eine bedeutende Erhöhung der internen Arbeitsgeschwindigkeit. Die Entwicklung und Serienherstellung dieser Schaltkreise, die in den Bildern 21 und 22 zu sehen sind, stellen einen bedeutenden technischen Fortschritt dar. Von der Rechengeschwindigkeit in Millisekunden (1 Millisekunde = 1/1000 Sekunde) bei röhrenbestückten Computern der I. Generation über die Geschwindigkeit in Mikrosekunden (1 Mikrosekunde = 1/1.000.000 Sekunde) der II. Computergeneration bis hin zu den Rechengeschwindigkeiten im Nanosekundenbereich (1 Nanosekunde = 1/1.000.000.000 Sekunde) bei den Computern der III. Generation läßt sich die schnelle Entwicklung auf dem Gebiet der Elektronentechnik verfolgen.

Bild 21: SLT - Modul (Werkbild IBM)

Durch die Verwendung sogenannter Monolithschaltungen, die bei der Serie IBM/370, Siemens 100 und UNIVAC 9000 verwendet werden, sind die EDV-Anlagen noch schneller geworden, ohne daß diese Maschinen schon zur IV. Generation gerechnet werden können. Die IV. Rechnergeneration (voraussichtlich mit dem Einsatz chemischer Speicher) wird frühestens Ende der 70er Jahre erwartet.

Bild 22: Schaltelemente früher und heute

1.42 Zahlensysteme

Mechanische Rechenmaschinen verwenden das dem Menschen vertraute Dezimal- oder Zehnersystem. Für jede Dezimalstelle ist ein Zählrad vorhanden, dessen Einteilung den 10 Ziffern von 0 bis 9 entspricht, weswegen das Zählrad auch als zehnwertiges Element bezeichnet werden kann. Bei der Addition wird das Zählrad in jeder Stelle um die entsprechenden Anzahl von Einheiten nach vorn bewegt. Ein auftretender Übertrag dreht das Zählrad der nächst höheren Dezimalstelle um eine Einheit weiter.

Elektromagnetische, elektronische und magnetische Elemente sind dagegen immer "zweiwertig". Man kann sie mit einem Schalter vergleichen, der nur die beiden Stellungen EIN (Strom) und AUS (kein Strom) besitzt. Die Kontakte eines Relais sind entweder in Ruhe- oder Arbeitsstellung, durch eine Elektronenröhre fließt Strom oder kein Strom und die Magnetisierung eines Magnetkerns ist links herum oder rechts herum. Eine dritte Möglichkeit gibt es nicht. Zweiwertige Bauelemente erschweren die Verwendung des bekannten Zehnersystems, eignen sich jedoch ideal für die Benutzung des Zweiersystems, Binär- oder Dualsystem genannt, das nur die beiden Ziffern 0 und 1 kennt. Auf einen elektrischen Leiter bezogen bedeutet dies, daß der Ziffer 0 die eine Stromrichtung und der Ziffer 1 die andere Stromrichtung entspricht.

Sowohl das Dezimal- als auch das Binärsystem (wie übrigens alle anderen Zahlensysteme auch) haben gemeinsam, daß sie sich durch die Angabe von zwei Merkmalen beschreiben lassen: die Basis oder Grundzahl und den Stellenwert. Die Basis oder Grundzahl eines Zahlensystems gibt den Umfang des Ziffernvorrates an, aus dem sich eine Zahl aufbauen läßt. Beim Dezimalsystem ist die Basis 10 (Ziffern 0 bis 9) und beim Binärsystem 2 (Ziffern 0 und 1). Demgegenüber nennt der Stellenwert den Wert einer Ziffer innerhalb einer Zahl.

Beispiele:

Dezimalsystem

4 5 1 3 — Stellenwert 0, 10^0 = 1, Einerstelle

(1) — Stellenwert 1, 10^1 = 10, Zehnerstelle

(5) — Stellenwert 2, 10^2 = 100, Hunderterstelle

(4) — Stellenwert 3, 10^3 = 1000, Tausenderstelle

Binärsystem

1 0 1 0

Stelle			
0	Stellenwert 0, 2^0	= 1,	Einerstelle
1	Stellenwert 1, 2^1	= 2,	Zweierstelle
0	Stellenwert 2, 2^2	= 4,	Viererstelle
1	Stellenwert 3, 2^3	= 8,	Achterstelle

Jede Dezimalzahl läßt sich nun durch eine Binärzahl ausdrücken und umgekehrt. Allerdings werden im binären Zahlensystem mehr elektronische Elemente als vergleichbar mechanische Zählräder beim Dezimalsystem benötigt.

Die Dezimalzahl 3.056 beispielsweise benötigt 4 zehnwertige Elemente (Zählräder), nämlich für die Stellen

3	x	1000	(10^3)	=	3000
+ 0	x	100	(10^2)	=	0
+ 5	x	10	(10^1)	=	50
+ 6	x	1	(10^0)	=	6
3056				=	3056

Binär sieht die Verschlüsselung der Dezimalzahl 3056 dagegen wie folgt aus:

1	x	2048	(2^{11})	=	2048
0	x	1024	(2^{10})	=	0
1	x	512	(2^9)	=	512
1	x	256	(2^8)	=	256
1	x	128	(2^7)	=	128
1	x	64	(2^6)	=	64
1	x	32	(2^5)	=	32
1	x	16	(2^4)	=	16
0	x	8	(2^3)	=	0
0	x	4	(2^2)	=	0
0	x	2	(2^1)	=	0
0	x	1	(2^0)	=	0
101111110000				=	3056

Wie ersichtlich, werden für die binäre Verschlüsselung der Dezimalzahl 3056 12 zweiwertige Elemente gegenüber 4 beim Dezimalsystem benötigt.

Bei der Umwandlung von Zehner- in das Zweiersystem wird folgendermaßen verfahren: man dividiert die Dezimalzahl durch die Basis (beim Binärsystem also 2). Das Divisionsergebnis, ohne Berücksichtigung des Divisionsrestes, wird erneut dividiert, und zwar so lange, bis das Endergebnis 0 ist. Die Divisionsreste selbst bilden den Aufbau der gesuchten Zahl, beginnend von rechts. Bild 23 zeigt die Umwandlung der Zahl 3056 sowie die binäre Verschlüsselung der Dezimalzahlen 0 bis 20.

Wie aus der Verschlüsselung der Dezimalzahlen 0 bis 20 (Bild 23) ersichtlich, wird für die binäre Verschlüsselung von Dezimalzahlen nicht nur eine mehrfache, sondern auch eine unterschiedliche Anzahl binärer Stellen benötigt. Während für die Dezimalzahlen 0 und 1 jeweils eine Binärstelle genügt, brauchen die Dezimalzahlen 2 und 3 je zwei und die Dezimalzahlen 8 bis 15 sogar vier binäre Stellen. Den Dezimalstellen entsprechen also soundsoviele Binärstellen oder Bits (eine Abkürzung des englischen Binary Digit), unterteilt nach Einer- und Nullerbits.

Elektronische Rechenanlagen für wissenschaftlich-mathematische Anwendungen rechnen nun meist nach dem dargestellten reinen Binärsystem. Da nur verhältnismäßig wenige Daten ein- und ausgegeben werden müssen, fallen die umständlichen und zeitraubenden Umwandlungen vom Dezimal- in das Binärsystem und zurück nicht so stark ins Gewicht, wie das bei den großen Datenmengen der kommerziellen Datenverarbeitung der Fall ist. Auf der anderen Seite liegt der große Vorteil des reinen Binärsystems in der Durchführung von Rechenoperationen, die einfacher und erheblich schneller als bei abgewandelten Zahlensystemen durchgeführt werden können.

Beispiel: Umwandlung der Zahl 3.056

3056 : 2 =	1528,	Rest 0
1528 : 2 =	764,	Rest 0
764 : 2 =	382,	Rest 0
382 : 2 =	191,	Rest 0
191 : 2 =	95,	Rest 1
95 : 2 =	47,	Rest 1
47 : 2 =	23,	Rest 1
23 : 2 =	11,	Rest 1
11 : 2 =	5,	Rest 1
5 : 2 =	2,	Rest 1
2 : 2 =	1,	Rest 0
1 : 2 =	0,	Rest 1

3056 = 101111110000

Beispiel: Binäre Verschlüsselung der Dezimalzahlen 0 bis 20

Binärsystem 2^4 (16)	$+ 2^3$ +(8)	$+ 2^2$ +(4)	$+ 2^1$ +(2)	$+ 2^0$ +(1)	Dezimalsystem
				0	0
				1	1
			1	0	2
			1	1	3
		1	0	0	4
		1	0	1	5
		1	1	0	6
		1	1	1	7
	1	0	0	0	8
	1	0	0	1	9
	1	0	1	0	10
	1	0	1	1	11
	1	1	0	0	12
	1	1	0	1	13
	1	1	1	0	14
	1	1	1	1	15
1	0	0	0	0	16
1	0	0	0	1	17
1	0	0	1	0	18
1	0	0	1	1	19
1	0	1	0	0	20

Bild 23: Reine Binärverschlüsselungen

Eine einfachere Weise, Dezimalzahlen binär zu verschlüsseln, ist die Umwandlung jeder einzelnen Dezimalziffer in einen Block zu 4 Bits, als Tetrade bezeichnet. Bei dieser Form der Verschlüsselung werden von den 16 verschiedenen Kombinationsmöglichkeiten einer Tetrade (0000 bis 1111) nur 10 für die Verschlüsselung der Ziffern 0 bis 9 benötigt, die restlichen 6 nennt man Pseudotetraden. Die Darstellung in Tetraden hat den Vorteil, daß jeweils einheitlich 4 Bits je Dezimalziffer benötigt werden und die Umschlüsselung durch Zuordnung sehr einfach ist. Außerdem bleibt der Stellenwert der Dezimalziffern auch nach der Umwandlung erhalten. Bild 24 zeigt die Verschlüsselung in Tetraden sowie Verschlüsselungsbeispiele.

Sollen außer den 10 Dezimalziffern auch die 26 Buchstaben des Alphabets und bestimmte Sonderzeichen (+-, ! ? % usw.) dargestellt werden, so benötigt man statt der 4 insgesamt 6 Binärstellen, die zusammen 64 Kombinationsmöglichkeiten ergeben und neben den 10 Ziffern und 26 Buchstaben noch Möglichkeiten für die Verschlüsselung von insgesamt 28 Sonderzeichen haben: an die bisher benutzte Tetrade (Ziffernteil) werden 2 Bits angehängt, die man nach der Lochkartensprache Zonenteil nennt.

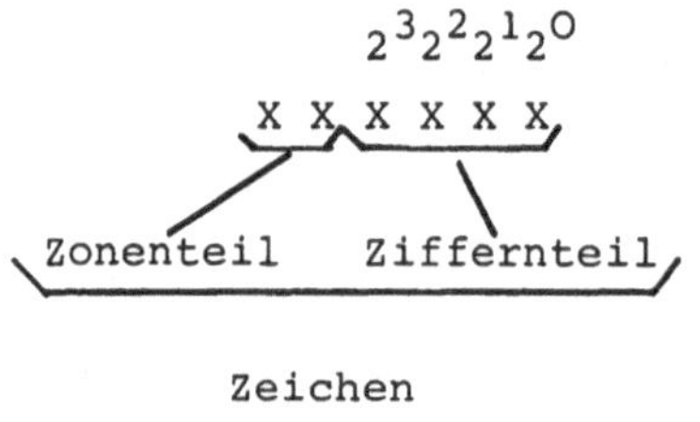

Bild 25 zeigt die Verschlüsselung nach dem BCD-Code (engl. Binary Coded Decimal).
Wie aus dem Beispiel ersichtlich, werden die Buchstaben A - I im Zonenteil mit 00 und im Ziffernteil von dezimal 1 bis 9, die Buchstaben J - R im Zonenteil mit 01

und im Ziffernteil dezimal von 1 - 9 und die Buchstaben S - Z im Zonenteil mit 10 und im Ziffernteil dezimal von 2 - 9 dargestellt.

Beispiel: Verschlüsselung der Zahlen 0 bis 9

Binärsystem				Dezimalsystem	
(2^3)	(2^2)	(2^1)	(2^0)		
8	4	2	1		
0	0	0	0	0	
0	0	0	1	1	
0	0	1	0	2	
0	0	1	1	3	
0	1	0	0	4	
0	1	0	1	5	
0	1	1	0	6	
0	1	1	1	7	
1	0	0	0	8	
1	0	0	1	9	
1	0	1	0	(10)	unbenutzte Pseudotetraden
1	0	1	1	(11)	
1	1	0	0	(12)	
1	1	0	1	(13)	
1	1	1	0	(14)	
1	1	1	1	(15)	

Beispiele: Verschlüsselungen

3	=				0011
79	=			0111	1001
356	=		0011	0101	0110
1082	=	0001	0000	1000	0010

Bild 24: Binär-dezimale Verschlüsselungen

Moderne EDV-Anlagen der III. Generation verwenden häufig die sogenannte "Byte-Darstellung". 1 Byte im EBCDI-Code (engl. Extended Binary Coded Decimal Interchange), wie diese Verschlüsselungsform genannt wird,

Zonenteil xx	Ziffernteil 2^3	2^2	2^1	2^0	Dezimalziffern/ Buchstaben	
11	0	0	0	0	0	
11	0	0	0	1	1	
⋮	⋮	⋮	⋮	⋮	⋮	bis
11	1	0	0	1	9	
00	0	0	0	1	A	
00	0	0	1	0	B	
⋮	⋮	⋮	⋮	⋮	⋮	bis
00	1	0	0	1	I	
01	0	0	0	1	J	
01	0	0	1	0	K	
⋮	⋮	⋮	⋮	⋮	⋮	bis
01	1	0	0	1	R	
10	0	0	1	0	S	
10	0	0	1	1	T	
⋮	⋮	⋮	⋮	⋮	⋮	bis
10	1	0	0	1	Z	

Bild 25: Verschlüsselungen nach dem BCD-Code (6-Bit-Code)

besteht aus 2 Tetraden, Halbbytes genannt, mit insgesamt 8 Bits:

1.Halbbyte (Zonenteil)	2. Halbbyte (Ziffernteil)
XXXX	XXXX

Ähnlich dem BCD-Code wird der Ziffernteil zur Darstellung der Dezimalziffern und der Zonenteil zur zusätzlichen Unterscheidung der Buchstaben und Sonderzeichen benutzt, also

Zonenteil

1100 für Buchstaben A bis I
1101 für Buchstaben J bis R
1110 für Buchstaben S bis Z
1111 für Ziffern 0 bis 9

Der Aufbau von Speichern mit Byte-Darstellung hat den Vorteil, daß jedes Zeichen (Byte) zwei Ziffern aufnehmen kann (sofern man den Zonenteil auch für die Speicherung einer Ziffer benutzt), aber nur einen Buchstaben oder Sonderzeichen. Da in der kommerziellen Datenverarbeitung weitaus mehr Zahlen als Buchstaben und Sonderzeichen zu speichern sind, ist die Ausnutzung des 8-Bit-Codes erheblich besser als beim 6-Bit-Code, bei dem im Falle der Zahlenspeicherung jeweils zwei Bits je Ziffer unbenutzt bleiben.

Die Byte-Darstellung von Dezimalzahlen kann, wie schon angedeutet, entweder in "ungepackter" (eine Ziffer je Byte) oder in "gepackter" Form (zwei Ziffern je Byte) erfolgen. Bei der gepackten Darstellung steht die erste Ziffer im Zonenteil (erstes Halbbyte), die zweite Ziffer dagegen im Ziffernteil (zweites Halbbyte).

<u>Beispiel</u>: Zahl 68

	1. Byte	2. Byte
ungepackt	1111 0110	1111 1000
	6	8

gepackt	0110 1000
	6 8

Wie beschrieben, enthält jede Tetrade (jedes Halbbyte) 16 mögliche Kombinationen, und zwar binär von 0000 bis 1111. Um nun anders als bei der einfachen Tetradenverwendung (10 benutzte Tetraden und 6 Pseudotetraden) alle 16 Kombinationsmöglichkeiten nutzen zu können, verwendet ein Teil der modernen EDV-Anlagen statt des BCD-Codes das "Sedezimalsystem" oder "Hexadezimalsystem". Dieses Zahlensystem besteht auf der Basis 16 (und nicht auf der Basis 2) und hat den zusätzlichen Vorteil, daß alle Daten eines Halbbytes mit nur einem sedezimalen Zeichen dargestellt werden können.

Wie in der Tabelle (Bild 26) dargestellt, erhalten die ersten 10 Bit-Kombinationen die Sedezimalzeichen 0 - 9 und die restlichen 6 Kombinationen die Sedezimalzeichen A - F.

Dezimal (Basis = 10)	Binär (Basis = 2)	Sedezimal (Basis = 16)	
0	0000	0	
1	0001	1	
2	0010	2	
3	0011	3	
4	0100	4	
5	0101	5	
6	0110	6	
7	0111	7	
8	1000	8	
9	1001	9	
10	1010	A	keine Buchstaben, sondern Sedezimalzeichen!
11	1011	B	
12	1100	C	
13	1101	D	
14	1110	E	
15	1111	F	

Bild 26: Verschlüsselungen nach dem Sedezimalsystem

Die Umrechnung vom Dezimal- in das Sedezimalsystem erfolgt wie beim Binärsystem, nur diesmal natürlich durch Division mit 16.

Beispiel:

4735 : 16 = 295, Rest 15
295 : 16 = 18, Rest 7
18 : 16 = 1, Rest 2
1 : 16 = 0, Rest 1

1 2 7 F

	(16^3)	(16^2)	(16^1)	(16^0)
oder	4096	256	16	1

1 x 4096 +2x256 +7x16 +15x1 = 4096
+ 512
+ 112
+ 15 (F)

= 4735

Sedezimal	1	2	7	F
binär	0001	0010	0111	1111

Es sei nochmals darauf hingewiesen, daß bei der sedezimalen oder hexadezimalen Darstellungsweise jede mögliche Bitkombination eines Halbbytes durch nur ein Zeichen beschrieben werden kann. Diese Beschreibung dient jedoch nur zur Kommunikation zwischen Programmierer und EDV-Anlage und wird nicht zum internen Rechnen verwendet. Bild 27 zeigt noch einmal übersichtlich die verschiedenen Darstellungsmöglichkeiten moderner EDV-Anlagen mit Byte-Format.

Rein duale Darstellung

2^7	2^6	2^5	2^4	2^3	2^2	2^1	2^0
x	x	x	x	x	x	x	x
1. Halbbyte				2. Halbbyte			

Dezimal duale Darstellung (gepackt)

2^3	2^2	2^1	2^0	2^3	2^2	2^1	2^0
x	x	x	x	x	x	x	x
1. Ziffer				2. Ziffer			

Alphanumerische Darstellung (ungepackt)

				2^3	2^2	2^1	2^0
x	x	x	x	x	x	x	x
Zonenteil				Ziffernteil			

Sedezimale Darstellung

16^3	16^2	16^1	16^0	16^3	16^2	16^1	16^0
x	x	x	x	x	x	x	x
O - F				O - F			

Bild 27: Darstellungsmöglichkeiten im Byte-Format

1.5 Übersicht über den Markt für EDV-Anlagen und Geräte

Der Markt für EDV-Anlagen und Geräte läßt sich in drei Kategorien unterteilen:

1. Anbieter von EDV-Anlagen
   Die bekanntesten Firmen sind hier:
   Burroughs (B 700, B 1700, B 2000 und B 3000),
   CDC (CDC 300, CDC 1700, CDC 3000 und CDC 6000),
   Honeywell Bull (10, 30, 50 und 100, G 400 und 600, H 100, 200, 2000, 6000),
   IBM (IBM/360, IBM/370, IBM-System 3 und IBM-System 7),
   ICL (Serie 1900),
   NCR (Century 100, 200 und 300),
   Siemens (2002, 3003, 4004, 300),
   SPERRY UNIVAC (Serien 9000 und 90).

2. Anbieter von Computern der mittleren Datentechnik
   Die bekanntesten Firmen sind hier:
   KIENZLE (6100),
   MAI (400, 500) und
   Nixdorf (880, 900).

3. Anbieter von peripheren Geräten
   Hier bieten eine große Anzahl in- und ausländischer Firmen Ein-/Ausgabegeräte, externe Speicher und Einrichtungen der Datenfernübertragung an.

Diese Aufstellung erhebt keinen Anspruch auf Vollständigkeit, und zwar weder bei den Firmen noch den angebotenen EDV-Anlagen, Geräten und Einrichtungen.

Im Gegensatz zu den EDV-Anlagen der I. und II. Generation, wird heute nicht nur von EDV-Anlagen, sondern auch von Systemen, Serien oder Rechnerfamilien gesprochen.

Ein solches System ist beispielsweise die Serie IBM/370, die EDV-Anlagen vom kleinsten bis zum größten Typ umfaßt. In der Regel sind alle Anlagen einer Serie verwandt und kompatibel, das heißt sie weisen gleiche Merkmale in der Struktur der Zentraleinheit, im Befehlskatalog, in der anschließbaren Peripherie und in der Softwarenutzung auf. Diese Kompatibilität (Verträglichkeit), die voll oder teilweise innerhalb einer Rechnerfamilie gegeben ist, hat für den Anwender den Vorteil, daß er ziemlich reibungslos von einer Anlage auf eine größere Anlage desselben Systems übergehen kann.

2. Hardware

2.1 Datenerfassung

2.11 Einführung und Übersicht

Daten, die in eine EDV-Anlage eingegeben und dort verarbeitet werden sollen, müssen zunächst in eine Form gebracht werden, in der sie von einem Gerät der Anlage gelesen oder aufgenommen werden können.

In Abhängigkeit von den eingesetzten Verfahren und Geräten umfaßt die Datenerfassung die folgenden Schritte oder einen Teil davon:

- das gezielte Zusammentragen der Daten, die verarbeitet werden sollen
- die Prüfung auf Richtigkeit der Datenaufnahme und die Ergänzung der Daten
- die Übertragung der Daten in einen besonderen Datenerfassungsbeleg
- die Übertragung auf einen Datenträger
- die Prüfung der Datenübertragung
- die Weiterleitung der erfaßten Daten und
- soweit erforderlich, eine Gruppierung der Datenträger.

Wir unterscheiden drei Grundformen der Datenerfassung:

1. Die Übertragung der gesammelten Daten vom Urbeleg in einen Datenerfassungsbeleg und von dort in einen Datenträger, mit oder ohne Verwendung von Urbeleg und/oder Datenerfassungsbeleg (Datenträgerverfahren).

2. Die Verwendung des Urbeleges selbst als Datenträger (Beleglesung).

3. Die direkte Eingabe der Daten ohne Verwendung eines Datenträgers (Direkteingabe).

Bild 28 zeigt eine Übersicht über die Formen der Datenerfassung und Bild 29 einen Überblick über Datenträger und Eingabegeräte. Obwohl die Direkteingabe von ihren Zweck und ihrer Funktion her zur Datenerfassung gerechnet werden muß, so gehören Verfahren und Geräte, wie es der Name schon besagt, zu den Eingabegeräten einer EDV-Anlage; sie werden auch dort behandelt.

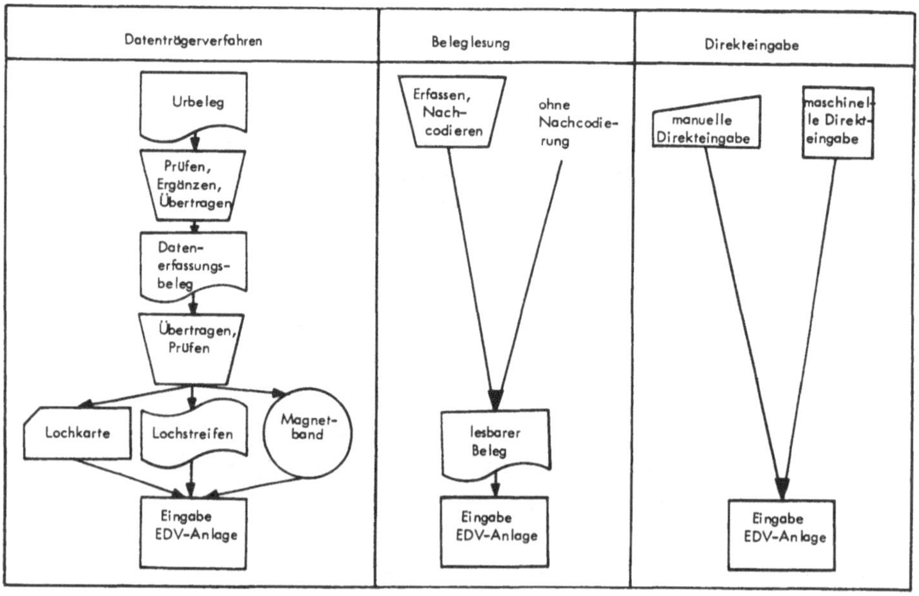

Bild 28: Grundformen der Datenerfassung

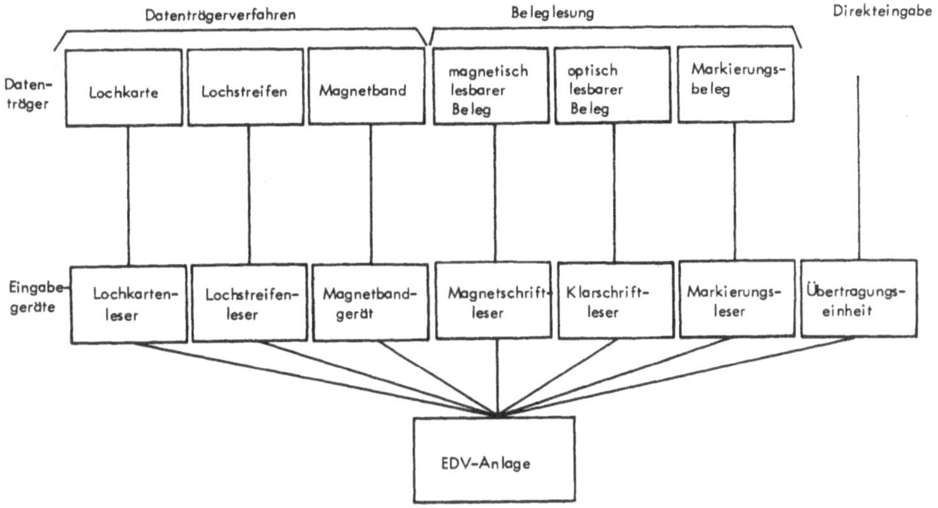

Bild 29: Datenträger und Eingabegeräte

2.12 Verfahren und Geräte der Datenerfassung

2.121 Lochkartenverfahren

Beim Lochkartenverfahren ist die Lochkarte der Datenträger, der die Daten für Eingabe und Verarbeitung in der EDV-Anlage aufnimmt. Die von Hermann Hollerith schon 1880 entwickelte Lochkarte gilt als der älteste, auch heute noch am meisten verwendete Datenträger.

Die überwiegend 18,7 x 8,2 cm große Lochkarte (es gibt noch einige kleinere Exemplare) besteht aus einem Spezialkarton, der widerstandsfähig gegen mechanische

Beanspruchung sein und eine gute elektrische Isolierfähigkeit besitzen muß. Die linke obere Ecke ist meistens abgeschrägt und zeigt dadurch dem Bediener an, ob alle Karten in einem Stapel richtig liegen. Eine Lochkarte, die falsch herum eingeordnet ist, ragt mit ihrer Ecke an der Stelle des Eckenabschnitts aus den anderen Karten heraus und wird dadurch sofort entdeckt. Lochkarten sind in Kartons zu je 2000 Stück verpackt. Damit sie sich bei der Lagerung durch ihr eigenes Gewicht zusammenpressen, sind die Kartons hochkant aufzustellen. Lochkarten dürfen nicht gewölbt oder verzogen sein, und ihre Stärke und Festigkeit darf sich nicht durch Feuchtigkeit und Temperaturschwankungen ändern. Deshalb sollen die Lufttemperatur des Lagerraums 18 - 22°C und die Luftfeuchtigkeit etwa 50 % betragen.

Bild 30 zeigt den Aufbau und die Begriffe der Lochkarte. Wie der Darstellung zu entnehmen ist, hat die Lochkarte im allgemeinen 80 senkrechte Lochspalten (mit Spaltennumerierung am unteren Rand der Karte). Jede Lochspalte kann ein alphanumerisches Zeichen, das heißt eine Ziffer, einen Buchstaben oder ein Sonderzeichen aufnehmen. Eine Lochkarte mit 80 Spalten kann also bis zu 80 Ziffern, Buchstaben oder Sonderzeichen beinhalten. Betrachtet man die Lochkarte nicht in senk-

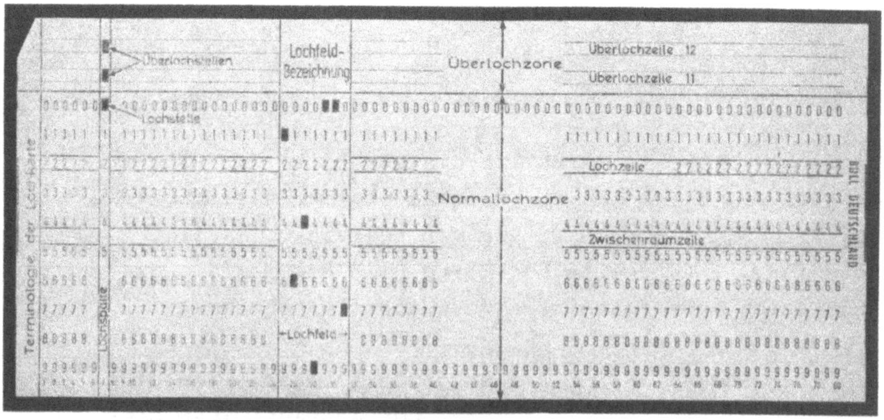

Bild 30: Aufbau und Begriffe der Lochkarte

rechter, sondern in horizontaler Richtung, so kommt man zum Begriff der Lochzeile. Der Schnittpunkt zwischen einer Lochzeile und einer Lochspalte wird als Lochstelle bezeichnet. Sie ist ein bestimmter, für die Aufnahme eines Loches vorgesehener Platz auf der Karte. Es ergeben sich somit 80 x 12 = 960 mögliche Lochstellen oder Lochungen. Jede Lochspalte besitzt im ganzen 12 Lochstellen, und zwar 10 Normallochstellungen (für die Darstellung der Ziffern 0 bis 9) und zwei Überlochstellen (für zusätzliche Lochungen bei der Verschlüsselung von Buchstaben und Sonderzeichen sowie zur Aufnahme von Steuerlöchern). Entsprechend den beiden Arten der Lochstellen werden die Normallochzeilen von den Überlochzeilen unterschieden. Die Überlochzeilen sind mit den Begriffen 11 und 12 gekennzeichnet, was jedoch nichts mit der Verschlüsselung der Zahlen 11 und 12 zu tun hat. Alle Normallochzeilen werden zu Normallochzonen, die beiden Überlochzeilen zu Überlochzonen zusammengefaßt. Zwischen den Lochzeilen liegen die Zwischenraumzeilen, die für die Aufnahme von Hand- oder Druckschrift benutzt werden können.

Als Lochfeld wird die Zusammenfassung mehrerer nebeneinanderliegender Lochspalten für die Aufnahme eines Begriffes bezeichnet. Ein solches Lochfeld kann beispielsweise einen Betrag, eine Mengenangabe oder einen Namen aufnehmen. Um auch dem Menschen den Umgang mit Lochkarten zu erleichtern, können die Karten auf der Vorderseite bedruckt werden. Das Druckbild hängt vom Verwendungszweck der Karte ab und muß so ausgeführt werden, daß die Qualität der Lochkarte und damit ihre Verarbeitung nicht beeinträchtigt werden. Neben einem vorwiegend schwarzen, häufig aber auch farbigen Aufdruck, ist der Lochkartenkarton manchmal auch selbst eingefärbt. Zusätzliche Farbstreifen bieten ebenfalls die Möglichkeit einer Unterscheidung für den Benutzer.

Wie aus Bild 31 ersichtlich, werden bei der 80-spaltigen Lochkarte die 10 Ziffern durch je ein Loch dargestellt. Jede EDV-Anlage faßt ein Loch in der Lochzeile 0 als Ziffer 0, ein Loch in der Lochzeile 1 als Ziffer 1 usw. auf. Selbstverständlich kann in jeder Lochspalte nur jeweils eine Ziffer bzw. ein Buchstabe oder Sonderzeichen gelocht sein. Um aber auch die 26 Buchstaben und eine Reihe von Sonderzeichen aufnehmen zu können, würden nicht 10, sondern mehr als 40 Lochzeilen benötigt. Deshalb verknüpft man (anders als bei der Ziffernverschlüsselung) bei der Darstellung von Buchstaben und Sonderzeichen zwei oder sogar drei Lochzeilen miteinander. So werden beispielsweise die Normallochzeile 0 und die beiden Überlochzeilen 11 und 12 zusätzlich für die Verschlüsselung von Buchstaben und Sonderzeichen verwendet, wie in Bild 31 dargestellt.

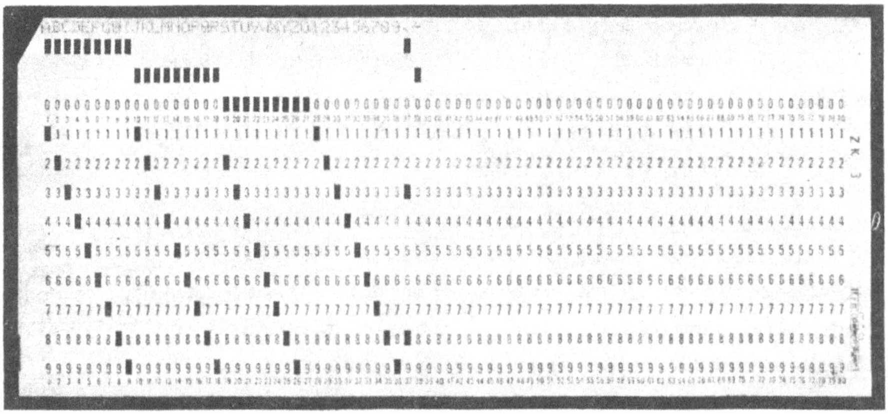

Bild 31: Lochkartencode

Lochkarten können nun manuell mit Hilfe eines Lochgerätes (Kartenlocher) oder maschinell über einen Synchronlocher oder nach dem Zeichenlochverfahren gewonnen werden. Bei dem am meisten angewendeten Verfahren werden die Daten manuell von einem Datenerfassungsbeleg in die Lochkarte übertragen (Bild 32). Hierbei tastet die Locherin wie beim Schreiben auf der Schreibmaschine die Daten über eine Tastatur des Lochers ein, die dann Spalte für Spalte gelocht werden. Ist der Locher zusätzlich mit einem Schreibwerk versehen (Schreiblocher), so können die Daten außerdem gleichzeitig und spaltengerecht auf den oberen Rand der Karte geschrieben werden (Bild 31). Das manuelle Lochverfahren erfordert einen hohen Zeitaufwand, denn eine Locherin locht in einer Stunde im Durchschnitt nur etwa 120 bis 150 Karten, während bei der Verarbeitung 30.000, 60.000 oder mehr Lochkarten je Std. durch die EDV-Anlage laufen. Bild 33 zeigt einen Kartenlocher.

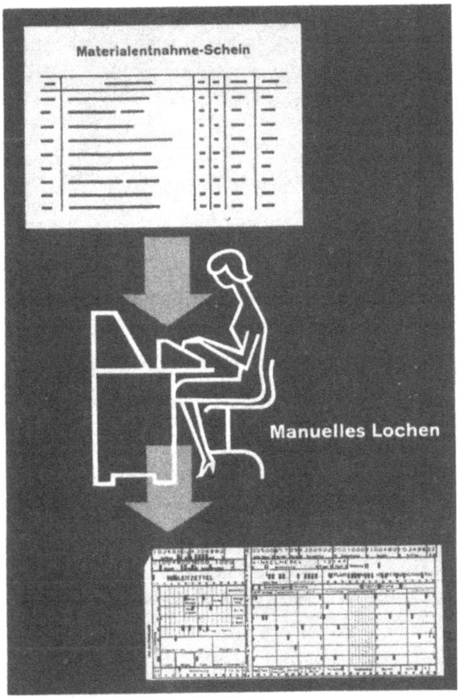

Bild 32: Manuelles Lochen (Werkbild IBM)

Um die Gewähr zu haben, daß die in die Karte gelochten Angaben auch richtig übertragen wurden, müssen die Lochkarten normalerweise noch geprüft werden. Beim Prüfen tastet die Prüferin dieselben Angaben aus den Datenerfassungsbelegen in ein Prüfgerät (Prüflocher, wie in Bild 34). Die Maschine vergleicht diese Eintastungen mit den in der Karte befindlichen Lochungen. Hat die Prüferin jeweils dieselbe Taste gedrückt wie die Locherin, ergibt sich eine Übereinstimmung. Besteht dagegen keine Übereinstimmung, hat sich entweder die

Bild 33: Kartenlocher (Werkbild Remington Rand)

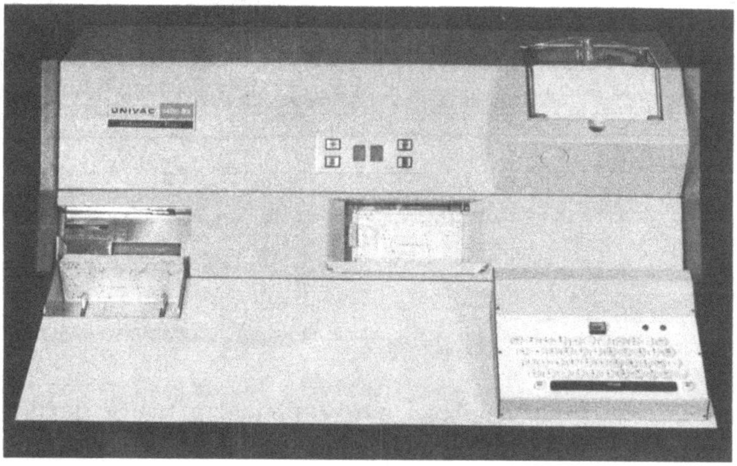

Bild 34: Kartenprüfer (Werkbild Remington Rand)

Locherin oder aber die Prüferin geirrt. In diesem Falle wird die Prüferin das betreffende Zeichen aus dem Beleg nochmals eintasten, und wenn Tastung und Lochung wiederum voneinander abweichen, ist die Lochung in der Karte falsch oder fehlt: die ganze Karte muß neu gelocht und geprüft werden. Beim Prüfverfahren geht man davon aus, daß zwei Menschen bei gleicher Arbeit an verschiedenen Maschinen mit großer Wahrscheinlichkeit nicht denselben Fehler machen. Die Sicherheit des Prüfverfahrens ist außerordentlich hoch, setzt jedoch voraus, daß Datenerfassungsbelege und Lochkarten entsprechend gestaltet und die Angaben auf dem Beleg klar und deutlich geschrieben sind.

Außer dem normalen Loch- und Prüfverfahren von Hand gibt es die Möglichkeit, Lochkarten synchron, das heißt gleichzeitig und übereinstimmend mit dem Schreiben der Originalbelege, zu gewinnen. Bei der synchronen Lochkartengewinnung ist ein Kartenlocher an eine Schreib-, Rechen-, Buchungs- oder Fakturiermaschinen angeschlossen. Bild 35 zeigt einen solchen Synchronlocher. Beim Synchronlochen tastet die Schreiberin die Ordnungsbegriffe und die zu addierenden Werte über die Tastatur in die Büromaschine ein. Ein Druck auf die Motortaste bewirkt das Schreiben der Angaben auf das Formular, beispielsweise einen Additionsstreifen oder ein Kontoblatt. Übereinstimmend mit dem Schreibvorgang werden im angeschlossenen Locher die Werte bzw. die ermittelten Summen in eine Lochkarte gestanzt.

Bild 35: Synchronlocher (Werkbild Bull)

Eine weitere Möglichkeit, das manuelle Lochen und Prüfen zu umgehen und die Daten maschinell in Lochkarten zu stanzen, ist das Zeichenlochverfahren. Bei diesem Verfahren werden die zu lochenden Angaben an ganz bestimmten Stellen der Zeichenlochkarte durch Ziffern, Striche oder Kreuze handschriftlich markiert. Eine besondere Lochkartenmaschine (der Zeichenlochautomat) bzw. eine Zusatzeinrichtung beim Kartendoppler fühlt die handschriftlichen Markierungen ab und setzt sie mit einer Geschwindigkeit von mehreren 1000 Karten in der Stunde in Lochungen um. Je nach Verfahren werden die Markierungen mit einem weichen Bleistift (fotoelektrisches Verfahren), mit einem stark graphithaltigen Stift (elektrisches Verfahren) oder mit einem eisenhaltigen Stift (magnetisches Verfahren) vorgenommen. Markierungsstift, Schriftbild, Größe und Stärke der Zeichen sind genau vorgeschrieben und richten sich nach der Maschine, mit der die Zeichenlochkarte gelesen werden soll. Bild 36 zeigt das Beispiel einer solchen Zeichenlochkarte. Eine gute Einsatzmöglichkeit für das Zeichenlochverfahren bildet die Inventur, bei der der Lagerhalter den vorhandenen Bestand eines Artikels in die vorgestanzte Inventurkarte markiert. Hiermit entfällt ein gesonderter Inventurbeleg.

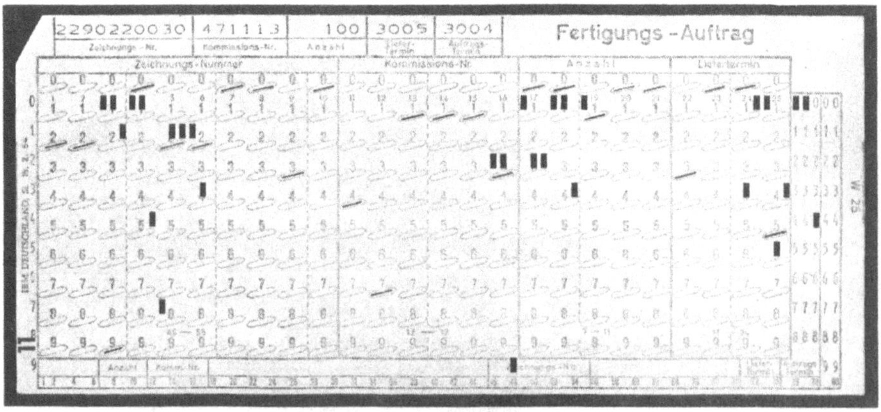

Bild 36: Zeichenlochkarte

Eine Variante der Zeichenlochkarte ist die Verbundlochkarte. Bei dieser Lochkarte werden die Angaben (beispielsweise der Inventurbestand eines Artikels) mit normaler Handschrift in ein vorgedrucktes Feld (dem Verbundfeld) der Lochkarte eingetragen. Anschließend werden die Verbunddaten mit einem normalen Kartenlocher in dieselbe Karte gelocht. Auch bei diesem Verfahren entfällt ein gesonderter Datenerfassungsbeleg.

Die Lochkarte ist ein billiger Datenträger. In Klarschrift übersetzt sind ihre Daten für den Menschen leicht lesbar. Nach der Beschriftung kann die Lochkarte auch gut als Karteikarte verwendet werden. Den Vorzügen der Lochkarte stehen jedoch erhebliche Nachteile gegenüber.

Die niedrigen Kosten erscheinen in einem anderen Licht, wenn man bedenkt, daß die Lochkarte nicht wie beispielsweise das Magnetband löschbar und wiederverwendungsfähig ist. Eine einmal gelochte Karte kann nicht ein zweites Mal für die Aufnahme anderer Daten verwendet werden. Auch ist der Platzbedarf für die Aufnahme eines Datensatzes bei der Lochkarte um ein Vielfaches höher als beim Magnetband. Die feste Satzlänge bei der Lochkarte (durch die begrenzte Spaltenzahl), von der noch die Stellen für den Ordnungsbegriff abgehen, sowie die verhältnismäßig geringen Ein- und Ausgabegeschwindigkeiten der Lochkartenlese- und -stanzgeräte sind weitere Nachteile gegenüber dem Magnetband und zum Teil auch im Vergleich zum Lochstreifen. Vorteilhaft gegenüber dem Lochstreifen ist die Sortierfähigkeit der Lochkarten. Jeder Lochkartenstapel kann einfach und verhältnismäßig schnell über eine Lochkartensortiermaschine in eine andere Reihenfolge gebracht werden. Jedoch ist die Bedeutung dieses Vorteils heute nicht mehr so groß, weil die meisten EDV-Anlagen neben Magnetbandeinheiten mit anderen externen Speichern ausgerüstet sind, mit deren Hilfe dann eine Sortierung der eingelesenen Datensätze innerhalb der EDV-Anlage erfolgt.

Bild 37 zeigt noch einmal eine Übersicht über das Lochkartenverfahren.

Lochkartenverfahren

1. Datenerfassung

a) Normalverfahren: Urbeleg - Ergänzen/Übertragen - Ablochbeleg - Lochen - Prüfen in Lochkarte

b) Verbundverfahren: Vorgestanzte Normal- oder Zeichenlochkarte - manuelle Ergänzungen - Nachlochen oder Zeichenlochen - Lochkarte

c) Synchronverfahren: Schreiben/Buchen/Fakturieren mit Lochkarten-Synchrongewinnung

2. Datenträger

Vorteile:
preisgünstige Datenerfassung
Daten durch Lochschriftübersetzung lesbar
als manuelle Kartei verwendbar
bei Verbundkarten kein weiterer Beleg erforderlich
sortierfähig
sichere Datenerfassung durch Lochen und Prüfen

Nachteile:
nicht wiederverwendungsfähig
relativ hoher Platzbedarf
feste, begrenzte Satzlänge (80 Spalten)
niedrige Ein- und Ausgabegeschwindigkeit

3. Eingabe

Über Lochkartenlesegerät (Ø 24.000 bis 60.000 Karten/Std.), mit oder ohne externe Gruppierung (Sortieren, Mischen)

Bild 37: Übersicht Lochkartenverfahren

2.122 Lochstreifenverfahren

Anstelle der Lochkarte läßt sich unter bestimmten Voraussetzungen der vom Fernschreiber her bekannte Lochstreifen als Datenträger verwenden. Die Benutzung des Lochstreifens im Bereich der elektronischen Datenverarbeitung ist jedoch in der Regel nur dort sinnvoll, wo man ihn als Nebenprodukt gewinnen kann. Das ist der Fall, wenn Schreib-, Addier-, Buchungs- oder Fakturiermaschinen mit einem Streifenlocher gekoppelt sind. Im Gegensatz zur Lochkarte besitzt der Lochstreifen eine variable Feld- und Satzlänge, das heißt die Anzahl der Zeichen je Begriff und Datensatz ist nicht mehr begrenzt wie bei den 80 Spalten der Lochkarte, sondern frei wählbar. Dies bedeutet, daß jeder Datensatz entsprechend der Anzahl Zeichen eine beliebige, unterschiedliche Länge haben kann. Die einzelnen Datensätze werden durch ein besonderes Zeichen voneinander getrennt. Der geringe Platzbedarf für die Aufnahme der Daten sowie die niedrigen Kosten bei der Gewinnung und beim Transport sind weitere Vorzüge des Lochstreifens gegenüber der Lochkarte. Nachteilig wirkt sich dagegen aus, daß die Daten auf dem Lochstreifen für den Menschen schlecht lesbar sind und der Lochstreifen nicht beschriftet werden kann. Wie die Lochkarte ist auch der Lochstreifen nicht löschbar und nicht wiederverwendungsfähig. Bild 38 zeigt einen Lochstreifen mit Code-Übersetzung und Bild 39 ein Lochstreifenerfassungsgerät.

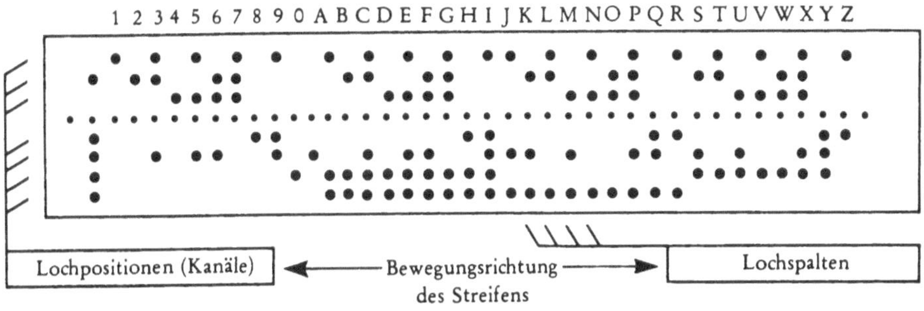

Bild 38: 7-Kanal-Lochstreifen mit Code-Übersetzung

Mit Hilfe des Lochstreifens (bei Verwendung des 5-Kanal-Lochstreifens) ist es möglich, Daten über Fernschreiber zu senden. Durch die Entwicklung von Geräten für die Datenfernübertragung über Telefonleitung hat jedoch die Übertragung über Fernschreiber etwas an Bedeutung eingebüßt. Soweit keine Datenübertragung über Fernschreiber vorgesehen ist, setzt man in der Regel einen 8-Kanal-Lochstreifen ein, weil seine Verschlüsselung einen höheren Grad an Sicherheit bietet. Neben dem 5- und 8-Kanal-Lochstreifen sind auch Geräte mit 6- und 7-Kanälen im Einsatz.

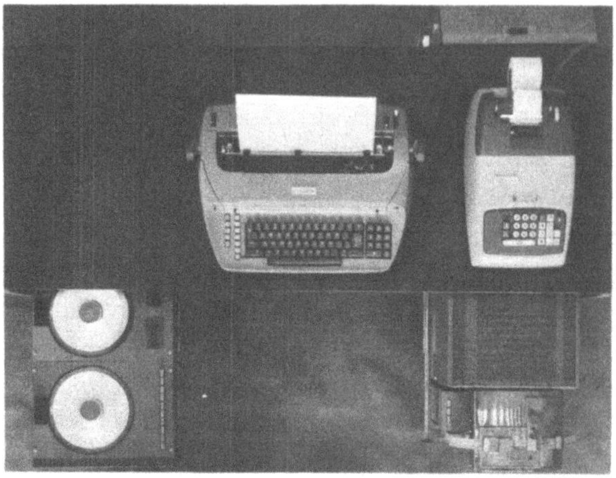

Bild 39: Schreibmaschine und Additionsmaschine mit Lochstreifenstanzgerät gekoppelt (Werkbild Vorwerk u. Co.)

Die Datenerfassung mit Hilfe des Lochstreifens wird, wie schon darauf hingewiesen, vor allem dort angewendet, wo dezentral angefallene Daten sofort erfaßt und Belege maschinell gewonnen werden müssen. Ein Beispiel hierfür ist die dezentrale Kundenbelieferung: die Aufträge gehen bei den einzelnen Lägern oder Filialen ein und werden auch von dort beliefert. Während nun die Auftragsdaten dezentral erfaßt und auf die Liefer- und Versandscheine übertragen werden, erfolgt jede weitere Auswertung, also das Schreiben der Rechnungen, die Buchhaltung und die Gewinnung von Statistiken, im zentralen Rechenzentrum mit Hilfe der EDV-Anlage. Gleichzeitig mit der Gewinnung des Maschinenbeleges in Klarschrift wird auf der angeschlossenen Stanzeinheit ein Lochstreifen gewonnen. Bei einer Schreibmaschine, an die ein Lochstreifenstanzgerät angeschlossen ist, löst die Schreiberin durch die Betätigung der Tasten elektrische Impulse aus, die über Verstärkungeinrichtungen die Stanzmagnete steuern und so das Stanzen der Lochungen bewirken. Besondere Steuerungseinrichtungen machen es möglich, programmierte Spalten- und Zeilensprünge durchzuführen. Darüber hinaus können eine Reihe von Steuercodes und Sonderzeichen verwendet werden. Eingebaute Bedienungshilfen sorgen dafür, daß die Schreiberin Fehler korrigieren kann. Bei der Verwendung des Lochstreifens wird von einem besonderen Prüfgerät, vergleichbar mit dem Prüfer bei der Lochkartengewinnung, abgesehen, weil hier der Maschinenbeleg, beispielsweise ein Lieferschein, zur Kontrolle dient. Der Wegfall eines zusätzlichen maschinellen Prüfvorgangs erhöht zwar die Wirtschaftlichkeit des Lochstreifenverfahrens, verringert jedoch die Sicherheit, weil eine visuelle Kontrolle nicht die Sicherheit der Prüfmethode beim Lochkartenverfahren erreicht. Auch ist es technisch nicht auszuschließen, daß Original und Maschinenbeleg zwar übereinstimmen, die Lochungen im Streifen jedoch falsch sind, weil einzelne Stanzstempel nicht angeschlagen haben. Aus diesem Grunde ist es ratsam, die in Lochstreifen übertragenen Daten einer zusätzlichen programmierten Kontrolle bei der Eingabe in die EDV-Anlage zu unterwerfen. Der Vorteil solcher programmierter Kontrollen liegt darin, daß hierbei nicht nur reine Übertragungsfehler, sondern darüber hinaus auch sachliche Fehler erkannt werden können.

Bild 40 zeigt noch einmal eine Übersicht über das Lochstreifenverfahren.

Lochstreifenverfahren

1. Datenerfassung

   Synchrone Gewinnung durch Kopplung eines Lochstreifenlochers mit einer Rechen-, Schreib-, Buchungs-, Fakturier- oder Produktionsmaschine

2. Datenträger

   Vorteile: preisgünstige Datenerfassung
   variable Feld- und Satzlänge
   leichte Transportierbarkeit
   geringer Platzbedarf
   Übermittlungsmöglichkeit über Fernschreiber (5-Kanal-Streifen)

   Nachteile: nicht wiederverwendungsfähig
   nicht sortierfähig
   keine lesbare Darstellung möglich

3. Eingabe

   Über Lochstreifenlesegerät (Ø 250 bis 1.000 Zeichen/Sekunde), oder nach Umwandlung Lochstreifen in Lochkarte über Lochkartenlesegerät

Bild 40: Übersicht Lochstreifenverfahren

2.123 Magnetträgerverfahren

Magnetbandgeräte sind als Peripheriegeräte an EDV-Anlagen seit vielen Jahren für die externe Datenspeicherung eingesetzt. Ihre Hauptvorteile sind eine hohe Einlesegeschwindigkeit von 15.000 - 340.000 Zeichen/Sekunde, eine zerstörungsfreie Datenspeicherung und eine hohe Datenkapazität je Magnetbandrolle. Um diese Vorteile auch im Rahmen der Datenerfassung nutzbar zu machen, werden seit etwa 10 Jahren Magnetbandbeschrifter angeboten. Diese Geräte ermöglichen die manuelle Übertragung von Datenbeständen auf Magnetbänder, die hinsichtlich Spureinteilung, Satz-/Blockeinteilung und Aufzeichnungscode den Bandgeräten der EDV-Anlagen entsprechen, also unmittelbar eingelesen werden können.

Vergleichbar mit der manuellen Lochkartenerfassung werden die zu erfassenden Daten satzweise mittels einer Tastatur eingegeben. Die variable Satzlänge und die vor der Verarbeitung nicht veränderliche Sortierfolge der erfaßten Sätze entspricht dagegen dem Verfahren beim Lochstreifen. Bei den von verschiedenen Herstellern angebotenen Geräten sind solche mit Magnetbandspulen, mit Magnetbandkassetten und mit Magnetplatten (Floppy Disks) zu unterscheiden.

Den Verfahren der direkten Datenerfassung auf Magnetträgern sind unabhängig von den Geräten der einzelnen Hersteller die folgenden Merkmale im Vergleich zur Lochkartenerfassung gemeinsam:

- Die Verwendung von elektronischen Schaltelementen ermöglicht der Gerätebedienerin erhebliche Leistungssteigerungen, weil Wartezeiten für die Durchführung von Transportoperationen wie Kartenzuführung, Kartenauslauf und Programmoperationen wie Duplizieren, Springen oder Nullenauffüllen entfallen.

- Die Möglichkeit der direkten Fehlerberichtigung ohne Rückflüsse, Kennzeichnungen und Kommunikation vermeidet Leerzeiten und steigert die Arbeitseffizienz der Datatypistin.

- Die Verwendbarkeit der Erfassungsgeräte für Erfassung und Prüfung sichert eine bessere Kapazitätsausnutzung der eingesetzten Erfassungsgeräte.

- Die Modularbauweise der Erfassungsgeräte vermindert den Wartungsaufwand und setzt die Ausfallzeiten herab.

- Die Rüstzeiten und Eingabezeiten bei der Verarbeitung auf der EDV-Anlage reduzieren sich erheblich.

Magnetbandspulengeräte verwenden als Datenträger die gleichen auf Spulen aufgewickelten Magnetbänder, die auf den Bandgeräten der EDV-Anlage verarbeitet werden. Entsprechend können 7-Spur-Bänder mit 200, 556 und 800 BPI (engl. Bits Per Inch) Aufzeichnungsdichte oder 9-Spur-Bänder (EBCDI-Code) mit überwiegend 800 BPI beschrieben werden. Mit Hilfe einer Tastatur (im allgemeinen mit 64 Zeichen) werden die Daten eines Datensatzes in einen Zwischenspeicher (Puffer) eingegeben; hierbei können unmittelbar erkannte Fehler sofort korrigiert werden. Außerdem sind Feldsprünge , Wiederholungen, Duplizieren usw. ähnlich dem Kartenlocher möglich. Nach der kompletten Satzeingabe wird die Übertragungsfunktion ausgelöst, und nach dem Schreiben eines Satzes wird vor der erneuten Freigabe das Band noch einmal gelesen und mit dem Pufferinhalt verglichen, um Übertragungsfehler auszuschalten.

Für die Prüfung auf richtige Datenübertragung werden die Originaldaten vom Beleg in den Puffer eingetastet und mit dem Bandinhalt verglichen. Bei Abweichungen kann nur durch Zurücksetzen des Bandes und erneuter Übertragung des korrigierten Satzinhaltes weitergearbeitet werden. Zusätzlich zu diesen Funktionen können die meisten Magnetbandbeschrifter auch zum Suchen von bestimmten Sätzen herangezogen werden. Hierfür wird der gewünschte Suchbegriff eingegeben und das beschriebene Magnetband nach diesem Begriff abgesucht. Sobald ein Band beschrieben und geprüft ist, kann die Spule abgenommen und mit Hilfe eines üblichen Bandgerätes verarbeitet werden.

Bei den Magnetbanderfassungsgeräten wird satzweise geschrieben, einzelne Sätze werden zu einem Block zusammengefaßt. In Abhängigkeit von der gewünschten Satzlänge und der vom Gerät ermöglichten Blocklänge kann Satz = Block festgesetzt werden oder eine beliebige Blockaufteilung erfolgen. Die Blockunterteilung beschleunigt vor allem die anschließende Verarbeitung auf der EDV-Anlage. Die angebotenen Geräte erlauben als Grundausstattung vielfach eine Blocklänge von 80 Zeichen, die durch Zusatzausstattung bis auf ca. 400 Zeichen bei einzelnen Geräten erhöht werden kann.

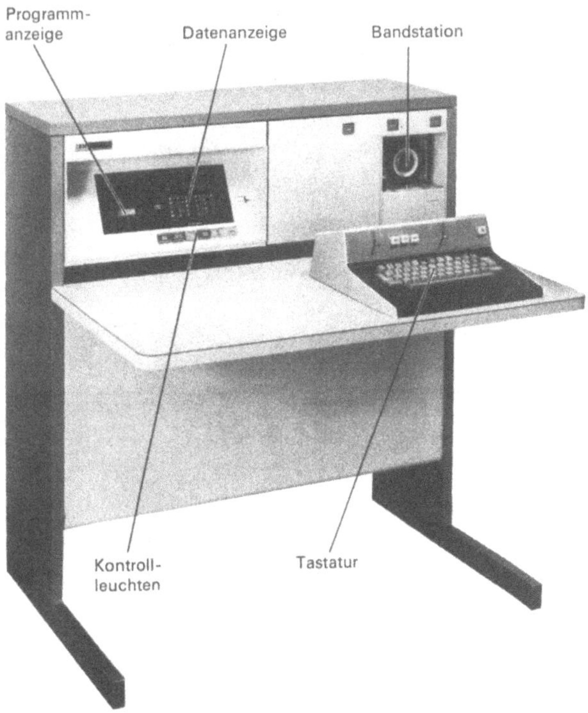

Bild 41: Magnetbanderfassungsgerät (Werkbild IBM)

Bei den Spulengeräten kann die folgende Gruppierung hinsichtlich der Funktionsgruppen vorgenommen werden:

- Datenerfassungssysteme, bestehend aus einer Gruppe von selbständigen Einzelerfassungsgeräten mit Ausgabe auf EDV-kompatible Magnetbänder. Zu dieser Gruppe gehören beispielsweise Geräte der Firmen Burroughs, Honeywell Bull, MAI, MDS und NCR.

- Datenerfassungssysteme, bestehend aus einer Gruppe von nicht selbständigen Einzelerfassungsgeräten mit einer gepoolten (zusammengefaßten) Ausgabe auf EDV-kompatible Magnetbänder. Zu diesen Firmen gehören Inforex, Nixdorf und Singer.

Zur Erleichterung der Handhabung beim Datenerfassungsgerät wurden Magnetbandkassettengeräte entwickelt. Der Hauptunterschied dieser Geräte zu den Spulengeräten besteht in der Verwendung einer geschlossenen Magnetbandkassette, deren wesentlicher Vorteil darin liegt, daß die Kassette weder am Erfassungsgerät noch beim Magnetbandgerät der EDV-Anlage eingefädelt und aufgespult werden muß. Hierdurch entstehen weniger Leerzeiten,

Bild 42: Magnetbandkassette (Werkbild IBM)

und die Möglichkeit einer Bandbeschädigung wird verringert. Allerdings muß für Bandkassetten stets eine besondere Leseeinheit an der EDV-Anlage oder getrennt (Off-Line) für die Übertragung auf ein normales Magnetband eingesetzt werden.

Hinsichtlich ihrer Funktionen können Banderfassungssysteme mit Magnetbandkassetten in die folgenden beiden Gruppen unterteilt werden:

- Datenerfassungssysteme, bestehend aus einer Gruppe von selbständigen Einzelerfassungsgeräten mit Ausgabe auf spezielle Zwischenbänder. Hierzu gehören die Firmen IBM und Olivetti.

- Datenerfassungssysteme, bestehend aus einer Gruppe von nicht selbständigen Einzelerfassungsgeräten mit einer gepoolten Ausgabe auf EDV-kompatible Magnetbänder. Hierzu gehören Geräte der Firma Nixdorf.

Als maschinell lesbarer Datenträger findet beim Magnetplattenerfassungsgerät die Floppy Disk Verwendung. Die Floppy Disk ist eine halbsteife, magnetisch beschichtete Speicherplatte, die in eine quadratische Hülle von 20 cm Kantenlänge eingeschlossen ist. In dieser Hülle sind Ausschnitte für das Zugreifen der Antriebsspindel und des Schreib-/Lesekopfes. Eine Floppy Disk (bezogen auf ein Siemens-Gerät) wiegt nur 40 g und kann wiederverwendet werden. Sie ist organisiert in 74 Spuren mit 26 Sektoren je Spur. Ein Sektor hat eine Kapazität von 128 Zeichen, die Kapazität beträgt also maximal rd. 2000 Datensätze. Für die Eingabe in eine EDV-Anlage ist ein gesondertes Eingabegerät erforderlich.

Die Bilder 41 bis 44 zeigen ein Magnetbanderfassungsgerät, eine Magnetbandkassette, ein Floppy Disk Datenerfassungsgerät und eine Übersicht über die Datenerfassung auf Magnetband, Kassette und Floppy Disk.

Bild 43: Floppy Disk Datenerfassungssystem (Werkbild Siemens)

Direkte Datenerfassung auf Magnetband, Magnetbandkassette oder Floppy Disk

1. Datenerfassung

   Vergleichbar mit dem normalen Lochkartenverfahren: Übertragen vom Urbeleg bzw. Erfassungsbeleg direkt auf Magnetband; Prüfen wie beim Lochkartenverfahren möglich

2. Datenträger

   Vorteile: schnellere Datenerfassung (30-40% höher als bei Lochkart.)
   wiederverwendungsfähig, Korrekturmöglichkeit
   sichere, geräuschlose Erfassung
   variable Feld- und Satzlänge
   hohe Eingabegeschwindigkeit

   Nachteile: teurer als Lochkarten- und Lochstreifenerfassung
   keine lesbare Darstellung

3. Eingabe

   Über normale Bandeinheit (Ø 30.000 bis 100.000 Zeichen/Sek.) oder über zusätzliches Magnetbandkassetten-Eingabegerät

Bild 44: Übersicht Magnetbanderfassung

2.124 Beleglesung

Der immer größer werdende Unterschied zwischen dem vorwiegend manuellen Vorgang der Datenerfassung einerseits und der elektronischen Verarbeitung der Daten andererseits hat zu der Forderung geführt, den Weg der Daten von ihrer Entstehung bis zur maschinellen Verarbeitung zu verkürzen. Dies kann entweder durch eine beleglose Erfassung und Eingabe (die Daten werden am Ort des Anfalls direkt über eine Tastatur in die EDV-Anlage eingegeben) oder aber, wenn das Ausschreiben eines Beleges vorgeschrieben oder unumgänglich ist, durch die Möglichkeit der Beleglesung erfolgen. Bei diesem Verfahren werden die Originalbelege, ohne Übertragung in einen besonderen Datenträger, als Eingabemittel verwendet. Da die Verfahren der indirekten Datenerfassung, also die herkömmliche Umsetzung der Daten vom Beleg in Lochkarten, Lochstreifen oder auf Magnetträger, besonders zeit-, kosten- und personalaufwendig sind, kommt den Verfahren der direkten Beleglesung eine steigende Bedeutung zu (Bild 45).

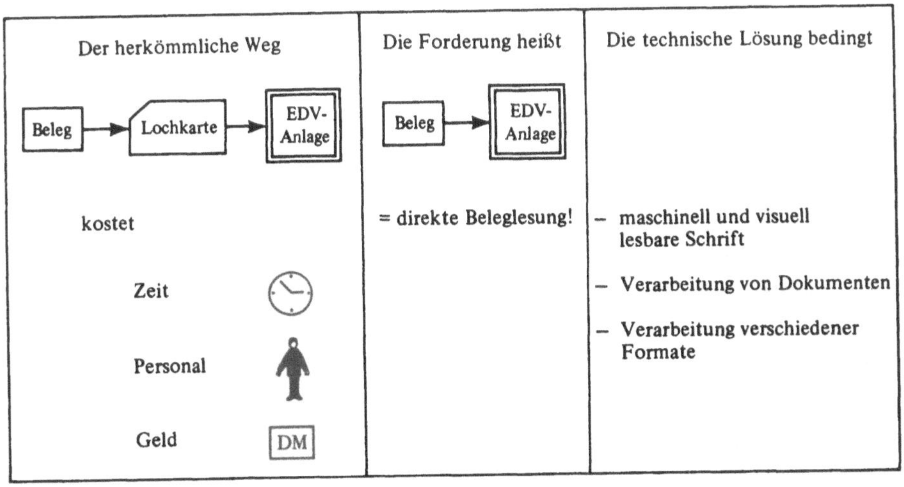

Bild 45: Herkömmliche Datenerfassung und direkte Beleglesung

Unter der direkten Beleglesung werden sämtliche Techniken und Verfahren verstanden, die geeignet sind, visuell lesbare Informationen vom Urbeleg ohne zusätzliche menschliche Aktivität und mit Hilfe eines Beleglesers sofort in eine EDV-Anlage zu übertragen. Belegleser bieten den Vorteil einer (wenn z.Zt. auch noch unvollständigen) Kompatibilität der schriftlichen Kommunikation zwischen Mensch und Maschine. Die direkte Beleglesung setzt voraus, daß eine Schrift vorliegt, die gleichermaßen gut von Mensch und Maschine gelesen werden kann, und daß Maschinen in der Lage sind, verschiedene Papierstärken und Papiergrößen zu verarbeiten.

Drei unterschiedliche Verfahren und Gerätetypen haben eine, wenn auch bis lang noch eingeschränkte, technische, organisatorische und wirtschaftliche Lösung des Problems gebracht: das Magnetschriftverfahren, das Klarschriftverfahren (die optische Beleglesung) und das Markierungsverfahren. Magnetschrift-, Klarschrift- und Markierungslesegeräte dienen als Eingabegeräte zum Lesen der Belege in die EDV-Anlage.

Das Magnetschriftverfahren

Beim Magnetschriftverfahren, als die erste Stufe dieser Entwicklung, verwendet man erstmalig nicht Lochkarten oder Lochstreifen, sondern die Urbelege selbst als Datenträger, wobei die Zeichen nicht mit einer normalen, sondern mit einer eisenhaltigen Farbe auf die Originalbelege aufgetragen werden. Obwohl stilisiert, sind die Zeichen der Magnetschrift gleichermaßen gut vom Menschen und der Maschine zu lesen. Bild 46 zeigt die beiden gebräuchlichen Magnetschriften E 13 B (im angelsächsischen Bereich verwendet) und CMC-7 (auf dem europäischen Kontinent bevorzugt).

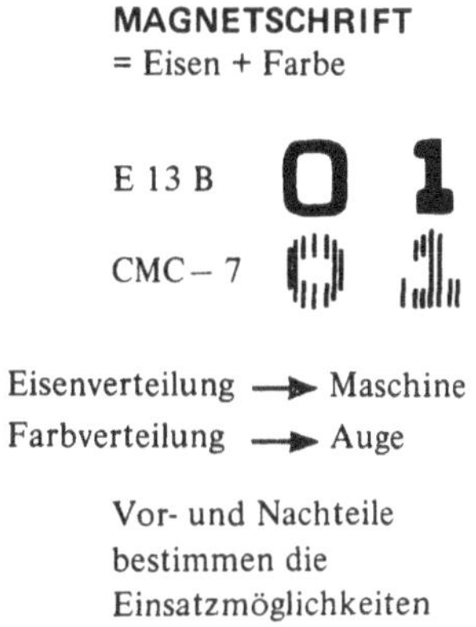

Bild 46: Magnetschriften E13B und CMC-7 (nach einer Vorlage der IBM)

Bei der CMC-7-Schrift wird jedes Zeichen aus einer Folge von Kurz-Lang-Abständen von 7 senkrechten Strichen erkannt. Im Gegensatz zur E 13 B-Schrift gestattet der CMC-7-Code auch die Möglichkeit einer Buchstabendarstellung. Als Vorteil gegenüber der optischen Beleglesung wird hervorgehoben, daß die Sicherheit nicht durch eine mögliche Verschmutzung beeinträchtigt wird, weil das Verfahren nicht aufgrund eines Hell-Dunkel-Kontrastes arbeitet, sondern magnetische Signale zur Erkennung benutzt. Die unterschiedlichen Merkmale eines jeden Zeichens erhöhen die Zuverlässigkeit des Verfahrens noch weiter, jedoch muß sichergestellt sein, daß die magnetische Farbe stets einen Mindestgehalt an Eisenteilchen aufweist. An die Qualität des Papiers werden dagegen keine besonderen Anforderungen gestellt; es ist lediglich darauf zu achten, daß das Papier frei von Metallteilchen ist. Die geringe Zeichendichte (es können höchstens 8 Zeichen je Zoll gedruckt werden), die Unmöglichkeit, die Qualität des Drucks ständig zu kontrollieren, und außerdem die Tatsache, daß die Lesezeilen am unteren Rand des Beleges stehen müssen, sind Nachteile des Magnetschriftverfahrens im Vergleich zur optischen Beleglesung. Für die Codierung der Magnetschrift sind außerdem Spezialschreibmaschinen erforderlich. Aus den genannten Gründen beschränkt sich das Verfahren auf Spezialgebiete, so beispielsweise für die Scheckverarbeitung in Kreditinstituten und bei der

Auswertung von Lotto- und Toto-Scheinen. Die Bilder 47 und 48 zeigen noch einmal die Magnetschrift CMC-7 sowie einen Magnetschriftbeleg.

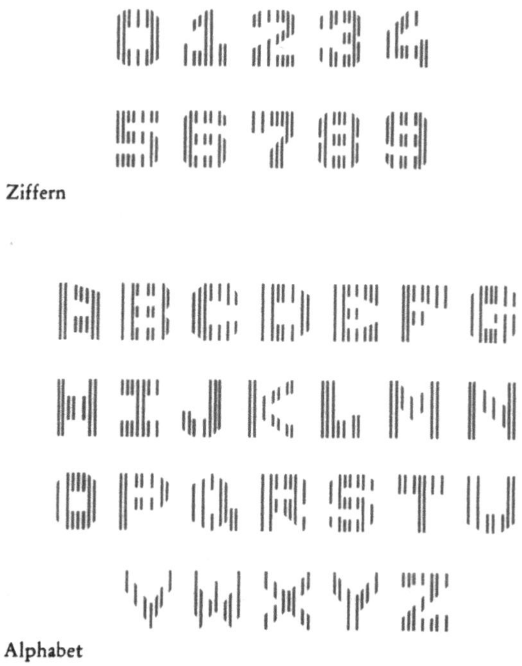

Bild 47: Magnetschrift CMC-7

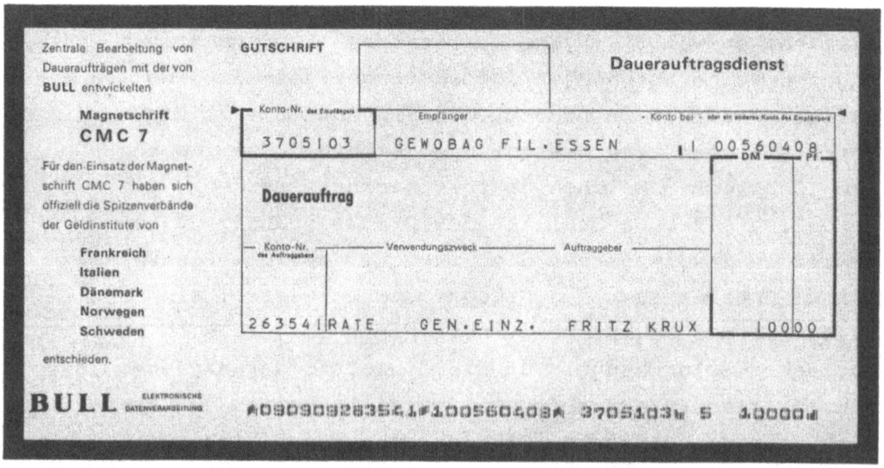

Bild 48: Beleg mit Magnetschrift CMC-7

Optische Beleglesung (Klarschriftverfahren)

Noch jünger als das Magnetschriftverfahren ist die optische Zeichenlesung durch Klarschriftlesegeräte. Dieses Verfahren, Klarschriftverfahren oder optische Beleglesung genannt, hat den Vorzug, daß gebräuchliche, dem Menschen gut vertraute Zeichen von einer Schreibmaschine oder einem Schnelldrucker mit gewöhnlichem Farbband geschrieben werden können. Wie beim Magnetschriftverfahren werden auch hier die Urbelege selbst als Datenträger verwendet. Obwohl sich die optische Beleglesung in der Zukunft ohne Zweifel stärker durchsetzen wird, schränken die hohen Anforderungen an Papierqualität und Beschriftung sowie die außerordentlich hohen Kosten der Lesegeräte die Anwendung dieses Verfahrens bisher noch stark ein. Die Bilder 49 und 50 zeigen den Unterschied zwischen einer Markierung und einer Klarschrift bzw. das Beispiel eines Klarschriftbeleges.

Bild 49: Optische Leseverfahren (nach einer Vorlage der IBM)

Um optische Schriften lesen zu können, ist eine leicht stilisierte Form der Zeichen Voraussetzung. Sie beruht auf der Technik des Leseverfahrens, bei der das gelesene Zeichen in einen Punktraster aufgelöst wird, der mit dem gespeicherten Sollraster verglichen wird.

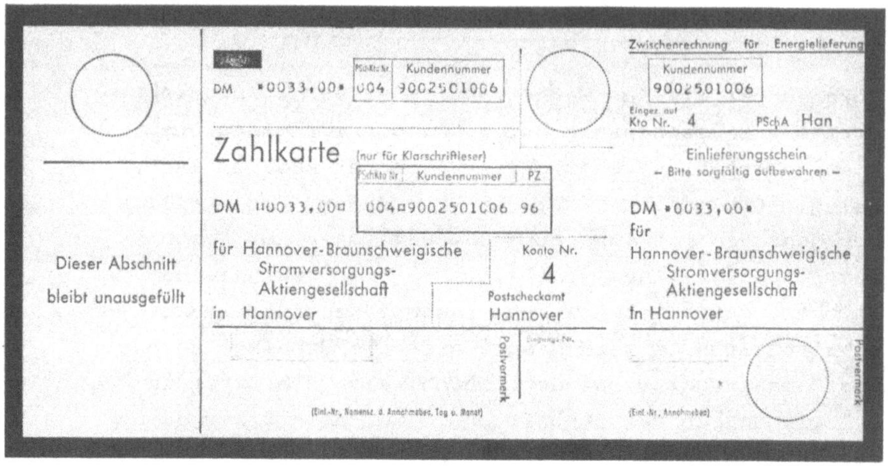
Dieser Abschnitt bleibt unausgefüllt

DM •0033,00• | 004 | Kundennummer 9002501006

Zahlkarte (nur für Klarschriftleser)

Kundennummer | PZ

DM ⑈0033,00⑈ 004⑈9002501006 96

für Hannover-Braunschweigische Stromversorgungs-Aktiengesellschaft in Hannover

Konto Nr. 4 Postscheckamt Hannover

Postvermerk

Zwischenrechnung für Energielieferung

Kundennummer 9002501006

Kto Nr. 4 PSchA Han

Einlieferungsschein – Bitte sorgfältig aufbewahren –

DM •0033,00• für Hannover-Braunschweigische Stromversorgungs-Aktiengesellschaft in Hannover

Postvermerk

Bild 50: Beispiel eines Klarschriftbeleges

Unter den stilisierten optisch lesbaren Schriften hat die Normschrift A nach DIN 66008 (in der Praxis meist unter der Bezeichnung OCR-A (engl. Optical Character Recognition, Typ A) bekannt, die größte Bedeutung erlangt. Es handelt sich um eine herstellerneutrale Schrift mit einem Standardzeichenvorrat aus 10 Ziffern, 26 Großbuchstaben und 21 Sonderzeichen (Bild 51).

0123456789

ABCDEFGHIJKLM

NOPQRSTUVWXYZ

Bild 51: OCR - A - Schrift

Die OCR-A-Schrift erfüllt die wesentlichen Forderungen, die an eine maschinenlesbare Schrift gestellt werden wie

- hohe Geschwindigkeit der Lesegeräte (bis etwa 3000 Zeichen/Sek.)

- große Lesesicherheit, daher nahezu kein Falscherkennen und wenig Rückweisungen

- relativ billige Lesegeräte, weil der eingebaute Code mit einfachen Verfahren auskommt

- hohe Sicherheit gegen Fälschungen

- wirtschaftliche Codierung und

- durch die Normung bestehende gute Aussicht auf Weiterverbreitung und Anerkennung.

Die OCR-A-Schrift wurde in der Bundesrepublik von bedeutenden Anwenden (wie dem Institut für Automation des Deutschen Sparkassen- und Giroverbandes und der Deutschen Bundespost) getestet und brachte hinsichtlich Sicherheit und Zuverlässigkeit beste Ergebnisse.

Zum Beschriften bzw. Bedrucken von Belegen in OCR-A-Schrift können Schnelldrucker und Schreibmaschinen, Buchungs- und Saldiermaschinen ebenso ausgerüstet werden wie Buch- und Offsetdruckmaschinen. DIN 66008 regelt neben der Schrift auch die Eigenschaften des Zeichenträgers sowie die Anordnung der Zeichen auf dem Beleg. Trotz dieser Normung benutzen heute noch eine Reihe der auf dem Markt befindlichen Klarschriftleser eine von den Herstellen entwickelte Schrift. So steht beispielsweise die Schrift OCR-B bei vielen Beleglesern in einer numerischen und einer alphanumerischen Version zur Verfügung. Bild 52 zeigt die OCR-B-Schrift.

Die Entwicklung von Handschrift-Leseverfahren bedeutet einen vorläufigen Höhepunkt des maschinellen optischen Lesens. Der Vorrat der lesbaren Handschriftzeichen ist jedoch bei allen auf dem Markt befindlichen Geräten beschränkt. Es handelt sich dabei um die Ziffern 0 - 9 und einigen Sonderzeichen. Außerdem können die Leser nur handschriftliche Zeichen verarbeiten, die besonders sorgfältig nach bestimmten Vorschriften geschrieben sind. Man spricht deshalb von genormter Handschrift (Bild 53).

☐ OCR-B1 numerisch

0123456789
<+>
VX I

☐ OCR-B1 alpha numerisch

0123456789
ABCDEFGHIJKLM
NOPQRSTUVWXYZ
<+>*-/.& ÄÖÜ

Bild 52: OCR - B - Schrift

Die handschriftlichen Ziffern sind durch entsprechenden Formularentwurf voneinander getrennt

Klarschrift wird durch Strichanalyse, Handschrift durch Konturenverfolgungstechnik erkannt

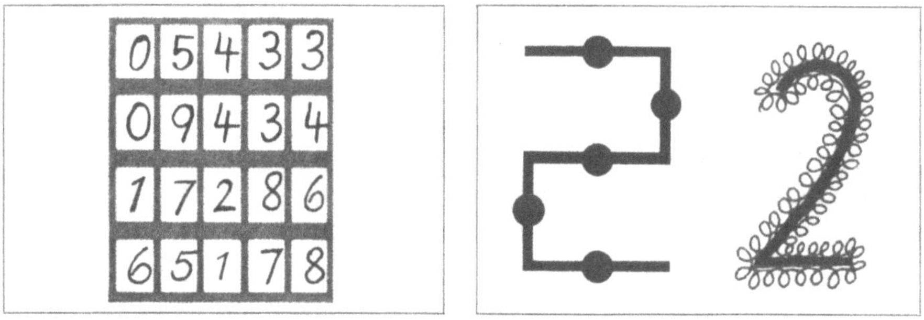

Bild 53: Handschriftliche Ziffern (links) und Abtastsystem (rechts) beim Belegleser IBM 1287 (Werkbild IBM)

Zusammengefaßt bietet das optische Leseverfahren folgende Vor- und Nachteile:

- Optische Leseverfahren besitzen eine prinzipielle Gestaltungsfreiheit der Schrift. Die Zeichen können mit sämtlichen gebräuchlichen Druckverfahren auf dem Beleg angebracht werden, spezielle Druckwerke für das lesegerechte Vorbereiten der Buchungsbelege, wie beim Magnetschriftverfahren, entfallen.

- Auf dem Beleg sind keine einheitlichen Lesezonen erforderlich, das heißt die Schriftzeichen müssen nicht auf einem bestimmten Platz stehen, sondern können über den gesamten Beleg verteilt sein. Dabei können in der Regel beliebig viele Zeilen pro Beleg gelesen werden.

- Die bei den optischen Verfahren am häufigsten verwendeten stilisierten Schriften stellen wegen ihrer quasi stationären Schwarz-Weiß-Erkennung wesentlich geringere Toleranzanforderungen an das Schriftbild und damit an die Druck- und Schreibvorrichtung als beim Magnetschriftverfahren.

- Wegen Veränderung des Remissionsgrades reagieren die optischen Verfahren empfindlicher gegen Verschmutzung der Belege als bei der Magnetschrift. Die Qualitätsanforderungen an das Papier sind höher.

- Mit Ausnahme von stark stilisierten Schriften gegenüber magnetischen Analogschriften (E-13-B) ist die Lesegeschwindigkeit geringer als beim Magnetschriftverfahren.

- Der technische Aufwand (und damit die Kosten) der optischen Leseverfahren liegt erheblich über dem des Magnetschriftverfahrens.

Markierungsverfahren

Zur direkten Beleglesung im weiteren Sinne gehört auch das Markierungsverfahren. Dieses Verfahren ist im Prinzip bereits vom Zeichenlochkartenverfahren her bekannt. Während es bei jenem darum geht, die Strichmarkierungen auf Lochkarten in Lochungen umzuwandeln und dann weiter zu verarbeiten, werden beim Markierungsverfahren die Markierungen auf dem Beleg als Daten erkannt und direkt, also ohne Übertragung in Datenträger, in die EDV-Anlage eingegeben. Die Markierungen werden mit einem Bleistift, der bestimmten Anforderungen genügen muß, an vorgegebenen Positionen angebracht. Eine Markierung repräsentiert einen bestimmten Wert, der sich aus seiner horizontalen Lage auf dem Beleg ergibt.

Jede Art von Aufdruck kann an jeder beliebigen Stelle des Belege erfolgen. Diese Konzeption bietet einen breiten Spielraum bei der Gestaltung der Formulare, die etwa die Größe DIN A 4 besitzen und maximal 1000 Strichmarkierungen enthalten können. Markierungsbelege sind auch als Endlosformulare vielseitig einsetzbar. Sie lassen sich im normalen Druckverfahren mit Klarschrift und maschinell lesbaren Markierungen beschriften. Da die Klarschrift mit normaler, also nicht reflektierender Druckfarbe angebracht wird, sind bestimmte Mindestabstände zu den Markierungsbereichen zu beachten.

Die Datenerfassung nach dem Markierungsverfahren ist besonders dort angebracht, wo die Belege dezentral ausgefüllt werden und der Einsatz von codierenden Geräten aus organisatorischen oder personellen Gründen nicht möglich ist. Auf dem vorgegebenen Beleg werden meist nur wenige, bestimmte Informationen in der Form nachgetragen, daß fest eingetragene Fragen, Begriffe oder Zahlenangaben über oder neben den Markierungsfeldern nach einem bestimmten Schema alternativ auszuwählen und durch Strichmarkierungen zu kennzeichnen sind. Das Markierungsverfahren ist leicht zu handhaben und ohne großen Aufwand realisierbar. Die Nachteile des Verfahrens liegen in der begrenzten Datenaufnahmekapazität je Beleg und der teilweise schwierigen visuellen Lesbarkeit der markierten Informationen. In Bild 54 ist das Beispiel eines Markierungsbelegs dargestellt, und Bild 55 zeigt noch einmal eine Übersicht über die Verfahren der Beleglesung.

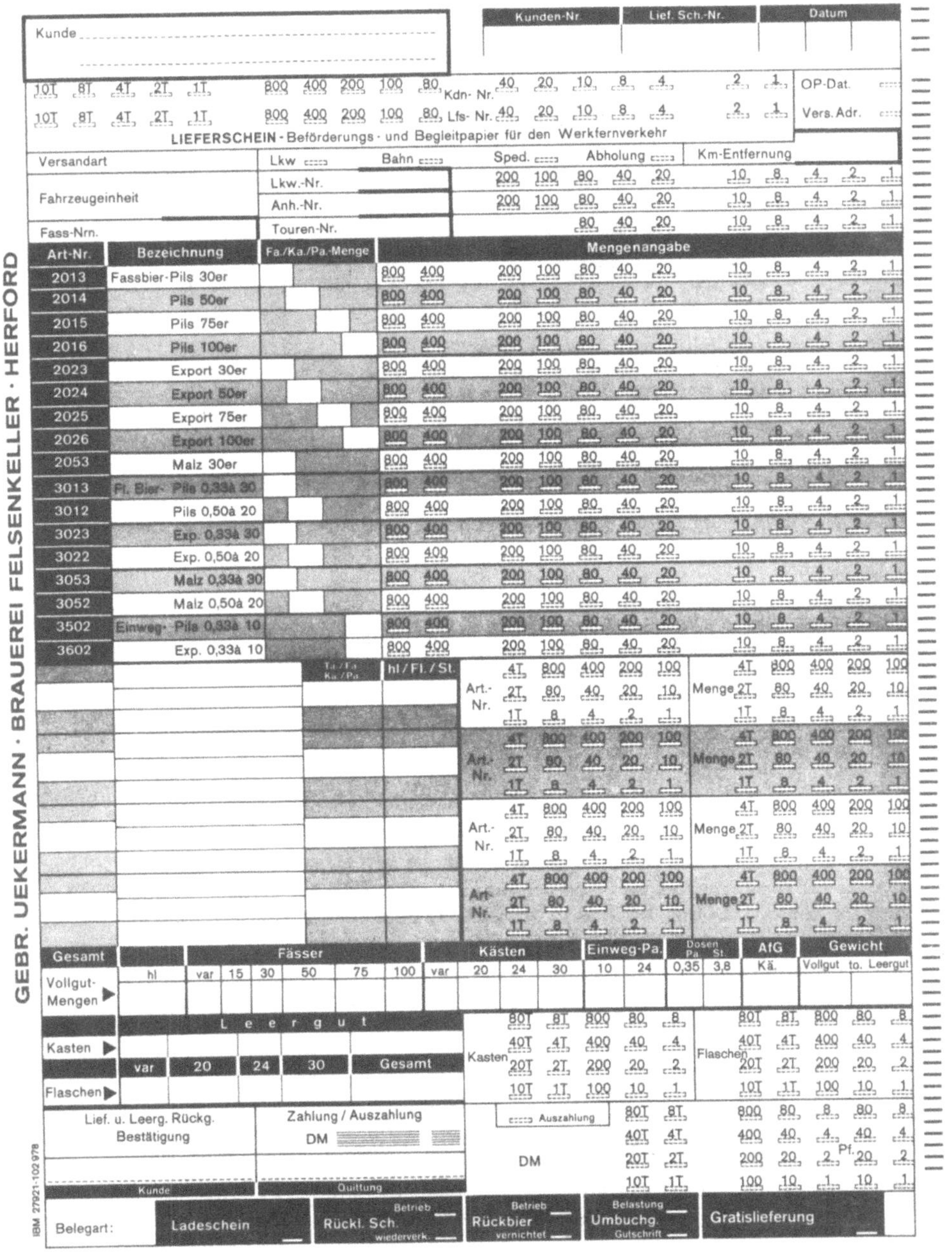

GEBR. UEKERMANN · BRAUEREI FELSENKELLER · HERFORD

Kunde

Kunden-Nr. | Lief. Sch.-Nr. | Datum

10T 8T 4T 2T 1T 800 400 200 100 80 Kdn- Nr. 40 20 10 8 4 2 1 OP-Dat.

10T 8T 4T 2T 1T 800 400 200 100 80 Lfs- Nr. 40 20 10 8 4 2 1 Vers. Adr.

LIEFERSCHEIN - Beförderungs- und Begleitpapier für den Werkfernverkehr

Versandart | Lkw | Bahn | Sped. | Abholung | Km-Entfernung

Fahrzeugeinheit | Lkw.-Nr. | Anh.-Nr.

Fass-Nrn. | Touren-Nr.

Art-Nr.	Bezeichnung	Fa./Ka./Pa.-Menge	Mengenangabe
2013	Fassbier-Pils 30er		800 400 200 100 80 40 20 10 8 4 2 1
2014	Pils 50er		800 400 200 100 80 40 20 10 8 4 2 1
2015	Pils 75er		800 400 200 100 80 40 20 10 8 4 2 1
2016	Pils 100er		800 400 200 100 80 40 20 10 8 4 2 1
2023	Export 30er		800 400 200 100 80 40 20 10 8 4 2 1
2024	Export 50er		800 400 200 100 80 40 20 10 8 4 2 1
2025	Export 75er		800 400 200 100 80 40 20 10 8 4 2 1
2026	Export 100er		800 400 200 100 80 40 20 10 8 4 2 1
2053	Malz 30er		800 400 200 100 80 40 20 10 8 4 2 1
3013	Fl. Bier- Pils 0,33à 30		800 400 200 100 80 40 20 10 8 4 2 1
3012	Pils 0,50à 20		800 400 200 100 80 40 20 10 8 4 2 1
3023	Exp. 0,33à 30		800 400 200 100 80 40 20 10 8 4 2 1
3022	Exp. 0,50à 20		800 400 200 100 80 40 20 10 8 4 2 1
3053	Malz 0,33à 30		800 400 200 100 80 40 20 10 8 4 2 1
3052	Malz 0,50à 20		800 400 200 100 80 40 20 10 8 4 2 1
3502	Einweg- Pils 0,33à 10		800 400 200 100 80 40 20 10 8 4 2 1
3602	Exp. 0,33à 10		800 400 200 100 80 40 20 10 8 4 2 1

Fa./Fa. Ka./Pa. | hl / Fl. / St.

Art.-Nr. 4T 800 400 200 100 / 2T 80 40 20 10 / 1T 8 4 2 1 — Menge 4T 800 400 200 100 / 2T 80 40 20 10 / 1T 8 4 2 1 (viermal)

Gesamt		Fässer						Kästen			Einweg-Pa.		Dosen Pa. St.		AfG	Gewicht	
Vollgut-Mengen	hl	var	15	30	50	75	100	var	20	24	30	10	24	0,35	3,8	Kä.	Vollgut to. Leergut

Leergut

Kasten | Flaschen | var | 20 | 24 | 30 | Gesamt

Kasten 80T 8T 800 80 8 / 40T 4T 400 40 4 / 20T 2T 200 20 2 / 10T 1T 100 10 1

Flaschen 80T 8T 800 80 8 / 40T 4T 400 40 4 / 20T 2T 200 20 2 / 10T 1T 100 10 1

Lief. u. Leerg. Rückg. Bestätigung | Zahlung / Auszahlung DM | Auszahlung | DM

80T 8T 800 80 8 80 8 / 40T 4T 400 40 4 40 4 / 20T 2T 200 20 2 Pf. 20 2 / 10T 1T 100 10 1 10 1

Kunde | Quittung

IBM 27921-102978

Belegart: Ladeschein | Rückl. Sch. Betrieb wiederverk. | Rückbier Betrieb vernichtet | Belastung Umbuchg. Gutschrift | Gratislieferung

Bild 54: Beispiel eines Markierungsbeleges

Verfahren der direkten Beleglesung

1. Datenerfassung

a) Voll-Erfassung:	(i.d.R. nur bei Markierungsbeleg): handschriftliche Markierung aller zu erfassenden Daten
b) Nachcodierung:	Ergänzen der vorgedruckten (festen) Daten durch handschriftliches oder maschinelles Nachcodieren der variablen Daten (bei allen drei Belegarten)
c) Ohne:	Eingabe der (meist durch die DV-Anlage) vorgedruckten Daten (Beispiel: Postscheckverfahren) ohne Nachcodierung (i.d.R. nur beim Klarschriftverfahren)

2. Datenträger/Eingabe

- Magnetschriftbelege

Vorteile:	Urbeleg-Direkteingabe hohe Sicherheit, keine Falschlesung durch Verschmutzung
Nachteile:	geringe Zeichendichte je Beleg hohe Anforderung an Druckqualität feste Lesezeile zusätzliche Aufmagnetisierung
Verfahren:	CMC - 7, E13 - B, Siemag
Eingabe:	über Magnetschriftlesegerät (60.000 bis 90.000 Belege/Std.)

- Klarschriftbelege (optisch lesbare Belege)

Vorteile:	Urbeleg-Direkteingabe gebräuchliche Zeichen von Schnelldrucker oder Schreibmaschine handschriftliche Zeichenlesung möglich
Nachteile:	Verschmutzungsgefahr der Belege hohe Anforderungen an Belege und Erfassung sehr teures Verfahren
Verfahren:	OCR-A, IBM 1418, CZ-13, Handschriftleser IBM 1287/1288
Eingabe:	über Klarschriftlesegerät (60.000 bis 100.000 Belege/Std.)

- Markierungsbelege

Vorteile:	Urbeleg-Direkteingabe einfache Handhabung billiges Verfahren
Nachteile:	begrenzte Anpassungsfähigkeit aufwendige manuelle Erfassung (Strichmarkierung)
Verfahren:	keine Normung
Eingabe:	über Markierungslesegerät mit Direkteingabe, oder über Lochkartenumwandlung mit Lochkarteneingabe

Bild 55: Übersicht über die Verfahren der Beleglesung

2.125 Zusammenfassung und Beurteilung

Von Fachleuten wird geschätzt, daß 30 bis 40 % des gesamten EDV-Budgets in der Bundesrepublik (das sind mehrere Milliarden DM pro Jahr) auf Aufwendungen für die Datenerfassung entfallen. Hiervon werden auch heute noch etwas mehr als 50 % für die manuelle Gewinnung von Lochkarten verwendet, während sich der Rest auf die manuelle Erfassung per Magnetband und Lochstreifen (zusammen schätzungsweise 20 bis 30 %), auf die Beleglesung (schätzungsweise 10 bis 20 %) und auf die Direkteingabe (schätzungsweise 5 %) verteilt.

Die bestehende Kluft in Leistung und Kosten zwischen der Datenerfassung und Datenverarbeitung muß zu verstärkten Anstrengungen in der Rationalisierung der Datenerfassung führen. Insgesamt gesehen wird der Anteil der direkten Datenerfassung per Urbeleg oder Direkteingabe gegenüber der indirekten Datenerfassung über Lochkarte, Lochstreifen und Magnetträger weiter und erheblich stärker als bisher zunehmen. Sofern ein Beleg aus gesetzlichen oder innerbetrieblichen Gründen erforderlich ist, wird dieser Weg künftig zur Beleglesung führen. Kann man dagegen auf einen Beleg verzichten, so spricht dies zugunsten einer beleglosen Direkteingabe, der vor allem dort eine steigende Bedeutung zukommt, wo Daten nicht stapelperiodisch, sondern sofort bei ihrem Anfall verarbeitet werden müssen - eine Form der Datenverarbeitung, die mit Datenfernverarbeitung bezeichnet wird.

2.2 Datenverarbeitung

2.21 Einführung und Übersicht

Die Arbeitsweise einer elektronischen Datenverarbeitungsanlage läßt sich im Prinzip durchaus mit der Arbeitsdurchführung eines kaufmännischen Angestellten vergleichen. Wie in Bild 56 dargestellt, entnimmt der Sachbearbeiter bestimmte Angaben einem Beleg, ergänzt diese Daten aus seiner Kartei, verarbeitet sie nach festgesetzten Regeln und schreibt das Ergebnis seiner Verarbeitung als Ausgabe nieder. Beispielsweise werden die "Eingabedaten" einem Kundenauftrag entnommen, durch Angaben eines "externen Speichers" - der Kundenstammkarte - ergänzt, nach Maßgabe bestimmter Arbeitsanweisungen verarbeitet (der Auftrag wird auf Lieferbarkeit geprüft, danach erfolgt die Ausrechnung der Einzelbeträge durch Multiplikation von Menge mal Einzelpreis, es wird die Gesamtsumme der Rechnung ermittelt, der Rabattbetrag abgezogen usw.) und als "Ausgabe" Lieferschein und Rechnung geschrieben.

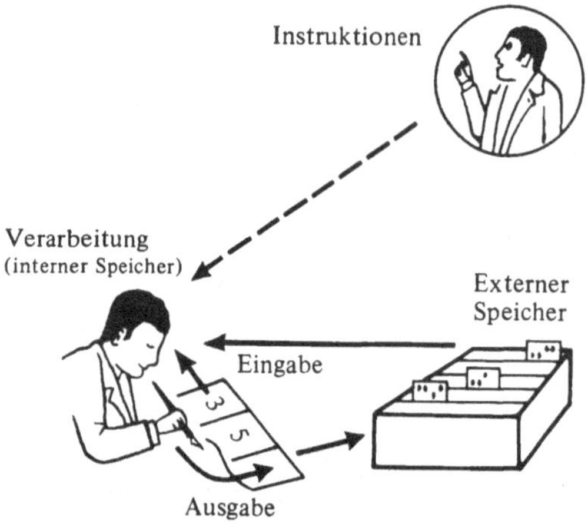

Bild 56: Prinzip der Datenverarbeitung

Nach dem gleichen Prinzip läuft die Arbeit auf einer EDV-Anlage ab: neue Geschäftsvorfälle werden der Anlage eingegeben, durch extern gespeicherte Stamm- und Bestandsangaben ergänzt, nach Maßgabe des vor Beginn der Arbeit gespeicherten Programms verarbeitet und das Arbeitsergebnis (in Form eines Formulars oder einer Liste) ausgegeben. Gleichzeitig schreibt die

Maschine die neuen Kontenbestände auf einen externen Speicher zurück. Entsprechend diesem Vorgang unterscheidet man Eingabeoperationen (= Einlesen der Daten), Verarbeitungsoperationen (= Rechenvorgänge und logische Entscheidungen) und Ausgabeoperationen (= Ausgabe von Daten auf Formularen, Listen oder Datenträgern). Bild 57 zeigt das Prinzip eines elektronischen Datenverarbeitungssystems und Bild 58 den Aufbau einer EDV-Anlage.

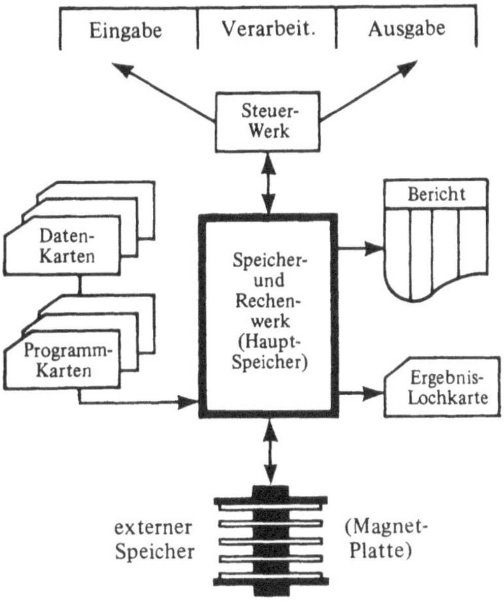

Bild 57: Prinzip eines elektronischen Datenverarbeitungssystems

In Bild 59 ist eine Übersicht über die möglichen Eingabe- und Ausgabegeräte und in Bild 60 eine Übersicht über die Ein-/Ausgabegeräte, Dialoggeräte und externen Speicher dargestellt. Eingabegeräte, Ausgabegeräte, externe Speicher und Dialoggeräte werden zu dem Begriff periphere Geräte oder Randeinheiten zusammengefaßt.

Die Eingabegeräte lesen oder fühlen die verschlüsselten Daten aus den Eingabemitteln ab, wandeln sie in den

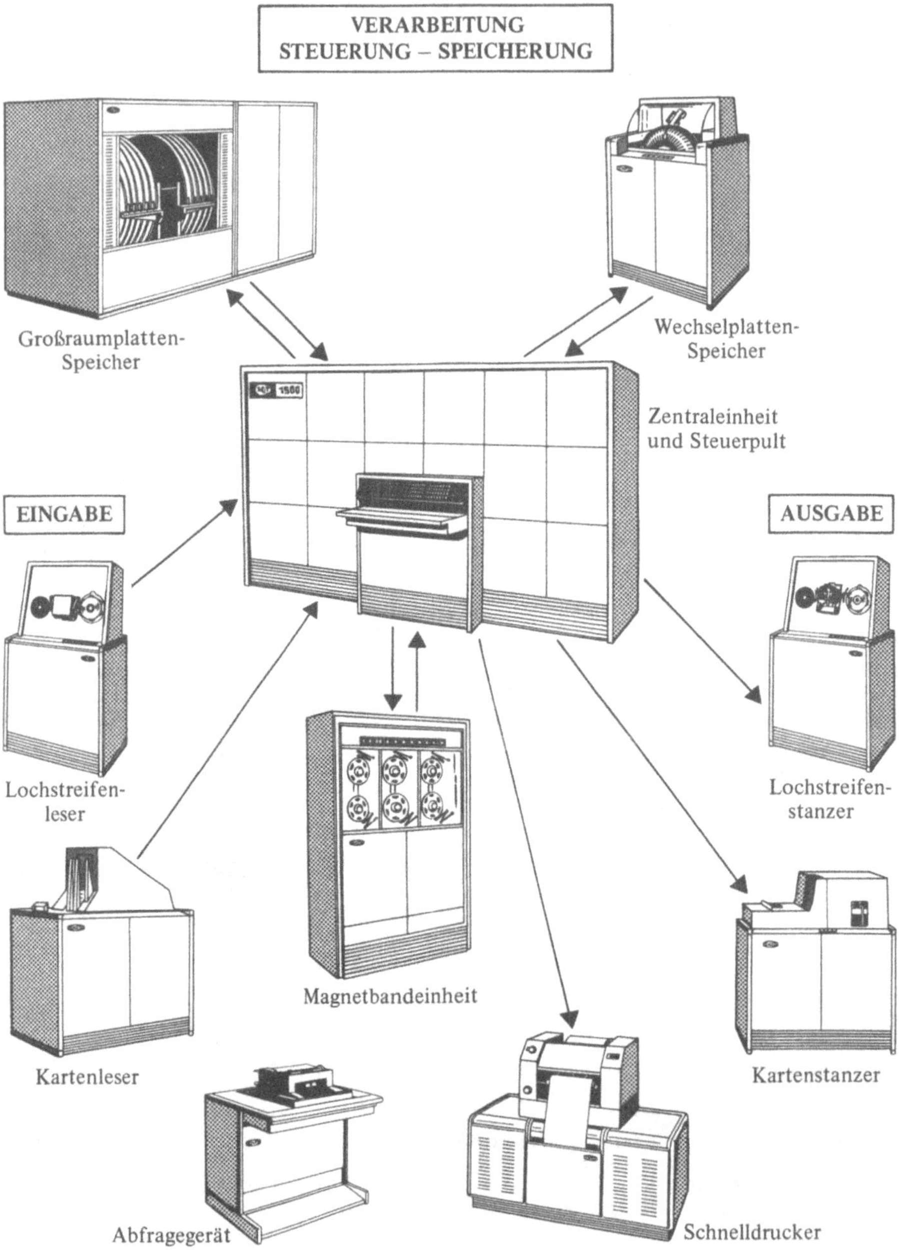

Bild 58: Aufbau einer EDV-Anlage

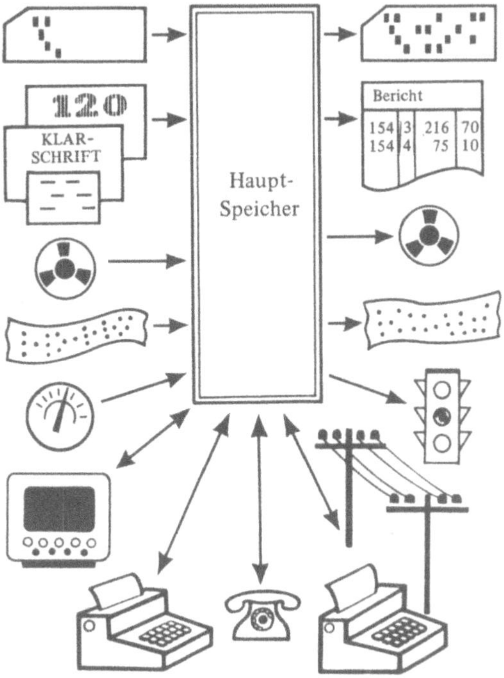

Bild 59: Eingabe- und Ausgabegeräte (Werkbild IBM)

Maschinencode um und stellen sie für die Verarbeitung im internen Arbeitsspeicher der EDV-Anlage bereit. Außer den Daten wird auch das jeweilige Programm eingegeben und in der Anlage gespeichert. Während die Datensätze einzeln und nacheinander abgefühlt und nach Maßgabe des gespeicherten Programms verarbeitet werden, ist es üblich, das gesamte Programm für eine Aufgabe vor Arbeitsbeginn in den Speicher einzulesen.

Die Ausgabegeräte, die wie die Eingabegeräte direkt (On-Line) mit der Zentraleinheit verbunden sind, übersetzen die Ergebnisse der Datenverarbeitung zurück in den Ausgabecode und übertragen sie in Lochkarten, Lochstreifen, Endlospapier, Sprachausgabe, Bildschirmanzeige, Mikrofilm oder in Form von grafischen Zeichnungen.

Die externen Speicher dienen zur Aufnahme großer Datenmengen für eine vorübergehende oder dauerhafte Zwischenspeicherung. Neben den am meisten gebräuchlichen Magnetbandgeräten (die auch zur Erfassung und Eingabe von Daten verwendet werden) und Magnetplatteneinheiten sind hier Magnettrommelspeicher sowie Magnetkarten- und Magnetstreifenspeicher zu nennen.

Die vierte Gruppe der peripheren Geräte sind die Dialoggeräte, denen eine steigende Bedeutung zukommt. Dialoggeräte sind die Bedienungskonsolen (Blattschrei-

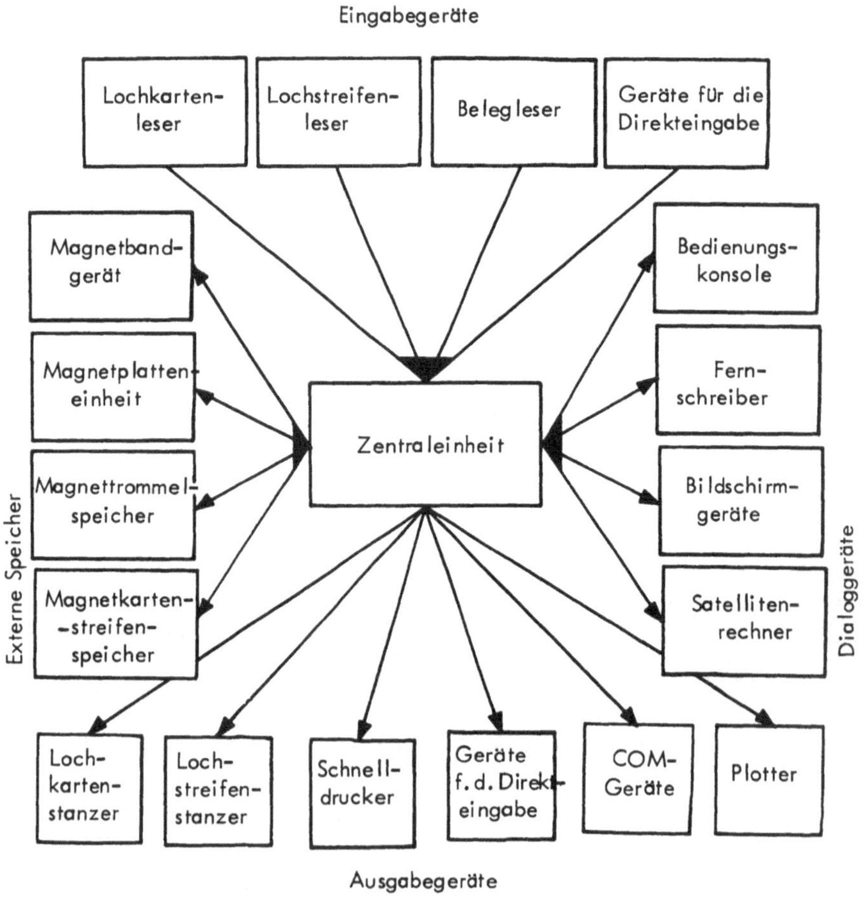

Bild 60: Übersicht über die peripheren Geräte einer EDV-Anlage

ber, Konsolschreibmaschinen oder Bildschirmgeräte), die zur unmittelbaren Kommunikation zwischen EDV-Anlage und Operateuren dienen, die bekannten Fernschreiber, Bildschirmgeräte als die vielseitigsten visuellen Kommunikationsmittel und in Einzelfällen kleinere EDV-Anlagen (Satellitenrechner), die an einer Zentraleinheit angeschlossen sind.

Die Vielzahl der peripheren Geräte soll dem Benutzer die Möglichkeit bieten, seine Anlage den unterschiedlichen Aufgaben und Zwecken anzupassen. Es versteht sich von selbst, daß eine EDV-Anlage selten mit allen verfügbaren Geräten ausgestattet ist, während jedoch umgekehrt meist zwei oder mehr gleiche periphere Geräte an einer Zentraleinheit angeschlossen sind.

2.22 Zentraleinheit

2.221 Aufbau einer Zentraleinheit

Alle Geräte und Einrichtungen einer EDV-Anlage sind zu einem geschlossenen System zusammengefaßt, in dessen Mittelpunkt die Zentraleinheit (engl. CPU = Central Processing Unit) steht (Bild 61). Sie bildet den funktionalen Hauptteil des EDV-Systems und steuert und überwacht den gesamten Arbeitsablauf.

Die Zentraleinheit einer EDV-Anlage besteht aus (Bild 62)

- dem Arbeitsspeicher (Hauptspeicher)

- dem Steuerwerk und

- dem Rechenwerk.

Der interne Arbeitsspeicher, auch Hauptspeicher genannt, nimmt vorübergehend Programme und Daten zur Verarbeitung auf. Das Steuerwerk leitet und kontrolliert den gesamten Arbeitsablauf zwischen Zentraleinheit und den peripheren

Geräten, und im Rechenwerk erfolgt die eigentliche Verarbeitung der Daten mit Hilfe von Rechen- und Vergleichsoperationen.

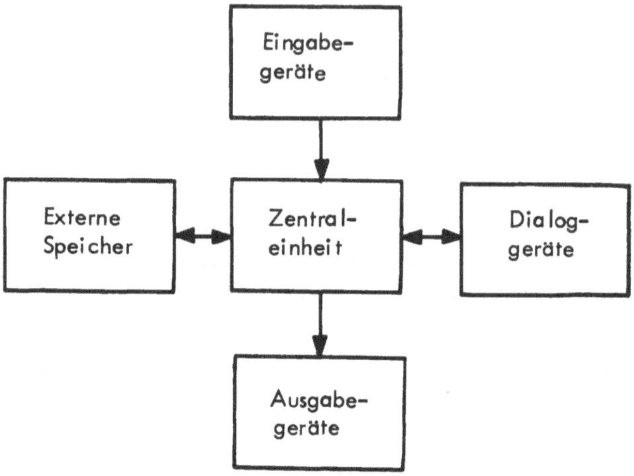

Bild 61: Schaubildliche Darstellung einer EDV-Anlage

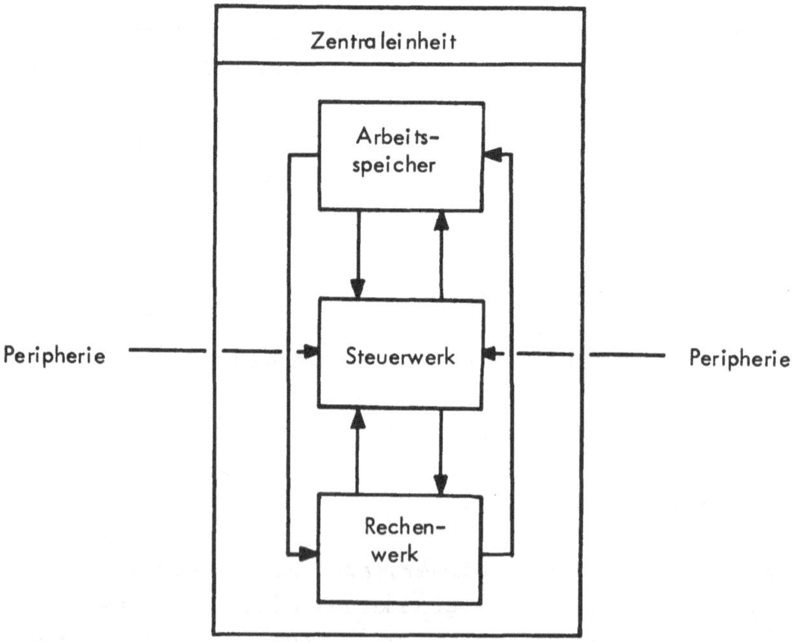

Bild 62: Zentraleinheit

2.222 Das Steuerwerk

Jede Maschine muß gesteuert werden. Die Steuerung kann entweder manuell während des maschinellen Ablaufs erfolgen oder aber automatisch, wenn die Maschine über eine automatische Steuerungseinrichtung verfügt. In diesem Falle wird die Steuerung durch die Maschine selbst bzw. durch besondere Einrichtungen durchgeführt, ohne daß es eines ständigen Eingriffes des Menschen während des Arbeitsprozesses bedarf. Bei einer solchen Einrichtung erfolgt die Steuerung aufgrund eines vorgegebenen Plans (= Programm). So wird der Jacquard-Webstuhl durch aneinandergereihte Lochkarten gesteuert, auf diese Weise spielt ein elektrisches Klavier und nach einem vorgegebenen Programm arbeiten automatisch gesteuerte Werkzeugmaschinen.

Das Steuerwerk einer EDV-Anlage ist die wichtigste und zugleich komplizierteste Einheit. Es hat die Aufgabe, den Ablauf der EDV-Anlage nach Maßgabe der geladenen Programme sowie aufgrund fest eingebauter Steuerungseinrichtungen zu steuern, zu überwachen und zu kontrollieren. EDV-Anlagen werden auch als programmgesteuerte Maschinen bezeichnet, weil sie in der Lage sind, umfangreiche Aufgaben nach vorgegebenen Programmen automatisch durchzuführen.

Bei den Steuerungsfunktionen einer EDV-Anlage muß zwischen der Hardware-Steuerung und der Software-Steuerung unterschieden werden. Die Hardware-Steuerung ist vom Hersteller fest in die Anlage eingebaut. Sie dient dazu, eine störungsfreie Arbeit der Anlage zu gewährleisten, die einzelnen Geräte der Anlage aufeinander abzustimmen und den Bediener auf bestimmte Vorgänge hinzuweisen. Zu den Steuerungsfunktionen gehören Steuerungen bei der Ein- und Ausgabe, bei der Speicherung und beim Rechnen. Beispiele hierfür sind die Lochzählung, die Bitzahlprüfung, die Prüfung auf gültiges Zeichen, Kontrollen bei Schreib- und Lesevorgängen, Überlaufanzeigen beim Rechnen und viele andere mehr. Die Hauptbedeutung der Steuerung einer EDV-Anlage kommt jedoch der Software-Steuerung mit Hilfe von Programmen zu. Ein Programm besteht aus einer Folge von Einzelschritten. Es wird für jede Aufgabe getrennt angefertigt und jeweils vor dem Ablauf in den internen Arbeitsspeicher der Anlage geladen. Nach dem Start des Programms überträgt die Anlage die erste Instruktion aus dem internen Arbeitsspeicher zum Steuerwerk, das dann abhängig von der Art dieser Instruktion den Arbeitsablauf steuert: das Steuerwerk stellt fest, um was für einen Befehl es sich handelt und wo die Daten gespeichert sind, die mit Hilfe dieses Befehls verarbeitet werden sollen. Erst nach der Ausführung eines Befehls wird die nächste Instruktion ins Steuerwerk übertragen, interpretiert und ausgeführt - ein Vorgang der sich so oft wiederholt, bis der letzte Datensatz verarbeitet ist.

Betrachtet man die gesamten Steuerungseinrichtungen einer EDV-Anlage, so gehören neben dem Steuerwerk auch

- die Pufferung (Zwischenspeicherung)

- die Ein-/Ausgabesteuerung und

- die Kanäle

zu den Steuerungseinrichtungen. Da diese Einrichtungen jedoch nicht Bestandteil der Zentraleinheit sind, wurde ihnen ein getrenntes Kapitel gewidmet.

Zur Durchführung der Steuerungsaufgaben besitzt das Steuerwerk eine große Anzahl verschiedenartiger elektronischer Elemente, mit deren Hilfe sowohl die Hardware-Funktionen (Ablaufsteuerung, Kontrolloperationen) als auch die Programmfunktionen (Programmablauf) gesteuert werden.

Die am meisten verwendeten elektronischen Elemente des Steuerwerks sind Register, das sind kleine Speicher mit kurzen Schaltzeiten. Register sind bistabile Halbleiter-Schaltelemente, sogenannte Flip-Flops. Jedes Schaltelement kann einen binären Zustand (0 oder 1) durch Fließen eines Dauerstroms darstellen, weswegen ein Registerinhalt ständig ohne besondere Vorkehrungen abgefragt werden kann. Die am häufigsten verwendete Art von Flip-Flops hat einen 1-Eingang, einen 0-Eingang und einen 0/1-Ausgang, wie in Bild 63 dargestellt.

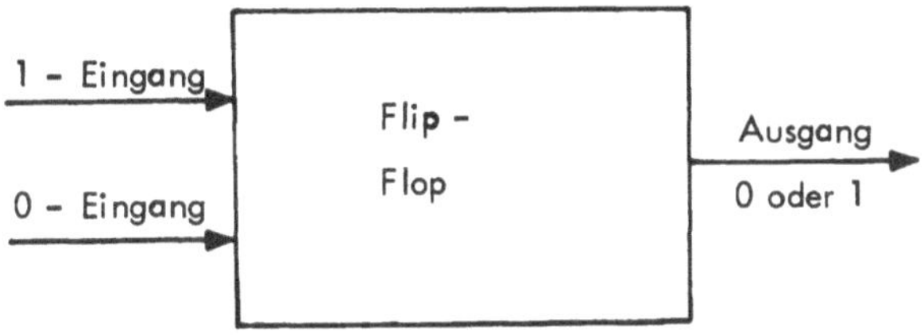

Bild 63: Flip-Flop-Schalter

Ein solches Flip-Flop funktioniert wie ein Kippschalter: gibt man einen positiven Strom auf den 1-Eingang, so entsteht am Ausgang eine positive Spannung (1-Ausgang). Gibt man einen positiven Stromimpuls auf den 0-Eingang, so entsteht am Ausgang eine negative Spannung, das heißt ein 0-Ausgang. Bis zur Umschaltung behält das Flip-Flop seinen jeweiligen Zustand, und eine Umschaltung kann nur durch einen entgegengesetzten Impuls auf den Eingang erfolgen.

Das Hauptinteresse an der Steuerung gilt der Frage, wie die Programmsteuerung funktioniert. Bei der Programmsteuerung wird jeweils eine Instruktion, auch Befehl genannt, vom Arbeitsspeicher ins Steuerwerk gelesen, dort interpretiert (welche Instruktion?) und anschließend ausgeführt. Dementsprechend setzt sich ein Steuerzyklus aus der Instruktionsphase (Lesen und Interpretieren) und der Ausführungsphase (Ausführen) zusammen.

Jede Programminstruktion bewirkt eine Maschinenoperation, wie Lesen eines Datensatzes, Rechnen, Vergleichen, Drucken einer Zeile usw. Die Gesamtheit der Instruktionen für die Durchführung einer Aufgabe wird als Programm, die Gesamtheit aller möglichen Maschinenoperationen als Befehlsvorrat bezeichnet, der bei größeren und vielseitigen Maschinen mehr als 100 Befehle umfassen kann.

Eine Maschineninstruktion (oder Befehl) besteht aus (Bild 64)

- dem Operationsteil (welcher Befehl soll ausgeführt werden?) und

- dem Operanden- oder Adreßteil (in welchen Adressen des Arbeitsspeichers stehen die Daten oder Operanden, die verarbeitet werden sollen?).

Operationsteil	Operanden- oder Adreßteil

Bild 64: Instruktionsaufbau

Abhängig vom Aufbau einer EDV-Anlage unterscheidet man Ein- und Mehradreßinstruktionen oder -befehle und spricht von Ein- bzw. Mehradreßmaschinen. Das nachfolgende Beispiel zeigt die Unterschiede zwischen einer Einadreß-, einer Zweiadreß- und einer Dreiadreßmaschine.

Beispiel: Es sind zwei Zahlen zu addieren, die sich auf den Speicheradressen 4711 und 5812 befinden. Die Summe der Addition soll auf den Speicherplatz 7033 abgelegt werden.

1. Einadreßmaschine

Operation
Adresse

Op.	Adresse

L 4711	Lesen des Operanden in Adresse 4711 in den Rechenakkumulator
A 5812	Addieren des Operanden in Adresse 5812 zum Inhalt des Akkumulators
U 7033	Übertragen der Summe aus dem Akkumulator zur Adresse 7033.

2. Zweiadreßmaschine

Operation
Adressen

Op.	Adresse 1	Adresse 2

A 4711 5812	Addieren der Operanden in Adressen 4711 und 5812 im Akkumulator
U - 7033	Übertragen des Akkumulatorinhalts nach Adresse 7033 (1. Operand fehlt).

3. Dreiadreßmaschine

Operation
Adressen

Op.	Adresse 1	Adresse 2	Adresse 3

A 4711 5812 7033	Addieren der Operanden von Adressen 4711 und 5812 und Abspeichern des Ergebnisses in Adresse 7033.

Wie ersichtlich, werden bei einer Einadreßmaschine zur Durchführung einer Addition drei Instruktionen, bei einer Zweiadreßmaschine zwei und bei einer Dreiadreßmaschine nur eine Instruktion benötigt. Je höher bei einer Maschine die Adreßanzahl, desto geringer der Programmierungsaufwand und desto größer der maschinentechnische Aufwand bei der Steuerungseinrichtung.
Um die Vorzüge und Nachteile der Systeme vernünftig auszugleichen, sind die Mehrzahl der auf dem Markt befindlichen elektronischen Datenverarbeitungsanlagen Zweiadreßmaschinen.

Bild 65 zeigt eine Übersicht über die verschiedenen Arten von Instruktionen, wie sie heute üblicherweise in modernen EDV-Anlagen vorhanden sind. Im einzelnen handelt es sich neben den Ein-/Ausgabeinstruktionen um

- arithmetische Instruktionen wie Addition, Subtraktion, Multiplikation und Division, unterteilt nach Fest-, und

- Übertragungsinstruktionen, die zur Übertragung von Daten innerhalb des Arbeitsspeichers bzw. zwischen Arbeitsspeicher und Arbeitsregister dienen

- logische Instruktionen, von denen insbesondere die Vergleichsinstruktionen zu nennen sind, bei denen zwei verschiedene Werte miteinander verglichen werden, so daß in Abhängigkeit vom Ergebnis des Vergleichs das Programm in der einen oder anderen Richtung fortgeführt werden kann

- Verzweigungsinstruktionen, mit deren Hilfe das Programm an einer bestimmten Stelle unterbrochen und an einer anderen Stelle fortgeführt werden kann. Die Verzweigungsinstruktionen sind in unbedingte und bedingte Verzweigungen zu unterteilen. Bei einer unbedingten Verzweigung erfolgt der Sprung in einen anderen Teil des Programms auf jeden Fall, das heißt ohne daß hierfür eine besondere Bedingung erfüllt sein muß. Im Unterschied hierzu erfolgt bei den bedingten Verzweigungsinstruktionen eine Verzweigung nur dann, wenn im Rahmen der Verarbeitung eine vorher im Programm definierte Bedingung gegeben ist.

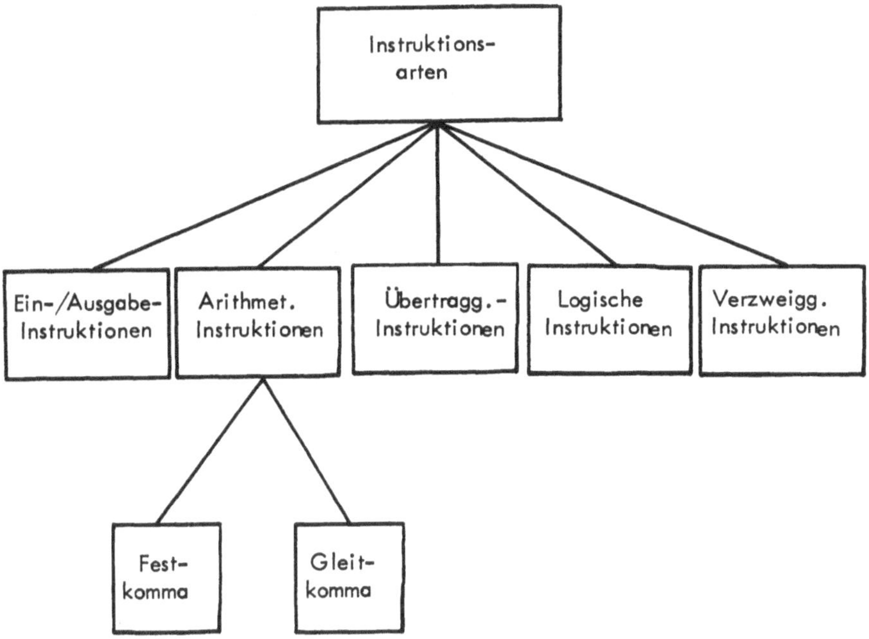

Bild 65: Instruktionsarten

Entsprechend dem Aufbau einer Instruktion in Operations- und Adreßteil benötigt ein Steuerwerk ein Operations- und ein oder mehrere Adreßregister (Bild 66).

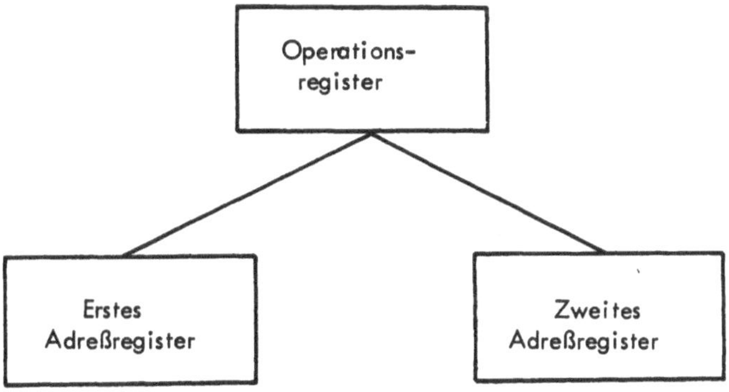

Bild 66: Operations- und Adreßregister

Um einen Befehl interpretieren und ausführen zu können, sind zunächst die obengenannten Register nötig, mit deren Hilfe die Anlage feststellt,

- welcher Befehl ausgeführt werden soll (WAS) und

- in welchen Speicheradressen die benötigten Operanden stehen (WOHIN/WOHER).

Zu den genannten Operations- und Adreßregistern kommen noch

- das Längen- oder Zählregister, das den Längenschlüssel (der im Operationsteil eines Befehls neben dem Befehlsschlüssel enthalten ist) aufnimmt und feststellt, wie lang (Angabe in Bytes) ein zu übertragendes Operandenfeld ist, und

- das Instruktionsadreßregister (der Instruktionszähler), das jeweils die Adresse der als nächste auszuführenden Programminstruktion aufnimmt.

Naturgemäß sind die Hardware- und Software-Steuerung viel komplizierter, als das dies in einem Buch über die Grundlagen der EDV und von einem betriebswirtschaftlich orientierten Autor dargestellt werden kann.

2.223 Das Rechenwerk

Im Rechenwerk, als Teil der Zentraleinheit, werden die Hauptoperationen der Verarbeitung durchgeführt: arithmetische und logische Operationen. Arithmetische Operationen sind die Addition, die Subtraktion, die Multiplikation und die Division. EDV-Anlagen beherrschen im Grunde nur die Addition. Alle anderen Rechenoperationen werden auf die Addition zurückgeführt, wie beispielsweise die Subtraktion durch Addition der Komplementwerte. Demgegenüber dienen die logischen Operationen dem Größenvergleich zweier Werte. Vergleichsentscheidungen werden benötigt, um unterschiedliche Programmzweige (in Abhängigkeit von bestimmten Bedingungen) durchlaufen zu können. Die hauptsächlichen Vergleichsoperationen sind:

$A = B$ (A gleich B)
$A > B$ (A größer B)
$A \leq B$ (A kleiner oder gleich B).

Die Fähigkeit, logische Vergleiche durchführen zu können, wird als eine der wesentlichsten Eigenschaften für die Flexibilität einer EDV-Anlage angesehen.

Die wesentlichen elektronischen Bestandteile des Rechenwerkes sind

- Addierwerke (Akkumulatoren)

- Register und

- Einrichtungen für die Operationssteuerung.

Von der Art und Anzahl der Addierwerke hängt die Geschwindigkeit eines Rechenwerkes und damit die Leistungsfähigkeit der Anlage in erheblichem Maße ab. Deshalb ist es sehr wichtig, ob eine EDV-Anlage nur mit einfachen Addierwerken in Serienschaltung (sie erlauben nur eine serielle Bitverarbeitung, das heißt Bit für Bit nacheinander) oder in Parallelschaltung (mit paralleler, also gleichzeitiger Verarbeitung mehrerer Bits) ausgerüstet ist.

Abgesehen von dem Gesichtspunkt der Schalttechnik lassen sich die Addierwerke unterteilen in

- Addierwerke mit Festkommaarithmetik und

- Addierwerke mit Gleitkommaarithmetik.

Während Festkomma-Addierwerke vorwiegend bei rein kommerziell genutzten Anlagen (binärdezimale Rechenweise: langsamer, aber technisch weniger aufwendig) vorhanden sind, verwenden Rechner für überwiegend technisch-mathematische Anwendungen Addierwerke mit Gleitkommaarithmetik (rein binäre Rechenweise: schneller, einfacher, aber technisch aufwendiger).

Die genannten Register des Rechenwerkes dienen vornehmlich zur Aufnahme von Operanden der Eingabe, der Zwischenergebnisse und der Ausgabe. Zusätzlich kennen wir Flip-Flops als Schieberegister, beispielsweise für eine Multiplikandenverschiebung bei der Multiplikation. Einrichtungen für die Operationssteuerung sorgen für eine vom Steuerwerk unabhängige Operationsdurchführung. Hierbei handelt es sich um fest eingespeicherte Mikroprogramme im Rechenwerk, die die arithmetischen und logischen Operationen durchführen und die vom Benutzer nicht geändert oder gelöscht werden können. Eine eigene Operationssteuerung des Rechenwerkes bietet den Vorteil, daß damit eine Dezentralisierung von Steuerungsfunktionen erreicht wird und auf diese Weise mehrere Vorgänge zur gleichen Zeit in der Zentraleinheit ablaufen können. Als ein weiteres Beispiel für eine dezentrale Steuerungsfunktion kann die noch zu behandelnde Ein-/Ausgabesteuerung dienen.

Neben dem binären Zahlensystem, auf dessen Vorteile schon LEIBNIZ hingewiesen hat, bildet die vom englischen Mathematiker GEORGE BOOLE (1815 - 1864) entwickelte BOOLsche Algebra das theoretische Gerüst für die Entwicklung und Struktur elektronischer Datenverarbeitungsanlagen. Die Gedankengänge von BOOLE hat später C.G. SHANNON in den 30er Jahren zur Schaltalgebra weiter entwickelt.

Die drei maßgeblichen logischen Grundschaltungen sind (Bild 67)

- die Negationsschaltung $A \sim A$
- die Und-Schaltung $A \wedge A$ und
- die Oder-Schaltung $A \vee A$.

Die Negationsschaltung (Negation) ist die einfachste der drei Grundschaltungen. Negationsschaltungen haben einen Eingang und einen Ausgang. Eine binäre 0 am Eingang (negativer Stromimpuls) wird zu einer binären 1 (positiver Stromimpuls) am Ausgang und umgekehrt.

Bei der Und-Schaltung (Konjunktion) werden zwei Eingänge und ein Ausgang benutzt. Nur wenn beide Eingangsschalter geschlossen sind, ist die Und-Bedingung erfüllt, und der Strom kann zum Ausgang fließen. Im ersten Falle bringen beide Eingangsleitungen einen negativen Impuls; entsprechend hat auch die Ausgangsleitung einen negativen Impuls. Im zweiten und dritten Falle sind die Eingangsleitungen 0 (negativ) und 1 (positiv) bzw. umgekehrt, und die Ausgangsschaltungen haben ebenfalls in beiden Fällen einen negativen Wert. Werden dagegen in beide Eingangsleitungen positive Stromimpulse gegeben, so hat auch die Ausgangsleitung einen positiven Wert.

Für die Auswahl von Werten bei bestimmten logischen Operationen dient die dritte, die Oder-Schaltung (Disjunktion). Bei der Oder-Schaltung kann der Strom zum Ausgang fließen, wenn wenigstens ein Eingangsschalter geschlossen ist. Führen beide Eingänge einen negativen Impuls, so erhält das Schaltelement auch einen negativen Ausgang. Ist dagegen wenigstens ein Eingang positiv, so gibt es auch einen positiven Ausgang. Dasselbe Ergebnis bringt der Fall, wenn beide Eingänge positiv sind.

Negationsschaltung (Negation)

Einem negativen (-) Eingangsimpuls wird ein positiver (+) Ausgangsimpuls und einem positiven Eingangsimpuls ein negativer Ausgangsimpuls zugeordnet. Es sind zwei Stromkreise vorhanden: Der zweite Stromkreis mit dem Ausgangsimpuls ist normalerweise geschlossen, liefert also einen positiven Ausgangsimpuls. Der erste Stromkreis mit dem Eingangsimpuls ist normalerweise offen. Sobald der Eingang durch den Schalter geschlossen wird, öffnet ein Elektromagnet den Schalter des Stromkreises 2, was dann zu einem negativen Ausgangsimpuls führt.

Darstellung

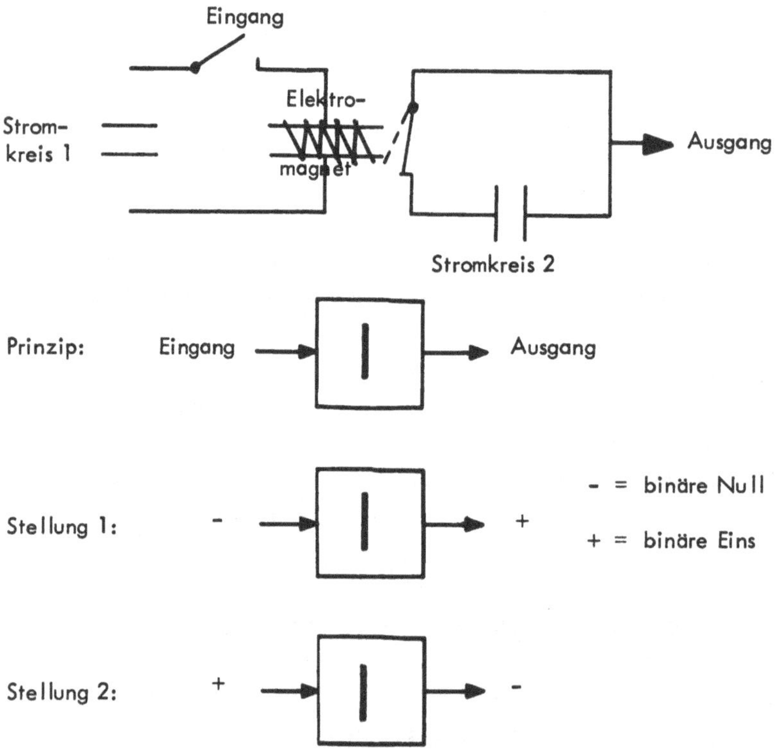

Bild 67 (1): Logische Grundschaltungen eines Rechenwerkes

Ein binäres Rechenwerk besitzt nun eine Vielzahl der dargestellten Schaltungen, die zu Mehrfachschaltungen verknüpft sind. Mit diesen Mehrfachschaltungen werden

Und - Schaltung (Konjunktion)

Wenn beide Schalter geschlossen sind, gibt es die Und- Bedingung, und der Strom kann zum Ausgang fließen. Hierbei gibt es insgesamt vier mögliche Stellungen.

Darstellung

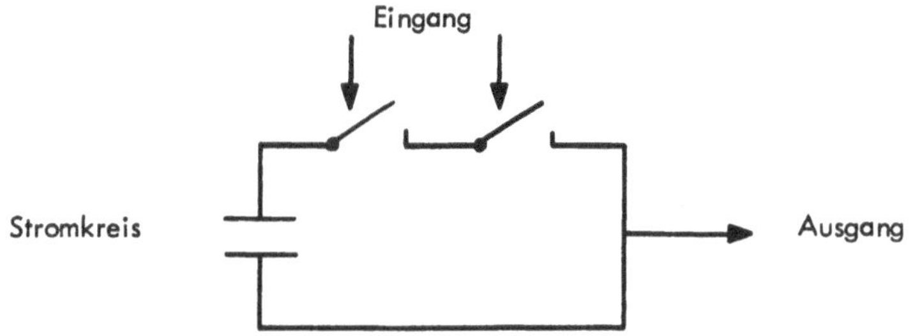

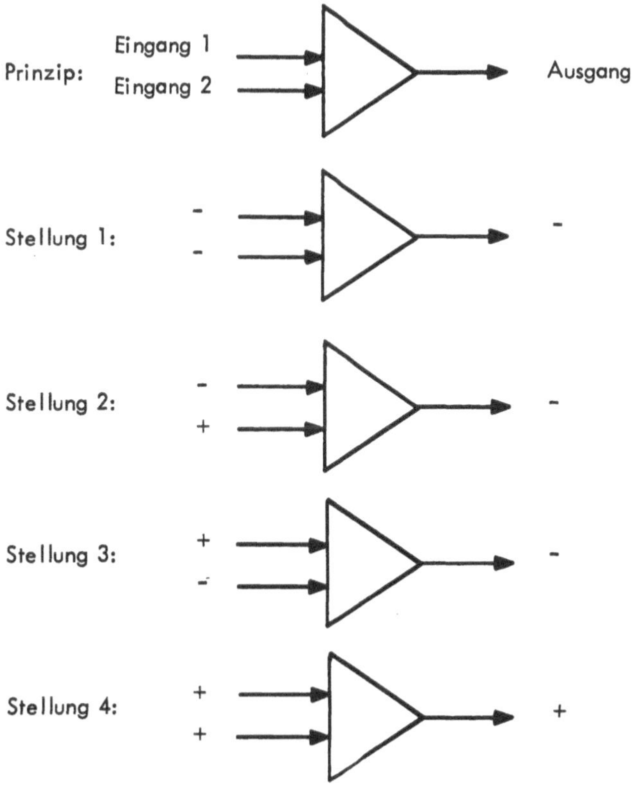

Bild 67 (2): Logische Grundschaltungen eines Rechenwerkes

Oder - Schaltung (Disjunktion)

Der Strom kann zum Ausgang fließen, wenn mindestens einer der beiden Schalter geschlossen ist.

Darstellung

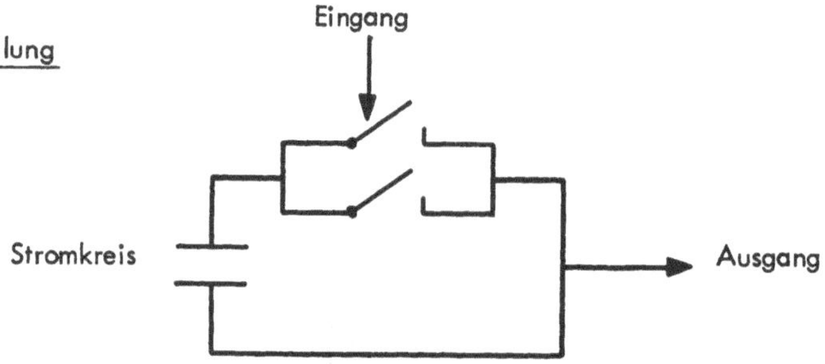

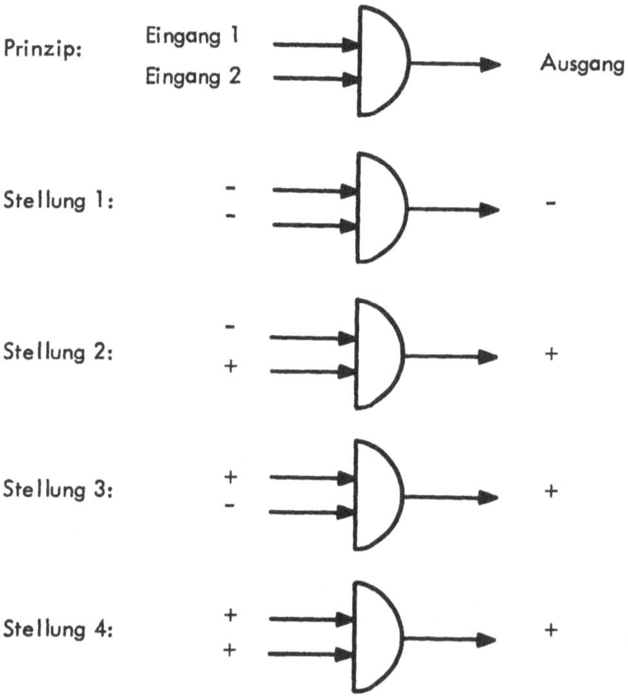

Bild 67 (3): Logische Grundschaltungen eines Rechenwerkes

die arithmetischen und die logischen Operationen durchgeführt.

Elektronische Rechen- und Datenverarbeitungsanlagen addieren zwei Zahlen in der gleichen Weise wie der Mensch: mit der kleinsten Stelle beginnend wird jede Stelle der Zahl einzeln addiert. Ergeben sich Überläufe aufgrund der arithmetischen Regel, so werden sie in einen Zwischenspeicher übertragen und bei der nächsthöheren Stelle in den Rechenvorgang einbezogen.

Die vier Grundrechnungsarten sind die Addition, die Subtraktion, die Multiplikation und die Division. Auf diese vier Grundrechnungsarten können alle anderen Rechenoperationen zurückgeführt werden, wobei technisch gesehen selbst die Subtraktion, die Multiplikation und die Division nach den Regeln der Addition ablaufen. Die einzige Rechenregel, die elektronische Anlagen kennen und die mit Hilfe der dargestellten elektronischen Schaltelemente ausgeführt wird, lautet:

0 + 0 ⇒ 0 (Null plus Null ergibt Null)
0 + 1 ⇒ 1 (Null plus Eins ergibt Eins)
1 + 0 ⇒ 1 (Eins plus Null ergibt Eins)
1 + 1 ⇒ 10 (Eins plus Eins ergibt Null und eine Eins als Überlauf).

Bild 68 zeigt Beispiele für Additionen nach dem reinen Binärsystem.

Mechanische Rechenmaschinen subtrahieren durch Rückwärtsbewegung der Zählräder um die entsprechende Anzahl von Einheiten. Elektronische Rechenanlagen kennen eine solche zweiseitige Bewegungsrichtung nicht. Sie umgehen diese Schwierigkeit durch Addition des entsprechenden Ergänzungs- oder Komplementwertes. Wird beispielsweise 4 von 7 subtrahiert, so erhält man 3. Zu dem gleichen Ergebnis gelangt man, wenn man das sogenannte 10er Komplement von 4 (10 - 4 = 6) zu 7 hinzuaddiert und die übergelaufene 1 abtrennt (genauer: 10 wieder subtrahiert).

Additionen im Binärsystem

Beispiele

	dezimal	*binär*	
①	8	1000	
	+ 1	+ 1	
	= 9	= 1001	(= 9)
②	19	10011	
	+ 21	+ 10101	
	= 40	= 00110	
		+ 1 1	binäre Überträge
		= 100100	
		+ 1	binärer Übertrag
		= 100000	
		+ 1	binärer Übertrag
		= 101000 (= 40)	
③	50	110010	
	+ 67	+ 1000011	
	= 117	= 1110001	
		+ 1	binärer Übertrag
		= 1110101 (= 117)	

Bild 68: Additionen im Binärsystem

```
                  Zehnerkomplement
                       |
7 - 4 = 3 oder 7 + 6 = 13 - 10 = 3
                             |
                        Korrektur mit - 10
```

Statt der Ergänzung auf die Grundzahl 10 kann man auch das Komplement auf die Grundzahl 10 - 1 = 9 verwenden. In diesem Fall muß aber das Ergebnis nicht nur mit - 10, sondern auch noch mit + 1 korrigiert werden, weil es um 1 zu klein ist (die Korrektur mit - 10 bezieht sich naturgemäß nur auf zweistellige Ergebniszahlen).

```
                                  zusätzliche Kor-
                Neunerkomplement  rektur mit + 1
                       |              /
7 - 4 = 3 oder 7 + 5 = 12 - 10 + 1 = 3
                             \
                              Korrektur mit
                              - 10
```

Daß man bei der "elektronischen Subtraktion" anstelle des 10er Komplements die Ergänzung auf die Zahl 9 benutzt, ist nicht rein zufällig. Diese Art der Komplementbildung bietet den Vorteil, daß alle binären Nullen nur durch binäre Einsen und umgekehrt alle binären Einsen nur durch binäre Nullen zu ersetzen sind, um die binäre Ergänzung zu erhalten. Hierbei ist es ratsam, den Subtrahenden bis zur Länge des Minuenden vorn mit Nullen aufzufüllen, weil diese Stellen sonst beim Komplementieren leicht vergessen werden können. Die Darstellungen in Bild 69 zeigen Subtraktionen im Binärsystem.

Elektronische Anlagen multiplizieren zwei Zahlen miteinander, indem sie den Multiplikanden fortgesetzt zu sich selbst addieren. Hierbei gibt der Multiplikator die Anzahl der Additionen an. Bei den meisten Anlagen ist die fortgesetzte Addition mit einer gleichzeitigen Stellenverschiebung verbunden. Wie bei der Addition und Subtraktion, so wird das Vorzeichen des Ergebnisses auch hier automatisch nach den arithmetischen Regeln gebildet. Bild 70 zeigt das Beispiel einer dezimalen Multiplikation.

Die Division ist auch im Binärsystem die komplizierteste der vier Grundrechnungsarten. Bei der Division wird der Divisor so oft vom Dividenden abgezogen, bis der Restdividend kleiner als der Divisor ist. Die Anzahl der vorgenommenen Subtraktionen zeigt das Ergebnis (den Quotienten) an. Eine Division, dezimal dargestellt, zeigt das Beispiel in Bild 71.

Subtraktionen im Binärsystem – *Beispiele*

①

dezimal		*binär*	
46		101110	Minuend
− 12		− 001100	Subtrahend
= 46		= 101110	Minuend
+ 87	Komplement zu 99	+ 110011	Komplementwert Subtrahend
= 133		= 011101	
+ 1	Korrektur mit +1	+ 1 1	Überlauf und Übertrag
= 134		= 1011001	
− 100	Entfernung des Überlaufs	+ 1	binärer Übertrag
= 34		= 1010001	
		+ 1	binärer Übertrag
		= 1000001	
		+ 1	binärer Übertrag
		= 1100001	
		+ →1	Korrektur mit +1 und Entfernung des Überlaufs
		= 100000	
		+ 1	
		100010	(= 34)

②

dezimal		*binär*	
81		1010001	
− 19		− 0010011	
= 81		= 1010001	
+ 80	Komplement zu 99	+ 1101100	Komplementwert
= 161		= 0111101	
+ 1	Korrektur mit +1	+ 1	Überlauf
= 162		= 10111101	
− 100	Entfernung des Überlaufs	+ →1	Korrektur mit +1 und Entfernung des Überlaufs
= 62		= 111100	
		+ 1	
		111110	(= 62)

③

dezimal		*binär*	
63		111111	
− 17		− 010001	
= 63		= 111111	
+ 82	Komplement zu 99	+ 101110	Komplementwert
= 145		= 010001	
+ 1	Korrektur mit +1	+ 1 111	Überlauf und Überträge
= 146		= 1001101	
− 100	Entfernung des Überlaufs	+ 1	Übertrag
= 46		= 1101101	
		+ →1	Korrektur mit +1 und Entfernung des Überlaufs
		= 101100	
		+ 1	
		= 101110	(= 46)

Bild 69: Subtraktionen im Binärsystem

Multiplikation im Dezimalsystem mit Stellenverschiebung

Multiplikand	×	Multiplikator	=	Produkt	
17	×	12	=	17	
			+	17	
			+	17	Stellenverschiebung
			=	204	

Bild 70: Multiplikation im Dezimalsystem mit Stellenverschiebung

Division im Dezimalsystem

Dividend	:	Divisor	=	Quotient	
30	:	7	=	30	
			–	7	1. Subtraktion
			=	23	
			–	7	2. Subtraktion
			=	16	
			–	7	3. Subtraktion
			=	9	
			–	7	4. Subtraktion
			=	2	(Rest)

Ergebnis: 4, Rest 2

Bild 71: Division im Dezimalsystem

2.224 Der Arbeitsspeicher

Der interne Arbeits- oder Hauptspeicher einer Zentraleinheit dient dazu,

- Daten von den Eingabegeräten und externen Speichern aufzunehmen

- Daten an die Ausgabegeräte und externen Speicher abzugeben

- Daten für die Verarbeitung bereitzustellen und Ergebnisse zwischenzuspeichern und

- Programmbefehle für die Verarbeitung verfügbar zu halten.

Um den Aufbau und die Arbeitsweise eines Arbeitsspeichers besser verstehen zu können, ist es notwendig, häufig verwendete Begriffe zu erklären: unter der Kapazität eines Speichers versteht man seine höchstmögliche Aufnahmefähigkeit. Sie wird beim internen Speicher in Stellen (1 Stelle = 1 alphanumerisches Zeichen), in Bytes (1 Byte = 1 Buchstabe/Sonderzeichen oder 2 Ziffern) oder in Worten (1 Speicherwort = mehrere Stellen oder Bytes) angegeben. Bei modernen EDV-Anlagen mit Byte-Struktur hat es sich durchgesetzt, die Kapazität in Kilo-Byte anzugeben, also 1 Kilo-Byte = 1 KB = 1000 Bytes. Da Aufbau und Adressierung eines solchen Speichers jedoch meist dem Binärsystem entsprechen, ist es richtiger, 1 Kilo-Byte = 1024 Bytes (entsprechend 2^{10}) zu setzen. Die Speicherkapazität beträgt bei den meisten EDV-Anlagen, abhängig von ihrer Größe und Konfiguration, zwischen etwa 15 und 1000 KB. Sie kann bei den meisten EDV-Anlagen durch Ausbau bis zu einer maximalen Kapazität erhöht werden.

Weitere Merkmale eines Arbeitsspeichers sind seine Zyklus- und Zugriffszeit. Unter der Zykluszeit wird diejenige Zeit verstanden, die der interne Speicher für einen kompletten Schreib- oder Lesevorgang benötigt. Sie liegt heute bei modernen EDV-Anlagen in der Größenordnung einiger Mikrosekunden. Demgegenüber bezeichnet die Zugriffszeit diejenige Zeitspanne, die die Anlage braucht, um einen binären Wert vom Arbeitsspeicher zum Schreib-Lese-Register zu übertragen. Sie liegt bei modernen Anlagen zwischen 1 Mikrosekunde und einigen 100 Nanosekunden und ist ein wichtiges Merkmal für die Beurteilung der Leistungsfähigkeit.

Die Übertragung von Daten in den Arbeitsspeicher wird als Speichern oder Schreiben bezeichnet, das Abholen vom Speicher als Lesen. Hierbei ist zu beachten, daß

Daten, die aus dem Speicher herausgelesen werden, unverändert erhalten bleiben. Nur der Inhalt des aufnehmenden Speicherplatzes wird gelöscht und durch die neuen Daten ersetzt. Das gilt grundsätzlich für alle heutigen Speichereinrichtungen genauso wie die Tatsache, daß ein Speicher seinen Inhalt bei Stromausfall oder -unterbrechung nicht verliert.

Um ein Zeichen zu einem bestimmten Platz im Speicher übertragen oder dort abrufen zu können, müssen die Speicherplätze Nummern (in der Fachsprache als Adressen bezeichnet) tragen. Üblicherweise werden die Speicherplätze durch fortlaufende numerische Adressen gekennzeichnet, die das Steuerwerk natürlich genau kennt (die Adressen sind fest verdrahtet). Die Adressen eines Speichers dürfen jedoch nicht mit ihrem Inhalt verwechselt werden. Man kann einen Speicher mit den Schließfächern eines Postamtes vergleichen: jedes Fach ist durch eine fortlaufende Nummer gekennzeichnet, die jedoch nichts über seinen jeweiligen Inhalt aussagt. Das Fach kann leer sein oder Briefe, Zeitungen, Drucksachen oder Päckchen enthalten. Der Inhalt einer Speicheradresse kann ebenfalls leer oder mit einem Zeichen belegt sein. Je nach Speichertyp besitzt jede einzelne Speicherstelle bzw. jedes einzelne Speicherbyte eine eigene Adresse, oder aber es sind immer mehrere Speicherstellen zu gleich großen Gruppen (= Speicherworten) unter einer gemeinsamen Adresse zusammengefaßt. Ein Speicherwort dieser sogenannten Wortmaschinen hat eine Länge von meist 4, 6, 10 oder 12 Stellen. Die Wortlänge ist vom Hersteller der Anlage festgelegt und kann nicht geändert werden. Da jeder Adresse in diesem Falle ein Speicherwort zugeordnet ist, kann auch jeweils nur ein ganzes Speicherwort angesprochen und übertragen werden. Stellen- oder byteadressierte Speicher werden, im Gegensatz zum Wortspeicher, auch als Speicher mit variabler Wortlänge bezeichnet, weil die Anzahl der Speicherstellen für einen Datenbegriff (z.B. eine mehrstellige

Zahl, ein Betrag oder ein Name) beliebig und unterschiedlich groß sein kann.

Für den Arbeits- oder Hauptspeicher sind verschiedene technische Lösungen entwickelt worden, von denen die bekannteste der Magnetkernspeicher ist. Daneben gibt es bei einigen Anlagen als Arbeitsspeicher und auch Dünnschichtspeicher (Metalloxydspeicher). Der Magnetkernspeicher, kurz Kernspeicher genannt, gehört wegen seiner günstigen Eigenschaften gegenwärtig zu den am meisten verwendeten Arbeitsspeichern. Von allen anderen magnetischen Speichereinrichtungen unterscheidet er sich dadurch, daß die Zeichen nicht auf einer magnetisierbaren Oberfläche, sondern in kleinen Eisen- (oder Ferrit-) Ringen gespeichert werden, die gänzlich aus magnetisierbarem Material (eine Mischung aus Eisenoxydpulver und anderen Materialien) bestehen. Der geringe Platzbedarf sowie die schnelle Magnetisierung sind neben seiner Wirtschaftlichkeit die wesentlichen Vorzüge des Magnetkernspeichers.

Der Magnetkern als kleinstes Element des Kernspeichers ist ein kleiner Ferritring mit einem Durchmesser von meist weniger als 1 mm. Alle Magnetkerne befinden sich aufgereiht an den Kreuzungspunkten eines rechtwinkligen Gitternetzes aus Drähten, wobei jede Speicherstelle so viele Magnetkerne, übereinander in Ebenen angeordnet, besitzt, wie für die Darstellung eines Zeichens erforderlich sind. Während ältere EDV-Anlagen meist 7 Magnetkerne je Speicherstelle haben, besitzen EDV-Anlagen der II. Generation mit Bytestruktur 9 Magnetkerne, und zwar 8 als Datenbits (je 4 für den Zonen- und Ziffernteil) und das 9. als Prüfbit. Bild 72 zeigt einen vergrößerten Ausschnitt aus einer Magnetkernebene und Bild 73 die schematische Darstellung des Buchstabens A im Kernspeicher. Bei der letzgenannten Darstellung ist zu sehen, wie die 9 Magnetkerne einer Speicherstelle in den 9 Ebenen übereinander angeordnet sind.

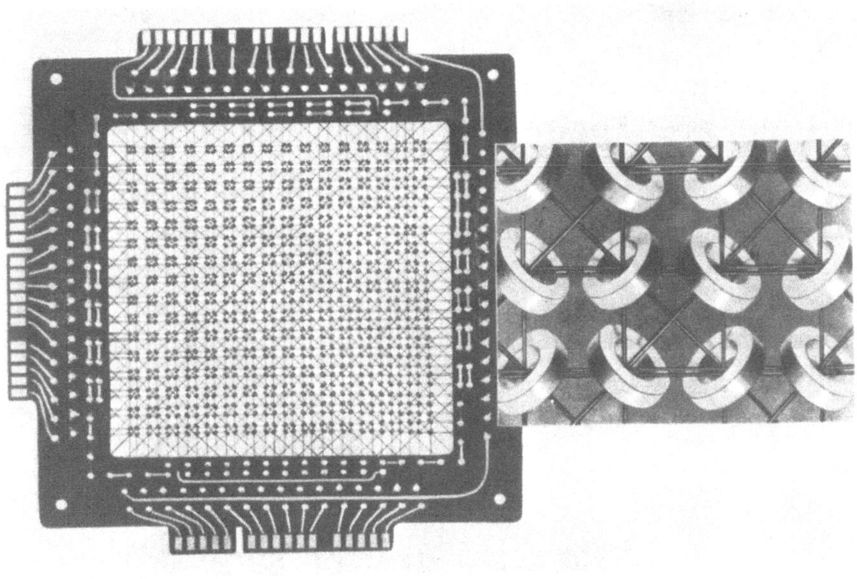

Bild 72: Vergrößerter Ausschnitt aus einer Magnetkernebene (Werkbild Remington Rand)

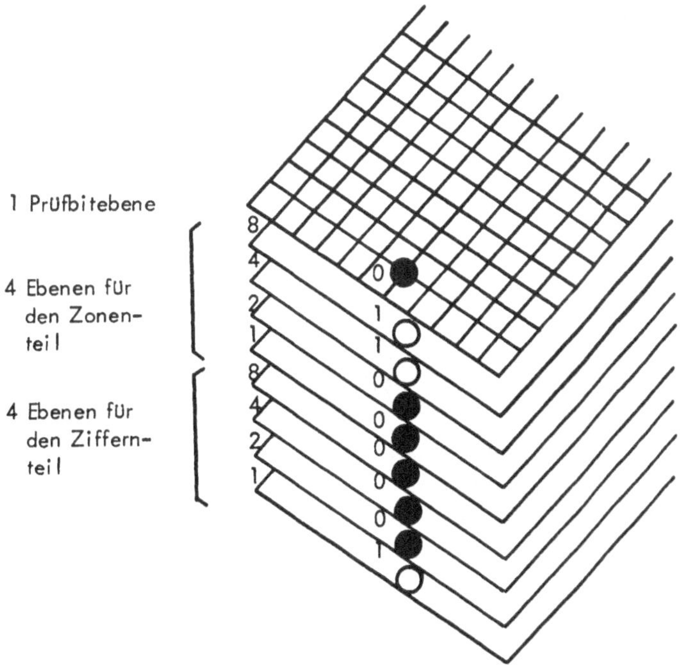

Bild 73: Darstellung des Buchstaben "A" im Magnetkernspeicher

Schickt man nun einen elektrischen Strom von ausreichender Stärke durch einen Draht, so werden die Magnetkerne auf diesem Draht magnetisiert. Um jedoch einen ganz bestimmten Kern zu magnetisieren, wird durch die beiden Kreuzungsdrähte des ausgewählten Kerns nur jeweils die Hälfte des Stroms gegeben, der zu Magnetisierung eines Kerns erforderlich ist. Beide Stromimpulse addieren sich an ihrem Schnittpunkt zu einer ganzen Stromstärke und magnetisieren damit lediglich den Kern auf dem Kreuzungspunkt, wie in Bild 74 dargestellt.

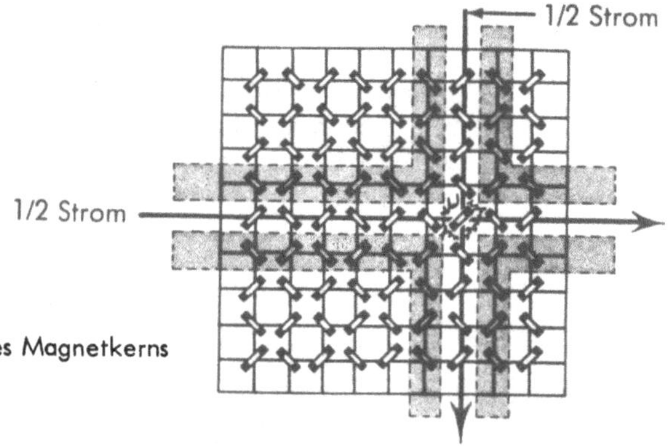

Bild 74: Magnetisierung eines Magnetkerns (Werkbild IBM)

Die Richtung der beiden Stromimpulse entscheidet nun über ihre Polarität und damit über den magnetischen Zustand des angesprochenen Kerns. Wie Bild 75 zeigt, bewirkt eine Stromrichtung von oben nach unten und von links nach rechts eine positive Magnetisierung, eine Stromrichtung von unten nach oben und von rechts nach links dagegen eine negative Magnetisierung. Zu beachten ist, daß beim Ansprechen einer Speicherstelle die Magnetkerne in allen 9 Ebenen gleichzeitig angesprochen werden. Die Stromrichtung in den Kreuzungsdrähten der einzelnen Ebenen hängt vom dargestellten Zeichen ab. Wie aus Bild 73 ersichtlich, weist im Ziffernteil nur der Kern der Binärebene 1 eine positive Magnetisierungsrichtung auf, im Zonenteil sind es die Magnetkerne der Binärebenen 4 und 8. Jedes andere Zeichen hat naturgemaß eine andere Kombination entsprechend dem Verschlüsselungscode.

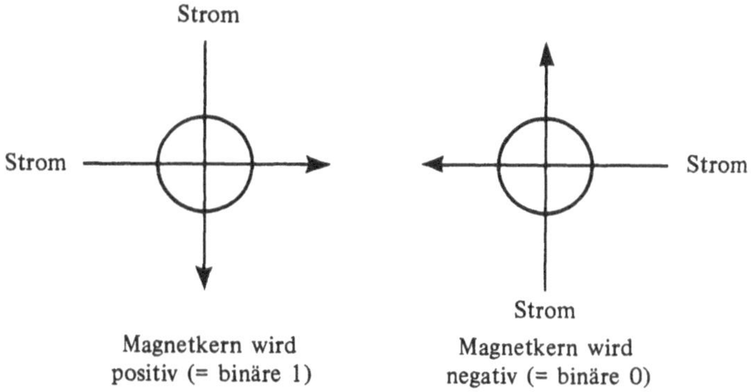

Bild 75: Arbeitsprinzip eines Magnetkerns

Beim Schreiben oder Speichern werden die entsprechenden Impulse auf alle Kerne eines Zeichens gegeben. Erhält ein positiver Kern einen negativen Strom bzw. ein negativer Kern einen positiven Strom, so ändert dieser seinen Magnetzustand, er "kippt um". Die Umkehrung des magnetischen Zustands eines Kerns zeigt Bild 76. Zu beachten ist, daß jeweils nur ein kurzer Stromimpuls gegeben wird. Die Magnetisierung des Kerns bleibt erhalten, ohne daß es neuer und ständiger Impulse bedarf. Auch bei Stromausfall geht das Magnetfeld der Kerne nicht verloren. Wie bei anderen Magnetspeichern, so wird eine Speicherstelle stets nur durch Neubelegung gelöscht. Das Schreiben selbst zerfällt in die Lösch- und die eigentliche Schreibphase. Während in der Löschphase alle untereinanderliegenden Bits auf Null gebracht und damit die ursprünglichen Inhalte der angesprochenen Schreibstelle gelöscht werden, wechselt die Stromrichtung in der Schreibphase so, daß alle angesprochenen Kerne den Magnetzustand "1" annehmen müßten. Mit Hilfe eines dritten Drahtes, dem Hemm- oder Sperrdraht, wird die positive Stromrichtung in den Kernen vermieden, in denen eine binäre Null erhalten bleiben soll. Dieser Vorgang ist in Bild 77 dargestellt.

Soll ein Zeichen aus dem Kernspeicher herausgelesen werden, so schickt man nur negative Stromimpulse durch

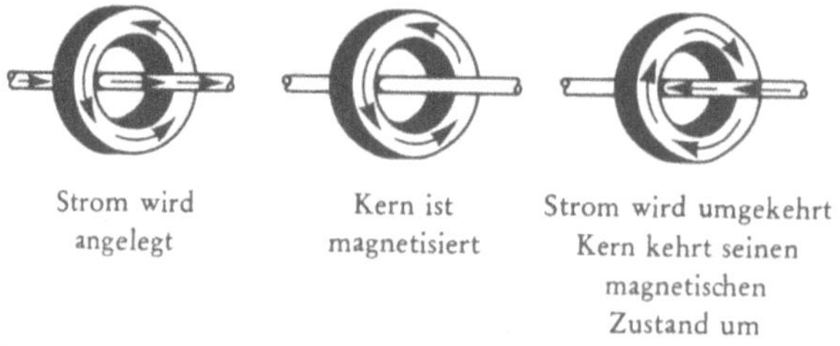

Bild 76: Umkehrung eines Kernzustandes
(Werkbild IBM)

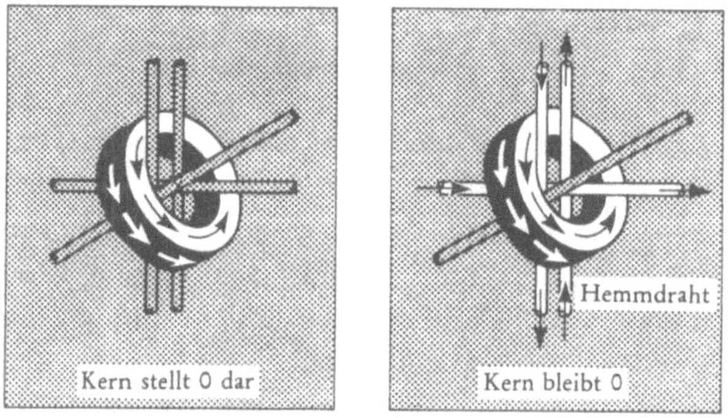

Bild 77: Hemmdraht

die Kreuzungsdrähte der betreffenden Speicherstelle. Die negative Richtung des Stroms bewirkt, daß alle Kerne mit positivem Magnetfeld (binäre 1) auf den Zustand 0 zurückkippen, während die Kerne mit negativem Magnetfeld (binäre 0) ihre Richtung behalten. Ein vierter Draht, der sogenannte Lese- oder Abfühldraht, erhält beim Umkippen eines positiven Kerns einen Induktionsstrom, der dem Steuerwerk anzeigt, daß der betreffende Kern vor dem Lesen eine positive Magnetisierungsrichtung hatte. Aus den Induktionsströmen in den einzelnen Ebenen läßt sich nun ableiten, welche Kerne einer Speicherstelle vor dem Lesevorgang eine positive Magnetrichtung (binäre 1) hatten. Auf diese Weise ist das gespeicherte Zeichen eindeutig bestimmt. Bild 78 zeigt den Abfühldraht in einer Kernebene, Bild 79 seine Wirkung.

Im Gegensatz zu allen anderen magnetischen Speichern zerstört der Lesevorgang jedoch die herausgelesenen

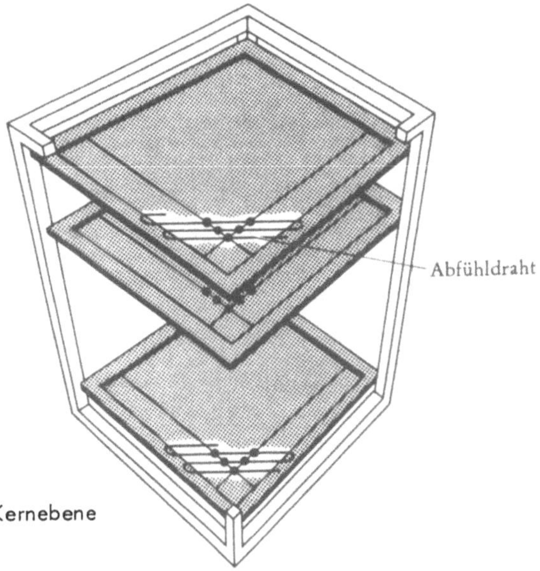

Bild 78: Abfühldraht in einer Kernebene

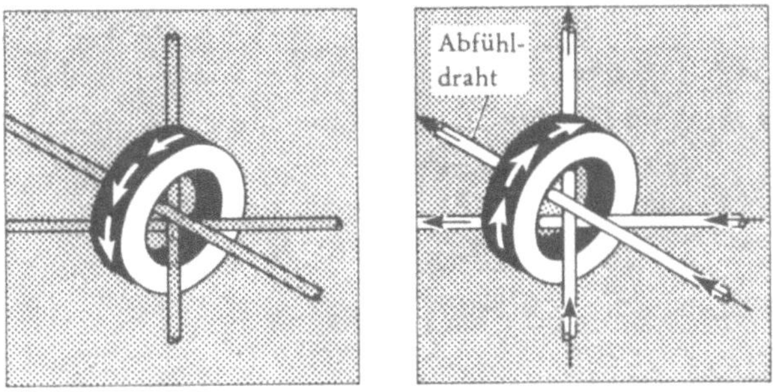

Bild 79: Wirkung des Abfühldrahtes
(Werkbild IBM)

Zeichen, weil alle Kerne mit dem Zustand 1 auf 0 umkippen. Um jedoch die Daten im Speicher zu erhalten, müssen die Kerne in den alten Zustand zurückversetzt (regeneriert) werden. Das geschieht dadurch, daß nach dem Lesen in alle Kerne der Speicherstelle duale Einsen (= positive Magnetisierung) gegeben werden. Der bekannte Hemmdraht verhindert den Schreibvorgang in den Kernen, die vor dem Lesen auf 0 standen. Mit dieser Erneuerung ist der ursprüngliche Zustand der Kerne wiederhergestellt.

Magnetdrahtspeicher verwenden kleine Drahtstäbchen von etwa 15 cm Länge und einem Durchmesser von ca. 0,4 mm, auf denen ein dünner Magnetfilm aufgedampft ist. Ein Magnetdrahtspeicher besitzt eine hohe Speichergeschwindigkeit, eine geringe Größe und einen geringen Stromverbrauch. Sein Aufbau ist sehr einfach, weil es nur zwei verschiedene, sich im rechten Winkel kreuzende Gruppen von Leitungen gibt: die Gruppe der Magnetdrähte und die Gruppe der Lese-/Schreibleitungen. Besonders bedeutsam ist die Tatsache, daß beim Magnetdrahtspeicher der Inhalt beim Lesen nicht zerstört wird, im Gegensatz zum Magnetkernspeicher, bei dem bekanntlich nach jedem Lesevorgang eine Regenerierung erforderlich ist, das heißt die gelesenen Daten erneut in den Speicher zurückgeschrieben werden müssen. Das zerstörungsfreie Lesen erhöht die Geschwindigkeit und erlaubt eine Vereinfachung der Schaltkreise in der Zentraleinheit. Ein weiterer Vorteil des Magnetdrahtspeichers ist seine einfache und daher kostengünstige Herstellung. Hinzu kommt, daß der Draht, auf dem der Magnetfilm aufgedampft ist, gleichzeitig als integrierter Teil der Speicherschaltkreise verwendet wird. Hierdurch werden die Anzahl der elektronischen Elemente verringert und der Aufbau des Speichers vereinfacht. Die Zykluszeiten des Magnetdrahtspeichers liegen zwischen 600 Nanosekunden und 1 Mikrosekunde. Bild 80 zeigt den vergrößerten Ausschnitt eines Magnetdrahtspeichers.

Den Dünnschicht-, Dünnfilm- oder Metalloxydspeicher kann man sich als einen zusammengepreßten Magnetkernspeicher vorstellen, bei dem die Magnetkernebenen durch Isolierschichten voneinander getrennt sind. Er besteht aus hauchdünnen ferromagnetischen Schichten von wenigen hundert Tausendstelmillimetern Dicke, die im Hochvakuum auf einer Glasplatte aufgedampft werden. Die Verwendung einer Schablone beim Aufdampfen läßt kleine magnetisierbare Punkte entstehen. Schaltungen, die auf die Speicherplatte fest aufgepreßt sind, stellen die Verbindung des Dünnschichtspeichers zum Steuer- und Rechenwerk her. Hierdurch errreicht man eine Änderung des magnetischen Zustandes eines Feldes innerhalb weniger Nanosekunden. Bild 81 zeigt einen Dünnschichtspeicher, unter einer Lupe vergrößert.

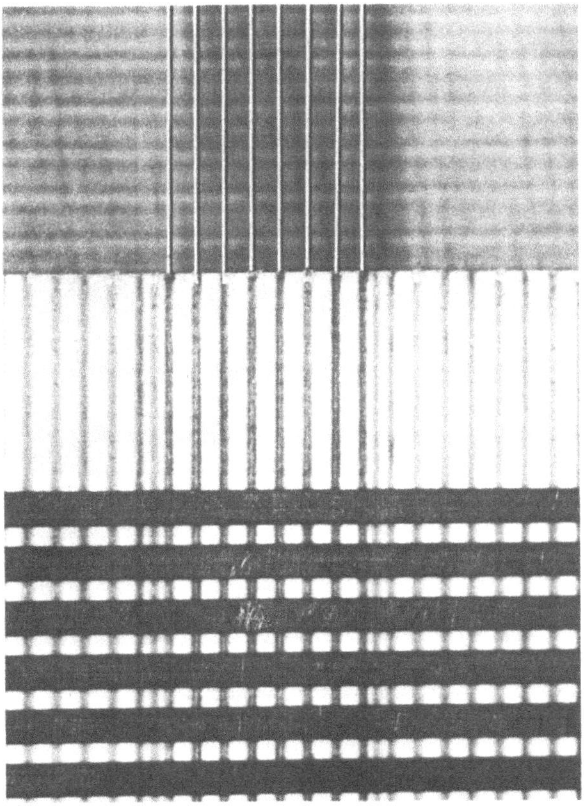

Bild 80: Stark vergrößerte Aufnahme eines Magnetdrahtspeicherausschnittes. Rechts sind die Magnetdrähte, links die Leseleitungen erkennbar. (Werkbild Remington Rand)

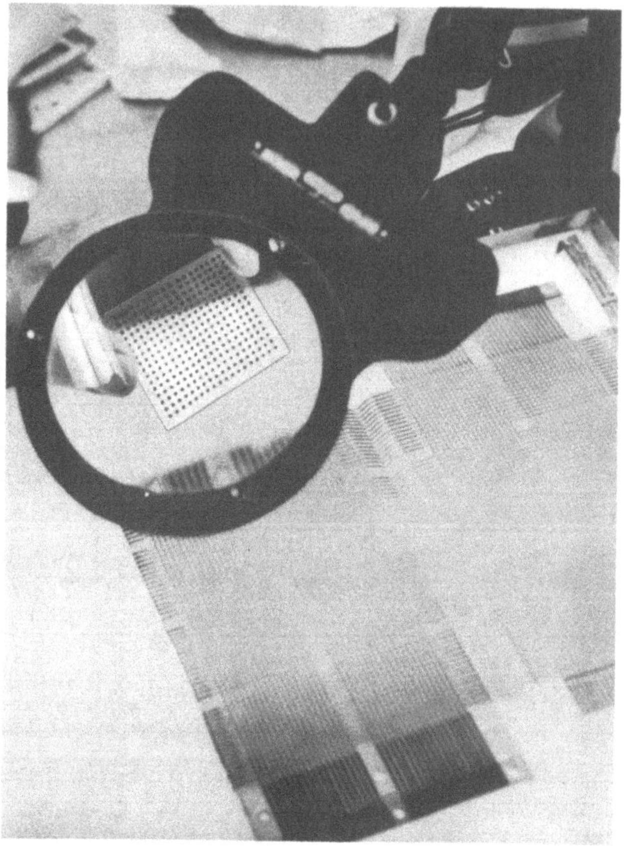

Bild 81: Dünnschichtspeicher, unter einer Lupe vergrößert (Werkbild Remington Rand)

2.23 Periphere Geräte

2.231 Arbeitsweise der peripheren Geräte

Die peripheren Geräte einer EDV-Anlage, auch Randeinheiten genannt, dienen zur

- Eingabe von Daten und Programmen (Eingabegeräte)
- Ausgabe von Daten (Ausgabegeräte)
- Speicherung von Daten und Programmen (externe Speicher) und

- Kommunikation zwischen Benutzer und EDV-Anlage (Dialoggeräte).

Wie aus Bild 82 ersichtlich, sind alle peripheren Geräte an Steuereinheiten (Gerätesteuerung) angeschlossen. Die Steuereinheiten bilden die Verbindung zwischen den peripheren Geräten und den Kanälen, die direkt in die Zentraleinheit münden. An eine Steuereinheit sind in der Regel immer mehrere gleichartige periphere Geräte angeschlossen. Die Verbindung zwischen einem Kanal und einer Steuereinheit erfolgt über eine standardisierte Schnittstelle (engl. interface), die bei allen Kanälen gleich ist und damit den Austausch vielfältiger peripherer Geräte, auch von fremden Herstellern, gestattet.

Die Steuereinheiten sind entweder selbständige Geräte oder Bestandteile der betreffenden peripheren Geräte. Die Aufgaben der Steuereinheiten sind

- Kommunikation mit dem Steuerwerk der Zentraleinheit, das die Dateneingabe oder -ausgabe auslöst

- Steuerung der angesprochenen peripheren Geräte

- Empfangen von Daten der Zentraleinheit

- Weiterleiten von Daten an die Zentraleinheit und

- Fehlerprüfung.

Datenkanäle, kurz Kanäle genannt, verbinden die Steuereinheiten mit der Zentraleinheit. Sie dienen nicht nur dazu, die Daten zwischen den peripheren Geräten und der Zentraleinheit zu übertragen, sondern auch zur Weiter-

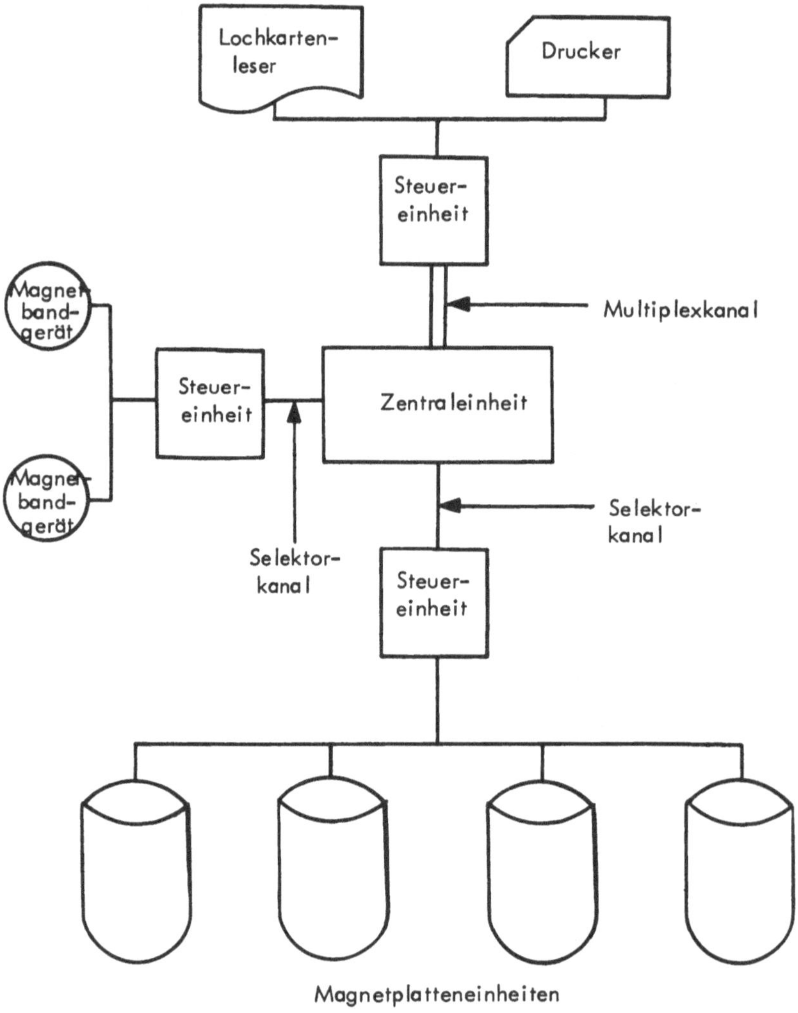

Bild 82: Steuerung der peripheren Geräte

leitung von Befehlen und Steuersignalen. Darüber hinaus obliegt ihnen die Steuerung der Ein-/Ausgabeoperationen, weswegen Kanäle auch als Untersteuerwerke für die Durchführung von Ein-/Ausgabeoperationen bezeichnet werden können. Zur Steuerung der Ein-/Ausgabeoperationen dient das sogenannte Kanalprogramm, das sich ebenfalls wie das eigentliche Maschinenprogramm während der Verarbeitung im Arbeitsspeicher befindet. Üblicherweise wird das Kanalprogramm durch das Übersetzungsprogramm bei der Umwandlung des Maschinenprogramms gebildet.

Den unterschiedlichen Geschwindigkeiten der peripheren Geräte entsprechend sind die meisten EDV-Anlagen mit zwei verschiedenen Arten von Kanälen ausgestattet,

- dem Multiplexkanal und
- dem Selektorkanal.

Der Multiplexkanal (Mehrfachkanal) wird zur Datenübertragung zwischen Zentraleinheit und den langsamen Ein-/Ausgabegeräten wie Lochkartenleser und Drucker verwendet. Diese langsamen Geräte haben eine Übertragungsgeschwindigkeit in der Größenordnung von 1000 bis 100.000 Bytes/Sek. Der Multiplexkanal ist in mehrere Unterkanäle aufgeteilt, die die gleichzeitige Übertragung in beiden Richtungen gestatten. Bild 83 zeigt die Arbeitsweise eines Multiplexkanals, der bildlich auch mit einem Paternosteraufzug verglichen werden kann, der in allen Stockwerken (für alle angeschlossenen Ein-/Ausgabegeräte) das gleichzeitige Ein- und Aussteigen gestattet.

Demgegenüber wird der Selektorkanal zur Übertragung zwischen Zentraleinheit und den schnellen peripheren Geräten wie Magnetbandgeräten und Magnetplattenspeichereinheiten benutzt. Diese schnellen Geräte und Einheiten erfordern Übertragungsgeschwindigkeiten in der Größenordnung von 100.000 bis 600.000 Bytes/Sek. Da die Daten über den Selektorkanal nicht zeichen-, sondern satzweise übertragen werden, bleibt die Verbindung zwischen Zentraleinheit, Steuereinheit und externen Speicher während der gesamten Übertragungsdauer bestehen, weswegen ein Selektorkanal zur gleichen Zeit nur ein externes Gerät bedienen kann. Im bildlichen Vergleich zum Paternosteraufzug beim Multiplexkanal kann der Selektorkanal mit der Arbeitsweise eines

Multiplexkanal (langsam, mehrere Unterkanäle)

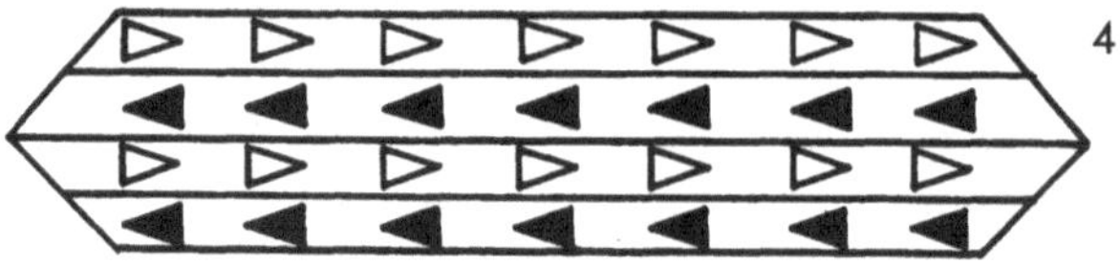

4 Unterkanäle
Beispiel:
2 Eingabegeräte
2 Ausgabegeräte

Arbeitsweise 1: gleichzeitig zu und von mehreren Ein-/Ausgabegeräten

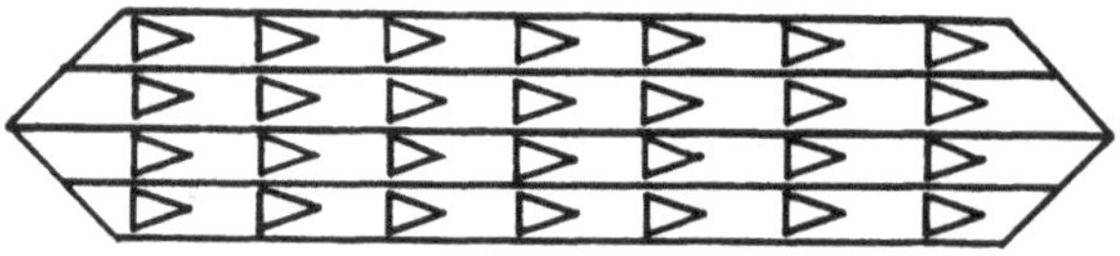

Arbeitsweise 2: parallel zu einem Ein- oder Ausgabegerät (wie Selektorkanal)

Selektorkanal (schnell, keine Unterkanäle)

Eingabe

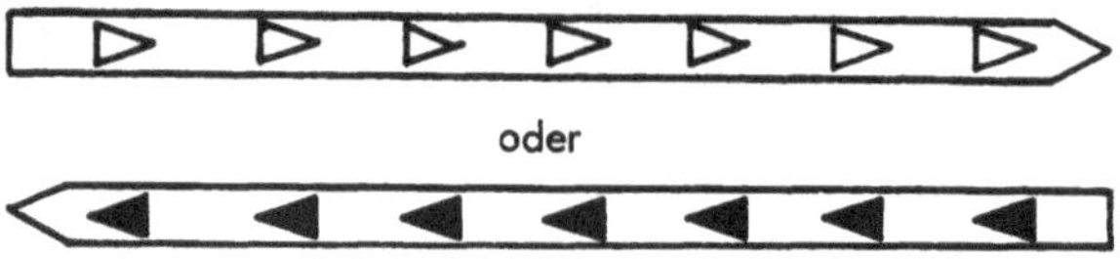

oder

Ausgabe

Arbeitsweise: wechselweise zu oder von einem externen Speicher

Bild 83: Datenkanäle

Fahrstuhls verglichen werden, der mit großer Geschwindigkeit ohne Zwischenhalt über mehrere Stockwerke hinweg eine Vielzahl von Personen gleichzeitig transportiert. Ein solcher Fahrstuhl verkehrt nur zwischen zwei Stockwerken und fährt wechselweise auf- oder abwärts.

Zentraleinheit und periphere Geräte einer EDV-Anlage arbeiten mit unterschiedlichen Geschwindigkeiten. Während die Vorgänge in Steuerwerk, Rechenwerk und

Arbeitsspeicher mit elektronischer Geschwindigkeit ablaufen, sind die peripheren Geräte mechanisch arbeitende und deshalb verhältnismäßig langsame Einheiten. Für die Beurteilung von Leistungsfähigkeit und Auslastung einer EDV-Anlage ist es deshalb bedeutsam, ob die Arbeit, im Hinblick auf die Zusammenarbeit zwischen Zentraleinheit und Ein-/Ausgabegeräten, synchron oder asynchron erfolgt.

Eine Anlage mit synchroner Arbeitsweise besitzt keine Zwischenspeicher (Puffer), das heißt die Daten werden zwischen Zentraleinheit und den peripheren Geräten direkt übertragen. Bei einer ungepufferten Anlage laufen alle Vorgänge streng nacheinander ab: es wird ein Datensatz eingegeben, danach verarbeitet und anschließend (als Ergebnis des Verarbeitungsprozesses) ausgegeben. Erst im Anschluß an die Ausgabe des ersten Datensatzes kann die Eingabe des zweiten Datensatzes erfolgen und so fort. Eingabe, Verarbeitung und Ausgabe eines Datensatzes bilden den Verarbeitungszyklus.
Bei einer ungepufferten Anlage kann während einer Zeiteinheit immer nur eine einzige Operation - Eingabe, Verarbeitung oder Ausgabe - ablaufen. Diese Arbeitsweise führt naturgemäß zu einer schlechten Auslastung der Anlage, weil insbesondere die teuerste und schnellste Einheit, die Zentraleinheit, hohe Wartezeiten in Kauf nehmen muß.

Arbeitet eine Anlage dagegen asynchron (nahezu alle modernen EDV-Anlagen arbeiten asynchron), so sind zwischen Zentraleinheit und den peripheren Geräten Zwischenspeicher, sogenannte Puffer, geschaltet.
Puffer haben die Aufgabe, den Datentransport zwischen Zentraleinheit und peripheren Geräten zu unterbrechen und die Daten in den Puffern zwischenzuspeichern. Für die Übertragung der Daten zwischen Puffer und den peripheren Geräten wird das Steuerwerk der Zentraleinheit nicht benötigt und kann während der Übertra-

gung Verarbeitungsoperationen durchführen. Wie in Bild 84 dargestellt, laufen Eingabe, Verarbeitung und Ausgabe zeitlich überlappt ab. Der Verarbeitungszyklus ist erheblich kleiner, das heißt schneller, und die Pufferung führt zu einer erheblich besseren Auslastung der gesamten Anlage, insbesondere der Ein-/Ausgabegeräte, weil Ein- und Ausgabe gleichzeitig und während der Verarbeitung durchgeführt werden. Die Pufferspeicher sind üblicherweise in den peripheren Geräten selbst oder in den gesonderten Steuereinheiten untergebracht. Von der Art und Arbeitsweise des peripheren Gerätes hängt es ab, welche Kapazität ein Pufferspeicher hat. Während Puffer der Ein- und Ausgabegeräte,

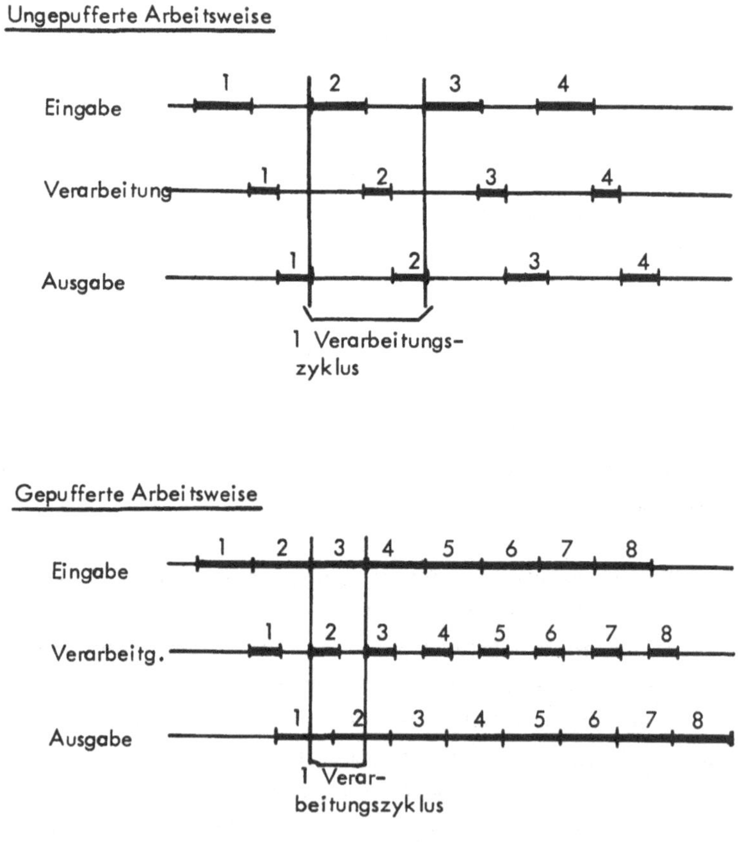

Bild 84: Ungepufferte und gepufferte Arbeitsweise

die mit fester Satzlänge arbeiten (z.B. 80-stelliger Lochkartenleser oder 132-stelliger Drucker), in der Regel einen ganzen Datensatz aufnehmen können, beträgt die Pufferkapazität der schnelleren externen Speicher meist nur 1 Byte oder einige wenige Bytes, weil diese Geräte mit variabler Satzlänge arbeiten und ein Puffer mit fester Kapazität nicht sinvoll wäre.

Die Darstellung der gepufferten Arbeitsweise in Bild 84 berücksichtigt nicht die Wartezeit der Zentraleinheit, die benötigt wird, um die Daten vom Eingabepuffer in den Arbeitsspeicher bzw. umgekehrt vom Arbeitsspeicher zum Ausgabepuffer zu übertragen. Denn der Eingabevorgang schließt nur mit der Bereitstellung der eingelesenen Daten im Puffer ab; damit stehen sie aber noch nicht im Arbeitsspeicher der Zentraleinheit zur Verarbeitung bereit. Diese Wartezeit kann umgangen (oder wenigstens teilweise vermieden) werden, wenn der Arbeitsspeicher über einen zweiten Ein- und Ausgabebereich verfügt. Wie Bild 85 zeigt, werden die Daten wechselweise vom Puffer in den ersten oder zweiten Eingabebereich übertragen, wodurch eine nahezu volle Überlappung von Eingabe und Verarbeitung bzw. Verarbeitung und Ausgabe möglich ist, wie bei der gepufferten Arbeitsweise in Bild 84 dargestellt.

Bestimmte Ein- und Ausgabegeräte können nicht nur in Verbindung mit einer EDV-Anlage arbeiten (engl. On-Line-Betrieb), sondern auch getrennt von ihr betrieben werden (engl. Off-Line-Betrieb). Beim Off-Line-Betrieb werden bestimmte Umsetzungsvorgänge von Daten ohne Einschaltung der Zentraleinheit vorgenommen. Beispielsweise werden die Daten aus Lochkarten gelesen und im Off-Line-Betrieb auf Magnetband umgesetzt, wozu, neben einem Lochkartenleser und einem Magnetbandgerät, eine gesonderte kleine Steueranlage erforderlich ist. Diese Umsetzung hat den Vorteil, daß der sehr langsame Prozess der Lochkarteneingabe die Zentraleinheit nicht belastet und die Daten vom Magnetband weitaus schneller eingelesen werden können. Auch die Umsetzung von Daten in Klarschrift (Magnetbandgerät an Schnelldrucker) erfolgt bei größeren EDV-Anlagen vielfach getrennt von der Zentraleinheit. Häufig können solche Geräte je nach Bedarf auf Off-Line- oder On-Line-Betrieb geschaltet werden.

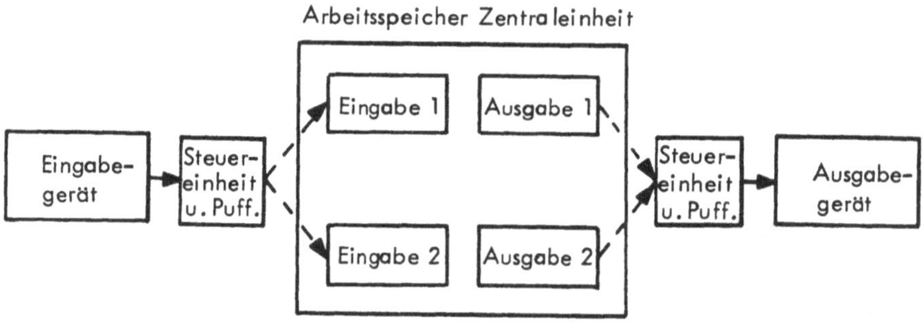

Arbeitsablauf (verzahnt)

1. Schritt: Eingabe des 1. Datensatzes über Puffer in Eingabebereich 1

2. Schritt: Eingabe des 2. Datensatzes über Puffer in Eingabebereich 2
Verarbeitung des 1. Datensatzes aus Eingabebereich 1
Übertragung der Ergebnisse nach Ausgabebereich 1
Ausgabe der Ergebnisse aus Ausgabebereich 1 über Puffer

3. Schritt: Eingabe des 3. Datensatzes über Puffer in Eingabebereich 1
Verarbeitung des 2. Datensatzes aus Eingabebereich 2
Übertragung der Ergebnisse nach Ausgabebereich 2
Ausgabe der Ergebnisse aus Ausgabebereich 2 über Puffer

Erst die Verwendung doppelter Ein-/Ausgabebereiche ermöglicht eine überlappte Arbeitsweise von Eingabe, Verarbeitung und Ausgabe und damit den in Bild 72 dargestellten Pufferungseffekt.

Bild 85: Doppelte Ein-/Ausgabebereiche

2.232 Eingabegeräte

Mit Hilfe der Eingabegeräte werden Daten und Programme in den Arbeitsspeicher der EDV-Anlage eingegeben.

Da die Verschlüsselung der Eingabe-Datenträger in der Regel nicht mit dem internen Maschinen-Code übereinstimmt, muß der Eingabe-Code noch in den Maschinen-Code umgewandelt werden. Welche und wieviele Eingabegeräte an eine EDV-Anlage angeschlossen sind, hängt vom gewählten Datenerfassungsverfahren und von der Menge der pro Zeiteinheit einzugebenden Daten ab; üblicherweise ist jedoch eine Anlage mindestens mit einem Lochkartenleser ausgestattet.

Die am meisten eingesetzten Eingabegeräte sind

- Lochkartenleser
- Lochstreifenleser
- Belegleser
- Geräte für die Direkteingabe (die nicht gleichzeitig Dialoggeräte sind).

Da Eingabe-Magnetbänder, die aus der Datenerfassung stammen, meist mit den üblichen Magnetbandgeräten gelesen werden können, sind Magnetbandgeräte nicht den Eingabegeräten, sondern den externen Speichern zuzurechnen und werden auch dort behandelt. Eine Ausnahme hiervon machen die Lesegeräte für Magnetbandkassetten und Floppy Disks, die jedoch, sieht man einmal von den anderen Datenträgern ab, keine größeren Unterschiede gegenüber Mangetbandgeräten aufweisen.

Lochkartenleser

Wie in Bild 86 dargestellt, werden die Lochkarten beim Lesevorgang aus dem Eingabemagazin des Lochkartenlesers, das meist mit einer Vorratsrampe versehen ist, einzeln zur Abfühlrichtung transportiert, elektrisch oder fotoelektrisch abgefühlt und in einem von meist drei Ablagefächern (Normal-, Fehler- und Aussteuerungsfach) abgelegt. Die Lesegeschwindigkeit der Geräte beträgt je nach Typ zwischen 300 und 2000 Karten in der Minute. Bei der elektrischen Abfühlung führt die Maschine die Lochkarten (vgl. Bild 86) zwischen einer unter elektrischer Spannung stehenden Metallwalze und den Abfühlbürsten hindurch. Jede Lochung in der Karte ergibt einen Kontakt zwischen der betreffenden Bürste und der Walze. Durch den Abfühlvorgang werden die Löcher in der Karte in elektrische Impulse umgewandelt, weitergeleitet, vom Lochkarten- in den Maschinencode übersetzt und in den Arbeitsspeicher der Zentraleinheit übertragen. Aus Sicherheitsgründen ist eine zweite Abfühlstation vorhanden. Von den ersten Abfühlbürsten werden die Löcher in der Karte gezählt. Die zweite Station wiederholt diesen Vorgang und prüft das Ergebnis auf Übereinstimmung mit der ersten Zählung (sogenannte Lochzahlprüfung). Die zweite Abfühlung gewährleistet, daß die gelochten Daten richtig gelesen werden. Nur wenn beide Zählungen übereinstimmen, beginnt die Code-Umwandlung und die Übertragung der Daten in den Arbeitsspeicher. Bei Nichtübereinstimmung spricht eine Anzeige an, und die Maschine stoppt. Die falsch gelesene Karte muß erneut vorgelegt und der Abfühlvorgang wiederholt werden. Bei einigen Anlagen prüft eine weitere Kontrolleinrichtung jedes gelochte Zeichen auf seine Gültigkeit, das heißt auf Übereinstimmung mit einem der von der Anlage verwendeten Zeichen.

Arbeitet der Kartenleser fotoelektrisch, so gleitet die Karte zwischen einer Lichtquelle und den Fotozellen hindurch. Nur an den Stellen, die gelocht sind, kann Licht durch die Karte dringen und die Zellen aktivieren.

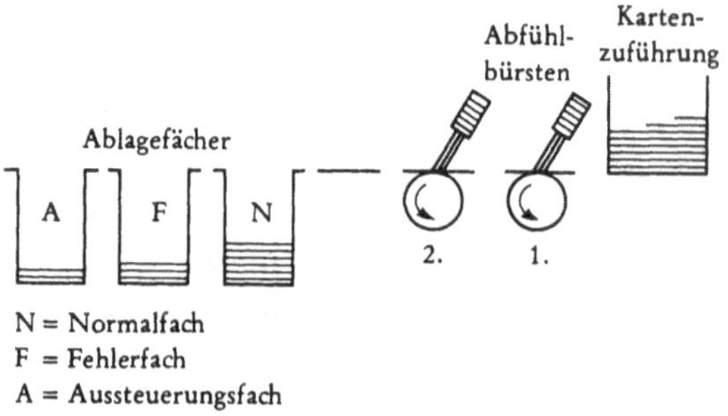

Bild 86: Schema des Kartendurchlaufs bei der elektrischen Abfühlung

Eine Funktionsprüfung der Fotozellen zwischen den einzelnen Lesevorgängen stellt ein einwandfreies Arbeiten sicher. Während die Lochkarte bei der elektrischen Bürstenfühlung meist Zeile für Zeile gelesen wird, gibt man der Spaltenabfühlung bei der fotoelektrischen Arbeitsweise den Vorzug. Der höheren Lesegeschwindigkeit einer zeilenweisen Abfühlung (anstelle der 80 Lochspalten brauchen nur 12 Lochzeilen gelesen zu werden) steht der geringere Speicherbedarf bei einer Spaltenabfühlung gegenüber. Da bei der Zeilenlesung vor dem Abfühlen der letzten Zeile noch keines der 80 gelochten Zeichen bestimmt werden kann, macht dieses Prinzip einen Zwischenspeicher von 12 x 80 = 960 Bits erforderlich, um das ganze Kartenbild vor der Umschlüsselung erst einmal festzuhalten. Bild 87 zeigt das Prinzip einer Zeilen- und Spaltenabfühlung und Bild 88 das Foto eines Lochkartenlesegerätes.

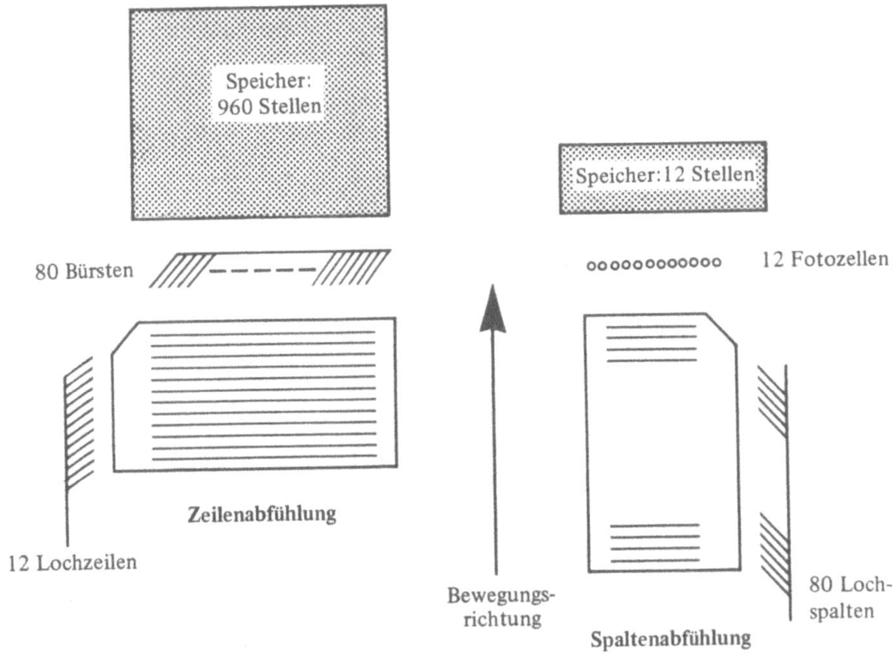

Bild 87: Zeilen- und Spaltenabfühlung

Bild 88: Lochkartenlesegerät

Lochstreifenleser

Der Lochstreifenleser liest die in Lochstreifen gelochten Daten auf elektrischem, meist jedoch fotoelektrischem Wege. Da in Laufrichtung immer Zeichen nach Zeichen abgefühlt wird, ist der fotoelektrischen Abfühlung wegen der damit verbundenen höheren Lesegeschwindigkeit der Vorzug zu geben. Nachdem die gelesenen Zeichen in elektrische Impulse umgewandelt und vom Lochstreifen- in den Maschinencode verschlüsselt sind, stehen die Daten im Arbeitsspeicher für die Verarbeitung bereit. Eine Lesekontrolle ist mit Hilfe zusätzlicher Prüflochungen im Lochstreifen gewährleistet. Die Lesegeschwindigkeit der Lochstreifenlesegeräte beträgt je nach Typ zwischen 250 und 2000 Zeichen in der Sekunde. Während einige Geräte verschiedene Lochstreifen (5 bis 8 Kanäle) lesen können, sind andere Lochstreifenleser auf Lochstreifen eines bestimmten Kanaltyps beschränkt. Es gibt Lochstreifenleser, die direkt (on-line) an eine Zentraleinheit gekoppelt sind, während andere Lochstreifenlesegeräte off-line arbeiten und die vom Lochstreifen gelesenen Daten auf ein Magnetband übertragen. Bild 89 zeigt das Prinzip eines Lochstreifenlesers, und in Bild 90 ist das Foto eines Lochstreifenlesegerätes dargestellt.

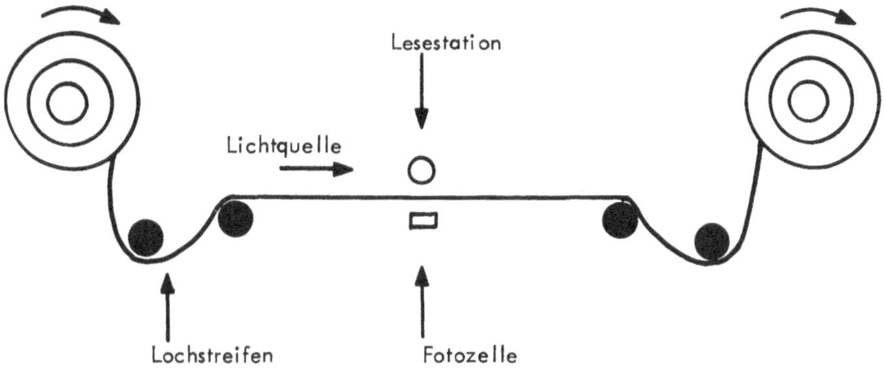

Bild 89: Prinzip eines Lochstreifenlesegerätes

Bild 90: Lochstreifenlesegerät

Belegleser

Im Gegensatz zu Lochkarten- und Lochstreifen-Lesegeräten verwenden Belegleser keine besonderen Datenträger für die Eingabe, sondern die Urbelege selbst. Belegleser oder Lesegeräte für maschinell lesbare Schriften, wie man sie auch nennt, werden unterteilt in

- Magnetschriftleser
- optische Belegleser, weiter gegliedert in
  - Markierungsleser
  - Klarschriftleser
  - Handschriftleser
  - kombinierter Klarschrift-/Handschriftleser.

Beim Einlesen der Belege in den Magnetschriftleser werden die Eisenpartikelchen der Druckfarbe magnetisiert und die am Lesekopf entstehenden magnetischen Signale zur Erkennung des Zeichens benutzt. Bei der CMC-7-Schrift wird jedes Zeichen aus einer Folge von Kurz-Lang-Abständen von 7 senkrechten Strichen erkannt. Im Gegensatz zur E 13-B-Schrift gestattet der CMC-7-Code auch die Möglichkeit einer Buchstabendarstellung. Magnetschriftleser lesen die Belege mit einer Geschwindigkeit von etwa 90.000 Stück in der Stunde. Als Vorteil gegenüber der optischen Beleglesung ist hervorzuheben, daß die Sicherheit nicht durch eine mögliche Verschmutzung beeinträchtigt wird, weil das Verfahren nicht aufgrund eines Hell-Dunkel-Kontrastes arbeitet, sondern magnetische Signale zur Erkennung benutzt.
Die unterschiedlichen Merkmale eines jeden Zeichens erhöhen die Zuverlässigkeit des Verfahrens noch weiter. Jedoch muß stets sichergestellt sein, daß die magnetische Farbe einen Mindestgehalt an Eisenteilchen aufweist. An die Qualität des Papiers werden dagegen keine besonderen Anforderungen gestellt; es ist lediglich darauf zu achten, daß das Papier frei von Metallteilchen ist. Die geringe Zeichendichte (es können höchstens 8 Zeichen je Zoll gedruckt werden), die Unmöglichkeit,

die Qualität des Drucks ständig zu kontrollieren und außerdem die Tatsache, daß die Lesezeilen am unteren Rand des Beleges stehen müssen, sind Nachteile des Magnetschriftverfahrens im Vergleich zur optischen Beleglesung. Aus den genannten Gründen beschränkt sich das Verfahren auf Spezialgebiete, so beispielsweise für die Scheckverarbeitung in Kreditinstituten und bei der Auswertung von Lotto- und Totoscheinen. Magnetschriftleser können sowohl off-line (als reine Belegsortiermaschinen) oder on-line (das heißt mit Direktanschluß an eine EDV-Anlage) eingesetzt werden. Bei der On-Line-Anwendung werden die Daten über den Belegleser direkt in die EDV-Anlage eingegeben. Anzumerken ist noch, daß für das Drucken von Magnetschrift besondere Schnelldrucker entwickelt wurden, die - mit auswechselbaren Druckstäbchen versehen - je nach Bedarf nur Magnetschrift bzw. Magnetschrift oder Klarschrift drucken können. Während die feststehenden Begriffe (beispielsweise die Bank- und Kontonummer) mit dem Schnelldrucker oder im Flach-, Rotations- oder Offsetdruck auf den Belegen vorgedruckt sind, werden die variablen Daten (Betrag, Einreichungsdatum) später mit Hilfe einer speziellen Schreibmaschine nachcodiert. Die Formulargröße kann variabel sein, muß jedoch in dem vom Hersteller des Magnetschriftlesegeräts angegebenen Grenzen liegen. Bild 91 zeigt eine kombinierte Beleglese- und -sortiermaschine.

Zur optischen Beleglesung im weiteren Sinne gehören auch Markierungsleser. Wie bekannt, wird bei diesem Verfahren nicht eine Zeichenlochkarte, sondern ebenfalls der Urbeleg als Datenträger verwendet. Gemeinsam mit dem Zeichenlochverfahren ist jedoch, daß hier nicht die Zeichenart wie bei der Klarschriftlesung, sondern der Ort der Markierung ein Zeichen bestimmt. Diese Technik ist naturgemäß einfach und deshalb verhältnismäßig billig. Auch Markierungsleser können off-line oder on-line benutzt werden. Bei der Off-Line-Anwendung geht es allerdings nicht um eine Sortie-

Bild 91: Belegiese- und -sortiermaschine für Magnetschrift CMC-7 (Werkbild Bull)

rung der Belege, wie beim Magnetschriftleser, sondern in diesem Falle liest der Markierungsleser die Belege und stanzt die gelesenen Daten in Lochkarten, die dann in die EDV-Anlage eingegeben werden. Organisatorische und wirtschaftliche Gründe können für eine solche Off-Line-Lösung sprechen, bei der die Lochkarte zwar nicht ausgeschaltet ist, jedoch automatisch gewonnen wird. Ähnlich wie beim Zeichenlochverfahren ist die organisatorische Anwendung des Markierungsverfahrens auf Arbeitsgebiete beschränkt, bei denen nicht viele Daten erfaßt werden müssen. Bild 92 zeigt das Eingabemagazin eines Markierungslesers.

Jünger als das Magnetschriftverfahren ist die optische Zeichenlesung durch Klarschriftlesegeräte. Dieses Verfahren, meist als Klarschriftverfahren bezeichnet, hat den Vorzug, daß gebräuchliche, dem Menschen gut vertraute Zeichen von einer Schreibmaschine oder einem Schnelldrucker mit gewöhnlichem Farbband geschrieben werden können. Wie beim Magnetschriftverfahren, werden auch hier die Urbelege selbst als Datenträger verwendet. Obwohl sich die Klarschriftlesung in Zukunft ohne Zweifel durchsetzen wird, schränken die hohen Anforderungen an Papierqualität und Beschriftung sowie die außerordentlich hohen Kosten der Lesegeräte die Anwendung dieses Verfahrens bisher noch stark ein.

Bild 92: Eingabemagazin eines Markierungslesers (Werkbild IBM)

Bild 93 zeigt die schematische Arbeitsweise eines Klarschriftlesers. Der Beleg läuft aus der Zuführung mit der Einerstelle zuerst unter einer auf die zu verarbeitende Zeile einstellbaren Lesestation vorbei. Diese besteht aus einer Lichtquelle zur Ausleuchtung des Lesefeldes und einer Fotolinse. Das reflektierte Licht des beschriebenen Beleges (der helle Papieruntergrund reflektiert das Licht, wohingegen der Schwarzdruck der Zeichen das Licht absorbiert) wird im Parallelstrahl auf eine mit hoher Geschwindigkeit laufende Scheibe geworfen. Diese Scheibe enthält, wie oben Mitte

Aufgabenstellung:

Verarbeitung von
Papieren
verschied. Gewichts
" Stärke
" Formats

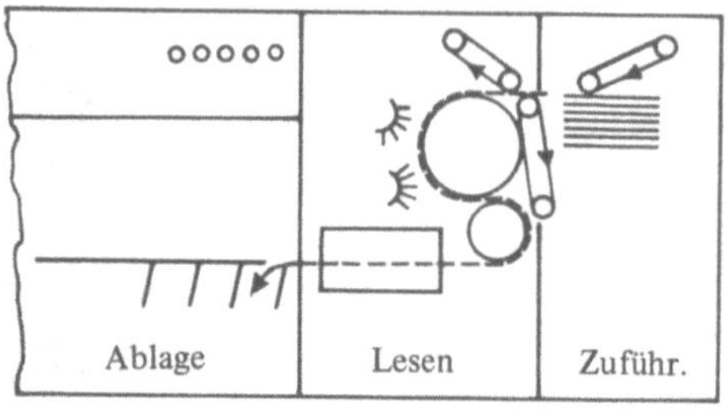

Bild 93: Schematische Arbeitsweise eines Klarschriftlesers (nach einer Vorlage der IBM)

in Bild 94 dargestellt, eine Anzahl spiralenförmig angeordneter quadratischer Öffnungen, mit deren Hilfe das zu lesende Zeichen in 10 Längsstreifen zu je 17 Punkten zerlegt wird. Die durchgehenden Lichtstrahlen werden durch eine Schlitzblende geführt, die das Strahlenbündel begrenzt und Zeichen, die weiter unten oder über der Zeile stehen, ausscheidet. Von einer Fotozelle werden die Lichtquanten erkannt, in elektrische Impulse umgewandelt und verstärkt. Die aufgrund des gelesenen Zeichens entstandenen Impulse werden mit den in der Maschine gespeicherten "Mustern" der gültigen Zeichen verglichen. Dabei wird das gelesene Zeichen erkannt und kann nun zur Weiterverarbeitung in den Arbeitsspeicher der EDV-Anlage übertragen werden. Die Belege können innerhalb bestimmter Grenzen verschieden hoch, lang und stark sein. Klarschriftleser können je nach Größe und Inhalt der Belege etwa 20.000 bis 90.000 Belege in der Stunde lesen.

Kombinationsleser, auch Mehrfunktionsleser genannt, (Leser, die nur Handschriften lesen können, sind selten) lesen Ziffern und gewisse Sonderzeichen in Handschrift sowie Maschinenschrift, im einzelnen auch handschriftliche Markierungen. Verschiedene Arten und

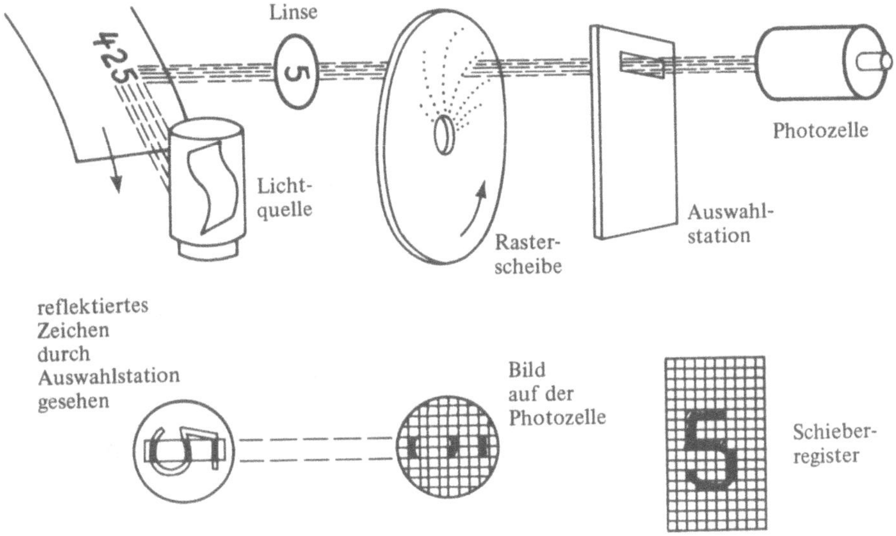

Bild 94: Technisches Prinzip eines Klarschriftlesers (nach einer Vorlage der IBM)

Größen von Schriftzeichen können auf einem Beleg untergebracht sein. Die Größe der Belege kann zwischen maximal DIN A 5 bis herunter zu DIN A 8 betragen. Neben Einzelbelegen mit frei wählbarer Zeilenanordnung können auch Endlosstreifen gelesen werden, wie sie beispielsweise bei Registrierkassen üblich sind. Der Belegaufbau selbst kann den unterschiedlichsten Aufgaben angepaßt werden, weil ein Kombinationsleser im allgemeinen Daten in zwei Richtungen liest und auf einem Beleg zugleich Klarschrift, Handschrift und Markierungen untergebracht sein können. Für das Anbringen handschriftlicher Zeichen sind eine Reihe zusätzlicher Bedingungen zu beachten.
Die Lesetechnik eines Kombinationslesers arbeitet nach dem elektronischen Lichtpunktabtastsystem. Sie ist für Klarschrift und Handschrift unterschiedlich. Die Klarschrift wird durch Strichanalyse gelesen und erkannt. Dabei untersucht ein elektronischer Lichtpunktabtaster, welche Zeichenteile vorhanden sind; aus dem Untersuchungsergebnis wird das Zeichen erkannt. Beim Lesen der Handschrift verfolgt der Abtaster das Zeichen durch einen sich spiralförmig bewegenden Lesestrahl (Kathodenstrahl)

und erkennt aus dem Ablauf der Verfolgungsbewegung das Zeichen. Bild 95 zeigt in seinem linken Teil handschriftliche Ziffern und rechts das Abtastsystem bei Klarschrift- und Handzeichen und Bild 96 das Foto eines Kombinationslesers.

Die handschriftlichen Ziffern sind durch entsprechenden Formularentwurf voneinander getrennt

Klarschrift wird durch Strichanalyse, Handschrift durch Konturenverfolgungstechnik erkannt

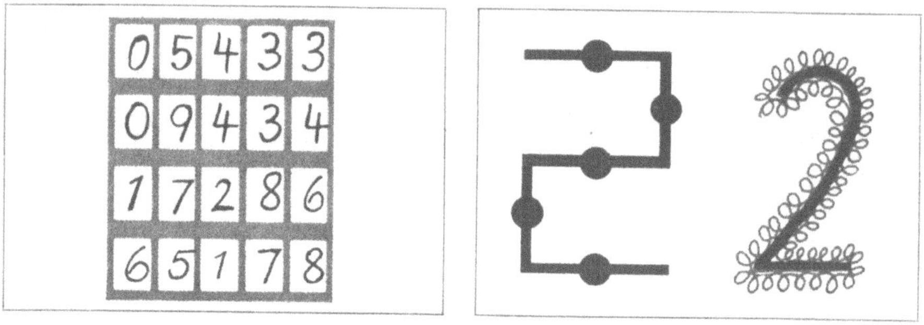

Bild 95: Handschriftliche Ziffern (links) und Abtastsystem (rechts) beim Belegleser IBM 1287 (Werkbild IBM)

Bild 96: Belegleser IBM 1287 (Werkbild IBM)

Geräte für die Direkteingabe

Bei diesen Geräten handelt es sich um Einrichtungen, die zur direkten Eingabe von Daten und Instruktionen über Telefon- oder Fernleitung dienen und nicht gleichzeitig für die Ausgabe verwendet werden können, also keine Dialoggeräte sind. Die Bedeutung der Geräte für die Direkteingabe liegt vorwiegend im technischen Bereich. Beispiele sind die Übertragung von Daten aus Produktionsmaschinen in eine EDV-Anlage, Meßgeräte, die gleichzeitig zur direkten Dateneingabe dienen, Ausweisleser, die mit einer EDV-Anlage gekoppelt sind, Arbeitszeituhren, die die Daten ohne Einschaltung eines Datenträgers direkt übertragen, und Tastaturgeräte, die nur zur Eingabe von Daten dienen. Die Hauptbedeutung kommt jedoch heute den Dialoggeräten zu, die sowohl für die Eingabe von Daten als auch zur Ausgabe und Auskunftserteilung verwendet werden können.

2.233 Ausgabegeräte

Die Ausgabegeräte dienen, wie es ihr Name sagt, zur Ausgabe der ermittelten Datenverarbeitungsergebnisse. Je nach Verwendungszweck erfolgt die Ausgabe

- auf Datenträger für eine maschinelle Weiterverarbeitung: Lochkarten- und Lochstreifenstanzer

- auf Papier: Schnelldrucker und Plotter

- auf Mikrofilm: COM-Geräte oder

- optisch bzw. akustisch: Bildschirmanzeige und Sprachausgabe.

Lochkartenstanzer

Beim Stanzvorgang transportiert der Lochkartenstanzer automatisch eine Leerkarte aus dem Eingabemagazin zur Stanzeinrichtung. Gleichzeitig werden die für die Ausgabe bestimmten Daten vom Maschinen- in den Lochkartencode zurückübersetzt und in elektrische Impulse umgewandelt, die dann die Stanzstempel steuern. Je nach Maschinentyp erfolgt die Stanzung Spalte für Spalte, zeilenweise oder im ganzen (en bloc). Eine hinter der Stanzstation liegende Leseeinrichtung fühlt die soeben gestanzten Angaben ab und vergleicht sie mit den Daten, die für die Stanzung im Arbeitsspeicher bereit gestellt waren. Bei Nichtübereinstimmung steuert die Anlage die falsch gestanzte Karte in das Aussteuerungsfach und wiederholt den Stanzvorgang. Richtig gestanzte Karten werden in das Normalfach transportiert. Die Arbeitsgeschwindigkeit der Lochkartenstanzer liegt zwischen 6.000 und 30.000 Karten in der Stunde. Bild 97 zeigt das Schema der Kartenstanzung, Bild 98 das Foto eines Lochkartenstanzgerätes.

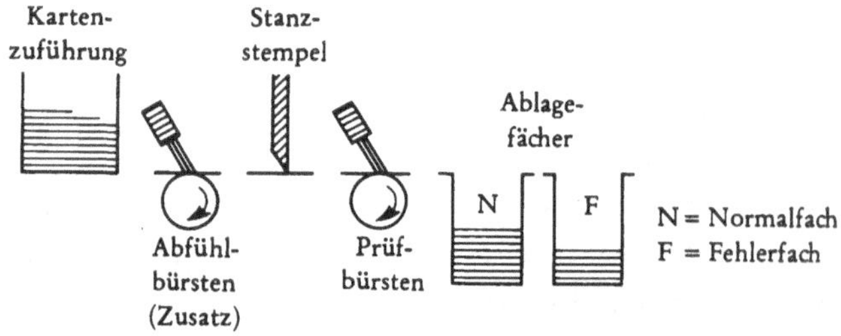

Bild 97: Schema des Kartendurchlaufs beim Lochkartenstanzgerät

Einige Lochkartenstanzgeräte sind mit einer zweiten Abfühleinrichtung ("Stanzen in die gleiche Karte") ausgerüstet, die vor der Stanzstation liegt. Durch diese Einrichtung ist es möglich, Verarbeitungsergebnisse in dieselbe Karte zu stanzen, aus der die Eingabedaten abgefühlt werden. Die Lochprüfung in den beiden Abfühlstationen berücksichtigt nicht nur die abgefühlten Lochungen, sondern auch die zusätzlich gestanzten Daten. Kontrollanzeigen beim Stanzer weisen wie beim Lesegerät auf Nichtübereinstimmung bei der Prüfung, auf ein leeres Eingabe- bzw. volles Ausgabemagazin sowie auf Funktionsstörungen der Maschine hin. Einige Hersteller, wie beispielsweise die IBM, bieten kombinierte Kartenabfühl- und -stanzgeräte an, bei denen sowohl die Abfühl- als auch die Stanzeinrichtung in einem Gerät untergebracht sind. Außerdem gibt es, zum Anschluß an kleine EDV-Anlagen, sogenannte Mehrfunktionseinheiten, die außer Abfühl- und Stanzeinrichtung auch über Vorrichtungen für das Beschriften, Sortieren und Mischen von Lochkarten verfügen.

Bild 98: Lochkartenstanzgerät (Werkbild Bull)

Lochstreifenstanzer

Lochstreifenstanzgeräte sind noch langsamere Ausgabeeinrichtungen als Lochkartenstanzer. Ihre Höchstgeschwindigkeit liegt selten über 150 Zeichen je Sekunde, weil der Streifen beim Stanzen Schritt für Schritt bewegt und jedes Zeichen einzeln gestanzt werden muß. Bei der Lochstreifenstanzung werden die vom Arbeitsspeicher kommenden Daten vom Maschinen- in den Lochstreifencode umgewandelt und mit Hilfe von Stanzstempeln in 5-, 6-, 7- und 8-Kanal-Lochstreifen gestanzt. Eine anschließende Lesekontrolle stellt sicher, daß die Daten richtig übernommen wurden. Lochstreifenstanzer sind manchmal auch mit einem Lochstreifenlesegerät kombiniert, wie aus Bild 99 ersichtlich.

Bild 99: Kombiniertes Lochstreifenlese- und -stanzgerät (Werkbild Bull)

Schnelldrucker

Schnelldrucker, auch als Zeilendrucker bezeichnet, dienen dazu, die Ergebnisse der elektronischen Datenverarbeitung in Formulare oder Listen zu drucken, deren Ausgabe in Klarschrift gesetzlich vorgeschrieben oder aus betrieblichen Gründen erforderlich ist. Zeilendrucker unterscheiden sich von Zeichendruckern dadurch, daß sie nicht wie die Schreibmaschine nur ein einziges Zeichen, sondern eine ganze Zeile auf einmal drucken und damit eine wesentlich höhere Druckleistung erzielen. Die gebräuchlichsten Schnelldruckerarten sind Walzendrucker, Kettendrucker und Stabdrucker.

Walzendrucker besitzen einen Typenzylinder, der mit einer gleichbleibenden Geschwindigkeit von je nach Typ 300 bis 800 Umdrehungen in der Minute rotiert. Die vor der Papierbahn liegenden kleinen Hämmer schlagen, durch eine Synchronisierung gesteuert, in dem Augenblick an, in dem das gewünschte Zeichen an der Anschlagstelle vorbeikommt. Zur Synchronisation dient ein Code-Rad, eine kleine Magnettrommel, die mit der Achse des Druckzylinders fest verbunden ist. Mit Hilfe elektrischer Impulse, die die Leseeinrichtung der Magnettrommel laufend sendet, stellt die Steuerung fest, welche Zeichenreihe sich gerade unter der Anschlagstelle befindet. Bei Übereinstimmung mit dem gewünschten Zeichen wird dann der Druckvorgang rechtzeitig eingeleitet. Wie bei der Schreibmaschine läuft zwischen Typenträger und Papier ein automatisch umschaltbares Farbtuch. Rotierende Typenträger ermöglichen Druckgeschwindigkeiten bis zu 120.000 Zeilen/Stunde, wobei bei einer Zeilenbreite zwischen 80 und 160 Schreibstellen bis zu 5 Kopien gleichzeitig hergestellt werden können. Besonders hervorzuheben ist noch, daß der Typenträger im Augenblick des Hammeranschlages nicht in Ruhestellung ist, sondern die Zeichen "im Fluge" gedruckt werden. Eine besondere Kontrolleinrichtung prüft nach jeder Zeile, ob die gedruckten und die im Ausgabespeicher bereitgestellten Zeichen übereinstimmen. Bild 100 zeigt einen Schnelldrucker, Bild 101 einen Typenzylinder und Bild 102 eine Typenwalze mit Code-Rad.

Bild 100: Schnelldrucker (Werkbild Bull)

Bild 101: Typenzylinder eines Walzendruckers (Werkbild Siemens)

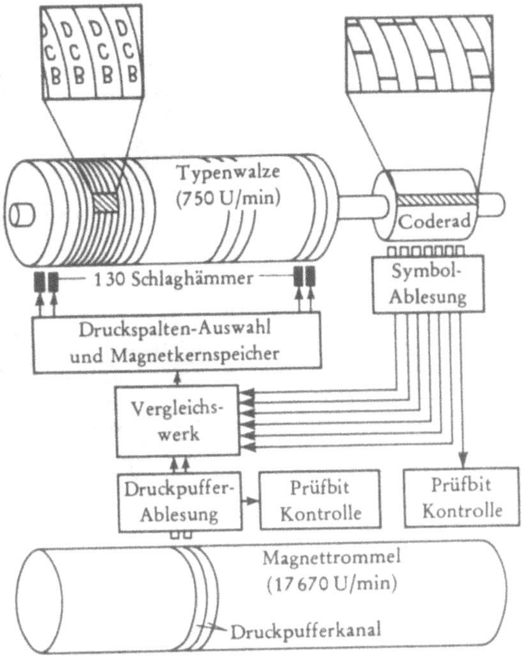

Bild 102: Schnelldrucker mit Typenwalze und Code-Rad

Andere Schnelldrucker verwenden statt des Typenzylinders eine umlaufende Druckkette. Die Kette, auf der 48 Zeichen 5 mal angeordnet sind, läuft mit gleichbleibender Geschwindigkeit in horizontaler Richtung an den Anschlaghämmern vorbei. Sobald das gewünschte Zeichen die Druckstelle erreicht hat, wird der Druckvorgang ausgelöst. Vor dem Druck prüft die Maschine ebenfalls, ob die Drucktype mit dem Zeichen im Ausgabespeicher übereinstimmt. Bild 103 zeigt die Druckkette eines Schnelldruckers und Bild 104 das Schema des Druckmechanismus.

Wieder andere Drucker, vor allem solche für nicht so hohe Druckleistungen bei kleinen und mittelgroßen EDV-Anlagen, benutzen als Druckelement einen sich horizontal hin und her bewegenden Druckstab, auf dem beispielsweise 52 Drucktypen aufgebracht sind. Benötigt man für eine Aufgabe nicht alle Zeichen, so kann

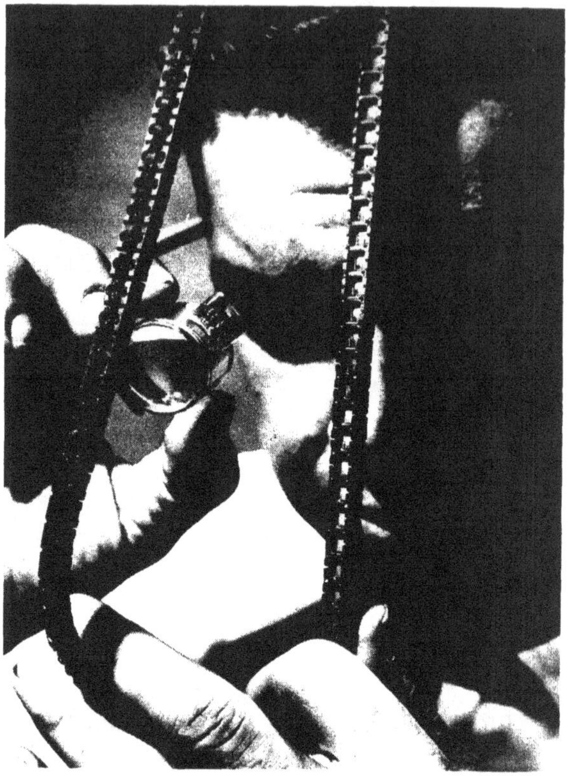

Bild 103: Druckkette eines Schnelldruckers (Werkbild IBM)

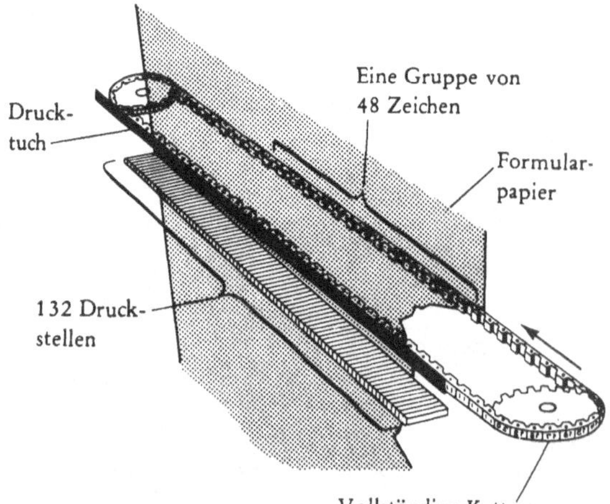

Bild 104: Schema des Druckmechanismus beim Kettendrucker (Werkbild IBM

der Stab leicht gegen einen anderen ausgewechselt werden, der nur numerische und einige Sonderzeichen enthält. Durch die mehrfache Anordnung der Zeichen beim numerischen Druckstab wird die Druckleistung, den kürzeren Weg des Druckstabes entsprechend, erheblich erhöht. Bild 105 zeigt Druckstäbe eines Schnelldruckers.

Bild 105: Druckstäbe eines Schnelldruckers (Werkbild IBM)

Alle Drucker verwenden als Druckpapier zickzackgefaltete Endlosformulare, die, mit einer beidseitigen Filmbandlochung versehen, über Zahnkettenräder transportiert werden. Der Papiervorschub wird in der Regel über das gespeicherte Programm, meist in Verbindung mit einem auswechselbaren Vorschublochstreifen, gesteuert. Einige Hersteller rüsten ihre Schnelldrucker mit einer zweiten parallelen Papierbahn aus, mit deren Hilfe ein zweites Formular gleichzeitig beschriftet werden kann (sogenannter doppelter Vorschub).

Der große Unterschied zwischen der internen Arbeitsgeschwindigkeit einer EDV-Anlage einerseits und der vorwiegend mechanisch bedingten verhältnismäßig geringen Leistung der Schnelldrucker andererseits führte zu neuen Entwicklungen bei der Druckausgabe. Mechanische Schnelldrucker gestatten zwar heute bereits Geschwindigkeiten bis zu 120.000 Zeilen/Stunde, eine Steigerung darüber hinaus dürfte jedoch kaum möglich sein, weil Druckeinrichtungen mit mechanischen Elementen dem Gesetz der Masseträgheit unterliegen. Um die Leistungsgrenze mechanischer Drucker zu überwinden, müssen neue Wege beschritten werden.

Eine dieser Lösungen könnte ein neuartiger elektrostatischer Drucker sein, obwohl sich ein solches Gerät bisher, vor allem wegen seines hohen Preises, kaum durchsetzen konnte. Bild 106 erklärt den schematischen Ablauf des "Druckvorganges" beim elektrostatischen Schnelldrucker, und Bild 107 zeigt das Foto eines solchen Gerätes.
Die auf einen Zylinder aufgebrachte Selenschicht erhält eine positive elektrische Ladung. Über eine Braun'sche Röhre (eine Einrichtung, in der mit Hilfe von Kathoden-Strahlen schnelle elektrische Schwingungen sichtbar gemacht werden) und ein System von Linsen und Spiegeln wird der Inhalt des Ausgabebereichs im Arbeitsspeicher auf die Trommel projiziert, die mit gleichbleibender Geschwindigkeit rotiert. Hierdurch verlieren diejenigen Stellen der Oberfläche, die dem Licht ausgesetzt sind, ihre positive Ladung. Nur die unbelichteten Stellen bleiben dagegen weiter positiv geladen. Als nächstes streut eine Vorrichtung Pulver, das aus zwei Komponenten besteht, auf die Trommel. Der eine Bestandteil, der sogenannte Träger, setzt sich aus harten, kugeligen Partikeln zusammen, wogegen der andere, das Farbpulver, ein Gemisch aus Druckerschwärze und einem thermoplastischen Stoff ist. Träger und Farbpulver werden vorher innig miteinander vermischt, wobei sich das Farbpulver, durch die Reibung der Teilchen aneinander, positiv lädt. Da gleiche elektrische Ladungen sich abstoßen und ungleiche anziehen, bleibt das Farbpulver nur auf den belichteten Stellen der Selenfläche haften. Die schweren Trägerpartikel, die nur zur Verteilung des Farbpulvers auf der Trommeloberfläche dienen, fallen von der

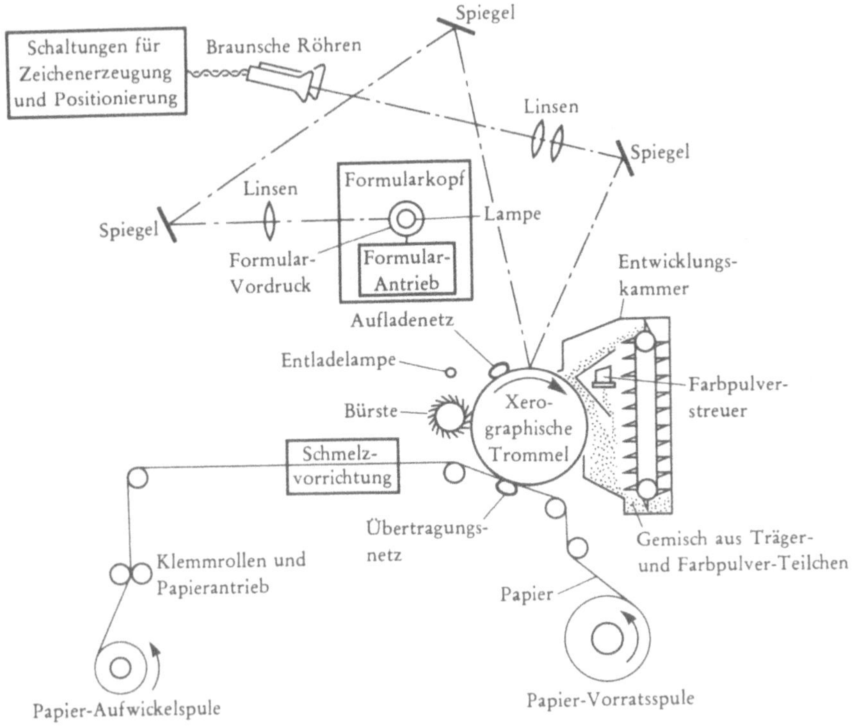

Bild 106: Ablaufschema des Xeronic-Schnelldruckers (Werkbild Rank Xerox)

Bild 107: Xeronic-Schnelldrucker (Werkbild Rank Xerox)

Trommel herab und kehren in die Entwicklungskammer zurück. Um das Ladungsbild der Trommel anschließend auf das Druckpapier zu übertragen, ist das Papier vorher negativ aufzuladen, damit das positiv geladene Farbpulver darauf haften bleibt. Mit Hilfe einer Schmelzvorrichtung wird das Farbpulver schließlich in das Papier eingebrannt. Die Papierschneidemaschine beendet den Ablauf, während eine rotierende Bürste die Selentrommel von zurückgebliebenen Farbpulverteilchen reinigt. Ein Formularkopf des Druckers dient schließlich dazu, einen Formulardruck auf die Trommelfläche zu projizieren. Bis zu 32 verschiedene Vordrucke können auf dem auswechselbaren Filmstreifen als fotografisches Negativ festgehalten werden. Ein Mechanismus sorgt für die richtige Auswahl des Druckbildes.

Elektrostatische Schnelldrucker erreichen Geschwindigkeiten über 300.000 Zeilen/Stunde. Hierbei muß jedoch berücksichtigt werden, daß man keine Durchschläge gewinnen kann. Dieser Nachteil des elektrostatischen Druckers verliert jedoch teilweise an Bedeutung durch die Möglichkeit, gleiche Auswertungen parallel zu drucken. Außerdem ist es möglich, für den Druck kopierfähiges Papier zu verwenden, von dem dann später Kopien in beliebiger Anzahl erzeugt werden. Sollte es gelingen, den hohen technischen Aufwand und die damit verbundenen Kosten zu reduzieren, so kann angenommen werden, daß elektrostatische Schnelldrucker in Zukunft die Geschwindigkeit der Datenausgabe in Klarschrift beträchtlich erhöhen werden. Andere Entwicklungen, die bisher aber noch keine Marktreife erlangt haben, sind die Anwendung des Laserstrahls und der Einsatz von Funkendruckern für die Druckausgabe.

Plotter

Die Arbeitsergebnisse der Datenverarbeitung können nicht nur in gedruckter Schriftform, sondern auch in grafischer Darstellung ausgegeben werden. Neben der grafischen Ausgabe auf Bildschirmgeräten sind hier insbesondere Zeichengeräte, Plotter genannt, zu nennen.

Beim mechanischen Plotter wird ein Zeichenstift (Kugelschreiber oder Tusche) über das Papier geführt. Handelt es sich um einen Flachzeichner, so wird der Zeichenstift durch zwei getrennt arbeitende Motore horizontal und/ oder vertikal über das Papier bewegt. Durch geeignete Kombinationen der Bewegungen aus beiden Motoren lassen sich außer senkrechten und waagerechten Strichen auch schräge Linien und Kurven zeichnen. Ein weiterer Mechanismus sorgt für das Heben und Senken des Zeichenstiftes. Trommelzeichner führen das Papier dagegen über eine Trommel. Während der Zeichenstift nur horizontal bewegt wird, erfolgt die vertikale Bewegung durch die Trommeldrehung. Der Zeichenbogen ist hierbei auf die Trommel gespannt. Trommelzeichner haben den Vorzug, daß eine größere Anzahl von Zeichnungen ohne Wechsel des Zeichenbogens, also ohne manuellen Eingriff, ausgeführt werden kann.

Beim elektronischen Plotter zeichnet ein Kathodenstrahl die Darstellungen auf Mikrofilm. Während des Zeichnens gibt es also keine mechanischen Bewegungen. Allerdings muß die Darstellung erst entwickelt werden, bevor sie vom Menschen benutzt werden kann.

Plotter lassen sich nun direkt von einer EDV-Anlage steuern (on-line) oder aber auch über Lochstreifen oder Magnetbänder im Off-Line-Betrieb. Mit entsprechenden Programmen können Konstruktionszeichnungen, Karten und alle möglichen Pläne und Diagramme hergestellt werden.

COM-Geräte

COM steht für den englischen Begriff "Computer Output on Microfilm" und bezeichnet eine Technik, die on-line oder off-line Daten von der EDV-Anlage auf Mikrofilm ausgibt; beim Off-Line-Verfahren werden die Daten nicht direkt vom Arbeitsspeicher zum Mikrofilmgerät übertragen, sondern über ein zwischengeschaltetes Magnetband. Steigende Papierkosten, ein wachsender Informationsbedarf und die Notwendigkeit zur Reduzierung der Verwaltungskosten haben zur Entwicklung und Anwendung von COM-Systemen geführt. Sofern ein COM-System für den einzelnen Anwender nicht wirtschaftlich ist, kann er auf eines der zahlreichen Serviceunternehmen zurückgreifen.

COM-Geräte sind vorstellbar als schnelle Drucker, die 10 bis 20 mal schneller als die gewöhnlichen mechanischen Schnelldrucker arbeiten und die Daten nicht auf Papier, sondern auf Mikrofilm ausgeben. Gegenüber dem Schnelldrucker bietet ein COM-System im allgemeinen den Vorteil der Groß- und Kleinschreibung sowie einer Veränderung der Strichstärke. Formulareinteilungen können über eine Formeinblendung ebenfalls auf den Mikrofilm projiziert werden. Üblicherweise verwenden COM-Geräte 16-mm-Filme, jedoch ist auch anderes Mikrofilmmaterial bei den meisten COM-Systemen verwendbar.

Bild 108 zeigt das Schema des COM-Ablaufs. Hiernach werden die auszugebenden Daten entweder on-line direkt zum COM-Gerät oder off-line über ein Magnetbandgerät übertragen. Das COM-Gerät besteht aus einem Controller- und einem Recorder-Teil. Im Controller werden die binär verschlüsselten Daten der EDV-Anlage in alphanumerische Daten umgewandelt. Gleichzeitig erfolgt eine Überprüfung der Ausgabe. Im zweiten Teil des Gerätes, im Recorder, erfolgt dann die Belichtung des Mikrofilms (off-line) bzw. eine direkte Weitergabe (on-line) an ein Entwicklungsgerät, das dann in beiden Fällen den Mikrofilm entwickelt. Üblicherweise geschieht die Entwicklung getrennt vom COM-Gerät, um die durch die Entwicklung bedingte Feuchtigkeit und Chemikaliendämpfe aus dem Rechenzentrum herauszuhalten. Ein COM-System wird durch ein Dupliziergerät zur Duplizierung des entwickelten Mikrofilms und den Einrichtungen zur Konfektionierung, das heißt Aufbereitung der Filme wie Schneiden und Übertragung in Kassetten oder Klarsichthüllen (Jacketts), vervollständigt. Während der Originalfilm meist zentral

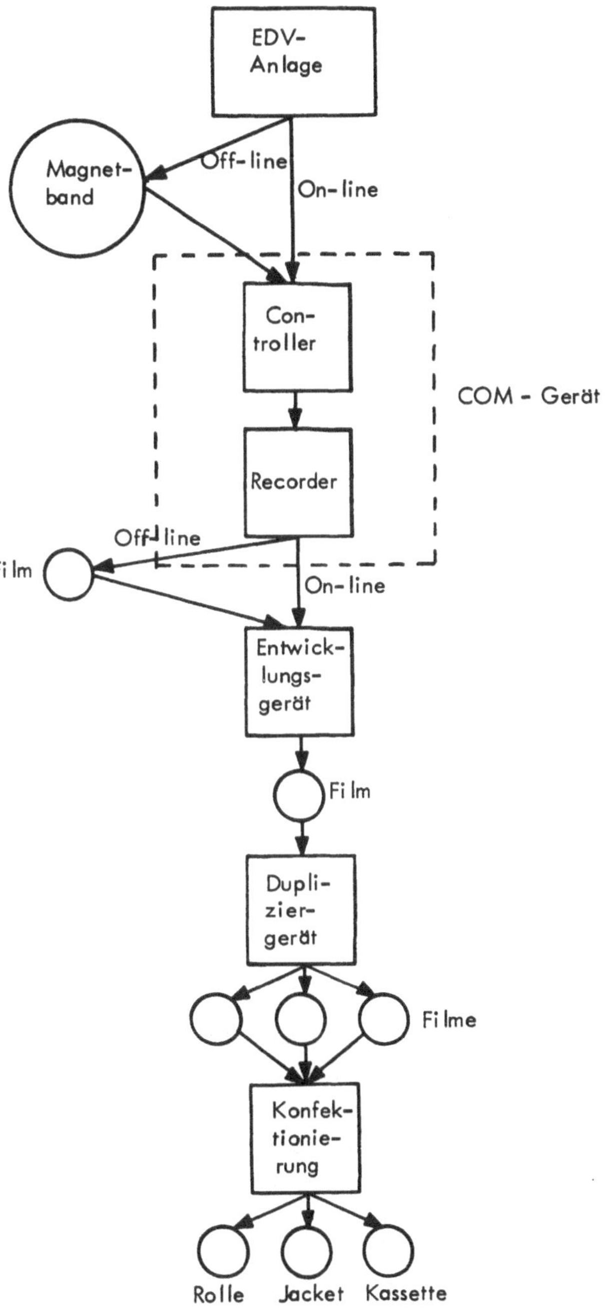

Bild 108: Schema des COM-Ablaufes

verwahrt wird, werden die Duplikate wie dargestellt konfektioniert und an die Empfänger verteilt.

COM-Systeme reduzieren die Materialkosten (ein Mikrofilmbild kostet nur etwa 10 bis 30 % verglichen mit den Papierkosten), verringeren den Platzbedarf erheblich (gegenüber Papier werden meist mehr als 90 % des Platzes eingespart) und bieten die Möglichkeit einer billigeren Versendung und eines schnelleren Zugriffs beim Empfänger. Nachteilig können die vergleichsweisen hohen Kosten der Mikroverfilmung sein, die insbesondere bei On-Line-Systemen entstehen.

Geräte für die Direktausgabe

Geräte, die ausschließlich zur direkten Ausgabe von Daten ohne Datenträger oder Beleg dienen, sind noch seltener anzutreffen als Geräte für die Direkteingabe. Statt dessen werden heute vornehmlich Geräte angeboten und eingesetzt, die sich sowohl für die direkte Eingabe von Daten als auch für eine Direktausgabe eignen.

Sieht man von den wenigen Fällen ab, wo Bildschirmgeräte nur für die Datenausgabe und nicht auch für die Eingabe verwendet werden (vgl. hierzu das Kapitel "Dialoggeräte und Datenfernübertragung"), so läßt sich als Beispiel für die Direktausgabe von Daten ausschließlich die akustische Ausgabe (Sprachausgabe) nennen. Das Datenendgerät eines Teilnehmers an einem Sprachausgabesystem ist ein normaler Telefonapparat mit angeschlossener Zusatzeinrichtung. Die Verbindung zur EDV-Anlage wird über das öffentliche Telefonnetz oder über eine Telefonmietleitung hergestellt. Bei der Sprachausgabe wählt der Teilnehmer die Nummer der Anlage und übermittelt seine Anweisungen und Daten durch die Wahl bestimmter Ziffernfolgen. Die Anlage führt die Befehle aus und meldet die Ergebnisse akustisch in gesprochener Form an den Empfänger. Dieser kann die Abfrage fortsetzen oder aber durch Auflegen des Hörers beenden. Vorteilhaft ist, daß praktisch jeder Telefonbesitzer an einer solchen Sprachausgabe teilnehmen kann. Nachteilig wirkt sich dagegen aus, daß die Ausgabe nur akustisch und nicht visuell erfolgt und der Empfänger kein geschriebenes Dokument besitzt.

2.234 Dialoggeräte und Datenfernübertragung

Dialoggeräte, zusammen mit den Geräten für die Direkteingabe und -ausgabe auch als Datenendstationen (engl. terminals) bezeichnet, dienen dem direkten Austausch von Informationen und gewährleisten damit einen echten Dialog zwischen Mensch und Maschine. Der Dialogverkehr gehört zu den Merkmalen moderner EDV-Anlagen und wird im Hinblick auf die Anwendung der elektronischen Datenverarbeitung eine neue Ära einleiten.

Die am meisten verbreiteten Dialoggeräte sind

- Bedienungskonsolen
- Bildschirmgeräte
- Fernschreiber und
- Satellitenrechner.

Alle Geräte, mit Ausnahme der Bedienungskonsolen, sind meist on-line über Fernschreib-, Fernsprech- oder Sonderleitungen mit der EDV-Anlage verbunden, ein Vorgang, der als Datenfernübertragung oder, bei Fernübertragung mit anschließender Sofortverarbeitung, als Datenfernverarbeitung bezeichnet wird.

Bedienungskonsole

Die Bedienungskonsole, als Konsolschreibmaschine (Blattschreiber) oder Bildschirmgerät, dient zur Kommunikation zwischen Zentraleinheit und dem Bedienungspersonal. Die heute in der Mehrzahl der Fälle benutzte Konsolschreibmaschine ist über einen Datenkanal an der Zentraleinheit angeschlossen. Sie gleicht im wesentlichen einer Schreibmaschine, hat jedoch neben der üblichen Tastatur einige zusätzliche Funktionstasten und Kontrolleuchten. Als Papier wird im allgemeinen eine Doppelbahn Endlospapier, ähnlich wie beim Schnelldrucker, benutzt. Sowohl die vom Bediener eingegebenen Steuerungsanweisungen und Informationen als auch die dem Bediener über das Betriebssystem mitgeteilten Angaben werden auf der Schreibmaschine protokolliert. Die Schreibleistung bei der Ausgabe beträgt kaum mehr als 20 Zeichen/Sekunde, weswegen sich die Konsolschreibmaschine nur für die Ein- und Ausgabe von einzelnen Informationen und Anweisungen eignet.

Beispiele für die Eingabe von Angaben durch den Bediener sind

- das Tagesdatum
- Steueranweisungen und
- Fehlerkorrekturen.

Für die wichtigere Ausgabe durch das Betriebssystem dienen als Beispiele

- Fehlermeldungen
- Bestätigungen über die Ausführung von Anweisungen
- Meldungen über den jeweiligen Betriebszustand der Anlage und
- Bedienungsanforderungen.

Bild 109 zeigt das Foto einer Bedienungskonsole mit Konsolschreibmaschine. Soweit als Bedienungskonsole ein Bildschirmgerät benutzt wird, gelten hierfür die gleichen Merkmale wie für den dezentralen Einsatz von Bildschirmgeräten.

Bild 109: Bedienungskonsole mit Konsolschreibmaschine, rechts im Bild (Werkbild IBM)

Bildschirmgeräte

Bildschirmgeräte sind die vielseitigsten und gebräuchlichsten Terminals. Sieht man von der Verwendung als Bedienungskonsole ab, so dienen Bildschirmgeräte, meist über Telefonleitung mit einer EDV-Anlage gekoppelt, sowohl zur Eingabe von Steuerungsanweisungen und Daten als auch für die Auskunft von Informationen direkt aus dem Arbeitsspeicher der Zentraleinheit. Neue Geschäftsvorfälle können sofort und am Ort ihrer Entstehung in die EDV-Anlage eingegeben, dort nach Maßgabe der Programme verarbeitet und als Ergebnisse dem Empfänger mitgeteilt werden. Die Anwendungsbereiche der Bildschirmgeräte reichen von der Dateneingabe über Buchungsstationen für Verkehrsgesellschaften bis hin zur Verwendung bei computergestützten Dispositions- und Informationssystemen.

Bildschirmgeräte bestehen aus einer Schreib- und Bedienungstastatur und einem Bildschirm für die Informationsausgabe. Sie sind an einer Steuereinheit angeschlossen, die mehrere Bildschirmgeräte versorgen kann und die einen Eingabepuffer, einen Codeumwandler und einen Ausgabepuffer besitzt. Bildschirmgeräte gestatten je nach Typ die gleichzeitige Darstellung von etwa 100 bis 1000 gut lesbaren und blendfreien Zeichen. Alle einzugebenden Daten und Anweisungen erscheinen sofort auf dem Bildschirm und werden erst zur Übertragung in die Zentraleinheit freigegeben, wenn der Bediener die entsprechende Funktionstaste drückt. Die von der EDV-Anlage übertragenen Antworten und Auskünfte können beliebig lange auf dem Bildschirm festgehalten werden. Daneben dienen manche Bildschirmgeräte auch zur Darstellung von Kurven und anderen Zeichnungen. Eine besondere Einrichtung der Bildschirmgeräte gestattet die Korrektur von Daten mit Hilfe spezieller Tasten oder eines Lichtgriffels, wodurch einzelne Zeichen, Worte oder ganze Zeilen gelöscht und korrigiert werden können. Für alle Fälle, in denen für den Dialogverkehr keine Dokumente benötigt werden, sind Bildschirmgeräte preiswerte und vielseitig verwendbare Dialoggeräte. Bild 110 zeigt das Fotos von Bildschirmgeräten.

Fernschreiber

Fernschreiber sind kostengünstige Dialoggeräte, die sich insbesondere dort gut eignen, wo nicht auf ein Dokument der Ein- oder Ausgabe verzichtet werden kann. Üblicherwiese sind Fernschreiber mit einem Lochstreifenleser und Lochstreifenstanzer gekoppelt. Sie besitzen eine Vielzahl von Anwendungsmöglichkeiten, haben jedoch den Nachteil, daß die Übertragungsgeschwindigkeit mit nur wenigen Zeichen pro Sekunde verhältnismäßig langsam ist. Weitere Einzelheiten zum Dialogverkehr mit Fernschreibern bringt der Abschnitt "Datenfernübertragung".

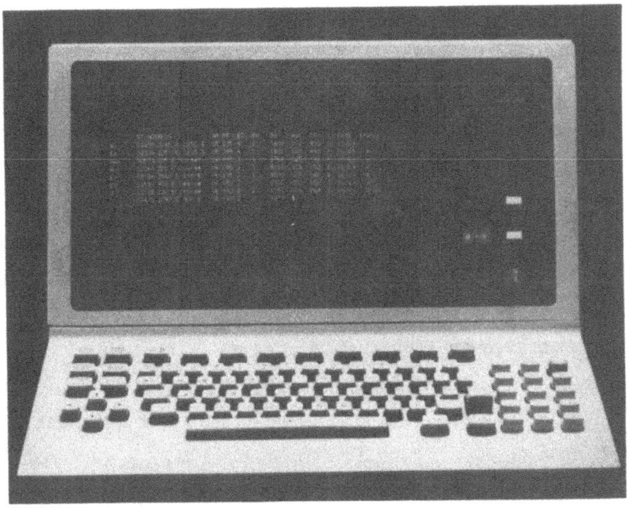

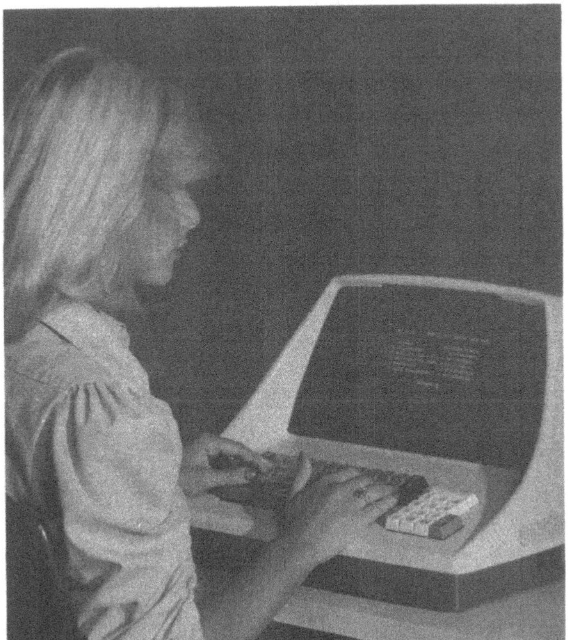

Bild 110: Bildschirmgeräte (Werkbild Sperry Rand)

Satellitenrechner

Satellitenrechner müssen ebenfalls zu den Dialoggeräten gerechnet werden, obwohl sie nicht für die Kommunikation zwischen Mensch und Maschine, sondern für den Datenverkehr zwischen Maschine und Maschine da sind. Satellitenrechner sind kleinere, selbständige EDV-Anlagen, die mit einer großen Anlage gekoppelt sind. Sie dienen meist sowohl der Erledigung von kleineren, dezentralen EDV-Abwicklungen als auch zur schnellen Übertragung größerer Datenmengen zur und von der Großanlage. Satellitenrechner können besonders vorteilhaft in Konzernen oder Unternehmen mit mehreren dezentral verteilten Firmen oder Werken eingesetzt werden.
Die Eingabe der dezentral anfallenden Daten erfolgt in den Satellitenrechner, der kleinere Arbeiten an Ort und Stelle ausführt und die Daten für die zentrale Verarbeitung im Großrechner aufbereitet und überträgt. Auch die Ausgabe der Verarbeitungsergebnisse vom Großrechner erfolgt dann wiederum mit Hilfe der Satellitenanlage. Der Anschluß von Maschinen der mittleren Datentechnik (MDT) und der Einsatz von Computer-Verbundsystemen, die eine steigende Bedeutung haben, müssen hier ebenfalls genannt werden.

Datenfernübertragung

Nach der Definition des CCITT (Comité Consultatif International Télégraphique et Téléphonique) ist die "Datenfernübertragung ein Zweig des Fernmeldewesens, der sich mit der Übertragung von Informationen (Daten) befaßt, die durch Maschinen verarbeitet werden sollen. Das bedeutet, daß mindestens an einem Ende des Übertragungsweges nicht der Mensch, sondern eine Maschine (z.B. die Datenverarbeitungsanlage) steht". Demgegenüber handelt es sich bei der "Datenfernverarbeitung" um eine Datenfernübertragung von Daten mit anschließender Verarbeitung in der EDV-Anlage: die Daten werden sofort bei ihrem Anfall am Ursprungsort erfaßt, zum

Empfangsort übertragen und dort mit Hilfe einer EDV-Anlage verarbeitet. Auch die Ausgabe der Ergebnisse erfolgt in der Regel ohne Zeitverlust an die eingebende bzw. eine andere Stelle. Die Datenfernverarbeitung überbrückt die räumliche Entfernung und schaltet Zeitverzögerungen bei der Verarbeitung aus.

Bild 111 zeigt die schematische Darstellung eines kompletten Datenfernübertragungssystems. Wie ersichtlich, besteht jedes Datenfernübertragungssystem aus der Datenübertragungseinrichtung, den beiden Datenendeinrichtungen und den Ein-/Ausgabegeräten.

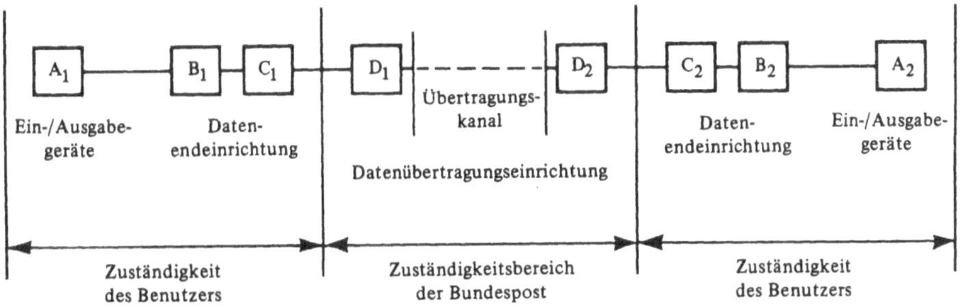

Bild 111: Schematische Darstellung eines Datenfernübertragungssystems

Die <u>Ein-/Ausgabegeräte</u> haben den Zweck, Daten in das Übertragungssystem einzugeben bzw. vom System aufzunehmen. Für die Datenfernübertragung wurden eine Vielzahl verschiedener Ein- und Ausgabegeräte entwickelt. Sie lassen sich zu drei Gruppen zusammenfassen:

- automatische Ein- und Ausgabe (die Daten werden direkt von einer EDV-Anlage oder physikalischen und technischen Meßgeräten in das Datenfernübertragungssystem eingegeben bzw. aus dem System aufgenommen)

- Ein- und Ausgabe über Datenträger (Ein-/Ausgabegeräte sind Lochkarten-, Lochstreifen-, Magnetbandgeräte und Drucker) und

- manuelle Eingabe über Tastatur, visuelle Ausgabe mit Hilfe eines Bildschirms und Sprachausgabe mit Hilfe eines Telefons.

Datenendeinrichtungen dienen dazu, die Daten aus den Eingabegeräten in den Übertragungscode zu verschlüsseln und die zu übertragenden Daten zu sichern bzw., auf der Ausgabeseite, die Daten aus dem Übertragungscode zurückzuschlüsseln und sie auf richtige Übertragung zu kontrollieren. Ihren Funktionen entsprechend unterscheidet man:

- Codier- bzw. Decodiergeräte (B1 und B2 in Bild 111) und

- Datensicherungsgeräte (C1 und C2 in Bild 111).

Damit das Übertragungssystem Fehler, die bei der Übertragung entstehen, erkennt, sind zusätzliche Sicherungen vorzusehen, wobei der Sicherheitsgrad der Übertragung von dem gewählten Fehlerschutz-Verfahren abhängt. Unter Fehlerschutzverfahren versteht man alle Methoden und Maßnahmen, die dazu dienen, möglichst alle auf dem Übertragungswege entstandenen Fehler zu erkennen und ggfs. zu korrigieren. Dies ist auch der Grund dafür, daß man bei der Übertragung besondere Schlüssel (Codes) verwendet, die es ermöglichen, auftretende Fehler sofort zu erkennen. Hierbei verschlüsselt die Datenendeinrichtung die Zeichen eines eingegebenen Datenblocks in einzelne Bits, wandelt sie in den Übertragungscode um und fügt den einzelnen Zeichen bzw. Blöcken zusätzliche Bits oder Informationen zur Fehlersicherung hinzu. Auf der Empfangsseite werden die Impulse wieder in den Code der EDV-Anlage zurückgeschlüsselt und zu dem eingegebenen Datenblock zusammengesetzt. Gleichzeitig prüft das empfangende Sicherungsgerät, ob bei der Übertragung Fehler aufgetreten sind. Ist dies der Fall, so wird die Übertragung des betreffenden Blocks wiederholt.

Für die Datensicherung gibt es zwei Methoden. Die erste besteht darin, zur Verschlüsselung eines Zeichens mehr Bits einzusetzen als erforderlich sind. So enthält jedes zu übertragende Zeichen ein Paritäts- oder Prüfbit. Zusätzlich wird der gesamte zu übertragende Datenblock durch ein Paritäts- bzw. Prüfzeichen am Ende abgesichert. Die empfangenden Anlage prüft dann auf Zeichen- und Blockparität. Ergibt die Bitzahlprüfung einen Fehler, so wird vom empfangenden Gerät eine Wiederholungsübertragung des falschen Blockes so lange erfordert, bis die Übertragung als richtig erkannt wurde.

Dieses Verfahren, das auch von der Lesekontrolle bei der Magnetbandtechnik her bekannt ist, läßt sich aber nur dort einsetzen, wo sowohl Sende- als auch Empfangsgerät über einen Speicher in der Größe eines Datenblocks verfügen. Mit dem Verfahren der Paritätsprüfung ist eine gute Fehlersicherheit zu erzielen.

Beim zweiten Verfahren wird die Anzahl der Bits eines Datenblocks nach bestimmten mathematischen Methoden ermittelt. Die so errechnete mathematische Information wird dann beim Sender an den Schluß eines Blockes gesetzt und mit übertragen. Auf der Empfangsseite wird die Rechnung nach der gleichen mathematischen Formel wiederholt und das Ergebnis mit der übertragenen Zusatzinformation verglichen. Die Empfangsseite kann so die Richtigkeit der Übertragung prüfen und bei Unrichtigkeit eine Wiederholung veranlassen. Um die Sicherheit der Übertragung weiter zu erhöhen, ist es schließlich auch möglich, die Paritäts- mit der mathematischen Methode zu kombinieren.

Zur Übertragungseinrichtung gehören:

- die Modems (D1 und D2 in Bild 111) und
- der Übertragungskanal (vgl. Bild 111).

Modem ist ein zusammengesetzter Fachausdruck und steht für Modulator und Demodulator. Modems sind von der Bundespost zu mieten und werden beim Benutzer aufgestellt. Die Modulation bzw. Demodulation sei am Beispiel der Fernübertragung über Fernsprechleitung beschrieben: um die von der Datenendeinrichtung in Impulse aufgelösten Zeichen über Fernsprechleitung übertragen zu können, ist es erforderlich, die Gleichstrom-Impulse der Eingabegeräte in Wechselstrom-Impulse für die Übertragungsleitung zu verändern (zu modulieren). Umgekehrt werden auf der Empfangsseite die Wechselstrom-Impulse in entsprechende Gleichstrom-Impulse umgesetzt (demoduliert) und dann zum Ausgabegerät weitergegeben. Die Modulation bzw. Demodulation kann auf drei Arten erfolgen:

- Amplituden-Modulation (Merkmale: billig, langsam, störanfällig)

- Frequenz-Modulation (Merkmale: vorteilhaft für mittlere Übertragungsgeschwindigkeiten) und

- Phasen-Modulation (Merkmale: für höhere Übertragungsgeschwindigkeiten geeignet).

Die physikalischen Vorgänge bei den einzelnen Modulationsarten zeigt Bild 112.

Bei den Übertragungskanälen oder Übertragungswegen (wie sie von der Bundespost bezeichnet werden) sind festgeschaltete Telegraphie- und Fernsprechleitungen von öffentlichen Wählnetzen und von Sondernetzen zu unterscheiden, die speziell für den Datenverkehr vorgesehen sind. Auch die drahtlose Fernübertragung von Daten ist technisch grundsätzlich möglich, bisher jedoch im Bereich der Deutschen Bundespost nicht zugelassen. Die Datenübertragungseinrichtung (mit Modulator, Demodulator und Übertragungskanal) ist grundsätzlich eine

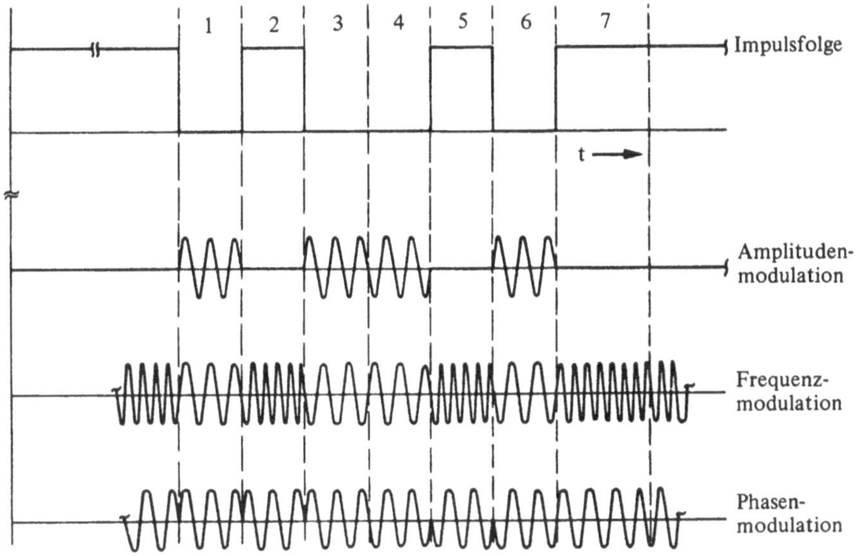

Bild 112: Modulationsarten (nach einer Vorlage der IBM)

Angelegenheit der Bundespost. Eine Ausnahme hiervon machen nur Privatleitungen, also Übertragungswege von genehmigungsfreien Privatfernmeldeanlagen. Sie dürfen die Grenzen des eigenen Grundstücks nicht überschreiten und nicht mit Einrichtungen des öffentlichen Fernsprechnetzes zusammengeschaltet werden. Für alle anderen Fälle ist die Bundespost einzuschalten, die die Modems zur Verfügung stellt und die gewünschten Leitungen schaltet und einrichtet. Im einzelnen stehen folgende Übertragungswege zur Auswahl:

- <u>öffentliche Wählnetze</u>

  Zu den öffentlichen Wählnetzen gehören das öffentliche Fernschreibwählnetz (Telexnetz), das speziell für die Datenfernübertragung eingerichtete Telegrafienetz (Datexnetz), das öffentliche Fernsprechnetz und, seit jüngster Zeit, das öffentliche Direktrufnetz für die Übertragung digitaler Nachrichten. Bei allen Wählleitungen muß der Teilnehmer die gewünschte Verbindung zu einem anderen Teilnehmer selbst herstellen. Der Vorteil eines öffentlichen Wählnetzes besteht darin, daß, abgesehen von den Gebühren für Einrichtung und Anschlüsse, keine fixen Leitungskosten auftreten und Übertragungskosten nur für die Inanspruchnahme anfallen. Nachteile sind mögliche längere Wartezeiten bei Spitzenbelastung des öffentlichen Netzes. Ein öffentliches Wählnetz ist dann vorteilhaft, wenn grosse Entfernungen zwischen den Benutzern bestehen, nur wenige Stunden im Monat benötigt werden und keine strenge Bedingungen an die Rückantworten gestellt werden.

- <u>überlassene Leitungen (posteigene Stromwege)</u>
Zu den überlassenen Leitungen, auch Miet- oder Standleitungen genannt, gehören die Telegrafenstromwege, die Fernsprechstromwege und die Breitbandstromwege, die alle von der Deutschen Bundespost genehmigt, eingerichtet und vermietet werden. Der Vorteil der überlassenen Leitungen besteht darin, daß sie dem Benutzer zu seiner ausschließlichen Benutzung zur Verfügung stehen. Außerdem ist die Übertragungsgüte im allgemeinen besser und damit die Fehlerwahrscheinlichkeit geringer als bei öffentlichen Wählnetzen. Nachteilig ist dagegen der hohe Mietpreis, der unabhängig von der Benutzungsdauer ist. Überlassene Leitungen werden deshalb vorteilhaft bei kleineren Entfernungen mit intensiver Benutzungsdauer sowie bei Dialogsystemen mit festen Antwortzeiten benutzt.

<u>Öffentliche Wählnetze</u>

a) <u>Telexnetz</u>

Das Telexnetz ist ein öffentliches Fernschreibwählnetz. Es läßt eine Übertragungsgeschwindigkeit bis zu 50 bit/s zu und wird national, in sehr großem Umfange auch international, in Teilnehmerselbstwahl betrieben. In der Bundesrepublik benutzen über 100 000 Teilnehmer das Telexnetz. Die Endgeräte des Telexnetzes sind im allgemeinen die bekannten Fernschreiber, jedoch können bei Einhaltung bestimmter Auflagen auch EDV-Anlagen direkt angeschlossen werden. Neben der weltweit benutzten Übertragungsgeschwindigkeit von 50 bit/s wird das internationale Telegrafenalphabet Nr. 2 benutzt. In Zukunft werden die Teilnehmer ihre Verbindungen nicht mehr mit dem Nummerschalter, sondern mit der Tastatur der Fernschreibmaschine wählen können. Bild 113 zeigt die technischen und organisatorischen Möglichkeiten der Datenfernübertragung mit Hilfe von Fernschreibleitungen des Telexnetzes.

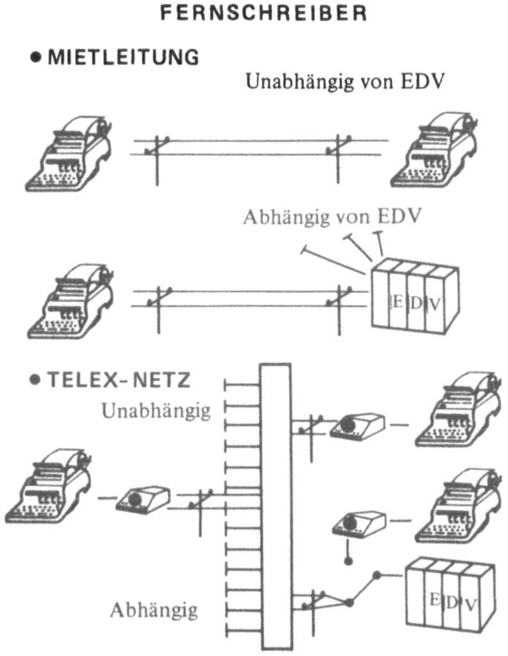

Bild 113: Datenfernübertragung mit Hilfe von Fernschreibleitungen (nach einer Vorlage der IBM)

b) Datexnetz

Die Deutsche Bundespost hat ein besonderes, öffentliches digitales Wählnetz (Datexnetz) errichtet, das zunächst nur eine Übertragungsgeschwindigkeit bis zu 200 bit/s zuläßt. Später sollen weitere Geschwindigkeitsstufen mit 300, 2 400, 9 600 und mehr bit/s eingeführt werden. Die Anschlüsse dieses Netzes ermöglichen den Duplexbetrieb. Bei der Übermittlung der Daten kann, mit gewissen Einschränkungen, der Code beliebig sein, jedoch wird die Anwendung des internationalen Alphabets Nr. 5 empfohlen. Mit einigen europäischen Ländern ist bereits eine Datexverbindung hergestellt; weitere Länder werden folgen. Durch die heute bestehende vierfache Schrittgeschwindigkeit gegenüber dem Telexnetz verringern sich schon jetzt die Kosten der Übertragung erheblich.

c) Öffentliches Fernsprechnetz

Auch zwischen Anschlüssen des öffentlichen Fernsprechwählnetzes können Daten übertragen werden, sofern entsprechende Zusatzeinrichtungen vorhanden und von der Deutschen Bundespost genehmigt sind. Über dieselbe Leitung, die dem normalen Telefonverkehr dient, können Daten mit einer Geschwindigkeit von 200, 1 200 oder 2 400 bit/s übertragen werden. Das öffentliche Fernsprechnetz ist heute wohl das am meisten verwendete Wählnetz, da es eine günstige Relation von Übertragungsgeschwindigkeit und Übertragungskosten darstellt. Bild 114 zeigt die Möglichkeiten der Datenfernübertragung mit Hilfe des öffentlichen Fernsprechnetzes.

d) Öffentliches Direktrufnetz für die Übertragung digitaler Nachrichten

Es zeigt sich immer mehr, daß die Anwender der Datenfernverarbeitung außer Wählverbindungen auch feste Verbindungen benötigen, ohne gleich teure Mietleitungen installieren zu müssen. Mit den "Hauptanschlüssen für Direktruf" wird diesem Bedürfnis im Rahmen eines öffentlichen Netzes Rechnung getragen. Jetzt ist es möglich, auch Einrichtungen verschiedener Teilnehmer fest miteinander zu verbinden, was einen großen Vorteil für die Datenfernverarbeitung bedeutet. Zwei "Hauptanschlüsse für Direktruf", wie sie von der Deutschen Bundespost offiziell genannt werden, werden zu einer Direktrufverbindung fest miteinander verbunden. Die Übertragungsgebühren sind nach den Übertragungsgeschwindigkeiten gestaffelt und werden entsprechend der Entfernung erhoben. Die tatsächliche Nutzungszeit der Direktrufverbindung geht nicht in die Berechnung ein, denn die Verbindung steht ununterbrochen zur Verfügung. Das öffentliche Direktrufnetz hat den Vorteil, daß die Verbindungsgebühren nur für die tatsächliche Dauer der Verbindung erhoben werden, ganz im Gegensatz zu den festgeschalteten posteigenen Stromwegen. Hauptanschlüsse für Direktruf werden für die folgenden Übertragungsgeschwindigkeiten überlassen:

50 bit/s
200 "
1 200 "
2 400 "
4 800 "
9 600 "
48 000 "

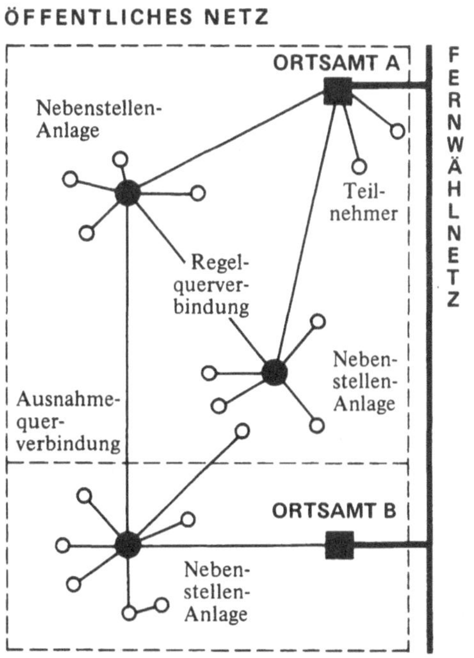

Bild 114: Datenfernübertragung mit Hilfe des öffentlichen Fernsprechwählnetzes (nach einer Vorlage der IBM)

Überlassene Leitungen (posteigene Stromwege)

a) Telegrafenstromwege

Diese Stromwege gestatten Übertragungsgeschwindigkeiten von bis zu 50 bit/s, 100 bit/s und 200 bit/s. An den posteigenen Telegrafenstromwegen dürfen außer herkömmlichen Fernschreibeinrichtungen auch solche Einrichtungen angeschlossen werden, die der Übertragung anderer binärer Zeichen dienen. Die Gesamtheit dieser Einrichtungen und Stromwege bildet eine sogenannte private Drahtfernmeldeanlage. Sämtliche Datenendeinrichtungen, die an einen posteigenen Telegrafenstromweg angeschlossen werden sollen, muß der Benutzer selbst bereitstellen.

b) Fernsprechstromwege

An Stromwege mit Fernsprechbandbreite können auch private Datenübertragungs- und Datenendeinrichtungen angeschlossen werden. Sie bilden dann mit den Stromwegen zusammen eine private Drahtfernmeldeanlage. Die vom Benutzer bereitzustellenden Datenübertragungseinrichtungen müssen von der Deutschen Bundespost geprüft und zugelassen sein. Auch die Datenendeinrichtungen muß der Benutzer selbst bereitstellen. Posteigene Stromwege mit Fernsprechbandbreite lassen im allgemeinen Übertragungsgeschwindigkeiten bis zu 4 800 bit/s zu; höhere Geschwindigkeiten sind möglich, insbesondere dann, wenn besondere technische Vorkehrungen getroffen worden sind. Jedoch setzen Geschwindigkeiten von mehr als 9 600 bit/s im allgemeinen Breitbandstromwege voraus. Bild 115 zeigt die Datenfernübertragung mit Hilfe eines Fernsprechstromweges (einer Fernsprechmietleitung).

c) Breitbandstromwege

Die Überlassung von Breitbandstromwegen mit Frequenzbändern von 48 000 bit/s, 240 000 bit/s und höher ist möglich. Die privaten Einrichtungen, die mit den Leitungen verbunden werden sollen, müssen technisch geprüft und zugelassen worden sein. Ihre fernmelderechtliche Zuordnung zu einer privaten Drahtfernmeldeanlage muß zuvor geklärt sein. Außerdem ist damit zu rechnen, daß für die Bereitstellung von Breitbandstromwegen längere Zeiträume benötigt werden. Bild 116 zeigt einen Breitbandkanal, bei dem 60 Leitungen zu einem Breitband zusammengefaßt sind.

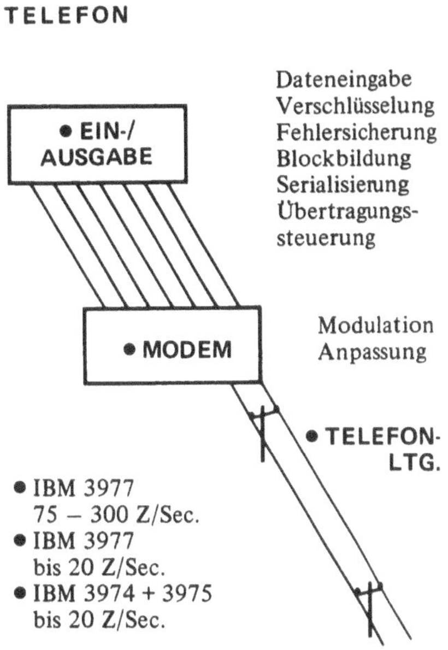

Bild 115: Datenfernübertragung mit Hilfe von Fernsprechmietleitungen (nach einer Vorlage der IBM)

Ausführliche Merkblätter, die die verschiedenen Benutzungsformen der Datenübertragung eingehend behandeln, können unter dem Bezug "Datenübertragung" angefordert werden von:

Fernmeldetechnisches Zentralamt
Abt. Fernmeldeeinrichtungen
Am Kavalleriesand 3
6100 Darmstadt
Tel. 06151/83 - 2826

Übertragungsart

Die Übertragung der Zeichen über Fernsprechleitung kann einzeln im Start-Stopp-Verfahren erfolgen, wie sie

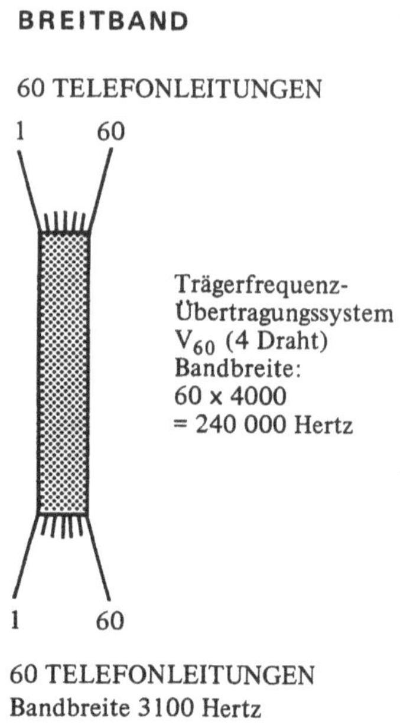

Bild 116: Datenfernübertragung mit Hilfe von Breitbandleitungen (nach einer Vorlage der IBM)

bei der Fernschreibtechnik angewandt wird. Der notwendige Gleichlauf zwischen Sende- und Empfangsstation wird hierbei durch die zusätzliche Übertragung eines Startschrittes am Anfang und eines Stoppschrittes am Ende jedes Zeichens aufrecht erhalten. Bei höherer Übertragungsgeschwindigkeit wird jedoch meist die synchrone Arbeitsweise gewählt. Bei diesem Verfahren werden die Zeichen einer Nachricht nicht einzeln, sondern zu einem Block zusammengefaßt übertragen. Innerhalb eines solchen Blockes hat jedes Zeichen eine feste Anzahl von Impulsen und benötigt deshalb keinen besonderen Start- bzw. Stoppschritt.

Während man das langsame Asynchron-Verfahren (wie das Start-/Stoppverfahren in der Technik genannt wird) in Fällen einer manuellen Dateneingabe in das Übertragungssystem vorzieht, wird man bei der schnellen Übertragung einer größeren Datenmenge zur Synchron-Übertragung übergehen. Dies bedeutet, daß die Nachrichtenübertragung zwischen zwei EDV-Anlagen wegen der hohen

Übertragungsgeschwindigkeit in jedem Falle im Synchron-Verfahren erfolgt.

Betriebsarten

Bei der Fernübertragung über Fernsprechleitungen können die Daten nun in nur einer oder aber in beiden Richtungen übertragen werden. Für den zweiten Fall gibt es wiederum die beiden Möglichkeiten, daß beide Richtungen entweder zu verschiedenen Zeiten oder gleichzeitig in Anspruch genommen werden.

Entsprechend unterscheidet man drei Betriebsarten:

- das Simplex-Verfahren (Richtungsbetrieb), bei dem die Daten nur in eine Richtung übertragen werden können

- das Halbduplex-Verfahren (Wechselbetrieb), bei dem die Daten zwar in beiden Richtungen, jedoch nicht zur gleichen Zeit übertragen werden können und

- das Duplex-Verfahren (Gegenbetrieb), das die Übertragung von Daten gleichzeitig in beiden Richtungen gestattet.

Eine Zusammenstellung der Betriebsarten zeigt Bild 117.

Die Geschwindigkeit, mit der Daten übertragen werden, wird unterschiedlich bezeichnet: der rein technische Ausdruck ist die Schrittgeschwindigkeit; sie gibt die Anzahl der in der Sekunde übertragenen Stromschritte an und wird in Baud ausgedrückt(Baud ist die nach dem französichen Physiker BAUDOT benannte Einheit der Telegrafie-Geschwindigkeit). 50 Baud bedeuten also, daß 50 Schritte pro Sekunde übertragen werden.

Für die Zwecke der Datenfernübertragung wird jedoch nicht der Begriff der Schrittgeschwindigkeit, sondern

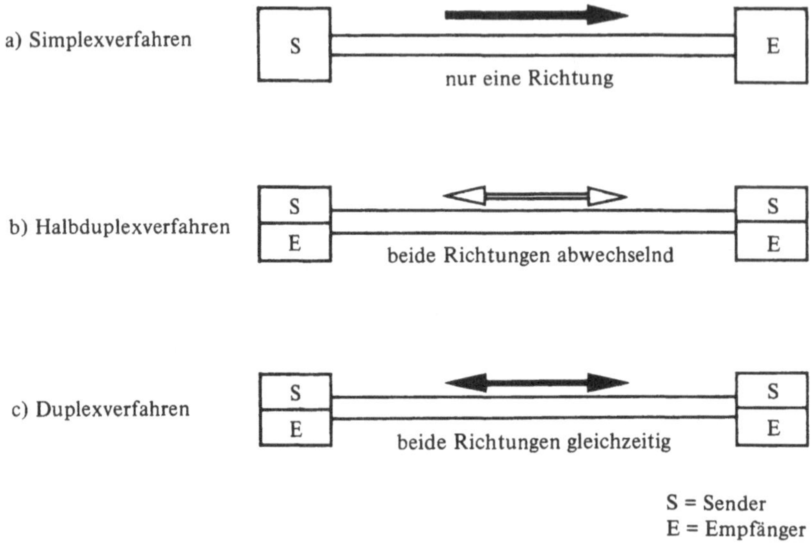

Bild 117: Betriebsarten der Datenfernübertragung

der der Übertragungsgeschwindigkeit verwendet. Die Übertragungsgeschwindigkeit gibt die Anzahl der in der Sekunde übertragenen Binärzahlen (in Bit je Sekunde) an und gilt bei Parallel-Übertragung für alle Kanäle. Sie kennzeichnet die Leistungsfähigkeit eines Datenfernübertragungs- und -verarbeitungssystems, da sie ausdrückt, wie viele Bits pro Sekunde gesendet, empfangen und verarbeitet werden können. Bild 118 zeigt die international genormten Übertragungsgeschwindigkeiten, bezogen auf die einzelnen Leitungsarten.

Um nun auf die Anzahl der Zeichen zu kommen, die je Sekunde übertragen werden können, braucht man die Übertragungsgeschwindigkeit in Bit nur durch 10 zu teilen. Der Divisor 10 besagt, daß 8 Datenbits je Zeichen (für die Übertragung benutzt man meistens einen 8-Bit-Code) und (auf ein Zeichen umgerechnet) 2 Prüf- und Sicherheitsbits verwendet werden. Die Tabelle in Bild 119 zeigt eine Übersicht über die derzeitig von der Bundespost zugelassenen Geschwindigkeiten und berechneten Kosten der Datenfernübertragung.

International genormte Übertragungsgeschwindigkeiten	Übertragungsgeschwindigkeiten je Leitungsart
50 bit/Sek.	öffentliche Wählnetze
100 bit/Sek.	- Telexnetz bis 50 bit/Sek.
200 bit/Sek.	- Datexnetz bis 200 bit/Sek.
600 bit/Sek.	- Fernspr. netz bis 2400 bit/Sek.
1 200 bit/Sek.	- Direktrufnetz bis 48000 bit/Sek.
2 400 bit/Sek.	überlassene Leitungen
4 800 bit/Sek.	- Telegrafenstromwege bis 200 bit/Sek.
	- Fernsprechstromwege bis 4800 bit/Sek.
	- Breitbandstromwege bis 240.000 bit/Sek.

Bild 118: Übertragungsgeschwindigkeiten

Betriebsformen

Die Verarbeitung der am Ende eines Datenfernübertragungssystems ankommenen Daten kann nun auf zwei verschiedene Arten erfolgen:

a) Indirekte (off-line) Datenfernverarbeitung

Bei der Off-Line-Datenverarbeitung (vgl. hierzu Bild 120) erfolgt die Übertragung der Daten, ohne daß dabei das Datenerfassungs- und -übertragungssystem mit der EDV-Anlage unmittelbar zusammenarbeiten. Am Empfangsort werden die Daten auf einen Datenträger oder einen Zwischenspeicher übertragen und unter Einschaltung des Personals im Rechenzentrum nach einem bestimmten Zeitplan stapelweise verarbeitet. Eine erforderliche Rückübertragung der Ergebnisse erfolgt wiederum unabhängig von der EDV-Anlage.

1. Öffentliche Wählnetze

1.1 Telexnetz

a) Einmalige Anschließungsgebühr

je Anschluß 200,-- DM

b) Monatliche Gebühren

je Anschluß 80,-- DM

c) Verbindungsgebühren

Verbindungsdauer in Sek. für -,10 DM

	6.00 - 18.00	18.00 - 6.00
Ort	15 s	45 s
Fern	8 4/7 s	45 s

1.2 Datexnetz

a) Einmalige Anschließungsgebühr

je Anschluß 400,-- DM

b) Monatliche Gebühren

je Anschluß 290,-- DM

c) Verbindungsgebühren

Verbindungsdauer in Sek. für -,10 DM

	6.00 - 18.00	18.00 - 6.00
Ort	20 s	90 s
bis 20 km	20 s	45 s
21 bis 50 km	12 s	30 s
51 bis 100 km	8 s	20 s
mehr als 100 km	5,45 s	20 s

1.3 Fernsprechnetz

a) Einmalige Anschließungsgebühr

je Anschluß 200,-- DM, Je Modem 40,-- DM

b) Monatliche Gebühren

je Anschluß 20,-- bis 32,-- DM

je Modem 200 bit/s 140,-- DM, 1200 bit/s 190,-- DM, 2400 bit/s 285,-- DM

Bild 119 (1): Übersicht über die Kosten der Datenfernübertragung

c) Verbindungsgebühren

Verbindungsdauer in Sek. für -,23 DM

	6.00 - 18.00	18.00 - 22.00	22.00 - 6.00
Ort	90	90	90
bis zu 25 km	45	67 1/2	67 1/2
26 bis 50 km	30	45	67 1/2
51 bis 100 km	15	22 1/2	67 1/2
mehr als 100 km	12	18	67 1/2

1.4 Direktrufnetz

a) Einmalige Anschließungsgebühr

je Anschluß bis 9 600 bit/s 200,-- bis 400,-- DM

je Anschluß bis 48 000 bit/s nach Aufwand, mind. das Doppelte

b) Monatliche Gebühren

je Anschluß bis 9 600 bit/s 40,-- bis 80,-- DM

je Anschluß bis 48 000 bit/s 400,-- DM

c) Verbindungsgebühren

Monatliche Verkehrsgebühren je 100 m in DM

	50 bit/s	200 bit/s
bis zu 10 km	2,80	2,80
11 bis 50 km	-,98	1,68
51 bis 100 km	-,28	-,49
mehr als 100 km	-,12	-,23

	1200 bit/s	2400 bit/s	4800 bit/s	9600 bit/s
bis zu 50 km	2,80	3,20	4,--	5,--
51 bis 100 km	-,84	-,96	1,20	1,50
mehr als 100 km	-,28	-,32	-,40	-,50

	48 000 bit/s
bis zu 30 km	26,--
31 bis 100 km	15,60
mehr als 100 km	4,55

Bild 119 (2): Übersicht über die Kosten der Datenfernübertragung

2. Überlassene Leitungen (posteigene Stromwege)

2.1 Telegrafenstromwege

a) Einmalige Anschließungsgebühr

Regelstromweg je Endstelle 200,-- bis 400,-- DM
Ausnahmestromweg je Endstelle 400,-- bis 800,-- DM

b) Monatliche Stromweggebühren je 100 m in DM

	50 bit/s	100 bit/s	200 bit/s
bis zu 10 km	4,00	4,00	4,00
11 bis 50 km	1,40	2,00	2,40
51 bis 100 km	-,40	-,60	-,70
mehr als 100 km	-,16	-,24	-,32

c) Monatlicher Zuschlag vierdrähtig

Regelstromweg 4,-- DM je 100 m
Ausnahmestromweg 150,-- bis 300,-- DM

d) Monatliche Ausgleichsgebühren

Je Regelstromweg 5,-- DM
Je Ausnahmestromweg

bis zu 10 km	40,-- DM
11 bis 25 km	75,-- DM
26 bis 50 km	115,-- DM
51 bis 100 km	190,-- DM
mehr als 100 km	290,-- DM

2.2 Fernsprechstromwege

a) Einmalige Anschließungsgebühr

Regelstromweg je Endstelle 200,-- bis 400,-- DM
Ausnahmestromweg je Endstelle 400,-- bis 800,-- DM

b) Monatliche Stromweggebühren je 100 m in DM

bis zu 50 km	4,-- DM
51 bis 100 km	1,20 DM
mehr als 100 km	-,40 DM

c) Monatlicher Zuschlag vierdrähtig

Regelstromweg 4,-- DM je 100 m
Ausnahmestromweg ein Endpunkt 200,-- DM
zwei Endpunkte 400,-- DM

d) Monatliche Ausgleichsgebühren

wie Telegrafenstromwege

Bild 119 (3): Übersicht über die Kosten der Datenfernübertragung

2.3 Breitbandstromwege 48 000 bit/s

a) Einmalige Anschließungsgebühr

Regelstromweg je Endstelle: nach Aufwand
Ausnahmestromweg je Endstelle: nach Aufwand

b) Monatliche Stromweggebühren je 100 m in DM

bis zu 30 km	20,-- DM
31 bis 100 km	12,-- DM
mehr als 100 km	3,50 DM

c) Monatlicher Zuschlag vierdrähtig

entfällt

d) Monatliche Ausgleichsgebühren für weitere Ausnutzung

Regelstromwege 240,-- DM
Ausnahmestromwege: 12fache Ausgleichsgebühr der Fernsprechstromwege

Bild 119 (4): Übersicht über die Kosten der Datenfernübertragung

b) Direkte (on-line) Datenfernverarbeitung

Bei der On-Line-Datenfernverarbeitung (vgl. Bild 121) sind die peripheren Einheiten über den Übertragungskanal direkt an die EDV-Anlage angeschlossen. Datenerfassung und -übertragung sind mit der Datenverarbeitung so abgestimmt, daß ein kontinuierlicher Datenfluß zu und von der EDV-Anlage möglich ist, das heißt sie bilden ein in sich geschlossenes System. Dadurch können die ankommenden Daten direkt verarbeitet und, falls erforderlich, die Ergebnisse direkt zu beliebigen Bedarfsorten übertragen und in entsprechender Form ausgegeben werden.

Bild 122 zeigt die unabhängige (off-line) und abhängige (on-line) Arbeitsweise der Datenfernübertragung.

Arten der Datenfernübertragung

Je nachdem, wie viele Ein- und Ausgabestellen an ein Übertragungssystem angeschlossen sind und ob eine EDV-Anlage einbezogen ist, unterscheidet man:

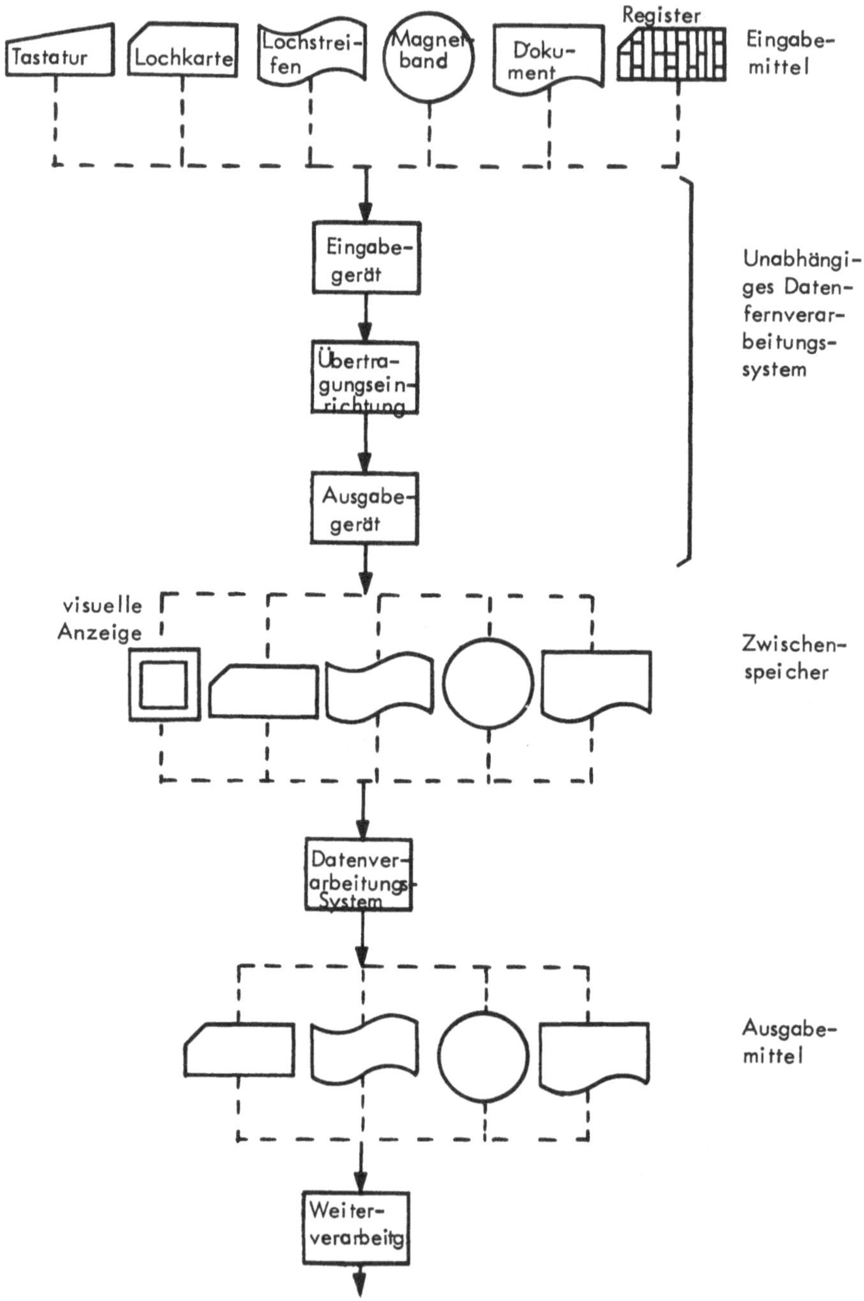

Bild 120: Unabhängige Datenfernverarbeitungssysteme (nach einer Vorlage der IBM)

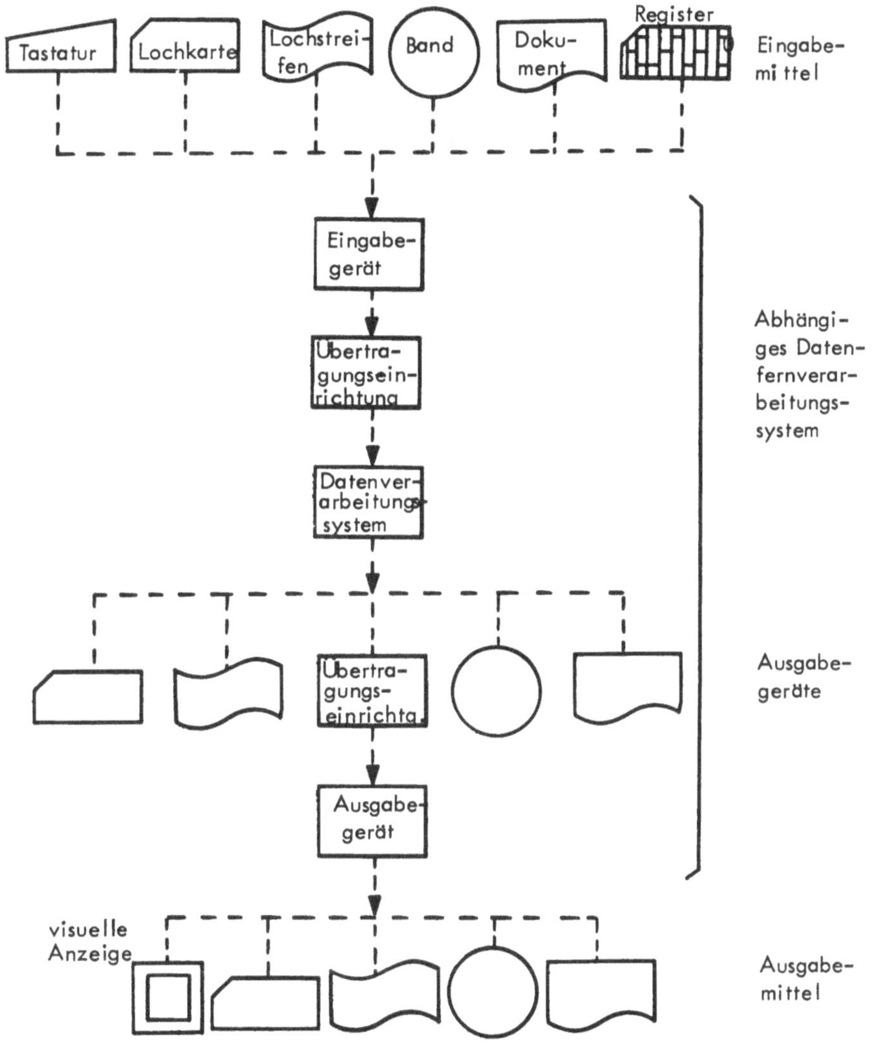

Bild 121: Abhängige Datenfernverarbeitungssysteme (nach einer Vorlage der IBM)

- <u>Punkt- zu Punktsysteme (vgl. Bild 123)</u>
  Kennzeichen eines Punkt- zu Punkt-Systems ist die Verbindung der Terminals über eine eigene Leitung mit der EDV-Anlage. Die Verbindung wird

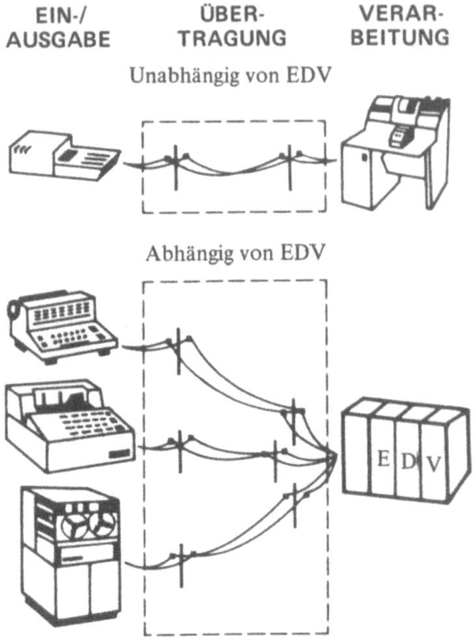

Bild 122: Unabhängige und abhängige Arbeitsweise der Datenfernübertragung (nach einer Vorlage der IBM)

meistens über eine festgeschaltete Standleitung hergestellt und dient zur Übertragung von großen Datenmengen über längere Zeit hinweg. Die Anwendung eines Punkt- zu Punkt-Systems ist dann vorteilhaft, wenn eine geringe Anzahl von Datenendstellen vorhanden ist und Datenmenge und Dringlichkeit eine direkte unmittelbare Kopplung mit dem zentralen Rechner erfordern.
Das Ansprechen der Terminals erfolgt durch die Zentraleinheit selbst in zyklischer Reihenfolge bzw.bei ausreichender Anzahl von Ein-/Ausgabekanälen "gleichzeitig". Punkt- zu Punkt-Systeme besitzen eine hohe Übertragungsgeschwindigkeit und Fehlersicherheit.

- <u>Gruppensysteme</u>
  Kennzeichen der Gruppensysteme ist die Verbindung mehrerer Datenstellen über einen Übertra-

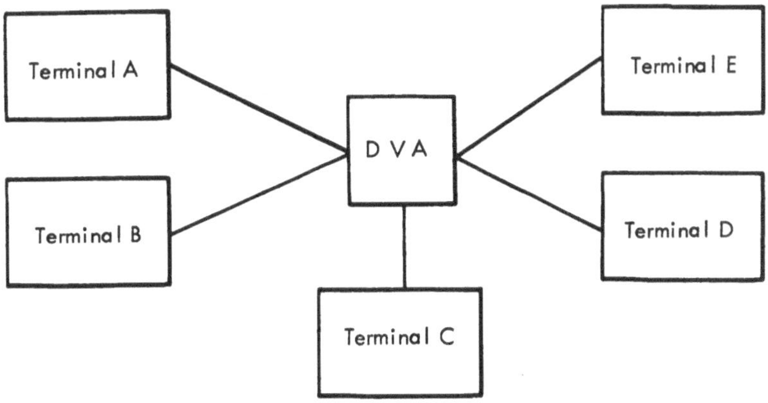

Bild 123: Punkt - zu Punkt - System

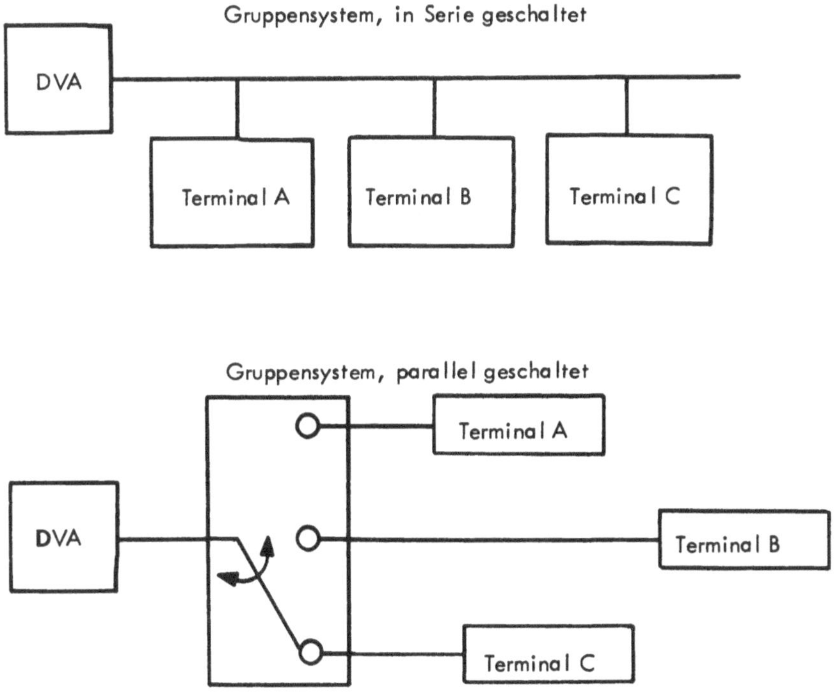

Bild 124: Gruppensystem mit Serien- oder Parallelschaltung

gungskanal mit der Zentraleinheit. Die Datenfernübertragung erfolgt über eine festgeschaltete Standleitung. Hierbei gibt es die folgenden zwei Varianten:

- Serienschaltung der Terminals (Bild 124 oben): der Aufbau einer Verbindung zwischen einem Terminal und der Zentraleinheit erfolgt, nachdem die Datenendstation die für sie kennzeichnenden Steuersignale erkannt hat. Die Serienschaltung wird angewendet bei kleinerer Terminalanzahl.

- Parallelschaltung des Terminals (vgl. Bild 124 unten): die Terminals sind über einen eigenen Linienanschluß mit einer dezentralen Vermittlungsstelle verbunden, von der aus die Weiterverbindung über eine Kennadresse mit der Datenverarbeitungsanlage erfolgt. Die Bedienung der Terminals erfolgt in zyklischer Reihenfolge.

- Vielfachsysteme (vgl. Bild 125)
  Häufig wird man eine Reihe von Terminals zu Gruppen zusammenfassen und diese über den leistungsfähigen Übertragungskanal mit der Verarbeitungsanlage verbinden. Auf diese Weise kommt man zu Vielfachsystemen oder kombinierten Netzen. Die Planung der optimalen Verbindungen in einem solchen Netz erfolgt mit Hilfe mathematischer Methoden.

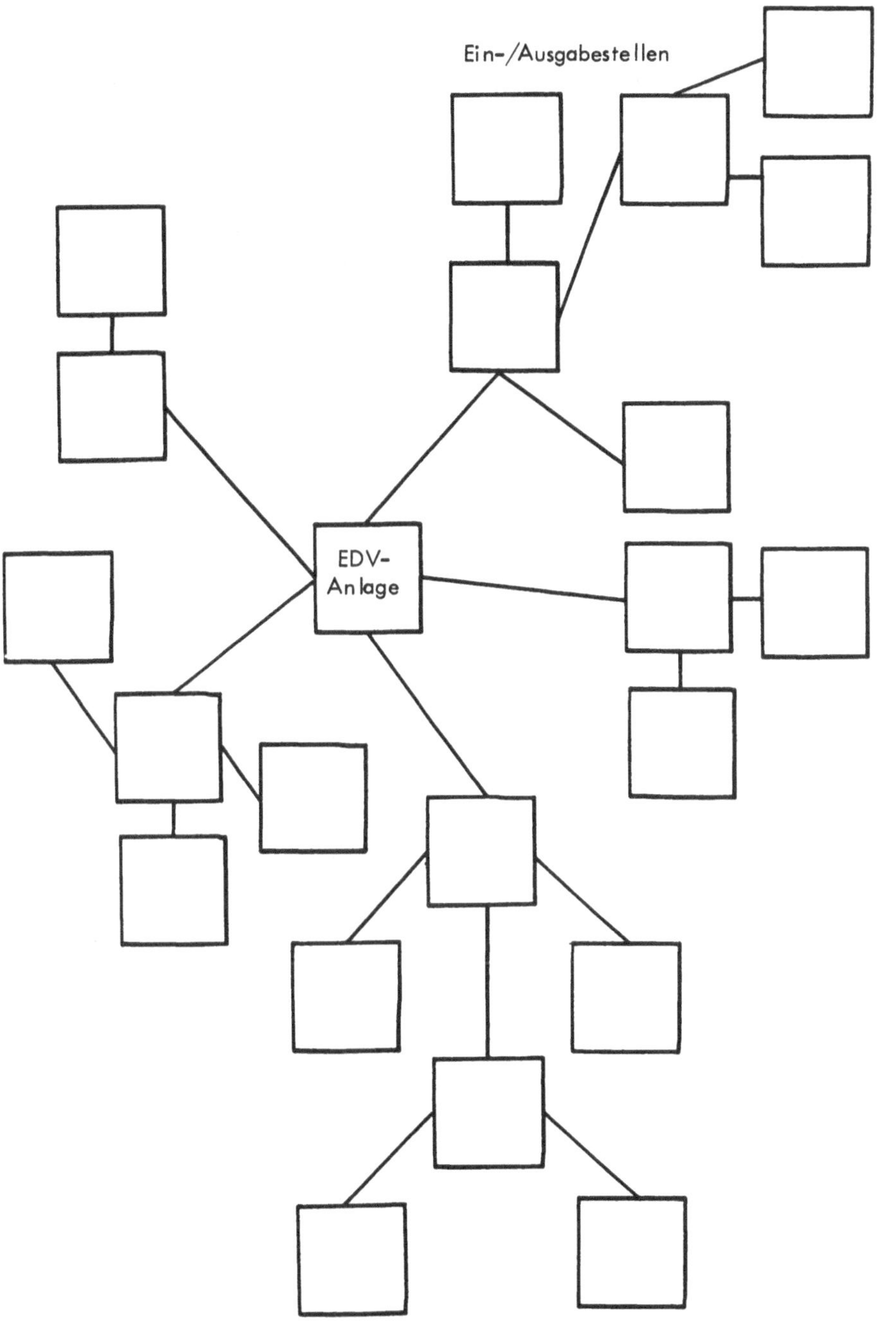

Bild 125: Vielfachsystem (1 EDV-Anlage, mehrere Übertragungskanäle, zahlreiche Ein-/Ausgabestellen)

2.235 Externe Speicher

Jedes Mittel, das dazu dient, Daten in einer für EDV-Anlagen lesbaren Form aufzunehmen, zu speichern und wiederzugeben, wird als Datenträger und auch als Datenspeicher bezeichnet. Während jedoch Lochkarten und Lochstreifen vorwiegend Datenträger zur Erfassung und Eingabe von Daten sind, werden Magnetplatten-, Magnettrommel- und Magnetstreifenspeicher ausschließlich zur Speicherung von Daten verwendet. Eine Ausnahme macht nur das Magnetband, das sowohl für die Datenerfassung und -eingabe als auch zur Datenspeicherung benutzt wird. Magnetband, Magnetplatte, Magnettrommel und Magnetkarten bzw. -streifen werden als externe Speichermittel, Magnetbandgeräte, Magnetplatteneinheiten, Magnettrommelspeicher sowie Magnetkarten- bzw. -streifenspeicher als externe Speicher (Speichergeräte, Speichereinheiten) bezeichnet.

Im Gegensatz zum internen Arbeitsspeicher einer EDV-Anlage dienen die externen Speicher zur Aufbewahrung großer Datenmengen, die nicht eines superschnellen Zugriffs bedürfen, wie die jeweilig im internen Speicher zwischengespeicherten Daten und Programmbefehle. Nur in einzelnen Fällen und bei sehr großen EDV-Anlagen können auch Magnetkernspeicher zusätzlich als externe Speicher angeschlossen werden. Bild 126 zeigt eine Übersicht über die gebräuchlichsten externen Speicher, wobei der Magnetkernspeicher als Ausnahme für die externe Speicherung gilt. Während die gespeicherten Daten beim Magnetkernspeicher, beim Magnettrommel-, Magnetplatten- und Magnetstreifenspeicher im selben Arbeitsablauf sowohl gelesen als auch geschrieben (gespeichert) werden können, ist das beim Magnetband nicht der Fall. Die geänderten und auch die nicht geänderten Bestände müssen auf ein zweites Band übertragen werden, das dann die komplette geänderte Datei enthält.

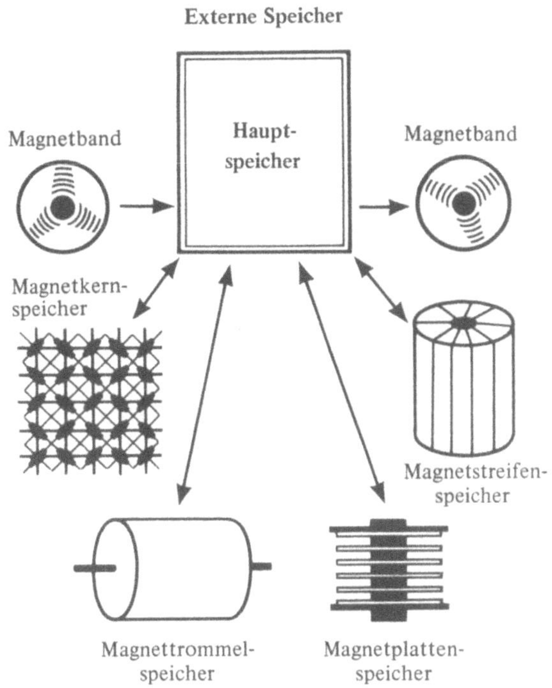

Bild 126: Übersicht über die externen Speicher von EDV-Anlagen (nach einer Vorlage der IBM)

Selten besteht eine Notwendigkeit, alle in Bild 126 aufgeführten externen Speicher an eine EDV-Anlage anzuschließen. Auch sind die Anschlußmöglichkeiten vom Typ der EDV-Anlage und Angebot des betreffenden Herstellers abhängig. Die heute am meisten verwendeten externen Speicher sind das Magnetband und der Magnetplattenspeicher mit auswechselbaren Magnetplatten. EDV-Anlagen sind deshalb häufig mit Magnetbandgeräten, Magnetplattenspeichern oder einer Kombination beider Speichertypen ausgerüstet. Für alle externen Speicher gilt, daß die Daten vor ihrer Verarbeitung vom externen in den internen Speicher übertragen und nach der Verarbeitung im internen Speicher für die Ausgabe auf einen externen Speicher bereit gestellt werden müssen. Bild 127 zeigt noch einmal eine Übersicht über die Merkmale und Leistungen der gebräuchlichsten externen Speicher.

Speichermittel	Kapazität Bytes je Mittel	Zugriffs-art	mittlere Zugriffszeit	Lesen/Schreiben Bytes je Sekunde
 Magnetband	20 bis 65 Mio. (auswechselbar)	seriell	sequentielle Verarbeitung	15000 bis 340000
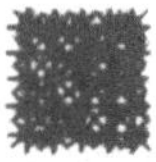 Magnetkern-speicher	1 bis 2 Mio.	direkt	8 μS	500000 oder 1000000
 Magnetplatten-speicher	7 bis 29 Mio. (auswechselbar) ca. 112 Mio. (nicht auswech-selbar)	wahlfrei wahlfrei	85 ms 165 ms	156 000 bzw. 312 000 156 000
 Magnettrommel-speicher	0,8 oder 4 Mio.	wahlfrei	8,6 ms	135000 oder 1200000
 Magnetstreifen-speicher	400 Mio. (auswechselbar)	wahlfrei	510 ms	55 000

μS = Mikrosekunden (1/1000000 Sek.)
ms = Millisekunden (1/1000 Sekunden)

Bild 127: Eigenschaften externer Speicher (nach Angaben der IBM)

Magnetbandgerät

Seitdem die Leistungsfähigkeit und Zuverlässigkeit von Magnetbändern erheblich zugenommen haben, besitzen diese Speichermittel auch heute noch eine große Bedeutung. Das Magnetband wird vor allem dort vorteilhaft eingesetzt, wo eine große Menge vorsortierter Daten schnell zu verarbeiten ist und es auf einen wahlfreien

Zugriff zu den gespeicherten Daten nicht ankommt. Durch den Anschluß mehrerer Magnetbandgeräte (was die Regel ist) können verschiedene Dateien mit derselben Sortierordnung gemeinsam in einem Durchlauf verarbeitet werden. Ein Zusammenmischen der Dateien, vergleichbar mit dem Mischen von Stamm- und Bestandsdaten mit Bewegungsdaten bei der Lochkartenverarbeitung, sowie die Trennung der Dateien nach der Verarbeitung ist nicht mehr erforderlich.

Das Magnetband ähnelt dem bekannten Tonband. Es besteht aus einem unelastischen Material (Polyesterharz), dessen Zerreißbarkeit nur gering ist, und ist einseitig mit einer dünnen, magnetisierbaren Eisenoxydschicht bedeckt. Magnetbänder, die heute am häufigsten Verwendung finden, haben eine Breite von 1/2 Zoll, eine Länge von üblicherweise 732 m und sind auf Kunststoffspulen, wie in Bild 128 gezeigt, aufgewickelt. Vergleichbar mit den Lochungen im Lochstreifen werden die Daten auf dem Magnetband in Form kleiner unsichtbarer Magnetpunkte quer zur Längsrichtung aufgezeichnet. Hierbei bedeutet ein Magnetpunkt eine binäre 1, ein fehlender Magnetpunkt eine binäre 0.

Bild 129 zeigt die Verschlüsselung auf einem 7-Spur-Band. Während die unteren 6 Spuren die Datenbits auf-

Bild 128: Magnetbandrolle (Werkbild IBM)

nehmen, dient die obere 7. Spur zur Speicherung des zusätzlichen Prüfbits für die Datensicherung. Entsprechend dem Byte-Aufbau moderner EDV-Anlagen werden jedoch heute vorwiegend 9-Spur-Bänder verwendet, deren Aufzeichnung in Bild 130 gezeigt wird. Ein Byte kann entweder einen Buchstaben bzw. ein Sonderzeichen oder zwei Ziffern (in gepackter Darstellung) aufnehmen. Ob 7-Spur- oder 9-Spur-Magnetbandgeräte an einer EDV-Anlage angeschlossen sind, hängt vom Aufbau und der Verwendung der Anlage ab. Ganz allgemein geht die Entwicklung heute zu 9-Spur-Bandgeräten.

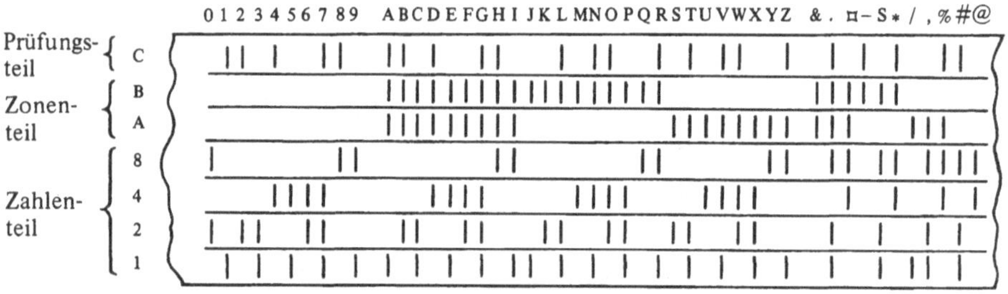

Bild 129: Verschlüsselung auf einem 7-Spur-Band

Ein weiteres Merkmal neben der Anzahl Spuren ist die Aufzeichnungsdichte. Sie wird entweder in Zeichen je cm oder Zoll angegeben. Die am meisten vorkommenden Aufzeichnungsdichten sind

- 200 Zeichen je Zoll (niedrige Dichte)
- 556 Zeichen je Zoll (mittlere Dichte)
- 800 Zeichen je Zoll (hohe Dichte)
- 1600 Zeichen je Zoll (doppelte Dichte).

Die manchmal bei der Angabe der Zeichendichte verwendeten Begriffe BPI (Bits per Inch) weisen auf die Anzahl der Bits je Zoll, auf eine Spur bezogen, hin. Umgerechnet können bei einer Zeichendichte von 1600 BPI insgesamt 640 Zeichen je cm Band gespeichert werden. Zu beachten ist, daß mit höheren Aufzeichnungsdichten auch die Anforderungen an Beschichtung und Oberfläche des Bandmaterials steigen. Magnetbandrollen müssen deshalb eine Aufschrift tragen, ob sie für die Speicherung von 800 oder 1600 BPI geeignet sind.

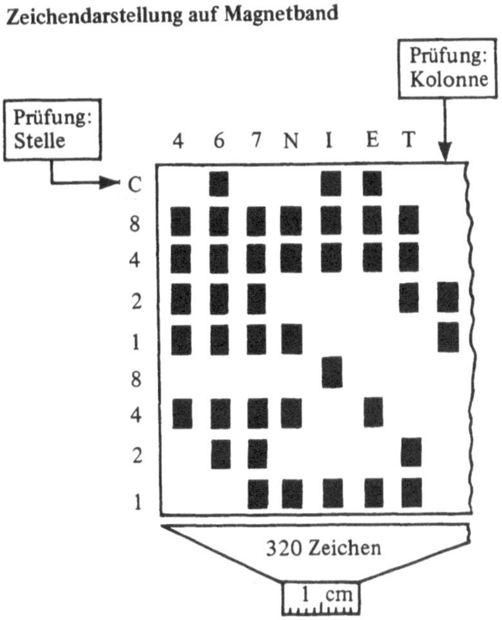

Bild 130: Verschlüsselung auf einem 9-Spur-Band

Sobald die Bandspule in das Magnetbandgerät (vgl. Bild 131) eingelegt und das Magnetband zur Leerspule geführt ist, kann der Schreib- oder Lesevorgang beginnen. Hierbei transportiert das Gerät das Band immer von der eingelegten Rolle zur festen Gerätespule (Leerspule). Damit das Band bei der hohen Start- und Stopp-Geschwindigkeit vor Beschädigung oder Durchreißen geschützt wird, erfolgt das Ab- und Aufspulen nicht direkt zwischen den Rollen, sondern über horizontal oder vertikal geführte Ausgleichsschleifen, wie sie auch (horizontal) in Bild 131 zu sehen sind. Die Länge der beiden Schleifen wird von dem Gerät über Vakuumkanäle oder kleine Federrollen gesteuert, wie im Bandlaufschema des Bildes 132 dargestellt. Diese Steuerung stellt sicher, daß immer genügend Magnetband in den beiden Kanälen der Ab- und Aufwindespule ist. Je nach System liegen die beiden Bandspulen neben- oder untereinander.

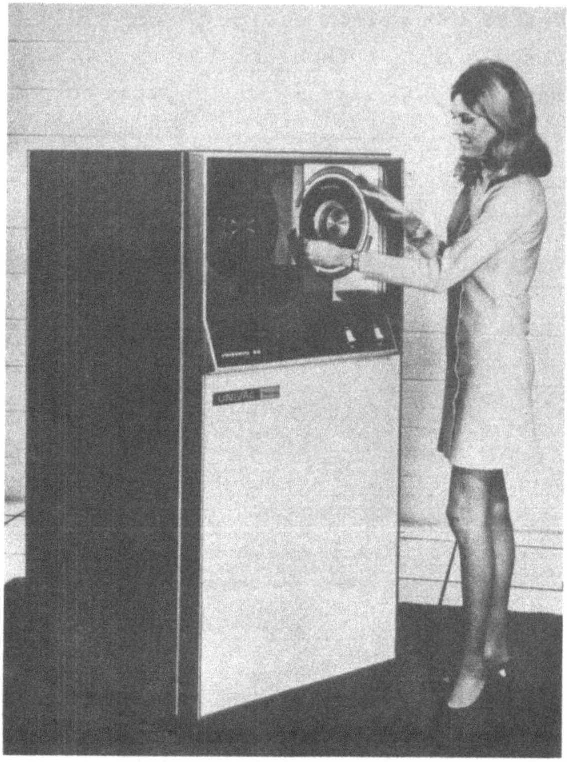

Bild 131: Magnetbandgerät (Werkbild IBM)

Während das Magnetband mit hoher und gleichbleibender Geschwindigkeit (ca. 1,5 - 5,0 m/Sekunde innerhalb eines Blockes) an den Schreib-/Leseköpfen (für jede Spur ist ein getrennter Schreib-/Lesekopf vorhanden) vorbeigleitet, werden die Daten durch Magnetisierung kleiner Punkte auf dem Band gespeichert. Jeder Impuls, den die Magnetspulen der Schreib-/Leseköpfe erhalten, bedeutet eine binäre 1, jeder nicht gegebene Impuls eine binäre 0. Bild 133 zeigt die Darstellung eines Schreib-/Lesekopfes.

Es ist darauf hinzuweisen, daß mit einem Schreibbefehl nicht ein einzelnes Zeichen, sondern ein ganzer Datenblock vom internen Arbeitsspeicher (Übertragungsgeschwindigkeit je nach Gerät 30.000 bis 320.000 Zeichen/

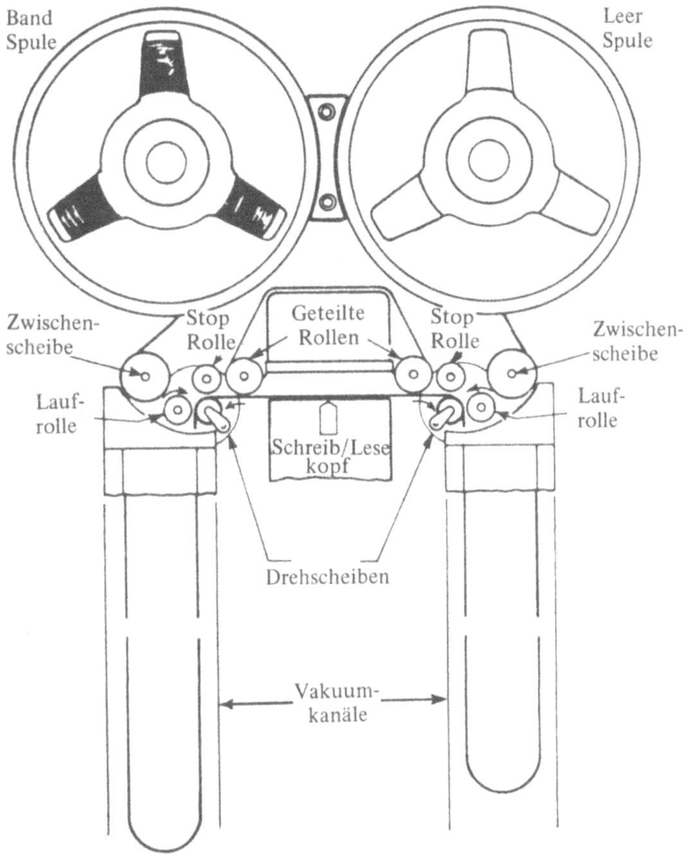

Bild 132: Bandlaufschema (Werkbild IBM)

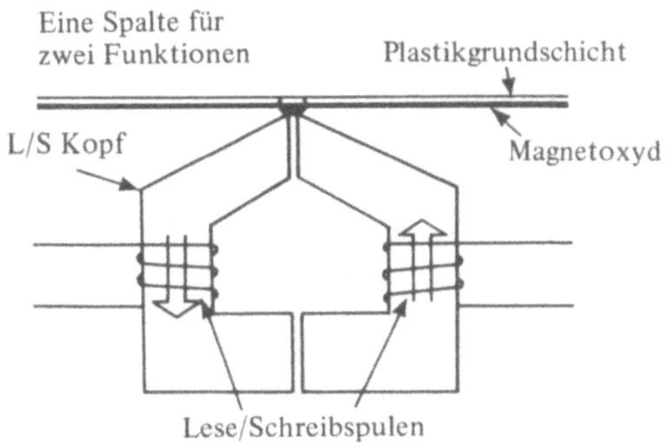

Bild 133: Schreib-/Lesekopf (Werkbild IBM)

Sekunde) auf das Magnetband übertragen wird. Alle Datenblöcke sind durch Zwischenräume auf dem Band voneinander getrennt. Ein halber Zwischenraum dient zum Anlaufen des Magnetbandes (das Band muß zur Aufzeichnung erst eine bestimmte Geschwindigkeit erreichen), während der zweite halbe Zwischenraum beim Stoppen des Bandes entsteht, wie in Bild 134 dargestellt. Steht man vor einer EDV-Anlage und schaut der Datenverarbeitung vom Magnetband zu, so ist deutlich der ruckweise Transport (Start - Verarbeitung - Stopp) zu erkennen. Ein Dauerlauf findet dagegen nur beim Rückspulen eines Magnetbandes statt (Rückspulgeschwindigkeit 1 - 3 Minuten). Beim Lesen wird das Magnetband in der gleichen Weise und mit derselben Geschwindigkeit wie beim Schreiben am Schreib-/Lesekopf vorbeigeführt. Umgekehrt wie beim Schreibvorgang induzieren (erzeugen) die kleinen unsichtbaren Magnetpunkte elektrische Impulse in der Spule des Lesekopfes, die dann verstärkt und als Daten an den internen Speicher der Anlage weitergegeben werden.

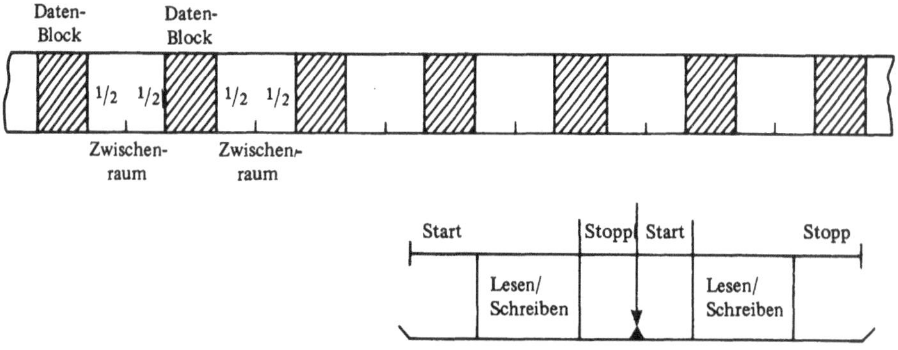

Bild 134: Speicherung und Verarbeitung beim Magnetband

Fest eingebaute Kontrollen (Hardware-Kontrollen) kontrollieren das richtige Schreiben und Lesen sowie die richtige Übertragung zwischen Arbeitsspeicher und Magnetbandgerät. Bei der Schreibprüfung gestattet es die Anordnung eines Lesekopfes hinter dem Schreibkopf, die gerade auf Band geschriebenen Daten wieder zu lesen und sie mit dem Inhalt des Schreibbereiches im internen Speicher auf Übereinstimmung zu vergleichen. Nur bei

Übereinstimmung wird der Schreibvorgang fortgesetzt. Weicht dagegen das gelesene Zeichen von dem im Speicher bereitgestellten Zeichen ab, setzt die Maschine das Magnetband bis zum Blockanfang zurück und wiederholt den Schreibvorgang, und zwar, wenn notwendig, mehrere Male. Hierbei geht man davon aus, daß feine Staubpartikel oder eine ermüdete Magnetbandoberfläche die richtige Speicherung verhindert. Staub und Abrieb können jedoch bei mehrmaligem Vor- und Zurücksetzen verschwinden und so eine einwandfreie Speicherung ermöglichen. Hat auch die mehrfache Wiederholung keinen Erfolg, so spult die Bandeinheit das Band um ein Stück vor und versucht den Schreibvorgang an dieser Stelle erneut. Erst wenn auch hier eine richtige Speicherung unmöglich ist, stoppt die Maschine, und der Wartungstechniker muß eingreifen. Die Kontrolle auf richtiges Lesen erfolgt dagegen nicht durch zwei hintereinanderliegende Leseköpfe und Lesewiederholung, sondern mit Hilfe zusätzlich gespeicherter Prüfbits. Aus diesem Grunde nimmt die 7. bzw. 9. Spur des Magnetbandes in bestimmten Fällen ein zusätzliches Prüfbit auf. Beim Schreibvorgang prüft die Maschine, ob die Anzahl der Einerbits eines Zeichens gerade ist. Handelt es sich um eine ungerade Anzahl von Einerbits, so wird in die Prüfspur ein zusätzliches Bit geschrieben und anschließend auf gerade Bitzahl in der Lesekontrolle geprüft.

Magnetplatteneinheit

Der (überwiegend verwendete) wechselbare Magnetplattenspeicher besitzt, vergleichbar mit einem Mehrfachplattenspieler, eine Reihe von übereinandergestapelten Platten. Ein Magnetplattenstapel hat beispielsweise 6 Platten, von denen 10 Plattenflächen für die Speicherung benutzt werden, während die oberste und unterste Plattenseite an die Schutzplatte grenzen und deshalb keine Daten aufnehmen können. Jede Plattenfläche besitzt, wie in Beispiel eines Plattenspeichers in Bild 135 dargestellt, 200 konzentrische Spuren, der Speicher also ins-

1 Plattenspeicher	=	6 Platten
1 Plattenspeicher	=	10 Pl. Oberfl.
1 Plattenspeicher	=	200 Zylinder (exkl. 3 Ersatzzyl.)
1 Zylinder	=	10 Spuren
1 Spur	=	3 625 Bytes
1 Plattenspeicher	=	7.25 Mio. Bytes

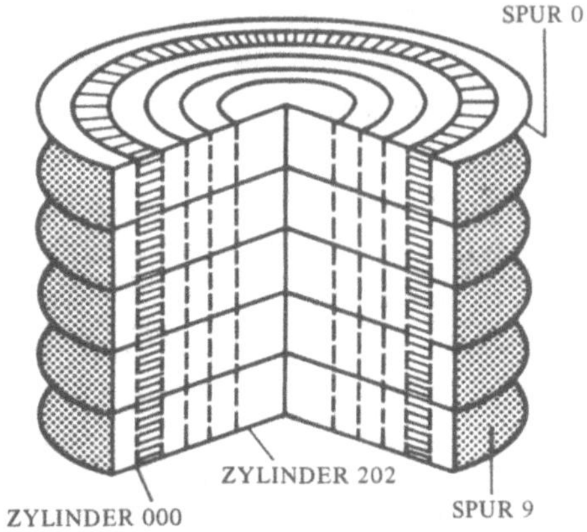

Bild 135: Aufbau eines Magnetplattenspeichers (Werkbild IBM)

gesamt 2000 Spuren mit 7,25 Mio.Bytes, wobei je Spur 3.625 Bytes gespeichert werden können. Im Gegensatz zur parallelen Bitaufzeichnung beim Magnetband liegen die Datenbits seriell, also nacheinander, auf der Spur. Die Kapazität der Plattenspeicherung ist nahezu unbegrenzt, weil an ein EDV-System mehrere Plattenspeichereinheiten angeschlossen werden können und die Plattenstapel innerhalb einer Einheit beliebig auswechselbar sind. Da die Speicherdichte von Spur zu Spur nach innen zunimmt, können in jeder Spur die gleiche Anzahl Bytes gespeichert werden. Die Spuren auf einer Magnetplatte sind nicht zu verwechseln mit den Rillen von Schalplatten, denn bei Magnetplatten handelt es sich um Metallscheiben, die mit einer magnetisierbaren Schicht überzogen und hochpoliert sind. Bild 136 zeigt die schematische Darstellung eines Plattenstapels.

Ein Magnetplattenspeicher hat in der Regel mehrere Zugriffsarme (für jeden Plattenzwischenraum einen), die, zu einem festen Block zusammengefaßt, kammartig zwischen die Platten greifen. Jeder Zugriffsarm ist mit zwei Schreib-/Leseköpfen ausgerüstet, wie in Bild 137 dargestellt. Der Zugriffsmechanismus kann nur insgesamt eingestellt werden: alle Arme bewegen sich wie ein Kamm gleichzeitig, so daß sich mit einer einzigen Einstellung die jeweils übereinanderliegenden Spuren aller Plattenseiten gleichseitig im Zugriff befinden - ein Vorgang, den man als Zylinder-Zugriff bezeichnet und der in Bild 138 dargestellt ist.

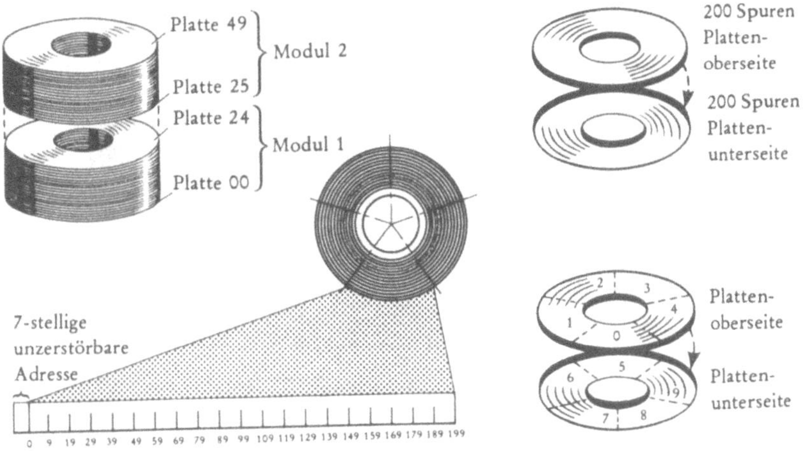

Bild 136: Schematische Darstellung eines Plattenstapels (Werkbild IBM)

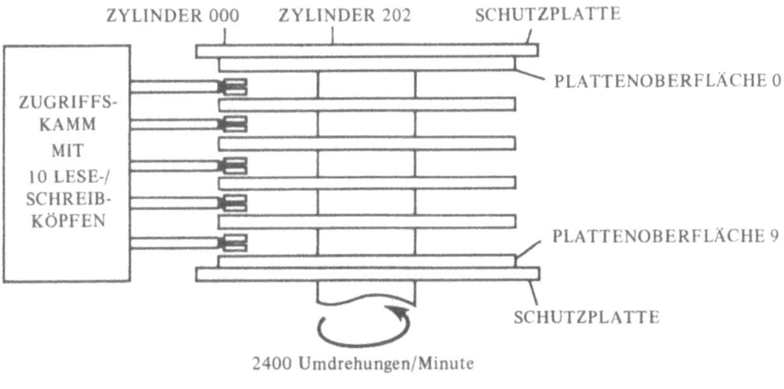

Bild 137: Zugriffsarm mit Schreib-/Leseköpfen (Werkbild IBM)

Beim Prinzip des Zylinderzugriffs werden die Daten also nicht hintereinander auf den Spuren einer Plattenoberfläche gespeichert, sondern jeweils untereinander in den gleichen Spuren verschiedener Plattenflächen. Das hat den Vorteil, daß für je 10 Spuren (entspre-

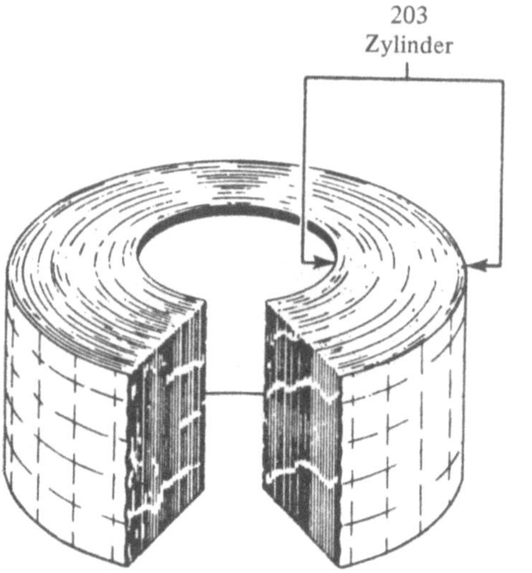

Bild 138: Zylinderkonzept des Magnetplattenspeichers (Werkbild IBM)

chend den 10 Plattenflächen) nur eine Einstellung des Zugriffskamms erforderlich ist. Durch den vielfachen Zugriffsmechanismus in Verbindung mit der zylinderförmigen Speicherung der Daten ergeben sich verhältnismäßig kurze Zugriffszeiten zu den gewünschten Spuren. Das Schreiben und Lesen selbst erfolgt in der vom Magnetband her bekannten Weise, das heißt mit Hilfe einer kleinen Schreib-/Lesespule. Der Plattenstapel dreht sich mit einer gleichbleibenden Geschwindigkeit von beispielsweise 2.400 Umdrehungen/Minute. Die Zugriffszeit hängt von der jeweiligen Stellung des Zugriffskamms zur gewünschten Spur ab und beträgt etwa zwischen 30 und 100 Millisekunden, während die eigentliche Übertragungsgeschwindigkeit zwischen 156.000 und 624.000 Zeichen/Sek. liegt. Zusätzlich zu den Spuren je Plattenseite für die Datenspeicherung sind im allgemeinen einige Spuren als Ersatz für etwa defekt gewordene Spuren vorhanden. Bild 139 zeigt das Foto eines Magnetplattenspeichers mit einem Plattenstapel und Bild 140 einen Großraum-Magnetplattenspeicher mit insgesamt 8 auswechselbaren und einem zusätzlichen, der Sicherung dienenden, Plattenstapel.

Bild 139 a

Bild 139: Magnetplattenspeichereinheiten (Werkbild IBM)

Magnettrommelspeicher

Der Magnettrommelspeicher besteht aus einem Metallzylinder, dessen Manteloberfläche mit einer magnetisierbaren Eisenschicht überzogen ist. Er dreht sich während seines Einsatzes ständig und mit gleichbleibend hoher Geschwindigkeit um seine (bei den meisten Typen waagerechte) Achse. Bild 141 zeigt einen solchen Trommelspeicher, und in Bild 142 ist die Aufteilung einer Trommelfläche in parallel angeordnete Bahnen bzw. die Speicherung dargestellt.

Bild 139 b

Bild 140: Großraum-Magnetplattenspeichereinheit
(Werkbild IBM)

Parallel zur Zylinderachse sind mehrere Schreib-/Leseköpfe (Bild 143) fest angebracht. Andere Trommelspeicher besitzen nur einen gemeinsamen Schreib-/Lesekopf, der auf einer Schiene hin- und hergleitet und alle Spuren bedient, während die festen Magnetköpfe jeweils nur für eine Spur gelten. Da bei einer Magnettrommel mit festen Schreib-/Leseköpfen außer der Trommelrota-

Bild 141: Magnettrommelspeicher (Werkbild Remington Rand)

tion keine mechanische Bewegung auftritt, können die Zugriffszeiten wesentlich verkürzt werden. Die Zugriffszeit entspricht der Wegezeit, die ein Speicherplatz im Augenblick des Anrufs bis zum Schreib-/Lesekopf zurücklegen muß. Sie hängt von der Drehzahl, dem Umfang der Trommel und der Speicherdichte ab. Die minimale Zugriffszeit ist gegeben, wenn der Abstand zwischen Schreib-/Lesekopf und dem gewünschten Speicherwort am kleinsten ist. In diesem Fall befindet sich das aufgerufene Speicherwort gerade unter dem Kopf. Die maximale Zugriffszeit dagegen entspricht der Zeit für eine ganze Trommelumdrehung: die gesuchte Speicheradresse ist gerade am Kopf vorübergekommen. Das Speicherwort muß

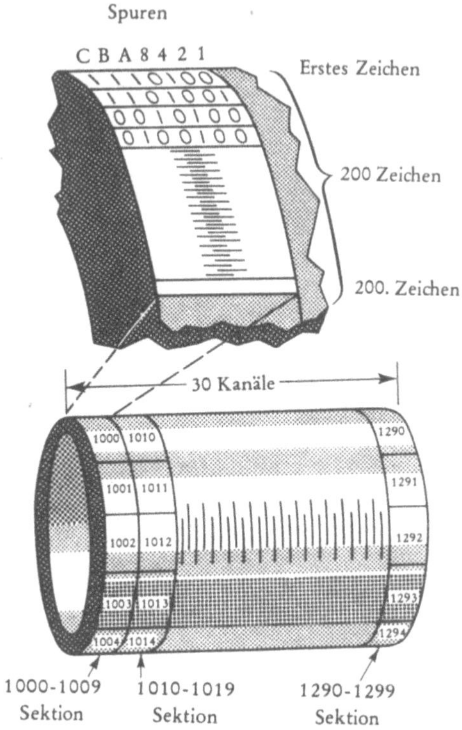

Bild 142: Aufteilung der Trommeloberfläche
(Werkbild IBM)

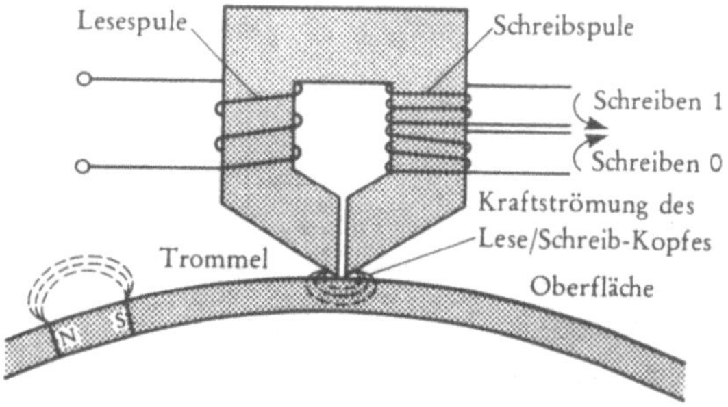

Bild 143: Schreib-/Lesekopf beim Magnettrommelspeicher
(Werkbild IBM)

eine ganze Trommelumdrehung zurücklegen, um wieder für den Lese-/bzw. Schreibvorgang verfügbar zu sein. Die durchschnittliche Zugriffszeit entspricht dann der Zeit für eine halbe Trommeldrehung. Während die Zugriffszeiten zwischen 10 und einigen 100 Millisekunden liegen, beträgt die Kapazität des Trommelspeichers je nach Typ zwischen 2 und 100 Mio. Zeichen. Die Trommel ist nicht auswechselbar.

Während sich die Trommel mit gleichbleibender Geschwindigkeit von einigen Tausend Umdrehungen in der Minute bewegt, werden die Daten, nach dem gleichen technischen Prinzip wie bei den Magnetbandgeräten und Magnetplattenspeichern, geschrieben oder gelesen. Beim Schreibvorgang schickt die Maschine kurze elektrische Stromimpulse durch die Schreibspule (vgl. Bild 143). Da der Abstand zwischen Spule und der vorbeilaufenden Trommeloberfläche nur etwa 0,04 Millimeter beträgt, können die magnetischen Kraftlinien vom Schreibkopf zur Magnetschicht der Trommel fließen. Von der Richtung der Stromimpulse hängt es wieder ab, welche Polarität die Bits und damit welchen binären Wert sie erhalten. Jede gespeicherte Information kommt in regelmäßigen Abständen immer wieder unter dem betreffenden Schreib-/Lesekopf vorbei. Beim Lesevorgang induzieren die Magnetpunkte auf der Trommel einen Strom in der Lesespule, wie in Bild 143 ersichtlich. Die Maschine kann auf diese Weise feststellen, welche magnetischen Zustände die einzelnen Bits haben. Da der Lesevorgang die gespeicherten Daten nicht zerstört, können sie sooft abgerufen werden, bis sie durch neue Daten überschrieben sind. Wie alle anderen Magnetspeicher, so verliert auch die Magnettrommel ihren Inhalt bei Stromausfall nicht.

Magnetkarten- und -streifenspeicher

Einen anderen Weg der Speicherung großer Datenmengen gehen die Hersteller von Magnetkarten- und Magnetstreifenspeichern. Die Daten werden hier nicht mehr auf den Oberflächen von Zylindern oder Platten, sondern auf Karten bzw. Streifenabschnitten gespeichert, die einseitig mit einer magnetisierbaren Auflage beschichtet sind. Stellt man sich ein Magnetband verbreitert, verstärkt und in Abschnitte zerlegt vor, so hat man derartige Magnetstreifen. Die Unterschiede zwischen Magnetkarten und Magnetstreifen liegen vornehmlich in der Bezeichnung durch den Hersteller. Verschiedene Hersteller von EDV-Anlagen bieten heute Speicher der genannten Art an.

Der Magnetkartenspeicher CRAM (= Card Random Access Memory) der NCR besitzt ein auswechselbares Magazin mit 384 Mylar-Magnetkarten von etwa je 25 cm Länge und 8 cm Breite, vorstellbar als gleichlange breite Magnetbandabschnitte. Eine Magnetkarte hat 144 Spuren bei einer Aufzeichnungsdichte von 1.500 BPI, ein Magazin eine Speicherkapazität von 125 Mio.Bytes. An jeder NCR-Anlage kann eine Vielzahl von CRAM-Einheiten, und zwar je Steuergerät 8 Einheiten, angeschlossen werden, wodurch die Gesamtkapazität praktisch unbegrenzt ist. Bild 144 zeigt eine CRAM-Magnetkarteneinheit, Bild 145 eine Magnetkarte und Bild 146 einen Magazinwechsel.

Beim Schreib- und Lesevorgang wählt eine Auswahlvorrichtung mit Hilfe von Kerbstangen die adressierte Magnetkarte aus dem Magazin aus, preßt sie auf eine rotierende Vakuumtrommel und führt sie so an den 36 Schreib-/Leseköpfen vorbei (Bild 147). Die große Anzahl der Schreib-/Leseköpfe (9 je Spur, entsprechend dem Byteaufbau) weist darauf hin, daß mit einer einzigen Einstellung, vergleichbar mit dem Kammzugriff beim Magnetplattenspeicher, vier verschiedene Spuren bedient werden können, wodurch sich die Zugriffszeit erheblich reduziert. Die Einstellung des Schreib-/Lesemechanismus erfolgt in weniger als 40 Millisekunden, die Wiederzugriffszeit zu einer bereits rotierenden Karte beträgt im Durchschnitt nur 23 Millisekunden. Die Einstellung wird vollständig überlappt mit der Fallzeit der zu verarbeitenden Karte. Die Rückführung der bearbeiteten Karte in das Kartenmagazin überlappt ebenfalls

Bild 144: CRAM-Magnetkarteneinheit (Werkbild NCR)

Bild 145: Magnetkarte der CRAM-Einheit (Werkbild NCR)

mit der Fallzeit der nächsten Karte. Die Daten selbst werden mit einer Geschwindigkeit von 71.250 Bytes je Sekunde übertragen. Wie beim Magnetband erfolgt die Fehlerkontrolle durch Lesen der Daten nach dem Schreiben und Vergleich mit den Daten im internen Speicher

Bild 146: CRAM-Magazinwechsel (Werkbild NCR)

bzw. durch Prüfbit und Prüfzeichen (Lesekontrolle). Naturgemäß ermöglichen alle Magnetkarten- und -streifenspeicher einen wahlfreien Zugriff zu jedem gewünschten Datenbestand. Bild 148 zeigt das Arbeitsprinzip und den Aufbau des (heute nicht mehr angebotenen) Magnetstreifenspeichers IBM 2321.

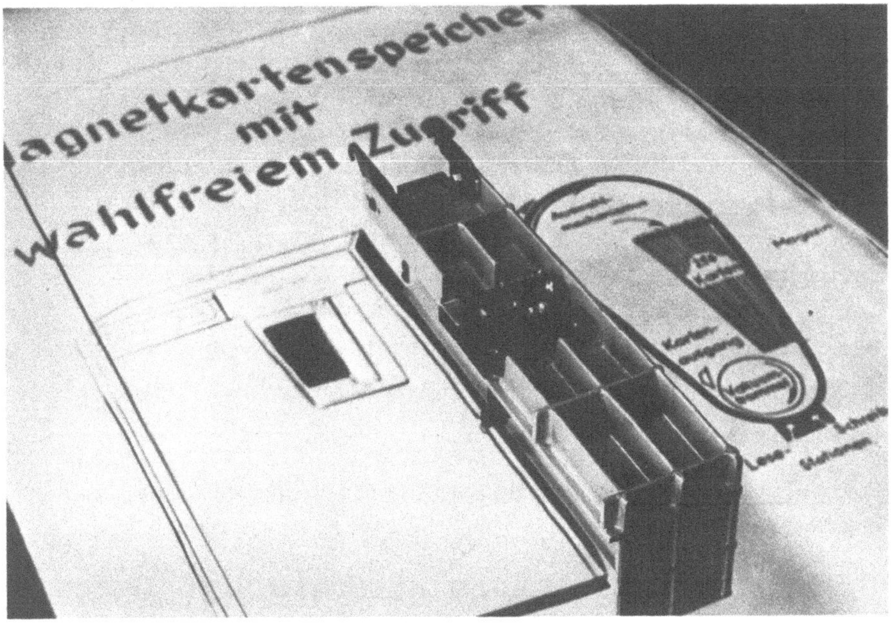

Bild 147: Arbeitsablauf beim Magnetkartenspeicher (Werkbild NCR)

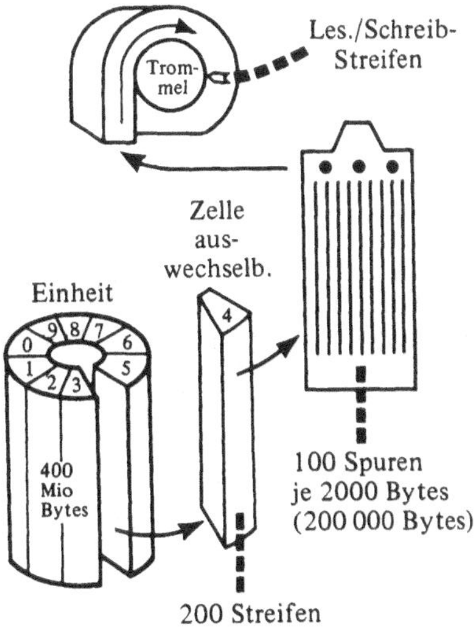

Bild 148: Arbeitsprinzip und Aufbau des Magnetstreifenspeichers IBM 2321 (Werkbild IBM)

2.24 Betriebsarten

Unter der Betriebsart einer EDV-Anlage versteht man die Art und Weise, wie die Jobs und Programme abgewickelt werden. Eine Übersicht über die verschiedenen Betriebsarten ist in Bild 149 dargestellt; hierzu sei jedoch angemerkt, daß sich die Betriebsarten in einzelnen Merkmalen überschneiden können (beispielsweise ist ein Teilnehmerbetrieb mit Einschränkungen auch bei Einprogrammverarbeitung möglich) und die Übersicht deshalb nur zur Groborientierung dienen kann.

Vom Teilhaberbetrieb (auch Stapelbetrieb genannt, engl. batch processing) spricht man, wenn die Programme einzeln und nacheinander abgearbeitet werden, und zwar entweder nach dem Prinzip "first in, first out" oder unter Berücksichtigung von Verarbeitungsprioritäten. Der Teilhaberbetrieb läßt sich weiter unterteilen nach

- Einprogrammverarbeitung und
- Mehrprogrammverarbeitung.

Die Einprogrammverarbeitung ohne Datenfernverarbeitung (in der Praxis meist als "rein batch processing" bezeichnet) arbeitet nach dem obengenannten Prinzip "first in, first out", während die Einprogrammverarbeitung mit Datenfernverarbeitung (engl. remote batch processing) eine einfache Datenfernverarbeitung ohne sofortige Rückantwort, jedoch mit Berücksichtigung von Verarbeitungsprioritäten gestattet.

Die Mehrfachprogrammverarbeitung (engl. multiprogramming) soll den Teilhaberbetrieb wirtschaftlicher machen.
Die Multiprogramming-Betriebsweise geht über die Pufferung hinaus und überlappt nicht nur Eingabe, Verarbeitung und Ausgabe, sondern füllt auch die in der Zentraleinheit entstehenden Wartezeiten, und zwar dadurch, daß zwei oder mehrere Programme quasi parallel ablaufen.

Verarbeitung \ Betrieb	Teilhaberbetrieb (Stapelbetrieb, batch processing)	Teilnehmerbetrieb
Einprogrammverarbeitung		
1. ohne Datenfernverarbeitung	einfach batch processing	----
2. mit Datenfernverarbeitung	remote batch processing	----
Mehrprogrammverarbeitung		
1. Mehrfachprogrammsteuerung (multiprogramming)	batch processing mit Prioritäten	----
2. Zeitteilverfahren (time sharing)	----	quasi simultane Verarbeitung mit festen Intervallen
3. Echtzeitverarbeitung (real time processing)	----	quasi simultane Verarbeitung mit Prioritäten
4. Mehrfachverarbeitung (multiprocessing)	----	streng simultane Verarbeitung

Bild 149: Betriebsarten

Während beim reinen batch processing jeweils nur ein Programm in der Zentraleinheit gleichzeitig abläuft, befinden sich beim multiprogramming immer mehrere Programme im Arbeitsspeicher, die unter Berücksichtigung festgelegter Prioritäten und Ausnutzung der Wartezeiten bei den einzelnen Programmen verzahnt simultan ablaufen. Multiprogramming erfordert ein ausgefeiltes Betriebssystem mit Unterbrechungstechnik, weil jede Programmunterbrechung, die aufgrund von Wartezeiten auftritt, zu einer Neuverteilung der im Arbeitsspeicher befindlichen Programme mit Berücksichtigung festgelegter Prioritäten führt. Während also die Pufferung mehr für eine kontinuierliche Arbeitsweise der langsamen Ein- und Ausgabegeräte sorgt, nutzt das multiprogramming die Wartezeiten in der Zentraleinheit für die Abwicklung anderer Programme.

Auch der Teilnehmerbetrieb baut auf der Grundlage des multiprogramming auf. Er ist dadurch gekennzeichnet, daß mehrere Jobs oder Programme quasi (wie beim multiprogramming) oder echt simultan ablaufen. In der Regel ist der Teilnehmerbetrieb als Datenfernverarbeitungssystem ausgelegt. Je nach Bedeutung, Umfang und Effizienz des Teilnehmerbetriebs unterscheiden wir

- Zeitteilverfahren (engl. time sharing)
- Echtzeitverarbeitung (engl. real-time processing) und
- Mehrfachverarbeitung (engl. multiprocessing).

Beim Time-Sharing-Verfahren werden Programmunterbrechungen in festen Zeitintervallen (engl. time slices) erzeugt; hierdurch wird der Eindruck erweckt, daß die Anlage für jeden Benutzer allein arbeitet. In Wirklichkeit handelt es sich um eine quasi simultane Verarbeitung, jedoch mit festen CPU-Zeitintervallen für die zahlreichen, über Datenstationen an die EDV-Anlage gekoppelten Benutzer. Voraussetzung für die Anwendung des time sharings ist eine große Leistungsfähigkeit der Zentraleinheit. Während beim multiprogramming die Zentraleinheit einem Programm mit niedriger Priorität nur so lange zur Verfügung steht, bis das höherwertige Programm die Steuerung der peripheren Geräte abgeschlossen hat und die Zentraleinheit wieder beansprucht, wird beim time slicing (Zeitscheiben-Verfahren) des time sharings der Grundzyklus der Zentraleinheit von vornherein in so viele Zeitsegmente aufgeteilt, wie Teilnehmerstationen angeschlossen sind. In einem Grundzyklus wird dann jedes Programm einmal bearbeitet. Doch selbst die große Kapazität des internen Arbeitsspeichers genügt meist nicht für eine gleichzeitige Abwicklung von Programmen beim time sharing. Um diesen

Mangel auszugleichen, wird ein theoretisch beliebig großer Arbeitsspeicher, virtueller Speicher genannt, simuliert. Der virtuelle Speicher ist in gleichgroße Bereiche unterteilt, die Seiten (engl. pages) heißen. Der Speicherumfang einer Seite im virtuellen Speicher deckt sich mit dem Umfang eines gleichen Bereichs im physikalischen Arbeitsspeicher (nur daß der Arbeitsspeicher lediglich eine begrenzte Anzahl Seiten zu einer Zeit aufnehmen kann). Der Inhalt des gesamten virtuellen Speichers befindet sich auf einem externen Speicher (Magnetplatte oder Magnettrommel). Die Kommunikation zwischen virtuellem und physikalischem Arbeitsspeicher findet in der Weise statt, daß in den Arbeitsspeicher nur jeweils diejenigen Seiten des virtuellen Speichers übertragen werden, die die gerade benötigten Programmteile eines im time sharing laufenden Programms enthalten. Damit begrenzt die physikalische Größe des Arbeitsspeichers nicht mehr die Anzahl der Programme, die gleichzeitig laufen können.

Von time sharing unterscheidet sich die Echtzeitverarbeitung (engl. real-time processing) dadurch, daß den Benutzern keine festen und gleichbleibenden Zeitintervalle eingeräumt, sondern Prioritäten berücksichtigt werden. Hierbei geht man davon aus, daß Auskunftsysteme und die Steuerung von Produktionsprozessen einen Vorrang vor allen anderen Hintergrund-Programmen (engl. background programs) beanspruchen müssen. Realtime processing, auch Sofort- oder Direktverarbeitung genannt, bedeutet, daß die Daten nicht mehr schubweise oder in festen Zeitintervallen, sondern sofort bei Anfall eingegeben, verarbeitet und ausgegeben werden. Nur bei der Echtzeitverarbeitung stehen jederzeit aktuelle Werte zur Verfügung. Diese Betriebsart setzt ebenfalls Datenstationen sowie ein Betriebssystem voraus, das eine quasi simultane Verarbeitung mit Unterbrechung und Berücksichtigung von Prioritäten erlaubt.

Als derzeitig höchste Stufe des Teilnehmerbetriebs muß die echte Mehrfachverarbeitung (engl. multiprocessing) angesehen werden. Multiprocessing bedeutet, daß ein EDV-System über mehrere Zentraleinheiten mit getrennten Steuerwerken und Rechenwerken, jedoch mit einem gemeinsamen Arbeitsspeicher verfügt. Erst mit Hilfe des multiprocessing ist eine streng simultane Verarbeitung mehrerer Programme möglich. Die einzelnen Steuer- und Rechenwerke sind zu je einer Recheneinheit (engl. processor) zusammengefaßt; sie arbeiten weitgehend unabhängig voneinander und besitzen einen getrennten Zugriff zu dem gemeinsamen Arbeitsspeicher.

2.25 Zusammenfassung und Beurteilung

Die auf dem Markt angebotenen EDV-Anlagen der bekannten Herstellerfirmen (vgl. Kapitel 1.5 Übersicht über den Markt für EDV-Anlagen und Geräte) können wohl als technisch ausgereift und betriebssicher gelten. Dennoch gehört die Auswahl der richtigen EDV-Anlage zu den schwierigsten Aufgaben des EDV-Anwenders, weil

- es von der Leistungsfähigkeit (Rechengeschwindigkeit und Kapazität des Arbeitsspeichers) und der Ausrüstung (Ein-/Ausgabegeräte, Dialoggeräte und externe Speicher) abhängt, ob die EDV-Anlage die geplanten Aufgaben quantitativ und qualitativ erfüllen kann

- Zentraleinheit und periphere Geräte in einem "ausgewogenen" Verhältnis zueinander stehen müssen, daß heißt die Leistungsfähigkeit beider Anlagenteile möglichst günstig aufeinander abgestimmt sein muß

- das Preis-/Leistungsverhältnis der Anlage möglichst günstig sein sollte, das heißt der

Anwender für eine bestimmte Leistung den geringstmöglichen Preis bzw. für einen festen Preis eine möglichst hohe Leistung erhalten sollte

- Hardware und Software sich sinnvoll ergänzen müssen, das heißt vor allem ein leistungsfähiges, der Größe und Ausrüstung der Anlage entsprechendes Betriebssystem zur Verfügung stehen muß.

Eine Beurteilung im Hinblick auf die langfristige EDV-Entwicklung läßt klar die Tendenz zu "Mensch-Maschine-Systemen" erkennen: computergestützte Steuerungssysteme in Produktion und Verwaltung, die Verwendung von Datenbanken, vor allem aber der Einsatz von Dialoggeräten und der Datenfernübertragung werden künftig erheblich an Bedeutung zunehmen und damit die Richtung für Hardware, Software und Orgware bestimmen.

3. Software

3.1 Einführung und Übersicht

Während man unter dem englischen Begriff "Hardware" alles versteht, was der Benutzer an maschinellen Einrichtungen und Geräten zur Durchführung der Datenverarbeitung benötigt, bezeichnet die "Software" die Gesamtheit aller Programme, die beim Betrieb einer EDV-Anlage verwendet werden. Wie aus Bild 150 hervorgeht, wird die Software in die beiden Teilbereiche Betriebssystem und Benutzerprogramme unterteilt.

Das Betriebssystem dient zur Steuerung des Betriebsablaufs der EDV-Anlage, zur Unterstützung des Bedienungspersonals und als Hilfsmittel bei der Programmierung. Entsprechend diesen Aufgaben wird das Betriebssystem unterteilt in

- das Steuerprogramm (zur Steuerung des Betriebsablaufs)

- die Arbeitsprogramme (zur Unterstützung der Anlagenbedienung und Programmierung).

zu den Arbeitsprogrammen gehören alle Programme, die man zur Durchführung der Standardarbeiten einsetzt: Dienstprogramme sind Standardprogramme für die Übertragung von Daten vom Magnetband zum Drucker, für die Duplizierung von Magnetbändern, zum Sortieren von Datensätzen auf Magnetbändern oder Platten und Testhilfsprogramme; Übersetzungsprogramme haben die Aufgabe, die vom Programmierer in symbolischer Schreibweise erstellten Programme in die Maschinensprache umzuwandeln; Anwendungs-

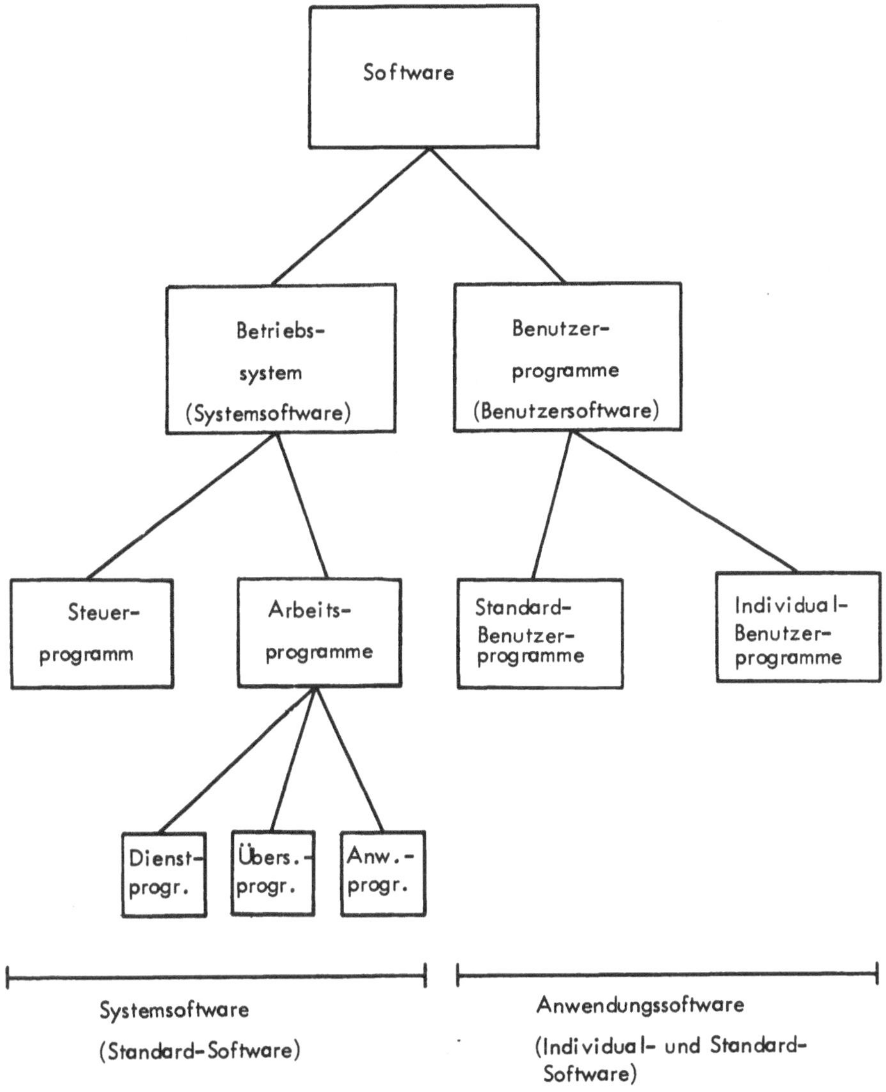

Bild 150: Übersicht Software

programme übernehmen bestimmte standardisierbare Aufgaben wie beispielsweise die Errechnung der Nettolohnsteuer, die Auflösung von Stücklisten und die Durchführung von Materialbedarfs- und -bestellrechnungen. Arbeitsprogramme unterscheiden sich von Benutzerprogrammen nur dadurch, daß sie, zum Betriebssystem gehörend, von den Herstellern der EDV-Anlagen zu Verfügung gestellt werden.

Benutzerprogramme dienen schließlich zur Durchführung ganz bestimmter EDV-Aufgaben im Unternehmen. Sie werden in der Regel von den Programmierern des Benutzers individuell angefertigt. Nur in Einzelfällen werden heute auch benutzerorientierte Standardprogramme, meist von selbständigen Softwarehäusern erstellt, angeboten. Mit Ausnahme der vom Benutzer selbst erarbeiteten Benutzerprogramme sind alle anderen der in Bild 150 dargestellten Programme der Standard-Software zuzurechnen.

3.2 Wie entsteht ein Programm?

3.21 Programmsteuerung

Jede Maschine muß gesteuert werden. Die Steuerung kann entweder manuell während der Arbeit oder aber automatisch erfolgen, wenn die Maschine über eine entsprechende Steuerungseinrichtung verfügt. In diesem Falle wird die Steuerung durch die Maschine selbst bzw. durch besondere Einrichtungen durchgeführt, ohne daß es eines ständigen Eingriffes des Menschen während des Arbeitsprozesses bedarf. Bei einer solchen Einrichtung erfolgt die Steuerung aufgrund eines vorgegebenen Programms (Programmsteuerung). So wird der Jacquard-Webstuhl durch aneinandergereihte Lochkarten gesteuert, auf diese Weise spielt ein elektrisches Klavier und nach einem vorgegebenen Programm arbeiten automatisch gesteuerte Werkzeugmaschinen.

Bild 151 zeigt die Programmierung und Steuerung von herkömmlichen Lochkartenmaschinen. Der Unterschied in der Steuerung zwischen Lochkartenmaschinen und elektronischen Datenverarbeitungsanlagen besteht weniger im Prinzip (beide Maschinen werden mit Hilfe eines vorgegebenen Programms gesteuert) als in der Technik.

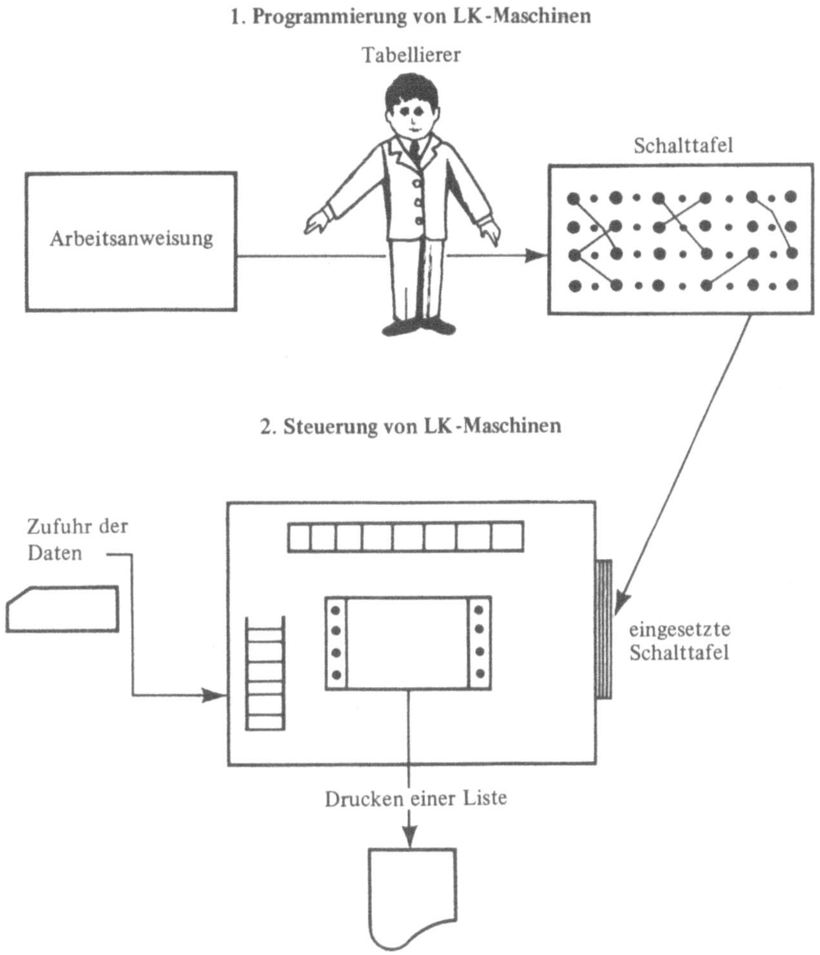

Bild 151: Programmierung und Steuerung von Lochkartenmaschinen

Das Programm einer EDV-Anlage wird nicht, wie bei Lochkartenmaschinen, auf einer Schalttafel gesteckt, sondern statt dessen von Magnetplatten oder Magnetband jeweils vor Beginn einer Arbeit in den internen Arbeitsspeicher der Anlage übertragen (das Programm wird geladen). Das Steuerwerk in der Zentraleinheit übernimmt dann die Aufgabe, die Arbeit nach Maßgabe des geladenen Programms zu steuern und den ordnungsgemäßen Ablauf der Datenverarbeitung sicher zu stellen. EDV-Anlagen werden deshalb auch programmgesteuerte Maschinen bezeichnet, weil sie in der Lage sind, umfangreiche Aufgaben nach einem vorgegebenen

Programm selbsttätig und selbstkontrollierend durchzuführen. Sieht man einmal von den wenigen Eingriffsmöglichkeiten durch den Bediener ab,so handelt es sich bei EDV-Anlagen um Maschinen mit rein interner automatischer Steuerung und Kontrolle.

Bei den Steuerungs- und Kontrollfunktionen einer EDV-Anlage muß zwischen der Hardware- und der Programmsteuerung unterschieden werden. Die erstgenannte Einrichtung ist vom Hersteller fest in die Maschine eingebaut. Sie dient dazu, eine störungsfreie Arbeit der Anlage zu gewährleisten und den Bediener auf bestimmte Vorgänge hinzuweisen. Die Hauptbedeutung kommt jedoch der Programmsteuerung zu. Ein Programm besteht aus einer Folge von Einzelschritten; es wird für jede Aufgabe getrennt angefertigt. Eine solche Kette von Schritten (in der Fachsprache "Instruktionen" genannt) bildet ein Programm, das jeweils vor dem Arbeitsablauf in den Arbeitsspeicher der Anlage geladen wird. Nach dem Start des Programms überträgt die Anlage nun die erste Instruktion aus dem Arbeitsspeicher zum Steuerwerk, das dann, abhängig von der Art dieser Instruktion, den Arbeitsablauf steuert: das Steuerwerk stellt fest, um was für einen Befehl es sich handelt und wo die Daten gespeichert sind, die mit Hilfe dieses Befehls verarbeitet werden sollen. So werden beispielsweise eine Lochkarte eingelesen (Eingabeoperation), die Daten einer Lochkarte verarbeitet (Verarbeitungsoperation) oder eine Zeile ausgedruckt (Ausgabeoperation). Erst nach der Ausführung des Befehls wird die nächste Instruktion ins Steuerwerk übertragen, interpretiert und ausgeführt - ein Vorgang, der sich so oft wiederholt, bis der letzte Datensatz verarbeitet ist. Bild 152 zeigt das Laden eines Programms und den sich anschließenden Arbeitsablauf.

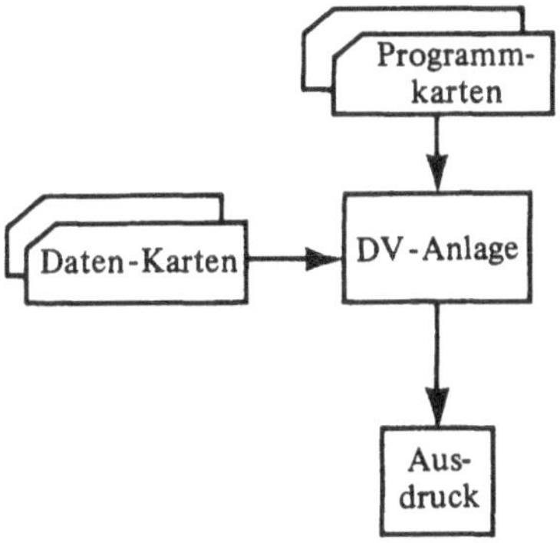

Programm-Laden:
Programmkarten werden *vor Beginn* des Ablaufs eingelesen (Instruktionen werden in den internen Speicher übertragen).

Arbeitsablauf:
Die zu verarbeitenden Daten werden *während des Ablaufs und nacheinander* abgefühlt und verarbeitet.

Bild 152: Laden und Ablauf eines Programms

3.22 Aufbau eines Programms

Ein Programm ist eine genau definierte Arbeitsanweisung an eine EDV-Anlage zur Lösung einer bestimmten Aufgabe. Es legt die Art und Reihenfolge der von der Anlage auszuführenden Operationen fest.

Jedes Programm wird in einzelne Arbeitsschritte gegliedert, Befehle oder genauer Instruktionen genannt. Der kleinste Arbeitsschritt eines Programms heißt also Instruktion. Die Instruktionen lösen dann die (fest eingebauten) Elementaroperationen im Steuerwerk aus, wie beispielsweise Einlesen eines Datensatzes in den Arbeitsspeicher, Addieren einer Zahl im Rechenwerk, Vergleichen zweier Speicherplatzinhalte, Sprung in einen anderen Programmteil bei Vorhandensein einer bestimmten Bedingung oder Drucken einer Zeile.

Eine Instruktion selbst besteht immer aus dem Operationsteil (welche Operation ist auszuführen ?) und dem Adressteil (wo stehen die Operanden, die zu verarbeiten sind ?). Bild 153 zeigt den Aufbau einer Instruktion.

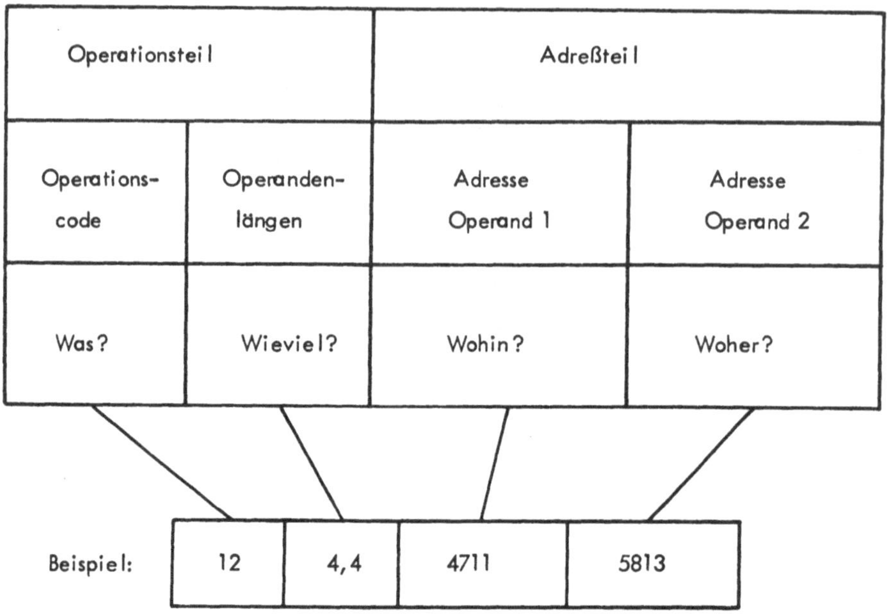

Addiere (Op. 12) den Inhalt des Speicherplatzes 5813 (Woher?, Operandenlänge 4 Stellen) zum Inhalt des Rechenregisters und speichere das Ergebnis auf den Speicherplatz 4711 (Wohin?, Operandenlänge 4 Stellen)

Bild 153: Aufbau einer Instruktion

3.23 Die einzelnen Schritte der Programmstellung

3.231 Analyse der Programmvorgabe

Der Ausarbeitung eines Programms gehen die notwendigen organisatorischen Aktivitäten voraus, im einzelnen

- Problemanalyse
  (Aufnahme des Istzustands)

- Systementwicklung
  (Entwurf der Grob-Konzeption) und

- Detailorganisation
  (Entwicklung der Fein-Organisation und Ausarbeitung der Programmvorgaben).

Der erste Schritt bei der Erstellung eines Programms besteht nun darin, den Inhalt der vom EDV-Organisator ausgearbeiteten Programmvorgabe zu analysieren, das heißt

- die Programmvorgabe auf ihre formelle Vollständigkeit zu prüfen sowie den Inhalt der Programmvorgabe zu verstehen und ihre Zusammenhänge zu erfassen

- die Programmvorgabe auf ihnen sachlich - logisch richtigen Inhalt und ihre programmtechnische Durchführbarkeit zu prüfen und

- durch Rückfragen Unklarheiten, Widersprüche und Informationslücken zu beseitigen.

Im Vordergrund der Analyse steht naturgemäß die Prüfung der Programmvorgabe auf ihren sachlichen Inhalt, bezogen auf die

- Eingabe
  (Welche Daten sind in das Programm einzugeben ?
  Auf welchen Datenträgern sind diese Daten untergebracht ?
  Wie sind die Datensätze im einzelnen aufgebaut ?)

- Verarbeitung
  (Welche Verarbeitungsregeln sind im einzelnen festgelegt ?)

- Speicherung
  (Welche Daten müssen von externen Speichern in den Verarbeitungsprozeß einbezogen werden ?
  Welche Datensätze sind auf externen Speichern abzulegen ?

Welche Speicherungs- und Verarbeitungsformen sind für die externe Datenspeicherung vorgesehen ?) und

- Ausgabe
  (Welche Ergebnisse sollen geliefert werden ? Auf welchen Datenträgern sind die Ergebnisse auszugeben ?
  Wie sind die auszugebenden Datensätze aufgebaut ?).

Erst wenn der Programmierer den Inhalt einer Programmvorgabe vollständig erfaßt und verstanden hat, kann er mit der eigentlichen Programmerstellung beginnen.

3.232 Entwurf des Programmablaufs

Ziel und Aufgabe dieses Programmierungsschrittes ist es, die Logik eines Programmablaufs klar zu erfassen und darzustellen, um ein Hilfsmittel für die nachfolgende Codierung zu schaffen. Von kleinen Programmen und Programmen mit einfacher Programmlogik abgesehen, ist es immer ratsam, den Programmablauf in schaubildlicher Weise darzustellen. In einzelnen Fällen wird es aber genügen, wenn nur die Programmlogik (Übersicht über den Programmablauf oder Grob-Programmablaufplan) dargestellt wird. In anderen Fällen wird neben dem Grob-Programmablaufplan auch ein Fein-Programmablaufplan dargestellt, in dem alle Einzelschritte bzw. alle Gruppen von Einzelschritten eines Programmablaufs aufgeführt sind. Eine eindeutige Abgrenzung zwischen Grob- und Fein-Programmablaufplan ist kaum zu definieren. Auch sind die Ansichten darüber getrennt, ob und wann überhaupt Fein-Programmablaufpläne angefertigt werden sollen.
Im allgemeinen wird man bei einer problemorientierten Programmiersprache (Cobol, PL/1) auf einen Fein-Programmablaufplan verzichten und nur die Programmablaufsteuerung (Programmlogik) schaubildlich darstellen. Demgegenüber

ist es im allgemeinen sinnvoll, wenn bei maschinenorientierten Programmiersprachen Fein-Programmablaufpläne ausgearbeitet werden.

Um ein Programm möglichst übersichtlich zu gliedern, empfiehlt sich die Unterteilung in ein Haupt- und mehrere Unterprogramme. Während das Hauptprogramm die für die Steuerung des Programmablaufs benötigten Programmteile einschließlich der Verweise auf die einzelnen Unterprogramme enthält, befassen sich die Unterprogramme jeweils mit einem in sich geschlossenen Teilkomplex wie z.B. die Prüfung der Eingabesätze, die Verarbeitung der Einzelsätze, die Druckausgabe usw. Diese sogenannte Unterprogrammtechnik erhöht nicht nur die Übersichtlichkeit und Transparenz des Programmablaufs, sondern erleichtert auch die nachfolgenden Programmierungsschritte, also die Codierung, Programmtests und Programmdokumentation, da ein Programm in überschaubare Blöcke unterteilt ist.

Eine Programmierungsaufgabe kann im allgemeinen entweder linear oder aber zyklisch gelöst werden. Bei der linearen Programmierung wird jeder Befehl bei der Verarbeitung eines Datensatzes nur einmal durchlaufen. Demgegenüber bestehen zyklische Programme aus Befehlsfolgen, die bei der Verarbeitung eines Datensatzes mehrmals durchlaufen werden (Programmschleifen). Im Vergleich zu einem zyklischen Programm erfordert ein lineares Programm mehr Speicherplatz, aber weniger Laufzeit, weswegen im Einzelfalle entschieden werden muß, ob der Laufzeit oder aber dem Platzbedarf im Arbeitsspeicher die Hauptbedeutung zukommt. Unabhängig von dieser Frage wird ein Programm jedoch meist sowohl aus linearen als auch aus zyklischen Programmteilen bestehen.

Die Bilder 154 bis 156 zeigen einen Grob- und Fein-Programmablaufplan sowie ein lineares und zyklisches Programm.

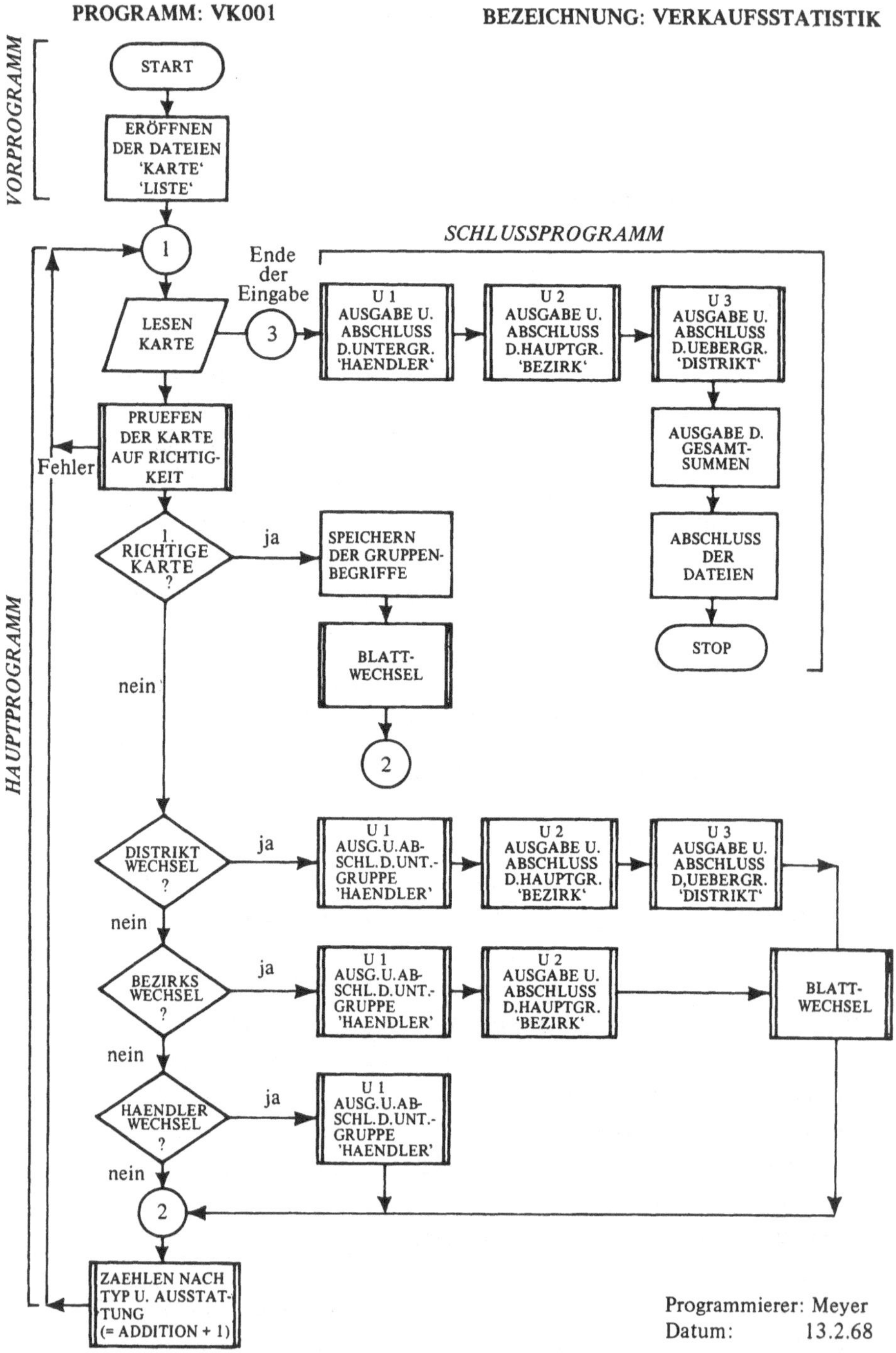

Bild 154: Grob-Programmablaufplan (Beispiel)

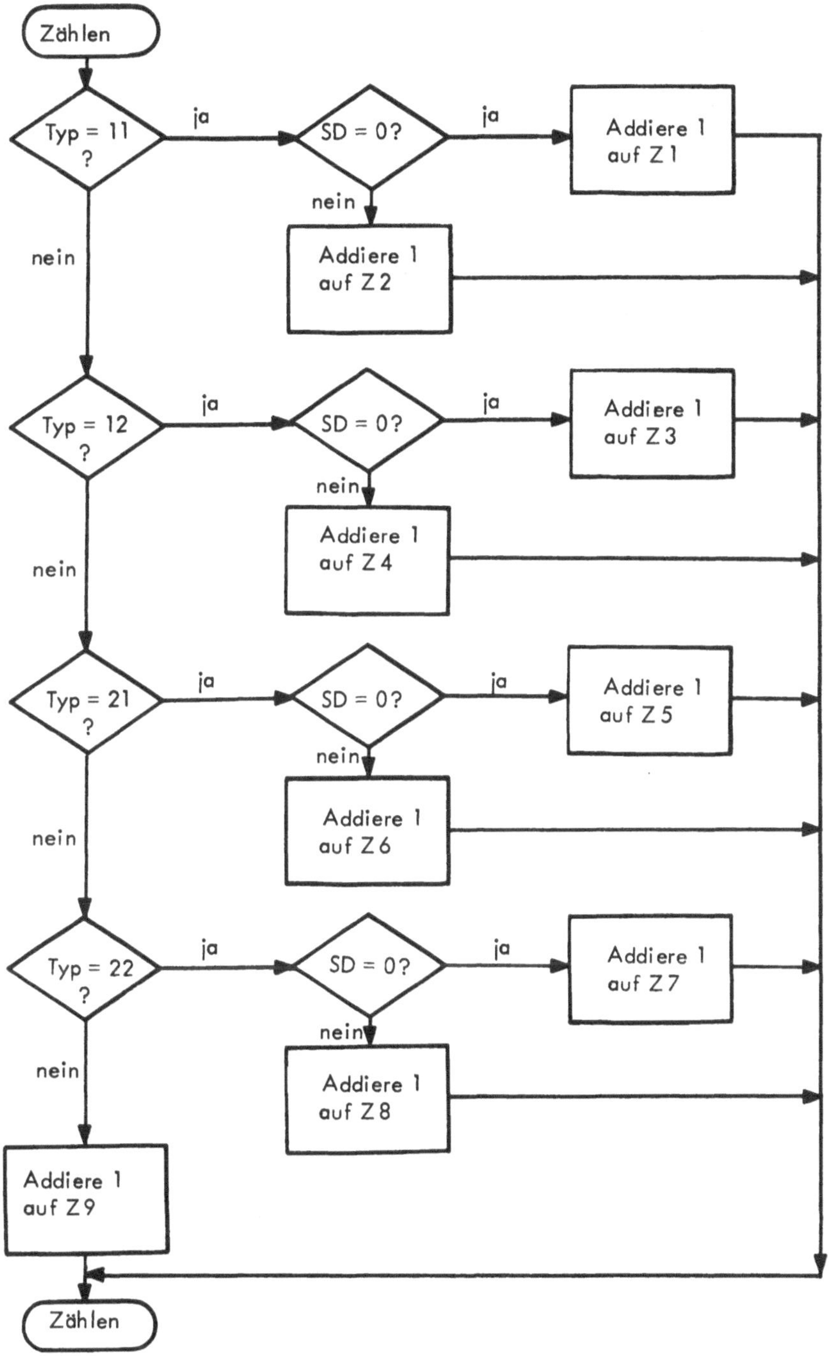

Bild 155: Fein-Programmablaufplan (Auszug)

Aufgabe: Die Inhalte von 1000 hintereinanderliegenden Speicherplätzen mit den Adressen X_i (i = 1,2 ....1000) auf den Speicherplatz mit der Adresse Y zu speichern.

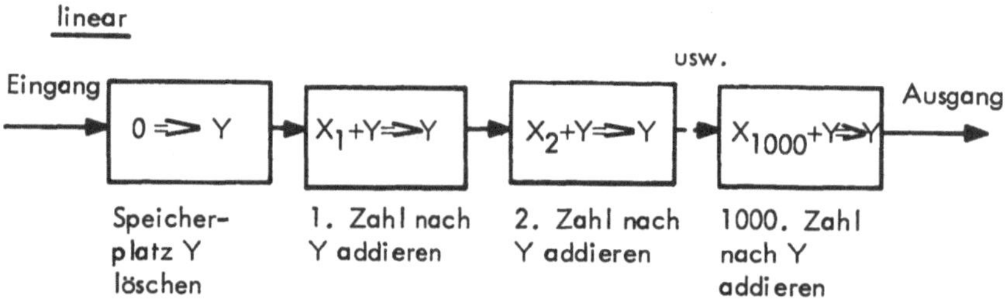

Merkmale: laufschnelles, speicheraufwendiges Programm mit insgesamt 1.001 Instruktionen.

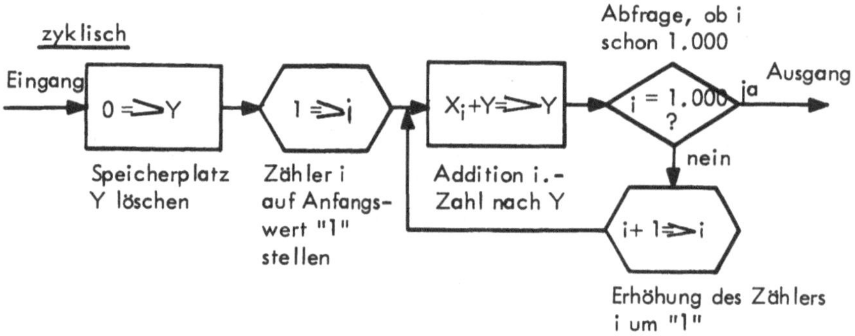

Merkmale: lauflangsames (wegen Programmsprung), speichersparendes Programm mit insgesamt nur 5 Instruktionen.

Bild 156: Lineares und zyklisches Programm

Zur Darstellung von Programmablaufplänen benutzt der Programmierer im allgemeinen ein Formular (Programmablaufplan) sowie Symbole nach DIN-Norm 66001. Grundlage und Arbeitsunterlage für die Ausarbeitung von Programmablaufplänen sind der Fein-Datenflußplan und die Einzelheiten der Programmvorgabe aus der Detailorganisation. Bei der Ausarbeitung selbst hat der Programmierer folgende Regeln zu beachten:

- der Programmablauf, dargestellt durch die genormten Sinnbilder nach DIN 66001, erfolgt von oben nach unten oder von links nach rechts

- in den Sinnbildern sind keine Befehle darzustellen, sondern klare sachliche Programmhinweise zu geben wie beispielsweise "Menge mal Preis = Betrag"

- der Programmablauf ist in ein Hauptprogramm und logisch selbständige Unterprogramme zu gliedern

- Ansprungspunkte innerhalb der Unterprogramme erhalten normierte Kennzeichnungen

- Ständig wiederkehrende Unterprogramme erhalten einheitliche Namen, wie z.B.

  VOR = Vorprogramm
  LESEN = Lesen von Dateien.

3.233 Programmverschlüsselung (Codierung)

Obwohl der Arbeitsablauf eines Programms bereits im Programmablaufplan festgelegt ist, handelt es sich bei der Programmverschlüsselung doch keineswegs nur um eine reine Übertragungsarbeit. Vielmehr erfordert jede Programmverschlüsselung ein erneutes Durchdenken der Aufgabe, um einerseits noch logische Fehler erkennen bzw. weitere Verbesserungen anbringen zu können. Die Verknüpfung von Programmablaufplan und Verschlüsselung ist so eng, daß es auch nicht zweckmäßig ist (wie es teilweise in der Praxis gefordert wird), die Programmierung aufzuspalten und die Codierungsarbeiten einem sogenannten Codierer, einer zweitrangigen Arbeitskraft, zu übertragen. Die Einarbeitung eines Codierers in den Programmablauf würde zuviel Zeit beanspruchen. Außerdem müßte der Programmierer den Codierer ständig beraten, um Mißverständnisse und damit Fehler zu vermeiden. Ratsam ist es dagegen, ein umfangreiches Programm in Teilprogramme aufzulösen und diese dann einzelnen Programmierern zu übertragen. Teilprogramme können völlig getrennt programmiert werden, wobei die EDV-Anlage selbst diese Teilprogramme durch ein besonderes Standardprogramm nach der Umwandlung zusammenfügt. Hierbei lassen sich die Teilprogramme, entsprechend ihrem Schwierigkeitsgrad, auf Nachwuchs- (Junior-) und erfahrene Programmierer verteilen.

Welche Unterlagen benötigt nun der Programmierer zur Programmverschlüsselung ? Wie aus Bild 157 ersichtlich, müssen die Unterlagen unterteilt werden in die Programmablaufpläne und die Verschlüsselungsformulare, die das Ergebnis der Codierung aufnehmen. Denn der Programmierer braucht zur Verschlüsselung einmal die Unterlagen, die sich auf die betreffende Aufgabe beziehen (Ablaufpläne mit Programmbeschreibung), und zum anderen Unterlagen über die verwendete Programmiersprache. Hierzu gehören Handbücher, Befehlslisten und Nachschlagewerke. Der Aufbau der Verschlüsselungsformulare, in der Praxis meist als Codierblätter oder Programmschemata bezeichnet, hängt von der verwendeten Programmiersprache ab. Die Formulare werden den Benutzern in der Regel vom Hersteller zur Verfügung gestellt. Bild 158 zeigt den Ausschnitt eines Codierblattes für eine Assembler-Sprache, in Bild 159 ist ein COBOL-Programmschema dargestellt. Für alle Codierblätter gilt, daß im Kopfteil Eintragungen allgemeiner Art vorgenommen werden, die nicht abzulochen sind. So enthalten sowohl das Assembler- als auch das COBOL-Programmschema den Namen des Programmierers, die Programmbezeichnung und das Datum.

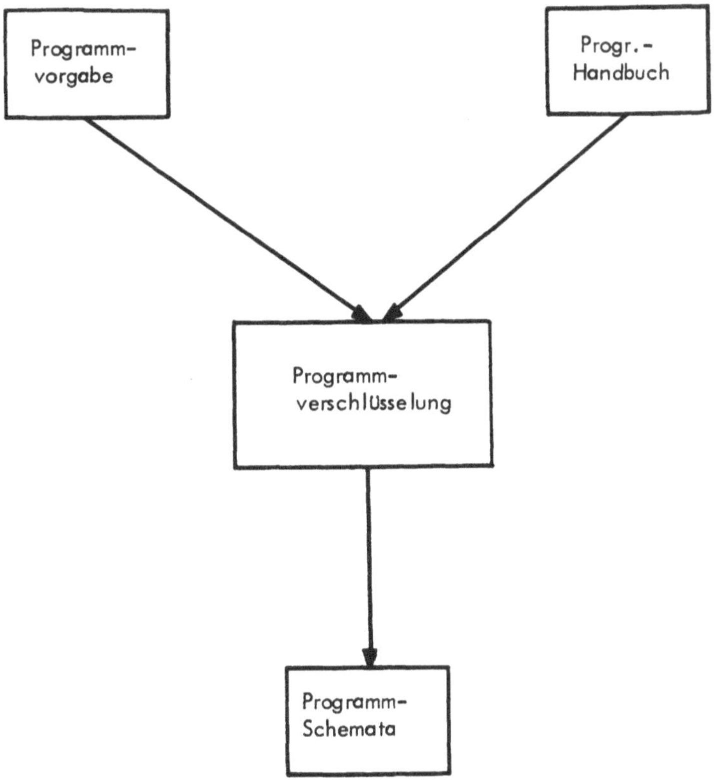

Bild 157: Unterlagen zur Programmverschlüsselung

Etwa in der Mitte des Kopfteils des Assembler-Programmschemas (Bild 158) ist die Eintragung "Lochhinweise" zu finden. In diesem Feld nennt der Programmierer Sonderzeichen, die er in seinem Programm verwendet und für die noch keine spezielle Taste auf dem Locher vorhanden ist. Er gibt die Tastenkombination an, die die Locherin drücken muß, um diesen Sondercode lochen zu können. Handelt es sich beispielsweise um einen Spezialcode für die Programmierung mit den Lochungen 0, 4 und 8 in einer Spalte, so kann die Locherin diesen Schlüssel lochen, obwohl sie keine spezielle Taste hierzu besitzt. Sie wird die Taste Mehrfachlochung und dazu die Tasten 0, 4 und 8 drücken.

System / 360 Assembler
Programmschema

Programm	Auftragsbearbeitung	Lochhinweise		Problem	A113
Programmierer	Schlau	Zeichen			
Datum	15.8.68	Lochung		Seite	011 von 27

Name	Operation	Operand und Bemerkungen	Karte Nr.
DRUCKE	MVC	ZEILE,BEREICH DRUCKBEREITSTELLUNG	010
			020
			030
			040
			050
			060
			070
			080
			090
			100
			110
			120
			130
			140
			150
			160
			170
			180
			190
			200

Bild 158: Assembler-Programmschema

Als nächstes muß darauf hingewiesen werden, daß aus jeder Codierzeile auf dem Programmschema eine Lochkarte entsteht, weshalb auch die Spalteneinteilung von 1 - 80 vorgedruckt ist. Lediglich die Spalten 73 - 75 und 76 - 77 beziehen sich auf alle Karten dieses Problems bzw. auf die Karten der betreffenden Seite. So wird (durch Festeinstellung am Locher) in jede Karte die Problemnummer (Spalte 73 - 75) und in alle Karten der betreffenden Seite die fortlaufende Numerierung (Spalten 75 und 77) gelocht.

Da die Programmkarten beim Durchlauf durch die EDV-Anlage eine bestimmte Reihenfolge haben müssen, ist es notwendig, ihnen ein Sortiermerkmal zu geben. Außer der beschriebenen Seitennummer erhält deshalb jede Karte eine Zeilennummer eingelocht (am rechten Rand des Programmschemas für die Lochspalten 78 - 80 dargestellt). Die Kartennumerierung erfolgt in Zehnersprüngen. Das hat den Zweck, daß ein späteres Einfügen von Programmkarten möglich ist, ohne die ganze Numerierung ändern zu müssen. Sollen beispielsweise zwei Programmkarten nachträglich zwischen den Zeilen 010 und 020 eingefügt werden, so erhalten sie die Zeilennummer 011 und 012. Beim Sortieren (über alle 3 Spalten) liegen diese eingefügten Karten dann zwischen den Karten mit den Zeilennummern 010 und 020. Viel Testzeit geht verloren, wenn Programmkarten in falsche Reihenfolge geraten und diese Fehler nicht leicht zu erkennen sind.

Unter dem Oberbegriff "Anweisung" sind die Felder (von links nach rechts) "Name" (Spalte 1 bis 8), "Operation" (Spalte 10 bis 14) und "Operand und Bemerkungen" (restliche Spalten) zusammengefaßt. Bei der Verschlüsselung des Programms trägt der Programmierer nun in jede Zeile des Codierblattes eine Instruktion ein. Er schreibt den Befehl in das Feld Operation und dahinter, beginnend mit der Spalte 16, die Operanden, die durch Komma voneinander getrennt werden. Bei den Operanden handelt es sich um die symbolischen Speicheradressen. Mit Abstand von mindestens einer Leerstelle nach dem zweiten Operanden kann der Programmierer auch noch eine Bemerkung anfügen. Benötigt die betreffende Instruktion außerdem einen Namen (wird beispielsweise innerhalb des Programms auf diese Instruktion verzweigt), so muß der Programmierer zusätzlich (in die Spalten 1 bis 8) den Namen eintragen. Je nach den Regeln und Anweisungen der betreffenden Herstellerfirma hat sich der Programmierer entweder streng an den Aufbau des Formulars zu halten oder braucht nur gewisse Mindestbedingungen einzuhalten.

Beim COBOL-Programmschema (Bild 159) befindet sich die Seitennumerierung (mit den Spalten 1 bis 3) oben links. Um später eine oder mehrere Seiten einfügen zu können, empfiehlt es sich, die Seitennumerierung nicht fortlaufend, sondern ebenfalls in Zehnersprüngen vorzunehmen. Die Spalten 73 bis 80 jeder COBOL-Karte enthalten den Programmnamen, hier als Kennung bezeichnet. Die Zeilennumerierung befindet sich links im Bild mit den Lochspalten 4 bis 6. Auch hier sind die Zeilen in Zehnersprüngen durchnumeriert. Es folgt ein einstelliges Feld in der Spalte 7 mit der Bezeichnung "Folge". In diesem Feld wird ein Bindestrich eingetragen für den Fall, daß ein Datenwort in der vorhergehenden Zeile begonnen wurde und hier fortgesetzt wird. COBOL erlaubt jedoch die Trennung eines Datenwortes nur in einem einzigen Fall, nämlich dann, wenn das Datenwort ein nichtnumerisches Literal ist. Unter einem Literal versteht man eine Konstante, bei der nicht wie üblich die Adressen des Speicherplatzes, sondern die tatsächlichen Daten (also der Inhalt eines Speicherplatzes) angegeben werden.

In die Spalten 8 bis 72 trägt der Programmierer die COBOL-Befehle ein. Wie aus Bild 159 ersichtlich, sind die Spalten 8 und 12 mit einem "A" bzw. einem "B" gekennzeichnet. "A" und "B" werden als sogenannte Begrenzungspunkte bezeichnet. Ihre Bedeutung liegt darin, daß bestimmte Eintragungen wiederum nicht vor der Spalte 12

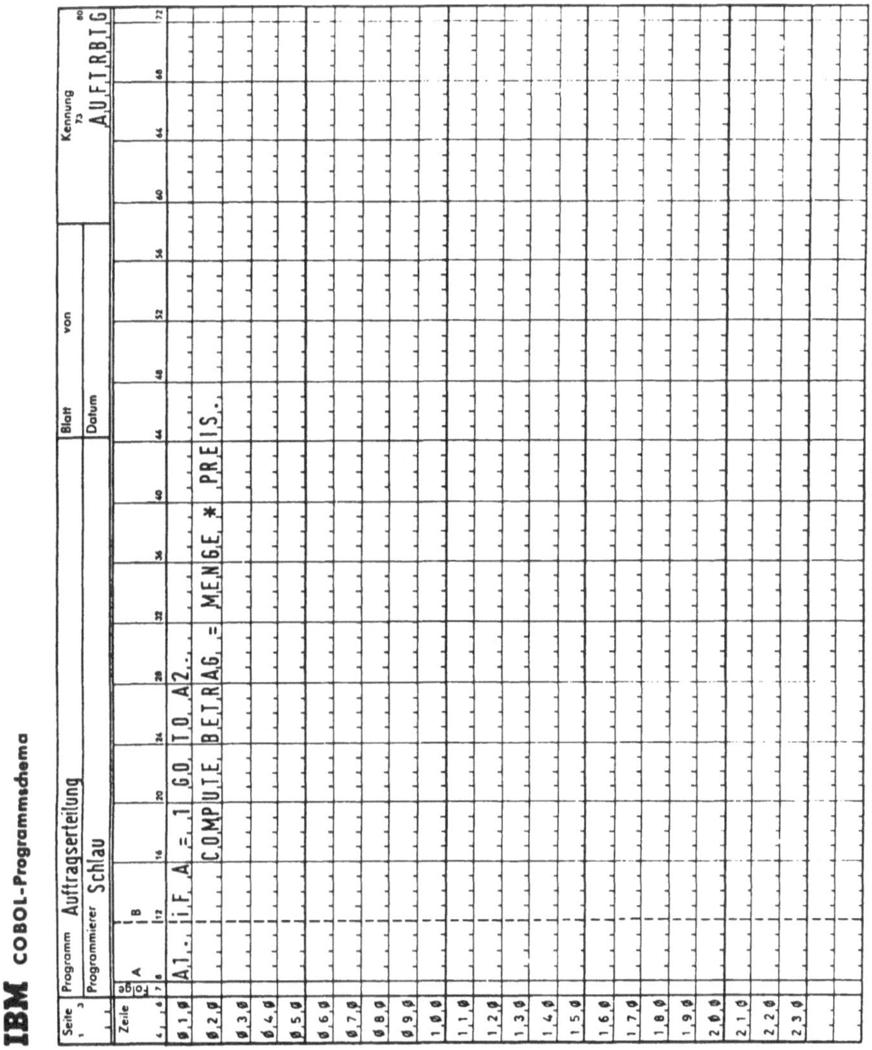

Bild 159: COBOL-Programmschema

anfangen dürfen. So ist es beispielsweise vorgeschrieben, daß alle Namen von COBOL-Befehlen in Spalte 8 beginnen müssen; die Befehle selbst dürfen jedoch erst ab Spalte 12 eingetragen werden.

In Bild 159 wurden in die Zeile 010 der Name "A 1" in Spalte 8 und 9 und der Befehl "IFA = 1 GO TO A 2" ab

Spalte 12 (=Begrenzungspunkt B) eingetragen. Der nächste COBOL-Befehl in der Zeile 020 dagegen beginnt ab Spalte 16. Da der Befehl nicht vor dem Begrenzungspunkt "B" geschrieben ist, entspricht diese Eintragung ebenfalls den Vorschriften. Die weitere Unterteilung zu je 4 Spalten pro Feld dient lediglich der besseren Übersichtlichkeit, vor allem im Hinblick auf die Ablocharbeit.

Beispiel einer Programmverschlüsselung

Im nachfolgenden soll die Programmverschlüsselung anhand eines Beispiels gezeigt werden. Es handelt sich um eine Verkaufsstatistik, deren Grob- und Feinprogrammablaufplan in den Bildern 154 und 155 dargestellt ist.

Um die Bedeutung dieser modularen Programmierungstechnik besonders hervorzuheben, sei nochmals darauf hingewiesen, daß das Strukturprogramm in Bild 154 im wesentlichen die logische Verknüpfung aller einzelnen Unterprogramme darstellt. Die Unterprogramme selbst werden gesondert dargestellt und verschlüsselt. In der Praxis sieht dies so aus, daß die einzelnen Unterprogramme nicht innerhalb des Hauptteils, sondern im Anschluß daran gespeichert sind. Der wesentliche Unterschied besteht in der Zwecksetzung. Während also die Programmlogik des Strukturprogramms die Verknüpfung der einzelnen Unterprogramme bewirkt und ihren Ablauf steuert, dienen die Unterprogramme der eigentlichen Durchführung der Arbeit. Bild 155 zeigt ein solches Unterprogramm, dessen Darstellung im Gesamtablauf im linken unteren Teil des Bildes 154 wiederzufinden ist. Die Vorteile dieser Programmierungstechnik liegen darin, daß der Gesamtablauf eines Programms so einfach und übersichtlich wie möglich gehalten ist. Zum anderen werden auf diese Weise Programmteile, die zweimal oder mehrmals in gleicher Weise in einem Programmablauf vorkommen, nur einmal codiert und gespeichert, jedoch an den verschiedenen Stellen des Strukturprogramms aufgerufen.

Auch das Prüfen eines Programms geschieht getrennt nach einzelnen Unterprogrammen, wodurch das Gesamtprogramm nicht nur leichter überschaubar ist, sondern der Testaufwand auch wesentlich verringert wird.

Bild 160 zeigt die Verschlüsselung des dargestellten Arbeitsablaufes in der Assembler-Sprache. Sie entspricht den Programmablaufplänen der Bilder 154 und 155, mit Ausnahme der sogenannten Definitionen, bei denen es sich um Dateibeschreibungen für die Ein- und Ausgabe (Karte und Liste) sowie um die Festlegung der Zwischenspeicher und Konstanten handelt. Die Definitionen wurden hier ausgelassen, um das Verständnis für die Programmverschlüsselung zu erleichtern und das Beispiel nicht zu stark auszudehnen.

Der Übersichtlichkeit wegen wurden die Erläuterungen nach Seiten- und Zeilennummern unterteilt, die den Programmschemata des Bildes 160 entsprechen.

Seite 01

Zeile 010:
Beginnt eine Codierungszeile mit einem Sternchen in der Spalte 1, so dient der nachfolgende Text lediglich als Bemerkung, nicht jedoch als Befehlszeile. Das Umwandlungsprogramm berücksichtigt eine solche Bemerkung nur insoweit, als sie bei der Umwandlung auf die Umwandlungsliste gedruckt wird.

Zeile 020:
Mit dem Befehl "START" beginnt das eigentliche Programm. Das Programm erhält den Namen, der in dieser Zeile im Namensfeld (Spalte 1 bis 8) eingetragen ist, im Beispiel also VK ØØ1.

Zeile 030:
In die nach "START" folgenden Zeilen hat der Programmierer feststehende Angaben zu schreiben, die die Ma-

System / 360 Assembler
Programmschema

Programm	VERKAUFSSTATISTIK	Lochhinweise	Problem VK1 (73–75)
Programmierer	MEYER — Datum 13.3.68	Zeichen / Lochung	Seite Ø1 (76–77) von ___

Name (1–8)	Operation (10–14)	Operand und Bemerkungen (16–71)	Karte Nr. (78–80)
* BEISPIEL EINER CODIERUNG IN ASSEMBLER-SPRACHE			Ø1Ø
VKØØ1	START		Ø2Ø
	:	ASSEMBLER ABHAENGIGE ANGABEN	Ø3Ø
	OPEN	(KARTE,INPUT)	Ø4Ø
	OPEN	(LISTE,OUTPUT)	Ø5Ø
EINS	GET	KARTE,KARTBER	Ø6Ø
	BAL	5,PRUEFEN	Ø7Ø
WEICHE	NOP	A1 KARTE FEHLERFREI	Ø8Ø
	OI	WEICHE+1,X'FØ'	Ø9Ø
	MVC	ZDISTR,DISTR SPEICHER	1ØØ
	MVC	ZBEZIRK,BEZIRK GRUPPENBEGRIFFE	11Ø
	MVC	ZHAENDLR,HAENDLR	12Ø
	BAL	5,BLAWE	13Ø
	B	ZWEI	14Ø
A1	CLC	DISTR,ZDISTR	15Ø
	BNE	DWECHSEL	16Ø
	CLC	BEZIRK,ZBEZIRK	17Ø
	BNE	BWECHSEL	18Ø
	CLC	HAENDLR,ZHAENDLR	19Ø
	BE	ZWEI	2ØØ

Bild 160 (1): Verschlüsselung eines Beispiels in der Assembler-Sprache

System / 360 Assembler
Programmschema

Programm VERKAUFSSTATISTIK		Lochhinweise	Problem VIK1
		Zeichen	
Programmierer MEYER	Datum 13.3.68	Lochung	Seite Ø2 von ____

Name	Operation	Operand und Bemerkungen	Karte Nr.
	BAL	5,U1 HAENDLERWECHSEL	010
ZWEI	BAL	5,ZAEHLEN	020
	B	EINS	030
*			040
* CODI	ERUNG	DER GRUPPENWECHSEL DISTRIKT UND BEZIRK	050
*			060
DWECHSEL	BAL	5,U1	070
	BAL	5,U2	080
	BAL	5,U3	090
	B	A2	100
BWECHSEL	BAL	5,U1	110
	BAL	5,U2	120
A2	BAL	5,BLAWE	130
	B	ZWEI	140
*		SCHLUSSPROGRAMM	150
DREI	BAL	5,U1	160
	BAL	5,U2	170
	BAL	5,U3	180
	BAL	5,GESUM	190
	CLOSE	KARTE	200
	CLOSE	LISTE	210
			220

Bild 160 (2): Verschlüsselung eines Beispiels in der Assembler-Sprache

System / 360 Assembler
Programmschema

Programm	VERKAUFSSTATISTIK		Lochhinweise	Problem	VK1
			Zeichen		
Programmierer	MEYER	Datum 13.3.68	Lochung	Seite	Ø3 von

Name (1–8)	Operation (10–14)	Operand und Bemerkungen (16–71)	Karte Nr. (78–80)
*	UNTERPROGRAMM ZAEHLEN		Ø1Ø
ZAEHLEN	CLC	TYP,=C'11'	Ø2Ø
	BE	B1	Ø3Ø
	CLC	TYP,=C'12'	Ø4Ø
	:		Ø5Ø
	.		Ø6Ø
	.		Ø7Ø
	CLC	TYP,=C'22'	Ø8Ø
	BE	B7	Ø9Ø
	AP	Z9,=P'1'	1ØØ
	BR	5	11Ø
B1	CLC	SD,=C'Ø'	12Ø
	BNE	B2	13Ø
	AP	Z1,=P'1'	14Ø
	BR	5	15Ø
B2	AP	Z2,=P'1'	16Ø
	BR	5	17Ø
	:		18Ø
	:		19Ø
	:		2ØØ

Bild 160 (3): Verschlüsselung eines Beispiels in der Assembler-Sprache

schine für die Umwandlung benötigt. Im Beispiel wurde auf die Angaben verzichtet, jedoch durch die Bemerkung in Zeile 030 darauf hingewiesen.

Zeilen 040 und 050:
Mit dem Befehl "OPEN" werden die Dateien "KARTE" (für die Eingabe) und "LISTE" (für die Ausgabe) eröffnet, das heißt an dieser Stelle werden die Voraussetzungen für die weitere Verarbeitung der genannten Dateien geschaffen.

Zeile 060:
Der Befehl "GET" ist ein Lesebefehl. Er bedeutet, daß eine Lochkarte in den Speicher eingelesen werden soll. Der Befehl selbst trägt den Namen "EINS", was bedeutet, daß an anderer Stelle des Programms zu diesem Befehl hin verzweigt wird (siehe Verzweigung 02, Zeile 030).

Zeile 070:
Hier wird das Unterprogramm "PRUEFEN" aufgerufen.
Der Befehl "BAL" (Branch And Load, d.h. Verzweige und Lade) lädt die Speicheradresse des Folgebefehls (Zeile 080) in das angegebene Register 5 und verzweigt danach in das genannte Unterprogramm. Nach Durchlaufen des Unterprogramms erfolgt ein Sprung in das Hauptprogramm zurück. Ist die eingelesene Karte jedoch fehlerhaft, so verzweigt das Programm aus dem Unterprogramm heraus direkt auf den Befehl mit dem Namen "EINS" (siehe Rückverzweigung links oben im Programmablaufplan des Bildes 154).

Zeilen 080 und 090:
Im Ablaufplan des Bildes 154 folgt nach dem Prüfen der Karte die Frage nach "1. RICHTIGE KARTE". Diese Abfrage wurde hier durch eine sogenannte Weiche ersetzt.
Der Befehl "NOP" bedeutet "NO OPERATION" (in der Übersetzung "KEINE OPERATION", was heißt, daß das Programm automatisch auf den nächsten Befehl übergeht).
Der nachfolgende Befehl in Zeile 090 wandelt den Befehl

NOP der Zeile 080 in einen Sprungbefehl um, der dann im Durchlauf der nächsten Karte auf den Befehl mit dem Namen A 1 in der Zeile 150 verzweigt.

Zeilen 100 bis 120:
Bei der ersten richtigen Karte werden die Distriktnummer, die Bezirksnummer und die Händlernummer zwischengespeichert.

Zeile 130:
Mit dem neuen Sprungbefehl "BAL" wird das Unterprogramm aufgerufen, das das Drucken der Überschriften für das erste Blatt der Liste durchführt.

Zeile 140:
Mit dem Befehl "B" verzweigt das Programm nach "ZWEI".

Zeile 150:
Mit dem Befehl "CLC" (= VERGLEICHEN) und den entsprechenden Operanden wird abgefragt, ob ein Distriktwechsel vorliegt. Hierbei vergleicht das Programm die beiden Felder "DISTR" aus dem Abfühlbereich mit der zwischengespeicherten Distriktnummer im Feld "ZDISTR".

Zeile 160:
Stimmen die Merkmale in den beiden Vergleichsfeldern überein, verzweigt das Programm in der Zeile 160 (Befehl "BNE" = VERZWEIGE BEI UNGLEICH) zum Begriff "DWECHSEL" (Distriktwechsel).

Zeilen 170 und 180:
Der gleiche Vorgang wie in den Zeilen 150 und 160 erfolgt hier mit dem Merkmal des Bezirks. Auch hier verzweigt die Maschine bei Ungleichheit zum Begriff "BWECHSEL" (Bezirkswechsel).

Zeilen 190 und 200:
Der letzte Vergleich erfolgt anhand der Händlermerkmale. Entsprechend der Logik des Programmablaufplanes wird

hier nicht bei ungleich, sondern bei gleich zu dem Begriff "ZWEI" verzweigt.

Seite 02

Zeile 010:
Bei Händlerwechsel soll die Maschine das Unterprogramm "U1" durchlaufen. In diesem Unterprogramm erfolgen die Druckausgabe einer Zeile und der Abschluß der Händlergruppe.

Zeile 020:
Im Programmablaufplan (Bild 154) ist im linken unteren Teil der Anschlußpunkt 2 zu sehen. Bei der Verschlüsselung dieses Anschlußpunktes muß der Programmierer allerdings anstelle der Ziffer einen entsprechenden Text schreiben. Wie aus Zeile 020 ersichtlich, erhält der Aufruf des Unterprogramms "ZAEHLEN" hier den Namen "ZWEI". Die 3. Seite des Codierblattes zeigt die Codierung dieses Unterprogramms.

Zeile 030:
Hier erfolgt der Sprung zum Punkt "EINS" (links oben in Bild 154 bzw. Zeile 060, Seite 01) zurück.

Zeilen 040 bis 060:
Auch hier sind wieder (durch Sternchen angeführt) Bemerkungszeilen zu finden. Fehlt der entsprechende Bemerkungstext, so entsteht auf der Umwandlungsliste lediglich eine Leerzeile zur besseren Übersicht für den Programmierer.

Zeilen 070 bis 100:
An dieser Stelle wird der Distriktwechsel verschlüsselt. Dieser Teil beginnt mit dem Namen "DWECHSEL". Entsprechend dem Programmablaufplan werden die Unterprogramme U 1 bis U 3 durchlaufen. Durch den Verzweigungsbefehl B mit dem Operanden A 2 wird der erforderliche Blattwechsel durchgeführt.

Zeilen 110 bis 140:
Vom Befehl mit dem Namen "BWECHSEL" an beginnt der Programmzweig für den Bezirkswechsel. Hier werden die Unterprogramme für den Händlerabschluß (U 1) und Bezirksabschluß (U 2) durchlaufen. Bei A 2 wird für den Distrikt- und Bezirkswechsel gemeinsam das Unterprogramm für den Blattwechsel aufgerufen. Danach verzweigt das Programm zum Anschlußpunkt "ZWEI".

Zeile 150:
Auch hier veranlaßt der Programmierer eine Bemerkungszeile, die ihm die Codierung und Umwandlung des Schlußprogramms anzeigt. In Bild 154 ist das Schlußprogramm im oberen rechten Teil dargestellt.

Zeilen 160 bis 190:
Hier werden die Unterprogramme für den Druck der Händlersumme (U 1), der Bezirkssumme (U 2), der Distriktsumme (U 3) und der Gesamtsumme (GESUM) durchlaufen.

Zeilen 200 und 210:
Bei dem Befehl "CLOSE" handelt es sich um einen Makrobefehl. Er dient dazu, die Dateien "KARTE" und "LISTE" mit Hilfe standardmäßiger Ein-/Ausgabeprogramme abzuschließen.

Auch zum Schluß des Programmes, vergleichbar mit den Ausführungen zu Beginn, hat der Programmierer wieder einige zusätzliche Angaben zu machen, die auch hier herausgelassen wurden.

Seite 03

Wegen der Gleichartigkeit der Typenabfragen (in Bild 155 dargestellt) wurde für die Verschlüsselung des Unterprogramms "ZAEHLEN" nur ein Ausschnitt gewählt. In dem Falle, daß in der gerade bearbeiteten Karte der Typ 11 gelocht ist, verzweigt das Programm zum

Anschlußpunkt B 1. Vergleich und Verzweigung sind in den Zeilen 020 und 030 dargestellt. Die Zeilen 040 bis 110 werden dagegen durchlaufen, wenn die Typenverschlüsselung nicht die Nummer 11 trägt.

Zeilen 120 und 130:
Hier erfolgt die Abfrage, ob der betreffende Wagen mit einem Schiebedach ausgerüstet ist. Ist dies der Fall (Lochung ist ungleich), verzweigt die Maschine zum Anschlußpunkt B 2.

Zeile 150:
Über das Register 5 (hierzu bitte den Unterprogrammsprung im Hauptprogramm, Seite 02, Zeile 020, vergleichen), verzweigt das Programm zurück in das Hauptprogramm.

3.234 Programmumwandlung

Bevor nun die Instruktionen aus den Codierblättern in symbolische Programmkarten gelocht werden, muß der Programmierer seine Verschlüsselung noch einmal überprüfen. Die Prüfung wird am besten mit Hilfe der Programmabläufe (die ja die Ausgangslage für die Codierung waren) simuliert. So prüft der Programmierer beispielsweise, ob alle Zweige der Ablaufpläne programmiert sind, ob er alle Anschlußpunkte mit Namen versehen hat und ob alle Unterprogramme verschlüsselt sind. Auch muß er kontrollieren, ob die angesprochenen Daten und Dateien, z.B. Zwischenspeicher, Zähler, Arbeitsbereiche und Konstanten, richtig beschrieben (definiert) wurden.

Erst nach einer solchen gewissenhaften Prüfung wird das Programm zum Ablochen in den Lochsaal gegeben. Hier entsteht nun aus jeder Zeile des Programmschemas eine Programmkarte, wie sie in Bild 161 (je ein Beispiel einer gelochten Assembler- und COBOL-Programmkarte) abgebildet ist. Da auch die Seiten- und Zeilen-

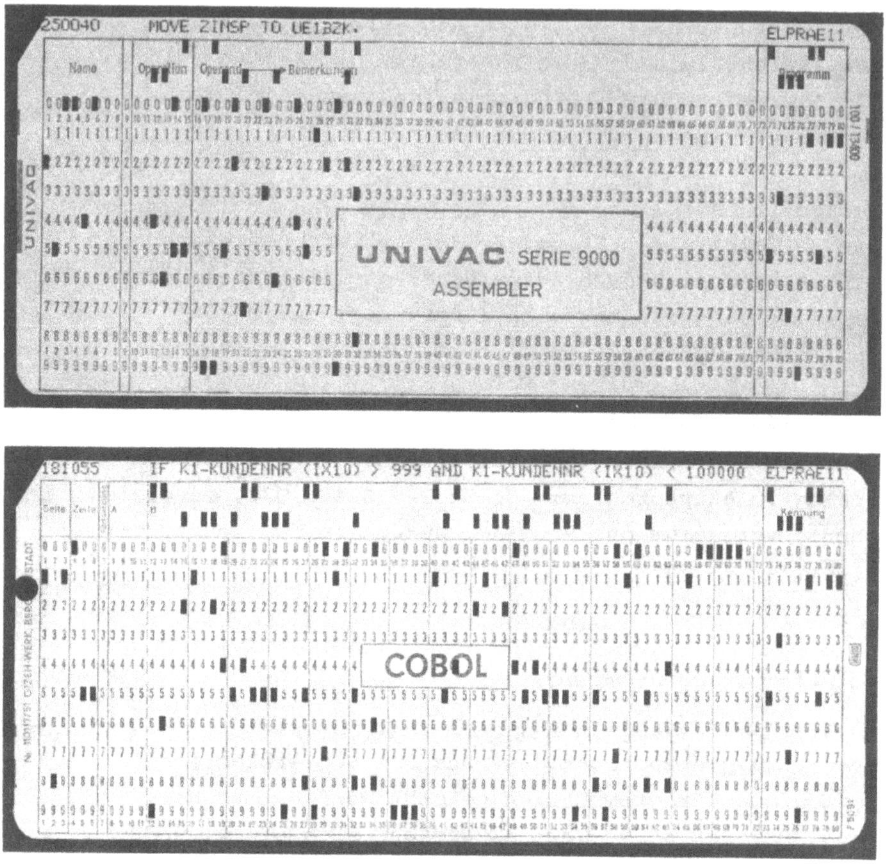

Bild 161: Assembler- und COBOL-Programmkarte

nummern mitgelocht werden, können die Karten anschließend mit Hilfe einer Sortiermaschine in die richtige Reihenfolge gebracht werden. Geraten die Programmkarten einmal durcheinander, so kann die richtige Reihenfolge über die abgelochten Kartennummern (Seite und Zeile) immer wieder hergestellt werden. Außerdem gibt es einen zweiten Grund, weshalb die eingelochte Nummerierung der Kartennummer wichtig ist. Müssen später im Test Programmkarten ausgewechselt (eingefügt oder entfernt) werden, kann dies ebenfalls nur über die Kartennummer geschehen. Abschließend sei angemerkt, daß die gelochten Programmkarten in der Regel noch durch einen maschinellen Prüfgang (Lochen <u>und</u> Prüfen) geprüft werden.

Die gelochten, geprüften und sortierten symbolischen Programmkarten sind jetzt bereit zur Umwandlung in das Maschinenprogramm, für die der Programmierer zusätzlich einige Steuerkarten anzulegen hat. Sie müssen bei der Umwandlung vor und hinter den symbolischen Programmkarten liegen. Anschließend geht das gesamte Kartenpaket zur Umwandlung ins Rechenzentrum.

Bevor die maschinelle Umwandlung beginnt, legt der Operator das Kartenpaket in das Eingabemagazin des Lochkarten-Lesegerätes. Es werden zunächst die Steuerkarten eingelesen, die wiederum das Laden des gewünschten Umwandlungsprogramms (Assembler, Compiler oder Generator) von dem Programm-Magnetband oder dem Programm-Magnetplattenspeicher in den internen Speicher der EDV-Anlage veranlassen (die Ausrüstung der EDV-Anlage mit Magnetbändern bzw. Magnetplattenspeichern wurde hier unterstellt). Durch das Umwandlungsprogramm werden nun die symbolischen Programmkarten nacheinander eingelesen und in das entsprechende Maschinenprogramm übersetzt. Je nach Ausrüstung der EDV-Anlage werden die Instruktionen im echten Maschinen-Code in Lochkarten gestanzt (heute seltener) oder auf Magnetbänder oder Magnetplatten gespeichert. Gleichzeitig druckt die Maschine eine Umwandlungsliste, die sowohl das symbolische Programm als auch das umgewandelte Maschinenprogramm, nebeneinander gedruckt, enthält. Während der Umwandlung führt das Umwandlungsprogramm eine Vielzahl von Fehlerprüfungen durch und druckt die entsprechenden Fehlerbemerkungen mit auf die Umwandlungsliste. Bei der Fehlerprüfung kann es sich natürlich nur um eine Kontrolle formaler Fehler handeln. Ist beispielsweise der Übertragungsbefehl MVC falsch mit MWC abgelocht, so wird dieser Fehler als ungültiger Befehlscode vermerkt. Hat der Programmierer dagegen statt eines Additionsbefehls den entsprechenden Schlüssel für die Subtraktion eingesetzt, so ist dieser Befehl zwar sachlich falsch, formal jedoch richtig, und das Umwandlungsprogramm wird ihn nicht bemerken.

Bevor das Programm nun im nächsten Schritt der praktischen Programmierung getestet wird, muß die Umwandlung "sauber" sein, das heißt es müssen alle formellen Fehler, die das Umwandlungsprogramm festgestellt hat, erst einmal bereinigt werden. Dies geschieht dadurch, daß die betreffenden symbolischen Programmkarten mit den richtigen Daten neu abgelocht und gegen die alten Karten ausgetauscht werden. Der Programmierer trägt die Änderungen und Korrekturen auf neue Codierblätter ein, wobei er darauf achten muß, daß die Seiten- und Zeilennummern übereinstimmen und die Karten richtig eingefügt werden. Die Änderungsblätter werden danach neu abgelocht und die korrigierten Karten in den alten Kartensatz eingeordnet. Das so berichtigte Kartenpaket wird für die erneute Umwandlung in das Rechenzentrum gegeben. Der Ablauf der Umwandlung ist in Bild 162 dargestellt.

Bild 163 zeigt einen Ausschnitt aus der Umwandlungsliste des Programmierungsbeispiels. Er entspricht dem Programmschema in Bild 160, Seite 01, Zeilen 060 bis 150. Da eine Originalübersetzung gewählt wurde, erscheinen die Überschriften in englischer Sprache. Rechts oben in der Umwandlungsliste findet man die fortlaufende Seitennumerierung (engl. page), und darunter das Datum der Umwandlung. Der Hinweis im unteren Teil zeigt, daß das symbolische Programm im rechten Teil und das umgewandelte Maschinenprogramm im linken Teil der Umwandlungsliste erscheinen.

Nachfolgend sollen die englischen Ausdrücke im Kopfteil der Umwandlungsliste, zusammen mit ihrer Bedeutung (von links nach rechts), erläutert werden:

- LOC (engl. location) bedeutet "Platz der Instruktion", das heißt Speicheradresse, in der die echte Maschinen-Instruktion später nach dem Laden des Programms ge-

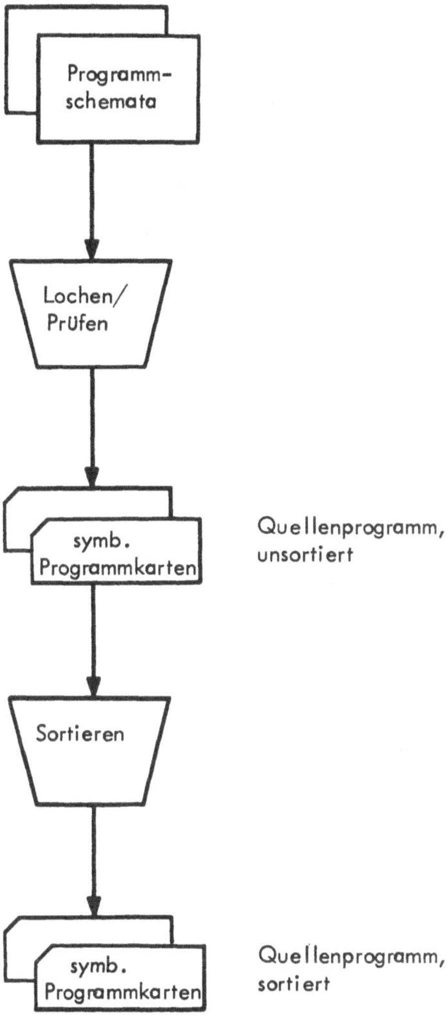

Bild 162: Vorbereitung der Programmumwandlung

speichert ist. Zusätzlich ist anzumerken, daß es sich bei den angegebenen Adressen um sogenannte relative Adressen handelt: da der interne Speicher außer dem Programm auch noch das Steuerprogramm aufnehmen muß, werden die Programm-Instruktionen hinter das Steuerprogramm geladen und ihre Adressen um diesen Abstand erhöht.

PAGE 2
30/04/68

LOC	OBJECT CODE			ADDR 1	ADDR 2	STMT	SOURCE	STATEMENT	
						25 EINS	GET	KARTE, KARBER	VK101060
000026	5810	20CA			000D0	26 + EINS	L	1, = A (KARTE) GET DTF TABLE ADDRESS	
00002A	5800	20CE			000D4	27 +	L	0, = A (KARTBER) GET WORK AREA ADDRESS	
00002E	58F1	0010			00010	28 +	L	15, 16 (1) GET LOGIC MODULE ADDRESS	
000032	45EF	0008			00008	29 +	BAL	14,8 (15) BRANCH TO GET ROUTINE	
000036	4550	20AC			000B2	30	BAL	5, PRUEFEN	VK101070
00003A	4700	2056			0005C	31 WEICHE	NOP	A1 KARTE FEHLERFREI	VK101080
00003E	96FO	2035		0003B		32	OI	WEICHE + 1 'FO'	VK101090
000042	D202	20B2	20B3	000B8	000B9	33	MVC	ZDISTR, DISTR SPEICHERN	VK101100
000048	D202	20B4	20B5	000BA	000BB	34	MVC	ZBEZIRK, BEZIRK GRUPPENBEGRIFFE	VK101110
00004E	D203	20B6	20B7	000BC	000BD	35	MVC	ZHAENDLR, HAENDLER	VK101120
000054	4550	20B8			000BE	36	BAL	5, BLAWE	VK101130
000058	47F0	20BC			000C2	37	B	ZWEI	VK101140
00005C	D502	20B3	20B2	000B9	000B8	38 A 1	CLC	DISTR, ZDISTR	VK101150

umgewandeltes Maschinenprogramm — symbolisches Programm

Bild 163: Umwandlungsliste (Ausschnitt)

- OBJECT CODE, zu deutsch "echte Maschinen-Instruktion", bestehend aus dem Befehlscode einschließlich der Befehlsergänzung und den beiden Operanden. Wie zu erkennen, ist nicht bei allen Befehlen die Angabe einer zweiten Operandenadresse erforderlich.

- ADDR (engl. address). Wie bei location, so handelt es sich bei ADDR 1 und ADDR 2 um zusätzliche Angaben für den Programmierer (ADDR 1 und ADDR 2 geben ihm Hinweise auf den Speicherplatz der beiden Operanden), die nicht zur eigentlichen Instruktion gehören.

- STMT (engl. statement), übersetzt mit "Anweisung", gibt die fortlaufende Numerierung der symbolischen Instruktionen an.

- SOURCE STATEMENT (in der Übersetzung als "Quellenanweisung") wiederholt die Angaben aus dem Codierblatt: links findet man die Namen, daneben den Befehlscode, gefolgt von Operanden und den Bemerkungen. Die Zeile des symbolischen Programms wird abgeschlossen mit der Programmnummer (VK 1), der Seiten-Nummer (01) und der Zeilennumerierung (060 bis 150).

Wie den wiedergegebenen Programmkarten in Bild 164 zu entnehmen ist, entspricht der rechte Teil der Umwandlungsliste den Angaben in den Programmkarten. Als Beispiel wurden die Karten der Zeilen 100 und 130 gewählt.

Abschließend noch ein Hinweis über die Bedeutung und den Zweck der sogenannten Makrobefehle: der Programmierer hat bei einzelnen, feststehenden Befehlsfolgen die Möglichkeit, anstelle der ganzen Befehlsgruppe nur einen einzigen Befehl (einen "Makrobefehl") zu

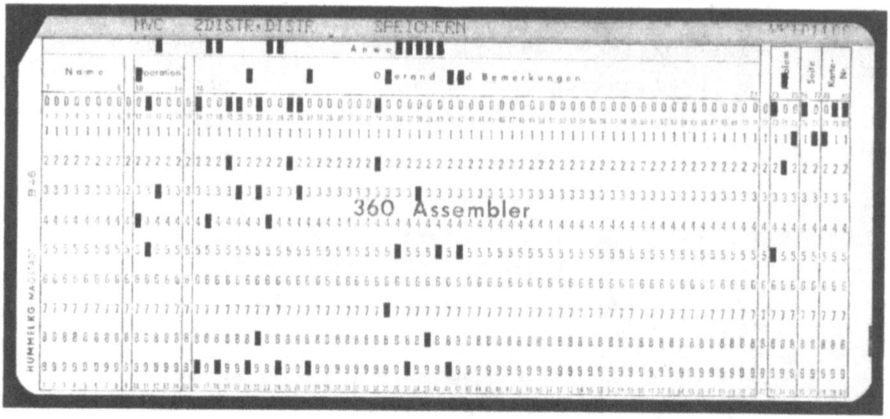

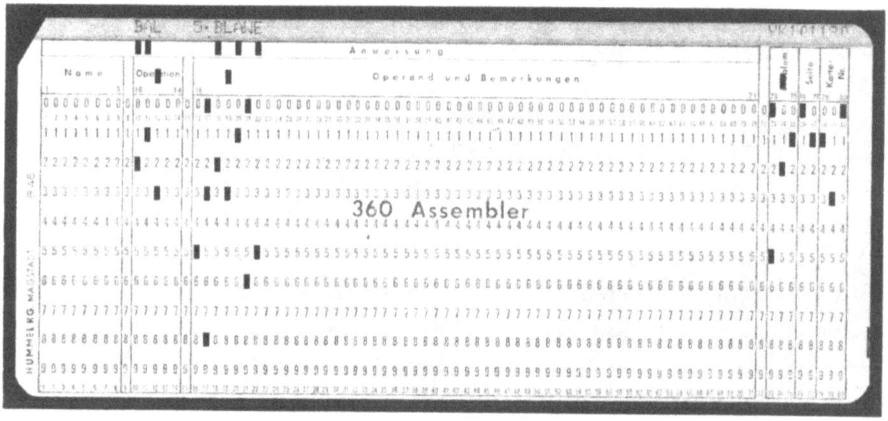

Bild 164: Symbolische Programmkarten des verschlüsselten Beispiels

schreiben. Bei der Umwandlung wird dann dieser Makrobefehl in die erwähnte Befehlsfolge umgewandelt, indem das Umwandlungsprogramm aus der mitgeführten Bibliothek die entsprechende Befehlsgruppe einfügt. Die erste Zeile der Umwandlungsliste zeigt einen solchen Makrobefehl, wobei die symbolische Instruktion "EINS GET KARTE, KARTBER" bedeutet, daß der Inhalt einer Lochkarte in den Kartenbereich des internen Speichers übertragen werden soll. Da der Vorgang des Einlesens einer Lochkarte aus mehreren Einzelschritten besteht, die zu einem Unterprogramm zusammengefaßt sind, berücksichtigt das Umwandlungsprogramm dies durch das Einfügen einer entsprechenden Befehlsgruppe. Der Vorgang ist in der dargestellten Umwandlungsliste zu erkennen, wo das

Umwandlungsprogramm aus dem Makrobefehl in der Zeile 25 die Befehle entsprechend den Zeilen 26 bis 29 hinzugefügt hat. Dem Programmierer wird dieser Vorgang, durch Kennzeichnung mit einem Kreuz bei den aufgelösten Befehlen, angezeigt.

3.235 Programmtest

Selbst bei sorgfältigster Programmverschlüsselung und trotz gewissenhafter Überprüfung der Umwandlungsliste ist es der Regelfall, daß ein Programm nicht frei von Fehlern ist. Auch einem guten Programmierer gelingt es kaum, ein Programm fehlerfrei zu schreiben, es sei denn, daß es sich um ein kleines, sehr einfaches Programm handelt. Im allgemeinen kann davon ausgegangen werden, daß ein Programm nicht ohne Fehler ist und auf jeden Fall durch einen besonderen Programmtest auf der EDV-Anlage geprüft werden muß.

Durch den Programmtest sollen alle Fehler in einem Programm ermittelt werden. Da alle formalen Fehler bereits auf der Umwandlungsliste gekennzeichnet und vom Programmierer bereinigt wurden, kann es sich bei den hier genannten Programmfehlern nur um sachliche Fehler handeln, die die Eingabe, die Verarbeitung und die Ausgabe der Daten betreffen. Wie ausgeführt, weist das Umwandlungsprogramm einen formalen Fehler aus, wenn der Programmierer beispielsweise den Befehl ADD für die Addition nur als AD geschrieben hat. Ist jedoch anstelle der richtigen Addition irrtümlicherweise der Befehl SUB für die Subtraktion eingesetzt, so kann das Programm diesen Fehler bei der Umwandlung nicht erkennen. Ein solcher Fehler wird allein beim Programmtest entdeckt.

Eine Reihe verschiedener Testhilfen, vom Hersteller als Standardprogramme zur Verfügung gestellt, erleichtern dem Programmierer die Testarbeit und damit die

Suche nach Programmfehlern. Wichtig ist vor allem, daß der Programmierer den Programmtest sorgfältig vorbereitet und seine Testunterlagen zusammenstellt.

Als Vorbereitung zum Programmtest hat der Programmierer Testbeispiele zusammenzustellen, die den Geschäftsvorfällen entsprechen, wie sie später in der Praxis mit Hilfe dieses Programms verarbeitet werden sollen. Außerdem hat er darauf zu achten, daß alle Programmzweige und Unterprogramme beim Test durchlaufen werden. Besondere Beachtung ist auch den Grenzfällen zu schenken. Beispielsweise muß der Programmierer darauf achten, daß der erste und der letzte Satz einer Datei oder der kleinste und größte mögliche Wert in der Eingabe und Ausgabe richtig verarbeitet werden. Bei der Zusammenstellung der Testbeispiele kommt es jedoch nicht allein auf den Inhalt der Datensätze selbst, sondern auch auf ihre richtige Reihenfolge an.

Um Zeit und Kosten für die Programmtests in vertretbarer Größe zu halten, ist es wichtig, daß die Anzahl der Testbeispiele nicht zu umfangreich ist. Vor allem aber muß die für den Test benötigte Maschinenzeit immer in einem vernünftigen Verhältnis zur gesamten Programmierungsarbeit stehen. Dies bedeutet, daß der Programmierer zwischen den beiden entgegengesetzten Forderungen (Testen aller Kombinationsmöglichkeiten einerseits und Wirtschaftlichkeit des Programmtests andererseits) immer einen sinnvollen Mittelweg finden muß. Im allgemeinen genügt für die ersten Programmtests eine kleine Anzahl von Testbeispielen, denn erfahrungsgemäß durchlaufen die Beispiele beim ersten Test nur einen Teil des Programms, und das Programm bricht ab, bevor ein Datensatz oder einige wenige Datensätze voll verarbeitet sind. Es wäre unzweckmäßig und unwirtschaftlich, während dieser ersten Tests mit einer größeren Anzahl von Testbeispielen zu arbeiten. Erst wenn das Programm mit ersten einfachen Eingabedaten richtig läuft, wird der Programmierer die anderen Testbeispiele hinzufügen.

Meist wählt der Programmierer die Testbeispiele aus den Daten vorhandener Originalunterlagen aus. Hierbei hat er jedoch darauf zu achten, daß nicht nur normale Geschäftsvorfälle, sondern auch alle abweichenden Grenz- und Ausnahmefälle als Testbeispiele ausgewählt oder erstellt werden. Auch muß er Testdaten wählen, die fehlerhaft sind oder in einer falschen Reihenfolge in die EDV-Anlage einlaufen, wie es später in der Praxis vorkommen kann. Enthält ein Programm Unterprogramme für Fehlerprüfungen, so sollten diese besonders gründlich getestet werden.

Werden nicht allein Lochkarten oder Lochstreifen zur Dateneingabe verwendet, sondern greift das betreffende Programm auch auf Dateien zurück, die auf Magnetbändern oder Magnetplatten gespeichert sind, so müssen diese Testdateien erst mit Hilfe besonderer Programme aufgebaut, das heißt auf Bänder oder Platten übertragen werden; Hersteller von EDV-Anlagen stellen hierzu meist Standardprogramme zur Verfügung. Diese Maßnahmen sind vor allem dann erforderlich, wenn die Programme eines ganzen Programmkomplexes nicht hintereinander in ihrer sachlich richtigen Reihenfolge, sondern unabhängig davon getestet werden. Können die Programme dagegen in der gleichen Reihenfolge getestet werden, wie sie später ablaufen, so kann der Programmierer jeweils auf die Ausgabedateien des vorhergehenden Programms zurückgreifen.

Nach der Auswahl der Testdaten muß der Programmierer sie entsprechend ihrer maschinellen Verarbeitung aufbereiten. Hierzu gehört, daß er die Testdaten in einer Liste zusammenstellt, um sie daraus ablochen zu lassen. Außerdem muß er die Testbeispiele gemäß dem vorgesehenen Programmablauf manuell durchrechnen und die Zwischen- und Endergebnisse festhalten. Auch die Ausgabelisten hat er, den erwarteten Verarbeitungsergebnissen entsprechend, zu beschriften. Bei den einzusetzenden Daten kann er einfache Beispiele wählen, die ihm die Aufbereitung erleichtern. Will er z.B. prüfen, ob das Programm die Rechnung Menge X Preis = Betrag richtig durchführt, so wird er einfache Zahlen (z.B. für die Menge = 100 und für den Preis = 1,00) nehmen. Ist der Rechenvorgang im Programm richtig dargestellt, so rechnet die Maschine komplizierte Werte genauso richtig wie einfache Zahlenangaben. Obwohl in der Praxis die Auswahl und Aufbereitung der Testdaten meist nicht so sorgfältig wie hier beschrieben durchgeführt wird (weil es vielfach an ausreichender Zeit fehlt und die Aufbereitung der Testdaten besonders zeitaufwendig ist), so sollte doch das geschilderte Testverfahren auf jeden Fall angestrebt und für die Mehrzahl der Programme auch durchgeführt werden. Nicht selten liegen die Ursachen für nachträgliche Programmfehler in der schlechten Auswahl und mangelhaften Aufbereitung der Testbeispiele.

Die Testvorbereitung schließt mit dem Zusammenstellen aller benötigten Testunterlagen. Hierzu gehören:

1. alle Programmablaufpläne
2. die letzte, fehlerfreie Umwandlungsliste
3. alle Unterlagen über die Zusammenstellung und Aufbereitung der Testbeispiele
4. eine Beschreibung der Ein- und Ausgabesätze (Lochkartenbilder, Bandsätze, Plattensätze und Listenbilder)
5. die symbolischen Programmkarten (für die spätere Korrektur) und die echten Programmkarten, soweit das Programm nicht auf Magnetband oder Magnetplatten gespeichert ist
6. Steuerkarten für den Testlauf
7. die Eingabe-Dateien der Testbeispiele (Lochkarten, Lochstreifen, Magnetbänder, Magnetplatten)

8. für die Ausgabe von Daten: leere Magnetbänder, Magnetplatten und Lochkarten sowie Druckpapier
9. Bedienungsanleitungen, soweit (was heute die Regel ist) der Programmtest nicht durch den Programmierer selbst, sondern durch den Operator im Rechenzentrum durchgeführt wird.

Bei der Zusammenstellung hat der Programmierer zu beachten, daß die Unterlagen sorgfältig und unmittelbar nach Abschluß der Testvorbereitung verfügbar sind, damit der Test jederzeit beginnen kann. Nur wenn er den genannten Punkten die genügende Bedeutung schenkt und die Unterlagen gewissenhaft ausarbeitet und vollständig bereitstellt, wird es gelingen, den Programmtest reibungslos und erfolgreich durchzuführen. Und nur so ist es möglich, die Testzeit - und damit die Testkosten - zu senken.

Bild 165 zeigt eine Liste von Testdaten für das Programm Verkaufsstatistik "VK001"; auch hier soll wieder an das gewählte Beispiel der Verkaufsstatistik angeknüpft werden. Wie zu erkennen, schreibt der Programmierer die Testbeispiele auf das von ihm entworfene Formular, das gleichzeitig als Ablochbeleg dient; aus diesem Grunde werden die entsprechenden Lochspalten mit angegeben. Alle Testkarten enthalten in den Spalten 1 und 2 die Konstante "V1" gelocht, während die Spalten 3 bis 5 die Distriktnummer, 6 bis 8 die Bezirksnummer, 9 bis 12 die Händlernummer, 13 bis 14 den Typ und 15 die Lochung für das Schiebedach aufnehmen. Die laufende Nummer in der ersten Spalte dient allein als Hinweis und wird nicht mit abgelocht. Das gleiche gilt für die Spalte "Bemerkungen", in der der Programmierer festhält, welche Testkarten er bewußt mit Fehlern versehen hat.

Wie bereits angedeutet, gehen die Rechenzentren mehr und mehr dazu über, die Programme nicht mehr vom Programmierer selbst direkt an der EDV-Anlage testen zu lassen, sondern die Programmtests ohne Hinzuziehung der Programmierer in sogenannten Closed-Shop-Betrieb

KA
V 1
1-2

LFD.-NR.	DISTRIKT	BEZIRK	HAENDLER	TYP	SD	BEMERKUNGEN
	3 – 5	6 – 8	9 – 12	13 – 14	15	
1.	001	001	0100	11	0	
2.	"	"	0200	12	1	
3.	"	"	0300	30	1	Fehler: Typ 30 u. SD = 1
4.	"	003	0150	21	1	
5.	"	"	0250	22	0	
6.	"	005	0250	22	0	
7.	"	"	0300	10	1	Fehler: Typ 10
8.	002	A02	1000	12	1	Fehler: Bezirk A02
9.	"	002	1100	14	1	Fehler: Typ 14
10.	003	050	1300	11	0	
11.	"	060	1300	11	0	
12.	"	070	2000	30	0	

Bild 165: Testdaten für das Programm VK 001

(wie dieses Verfahren mit dem engl. Ausdruck bezeichnet wird) durchzuführen. Hiermit ist gemeint, daß die Programmierer lediglich die Testunterlagen, die für den Testlauf benötigt werden, zusammen mit einer Testanweisung den Operatoren des Rechenzentrums übergeben. Nach dem Test werden die Ergebnisse wieder von den Programmierern zur Auswertung in Empfang genommen.

Das geschilderte Testverfahren setzt voraus, daß die Testvorbereitungen sorgfältig und gewissenhaft vorgenommen werden. Der Erfolg eines Programmtests hängt hauptsächlich von einer ordnungsgemäßen Zusammenstellung der Testunterlagen ab. Zusätzlich zu den Testdaten muß der Programmierer einige Steuerkarten anlegen, die ebenfalls für einen erfolgreichen Testabschluß wichtig sind. Ist nur eine einzige Steuerkarte fehlerhaft, so wird der Test von der Anlage abgebrochen, ohne daß der Programmierer irgendwelche Testergebnisse erhält.

Die Einführung des Closed-Shop-Testbetriebes macht es unmöglich, daß Fehler vom Programmierer direkt an der EDV-Anlage verbessert werden. Hierdurch wird nicht nur kostbare Maschinenzeit gewonnen, sondern Korrekturen und Änderungen werden vom Programmierer auch sorgfältiger durchgeführt, weil sich die eigentliche Prüfung und Korrektur der Testergebnisse von der EDV-Anlage zum Schreibtisch verlagert. Auch wird der Programmierer, ohne dem Zeitdruck des Testens an der Maschine ausgesetzt zu sein, die Testergebnisse intensiver prüfen und die Fehlerberichtigung genauer durchführen. Nach der Prüfung der Ergebnisse und der Fehlerberichtigung stellt er die Unterlagen für einen neuen Testlauf zusammen.

Nur in wenigen Fällen testen die Programmierer auch heute noch unmittelbar an der EDV-Anlage. Ist beispielsweise die eigene Anlage noch nicht installiert, so stellt die betreffende Herstellerfirma Testzeit in einem ihrer Rechenzentren zur Verfügung. Im allgemeinen wird bei diesen Programmtests die EDV-Anlage auch von den Programmierern selbst bedient. Auch nachts, außerhalb der normalen Arbeitszeit, wird die EDV-Anlage häufig den Programmierern zum Testbetrieb zur Verfügung gestellt. Einmal will man durch diese Maßnahme die Operator-Besetzung einer zweiten oder dritten Schicht einsparen, zum anderen ist es ratsam, dem Programmierer von Zeit zu Zeit ein unmittelbares Arbeiten an der Maschine zu ermöglichen. Dies gilt auch für einzelne Programmtests, bei denen ein direkter Maschinentest günstiger erscheint als Testwiederholungen im Closed-Shop-Betrieb. Denn ein gewisser Nachteil des geschilderten normalen Testverfahrens besteht darin, daß ein einziger Fehler, der zum Abbruch des Tests führt, bei einem direkten Programmtest durch Eingriffe des Programmierers behoben und der Programmtest damit fortgesetzt werden kann, während bei der normalen Testmethode der Programmierer oft Stunden oder bis zum nächsten Tag auf eine Wiederholung des Programmtests warten muß. Von diesen

Fällen abgesehen, wird aber im allgemeinen dem Closed-Shop-Betrieb der Vorzug zu geben sein.

Der Testlauf auf der EDV-Anlage beginnt damit, daß der Operator die EDV-Anlage entsprechend der Bedienungsanweisung einrichtet. Hierzu gehört das Einlegen von Magnetplatten, das Aufspannen der Magnetbänder (natürlich nur, soweit die EDV-Anlage mit diesen Speichern ausgerüstet ist) sowie das Einspannen des Druckpapiers und des Vorschubbandes für den Schnelldrucker. Sollen in dem zu testenden Programm Lochkarten gestanzt werden, so wird der Operator Blanko-Lochkarten in das Eingabemagazin des Lochkartenstanzgerätes legen. Außerdem füllt er das Magazin des Kartenlesegerätes mit den Steuerkarten und den Programmkarten (soweit die EDV-Anlage nicht mit Magnetbandgeräten oder Magnetplattenspeichern ausgerüstet ist und das Programm über Bänder oder Platten in den Arbeitsspeicher geladen wird) sowie den eigentlichen Testkarten.

Da die meisten der heute eingesetzten EDV-Anlagen mit Magnetbandgeräten oder Magnetplattenspeichern ausgerüstet sind, wird das Programm bei einer solchen Anlage mit Hilfe des Steuerprogramms in den internen Speicher geladen, und der Programmtest beginnt dann sofort nach dem Laden des Programms. Der Ablauf des Programmtests selbst hängt davon ab, ob das Programm bis zum Schluß durchläuft oder, was bei den ersten Tests meist der Fall ist, wegen vorhandener Fehler nicht bis zum Programmschluß kommt. Stoppt die EDV-Anlage aufgrund eines Programmfehlers, so meldet das Steuerprogramm dem Operator den Grund des Abbruchs mit Hilfe besonderer Fehlerkennzeichnungen, zeigt ihm an, welcher Befehl als nächster ausgeführt werden sollte, und beendet den Programmtest. Jedoch reichen diese Fehlermeldungen in der Regel für den Programmierer nicht aus, um die eigentlichen Fehlerursachen zu erkennen. Aus diesem Grunde wird der Programmierer den Operator immer veranlassen bzw. durch eine entsprechende Steuerangabe selbst dafür zu sorgen, daß bei Abbruch eines Programms ein Speicherabzug (engl. DUMP) ausgedruckt wird. Ein Speicherabzug gibt den Inhalt des Speicherbereichs wieder, in dem das Programm gespeichert ist und informiert den Programmierer über den zum Zeitpunkt des Abbruchs vorhandenen Stand der Zwischenspeicher, der Ein-/Ausgabebereiche usw.

Doch nicht immer bricht ein Programm bei einem Fehler ab, sondern läuft in einer Schleife (engl. LOOP), ohne abzubrechen. Beim LOOP, den der Operator im allgemeinen sehr schnell feststellt, durchläuft das Programm immer dieselben Programmschritte. Er wird die Maschine stoppen und auch in diesem Falle den Ausdruck eines Speicherabzuges veranlassen. Da es jedoch für den Programmierer sehr schwer ist, allein anhand des Speicherabzuges die Schleife festzustellen, aus der das Programm bei seinem Lauf nicht herauskommt, ist es von Vorteil, wenn der Operator am Konsol die Adressen der Befehle festhält, die das Programm immer wieder durchläuft. Diese Möglichkeit ist jedoch nur dann gegeben, wenn die Schleife nicht allzu viele Befehle umfaßt.

Ganz gleich, ob das Programm beim Test durch Abbruch endet oder bis zum Programmschluß läuft, in jedem Falle wird der Programmierer den Operator veranlassen, alle bis zu diesem Zeitpunkt auf Bänder oder Platten ausgegebenen Daten auszudrucken, es sei denn, daß die Ausgabedaten allein in eine Liste gedruckt oder in Karten gestanzt werden sollen. Der Ausdruck der Testbänder und -platten erfolgt mit standardisierten Hilfsprogrammen, die über Steuerkarten geladen werden. Alle Speicherabzüge, Listen, Ausgabelochkarten und Angaben der Konsolschreibmaschine, evtl. mit Bemerkungen des Operators versehen, gehen nach dem Test an den Programmierer. Dieser benutzt die Testunterlagen und die gelieferten Testergebnisse, um jetzt am Schreibtisch die Fehler zu suchen.

Um den Programmierer das Auffinden von Programmfehlern zu erleichtern und Maschinenzeit zu sparen, stellen die

Hersteller den Benutzern Testhilfen zur Verfügung, bei denen es sich um standardmäßige Testprogramme handelt. In den meisten Fällen fügt der Programmierer seinem Programm Steueranweisungen hinzu, die dann die Arbeit der Testhilfsprogramme auslösen. Eine einfache, jedoch äußert wirksame Testhilfe besteht darin, daß bei Auftreten eines Fehlers alle besonders wichtigen Angaben, einschließlich der Adresse des Speicherplatzes, auf dem der fehlerhafte Befehl steht, automatisch ausgedruckt werden. Der Test wird fortgesetzt, und ein Programmabbruch wird auf diese Weise vermieden. Der Vorteil dieses Verfahrens liegt darin, daß bei einem Testdurchlauf nicht sofort abgebrochen wird, sondern mehrere Programmfehler ausgewiesen werden, deren Höchstzahl der Programmierer vorher bestimmen kann.

Im Gegensatz zu den Programmfehlern, die ein Testhilfsprogramm selbst erkennt, gibt es Fehler in der Programmlogik, die allein durch den Programmierer aufgespürt werden können. Während zur ersten Gruppe Fehler gehören, bei denen arithmetische Operationen alphabetische Operanden enthalten oder die Adressen der Operanden ungültig sind, zählt die bereits genannte Vertauschung einer Addition durch einen Subtraktionsbefehl zu den Fehlern in der Programmlogik. Beispielsweise kann der Programmierer die richtige Arbeit seines Programms nur dadurch prüfen, daß er die ausgearbeiteten Testergebnisse mit denen vergleicht, die von der Maschine gewonnen wurden. Anhand des Speicherabzuges wird er feststellen, ob ein Eingabesatz bis zum Zeitpunkt des Abbruchs richtig bearbeitet wurde.

Der Speicherabzug als Wiedergabe des internen Arbeitsspeichers besitzt jedoch einen erheblichen Nachteil, denn er gibt den Speicherinhalt nur zum Zeitpunkt des Abbruchs wieder. Fehler, die nicht bei Abbruch, sondern bereits früher entstanden sind, können vom Programmierer nicht oder nur sehr schwer auf ihre Ursache hin geprüft werden. So sagt der falsche Inhalt eines Zwischenspeichers noch nichts darüber aus, an welcher Stelle des Programms und bei welchem Datensatz dieser Fehler entstanden ist. Schließlich ist auch der Fall denkbar, daß der Inhalt eines Zwischenspeichers zum Zeitpunkt des Abbruchs richtig sein kann, während er vorher falsch war.

Diese Nachteile führten zur Entwicklung sogenannter dynamischer Testmethoden, die es gestatten, die Bearbeitung der Daten im Testprogramm schrittweise und während des Ablaufs zu verfolgen. Auch diese Testhilfen werden aufgrund von Steueranweisungen dem zu testenden Programm hinzugefügt. Der Testvorgang selbst läuft dann in der Weise ab, daß das zu testende Programm von der Testhilfe überwacht und kontrolliert wird.

Die in der Praxis verwendeten dynamischen Testhilfen übernehmen im einzelnen folgende Funktionen:

- den schrittweisen Ausdruck des ablaufenden Programms, wobei Anweisung erteilt werden kann, ob das gesamte Programm oder nur einzelne Unterprogramme bzw. bestimmte Befehlsfolgen auszudrucken sind

- Ausdruck aller Verzweigungsbefehle, die das Programm beim Test wirklich durchläuft

- Ausdruck aller Registerinhalte

- Ausdruck bestimmter Speicherbereiche, beispielsweise der Bereiche für die Ein- und Ausgabe sowie der Zwischenspeicher.

Die dynamischen Testmethoden (dynamisch = nicht auf den Zeitpunkt, sondern auf den Zeitablauf bezogen) bieten dem Programmierer die Möglichkeit, den Weg jedes einzelnen Datensatzes durch das Programm zu verfolgen. Ein gewisser Nachteil liegt jedoch darin, daß der Testlauf mehr Maschinenzeit benötigt. Läßt der Programmierer jeden Befehl des Testlaufes ausdrucken, so wird er eine erhebliche Papiermenge mit Daten erhalten, die er nicht auswerten kann. Aus diesem Grunde kommt es sehr darauf an, daß der Programmierer dynamische Testhilfen richtig handhabt. Er muß gründliche Vorüberlegungen treffen und den Testausdruck für bestimmte Stellen des Programmablaufs setzen. Auf diese Weise kann bei erheblichen Testvorteilen Maschinenzeit gespart werden.

Am Schreibtisch prüft der Programmierer, ob das Programm die erwarteten Ausgaben mit den richtigen Werten und in der richtigen Reihenfolge gedruckt oder in Lochkarten gestanzt hat und ob die Ausdrucke der Speicherdaten auf den Magnetbändern bzw. Magnetplatten den gewünschten Ergebnissen entsprechen. In den meisten Fällen wird das Programm beim ersten Test nicht zum Abschluß gekommen sein. Oftmals werden nicht einmal Ergebnisse ausgedruckt bzw. gespeichert.

Bei der Fehlersuche darf sich der Programmierer nicht allein auf das Auffinden und Berichtigen des Abbruchfehlers beschränken, sondern muß die gelieferten Testunterlagen so weitgehend wie möglich überprüfen, um weitere Fehler aufzuspüren. So sollte der Programmierer kontrollieren, ob die ermittelten Zwischenwerte richtig sind und die Daten eines Eingabesatzes den richtigen Weg durch das Programm genommen haben. Auf diese Weise können Fehler im logischen Ablauf des Programms entdeckt werden, die der Programmierer anderenfalls erst bei einem späteren Test auffindet. Ganz allgemein gilt, daß je genauer und ausführlicher ein Schreibtischtest vorgenommen wird, eine desto geringere Anzahl an Testläufen erforderlich ist.

Hat der Programmierer nun die Programmfehler gefunden, so muß er das Programm berichtigen. Die Berichtigung erfolgt durch entsprechende Änderung und Austausch

der symbolischen Programmkarten: die betreffenden Programmkarten werden korrigiert, es werden Karten eingefügt und fehlerhafte Karten entfernt. Zu beachten ist, daß das Programm nach jeder Berichtigung und vor einem neuen Testlauf erneut umgewandelt werden muß. Von der Möglichkeit, das echte Maschinenprogramm selbst zu ändern und damit einen erneuten Umwandlungslauf zu sparen, wird heute nur selten Gebrauch gemacht.
Der Grund hierfür liegt einmal in der Verwendung problemorientierter Programmsprachen, zum anderen darin, daß anstelle der Verwendung von Programmkarten die Maschinenprogramme auf Magnetbändern oder Magnetplatten gespeichert sind. Hinzu kommt, daß Umwandlungsläufe bei modernen EDV-Anlagen wesentlich schneller ablaufen, als dies früher der Fall war.

Sehr wichtig ist es, daß der Programmierer gleichzeitig mit der Berichtigung des Programms auch die Programmablaufpläne und die anderen Programmunterlagen entsprechend ändert. Versäumt er dies, so kann es vorkommen, daß nach mehreren Testläufen und Änderungen das berichtigte Programm erheblich von den Ablaufplänen und anderen Unterlagen abweicht.

Sind alle Testergebnisse überprüft, die symbolischen Programmkarten und Ablaufpläne berichtigt, stellt der Programmierer die Unterlagen für einen neuen Programmtest zusammen. Unter Umständen muß er neue oder zusätzliche Testbeispiele schaffen, wenn der bisherige Testverlauf dies erfordert. Erst wenn alle Unterlagen auf den neuesten Stand gebracht und zusammengestellt sind, geht das Programm erneut zum Test in das Rechenzentrum.

Der zweite und jeder weitere Test verläuft in der beschriebenen Weise. Ob der Programmierer hierfür die gleichen Methoden wie bei dem ersten Test verwendet, hängt im wesentlichen von den bisher erzielten Testergebnissen und davon ab, ob ein Fehler verhältnismäßig leicht eingekreist und gefunden werden kann.

Hat der Programmierer das Programm mit Hilfe der Testbeispiele so oft und soweit getestet, daß es keine erkennbaren Fehler mehr enthält, folgt der Abschlußtest (oder der Praxistest, wie er meist genannt wird). Der Unterschied zu den vorhergegangenen Testläufen liegt einmal darin, daß die Testbeispiele nicht vom Programmierer selbst ausgearbeitet und zusammengestellt, sondern von der betreffenden Fachabteilung geliefert werden. Auch bei der Überprüfung der Testergebnisse wird zur Kontrolle die Fachabteilung eingeschaltet. Zum anderen benutzt der Programmierer beim Abschlußtest eine größere Anzahl von Beispielen, um den Test den späteren Praxisläufen entsprechend zu gestalten. Hinzu kommt noch, daß beim Abschlußtest nicht nur ein einzelnes Programm getestet wird, sondern alle Programme, die zu dem Programmkomplex gehören. Hierbei will man feststellen, ob die Anschlußpunkte zwischen den Programmen richtig sind und die Ausgabedaten eines Programms in dem sich anschließenden Programm richtig verarbeitet werden. Was bei der Ausarbeitung der Beispiele für die Programmtests festgestellt wurde, gilt auch hier: alle Testdaten dürfen nicht nur den normalen Geschäftsvorfällen entsprechen, sondern müssen auch alle abweichenden Ausnahmefälle enthalten.

Der Abschlußtest dient außerdem dazu, den Operator mit dem Einsatz des neuen Programmkomplexes vertraut zu machen. Gleichzeitig bietet die größere Menge an Testdaten die Möglichkeit zu kontrollieren, ob sich die im Planungszeitraum aufgestellte Berechnung der Programmlaufzeit als richtig erwiesen hat. Der Abschlußtest wird so oft wiederholt, bis ein hohes Maß an Sicherheit besteht, daß das Programm unter allen Bedingungen fehlerfrei arbeitet.

3.236 Programmdokumentation

Die Programmierungsarbeiten enden mit der Ausarbeitung und Zusammenstellung der Programmdokumentation.

Die Programmdokumentation soll sicherstellen, daß bei Programmänderungen und -revisionen aktuelle Unterlagen über den Programmablauf sowie Einzelheiten eines Programms zur Verfügung stehen. Eine ordnungsmäßige Programmdokumentation bedingt ferner, daß die Unterlagen nach jeder Programmänderung umgehend berichtigt werden.

Folgende Unterlagen gehören zur Programmdokumentation:

- Programmvorgabe mit Datenflußplan und Beschreibung der Eingabe-, Ausgabe- und Speicherdaten sowie Verarbeitungsregeln

- Programmablaufplan grob und fein (soweit erforderlich)

- verbale Programmbeschreibung

- Verzeichnis aller verwendeten Standard-Unterprogramme

- Verzeichnis aller Programmtabellen

- symbolisches Quellenprogramm

- Umwandlungsliste

- Objektprogramm (Maschinenprogramm)

- Auflistung der Testdaten und Testergebnisse

- Auflistung der Steuerkarten

- Bedienungsanweisungen.

3.24 Reduzierung der Programmierungsarbeiten

Der erhebliche Zeit- und Kostenaufwand für die Ausarbeitung von Programmen hat zu Überlegungen geführt, diese Arbeiten zu reduzieren. Möglichkeiten einer solchen Reduzierung sind

- die Rationalisierung der Programmierung durch einheitliche Arbeitsanweisungen und Dokumentationsrichtlinien (Programmierer-Handbuch)

- die Verwendung von Standardprogrammen und -unterprogrammen

- der Einsatz von Generatoren und die Anwendung der normierten Programmierungstechnik

- die Benutzung problemorientierter Programmiersprachen

- der Einsatz von Testhilfen

- der Closed-Shop-Testbetrieb

- eine bessere Ausbildung und Überwachung der Programmierer und

- eine bessere Organisation des Programmänderungsdienstes.

3.3 Programmiersprachen

3.31 Übersicht

Eine EDV-Anlage kann eine Aufgabe erst durchführen, nachdem ihr das Programm für diese Aufgabe mitgeteilt wurde, das heißt in den internen Arbeitsspeicher geladen ist. Eine zweite Voraussetzung ist, daß das Programm in der für die eingesetzte Anlage typischen Form (Maschinensprache genannt) vorliegt.

Die Maschinensprache lehnt sich, wie schon aus dem Namen hervorgeht, eng an den Aufbau und die Arbeitsweise einer EDV-Anlage an, die nur "ihre Maschinensprache" versteht. In der Maschinensprache wird mit Ziffern- und Buchstabencodes gearbeitet, und alle Adressen des Arbeitsspeichers müssen mit ihrer genauen Numerierung benannt werden. Damit wird die Maschinensprache als direkte Methode der Programmierung für den Programmierer sehr schwierig, zeitaufwendig und fehleranfällig.

Um den Programmierer nun die Arbeit zu erleichtern, hat man schon seit langem spezielle symbolische Programmiersprachen geschaffen, die der menschlichen Denk- und Arbeitsweise weitaus besser angepaßt sind als eine Maschinensprache. Diese Programmiersprachen werden deshalb als symbolische Sprachen bezeichnet, weil sie anstelle der echten Maschinenbefehle und Speicheradressen mit symbolischen Befehlsschlüsseln und Adreßnamen arbeiten.

Bild 166 zeigt die Unterteilung der Programmiersprachen in Maschinen- und symbolische Sprachen. Die symbolischen Programmiersprachen werden weiter unterteilt in

- maschinenorientierte Symbolsprachen und

- problemorientierte Symbolsprachen (weiter untergliedert in operative und deskriptive Sprachen).

Ein in einer symbolischen Programmiersprache geschriebenes Programm wird als Quellenprogramm, das Maschinenprogramm selbst als Objektprogramm bezeichnet. Jedes

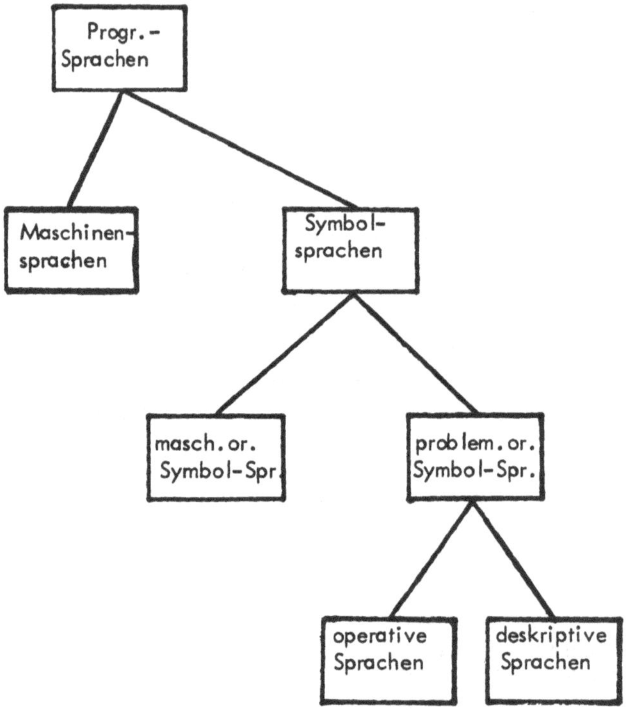

Quellenprogramm:	-	ja	ja	ja
Übersetzungsprogramm:	-	Assembler	Compiler	Generator
Objektprogramm:	ja	ja	ja	ja
Beispiele:	-	ASSEMBLER EASY CODER AUTOCODER	ALGOL FORTRAN COBOL, PL/1 BASIC	RPG LPG

Bild 166: Übersicht Programmiersprachen

Quellenprogramm muß, mit Hilfe eines vom Hersteller der EDV-Anlage zur Verfügung gestellten Umwandlungs- oder Übersetzungsprogramms, in das Objektprogramm übersetzt werden (vgl. Bild 167). Die Übersetzungsprogramme heißen Assembler (für maschinenorientierte Symbolsprachen), Compiler (für operative problemorientierte Symbolsprachen) und Generatoren (für deskriptive problemorientierte Symbolsprachen). Beispiele für maschinenorientierte Symbolsprachen sind

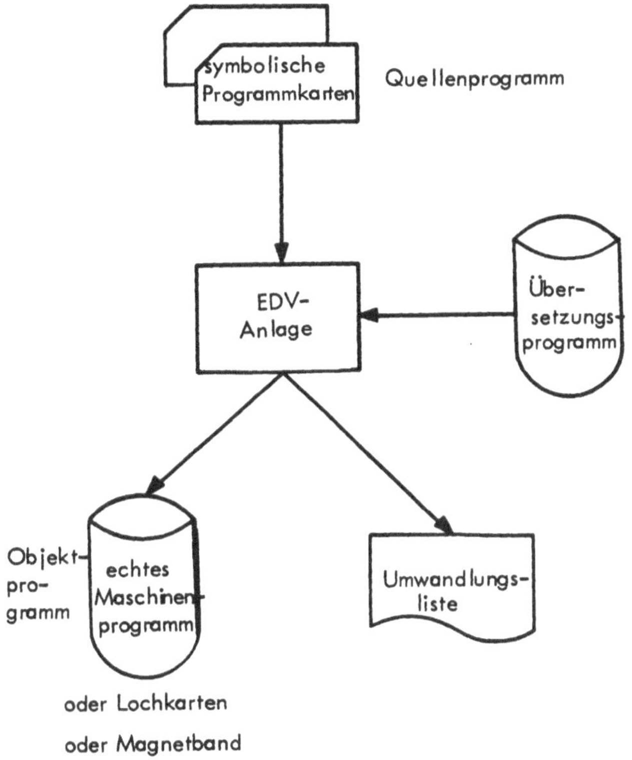

Bild 167: Programmumwandlung

- ASSEMBLER (Gattungsname für maschinenorientierte Symbolsprachen)

- EASYCODER und

- AUTOCODER.

Die bekanntesten operativen problemorientierten Symbolsprachen sind

- ALGOL (engl. ALGOrithmic Language)

- FORTRAN (engl. FORmula TRANslation)

- COBOL (engl. Common Business Oriented Language)

- PL/1 (engl. Programming Language 1) und

- BASIC (engl. Beginners All - Purpose Symbolic Instruction Code).

Als Beispiele für die bekanntesten deskriptiven problemorientierten Symbolsprachen können genannt werden

- RPG (Report Program Generator) und

- LPG (List Program Generator).

3.32 Maschinensprachen

Wie von der Beschreibung des Steuerwerks der Zentraleinheit her bekannt, lösen die Instruktionen oder Befehle eines Maschinenprogramms die elementaren Operationen in der EDV-Anlage aus. Jede Instruktion setzt sich deshalb zusammen aus:

Operationsteil		Adreßteil	
Was?	Wieviel?	Wohin?	Woher?
Operationsschlüssel	Operandenlänge	Adresse 1.Operand	Adresse 2.Operand

Ein Programm besteht bekanntlich aus einer Vielzahl solcher Einzelschritte (Instruktionen). Es wird von einem externen Speicher vor der Durchführung einer Arbeit in den internen Arbeitsspeicher der Zentraleinheit geladen. Von hier aus wird Instruktion nach Instruktion ins Steuerwerk übertragen, dort interpretiert (Interpretationsphase) und anschließend ausgeführt (Durchführungsphase), bevor die nächste Instruktion ins Steuerwerk übertragen und in der gleichen Weise bearbeitet wird.

3.33 Symbolische Programmiersprachen

Die Verwendung symbolischer Programmiersprachen anstelle der echten Maschinensprachen ist sicherer, schneller und einfacher. Anstelle der echten Maschinenbefehle werden mnemotechnische Schlüssel für den Operationscode und symbolische Adressen für die Bezeichnung der Speicherplätze verwendet. Während die Verschlüsselung des Operationscodes vorgeschrieben ist, können die symbolischen Adressen innerhalb bestimmter Einschränkungen frei gewählt werden, sind jedoch am Programmanfang durch Definition festzulegen.

Eine symbolische Programmiersprache, die sich an den Instruktionsaufbau der Maschinensprache anlehnt, gilt als maschinenorientiert. Werden dagegen Symbole verwendet, die sich an die Problemstellung anlehnen, so spricht man von problemorientierten Symbolsprachen.

Maschinenorientierte Programmiersprachen (Assembler)

Die maschinenorientierten Symbolsprachen bilden die unterste Stufe der symbolischen Programmiersprachen. Typisch für diese Gruppe ist, daß der Programmierer die einzelnen Instruktionen zwar in symbolischer Schreibweise, jedoch im allgemeinen "1 : 1" verschlüsselt. Der Ausdruck "1 : 1" besagt, daß er für jede Instruktion im Maschinencode auch eine symbolische Instruktion schreiben muß. Die meisten maschinenorientierten Programmsprachen bieten jedoch die Möglichkeit, einzelne, häufig vorkommende, Befehlsgruppen mit Hilfe eines Makrobefehls aus einer im Übersetzungsprogramm gespeicherten Bibliothek auszuwählen und in das Programm einzufügen. Während also der Programmierer bei der Verschlüsselung in der Symbolsprache nur einen Makrobefehl schreibt, fügt das Übersetzungsprogramm (der Assembler) bei der Umwandlung eine ganze Befehlsgruppe an der betreffenden Stelle ein.

Das Übersetzungsprogramm wandelt jede symbolische in eine echte Maschineninstruktion um. Der Assembler ordnet so beispielsweise der symbolischen Abkürzung ADD (für Addition) den Maschinenbefehl 25 zu. Auch die symbolischen Adressen werden bei der Übersetzung in echte Speicheradressen umgewandelt. Während der Programmierer bei den symbolischen Befehlsschlüsseln die vorgeschriebene Schreibweise des Übersetzungsprogramms berücksichtigen muß, kann er bei den Adressen (innerhalb bestimmter Einschränkungen) selbstgewählte Ausdrücke verwenden. Anstelle des Ausdrucks "maschinenorientierte Symbolsprache" wird in der Praxis meist die Abkürzung Assembler (genauso wie für das Übersetzungsprogramm) benutzt.

Bild 168 zeigt ein kleines Beispiel für die Verschlüsselung im Assembler ohne Benutzung von Makrobefehlen. Wie ersichtlich, ist im linken Teil die Verschlüsselung im Assembler-Code, rechts daneben der echte Maschinencode nach der Programmübersetzung dargestellt. Den symbolischen Befehlsschlüsseln UEB (für Übertragen), MUL (für Multiplikation), ADD (für Addition) und DRU (für Druckoperation) sind die echten Befehlsschlüssel 30, 28, 25 und 32 zugeordnet. Aus den symbolischen Adressen PREIS, MENGE, SUMME, DRUCK, REFELD sind nach der Übersetzung die echten Speicheradressen entstanden, wie sie rechts im Beispiel zu sehen sind. Übrigens wurde im dargestellten Beispiel auf eine Angabe von Längenschlüsseln für die beiden Operanden verzichtet.

Assembler-Code		Übersetzter Maschinen-Code		
1. UEB	PREIS, REFELD	30	0044	4711
2. MUL	MENGE, REFELD	28	0052	4711
3. ADD	REFELD, SUMME	25	4711	5866
4. UEB	REFELD, DRUCK	30	4711	0245
5. DRU	- -	32	-	-

Erläuterungen:

1. Übertrage Preis auf ein Rechenfeld
2. Multipliziere Menge x Preis (im Rechenfeld)
3. Addiere Betrag (= Menge x Preis) zur Rechnungssumme
4. Übertrage Betrag zum Druckausgabespeicher
5. Drucke

Bild 168: Beispiel einer Verschlüsselung im Assembler-Code

Problemorientierte Programmsprachen

Bei der Gruppe der operativen Sprachen wird mit der Programmierung die Struktur, das heißt der Aufbau des Programms im einzelnen festgelegt. Der operative Aufbau kann jedoch vom Programmierer sehr weitgehend bestimmt werden. Zu den operativen Sprachen gehören vornehmlich (vgl. Kapitel 3.31 Übersicht)

- FORTRAN (für technisch-wissenschaftliche Anwendungen)

- ALGOL (zur Lösung mathematischer Probleme geeignet)

- COBOL (besonders für die Lösung kaufmännischer und administrativer Probleme geeignet)

- PL/1 (eine weitgehend universell einsetzbare Programmiersprache) und

- BASIC (als Spezialsprache für die Datenfernverarbeitung).

Bild 169 zeigt eine Gegenüberstellung einer Programmierung im Assembler und in COBOL. Die dargestellte kleine Aufgabe bezieht sich auf die Errechnung des steuerpflichtigen Jahreseinkommens bei der Nettolohnrechnung. Von dem bereits ermittelten Jahreseinkommen sollen der Freibetrag subtrahiert und der Hinzurechnungsbetrag addiert werden, wie es die Lohnsteuerberechnung vorschreibt. Während im normalen Fall der Jahresfreibetrag vom Einkommen subtrahiert und der Jahreshinzurechnungsbetrag addiert werden, erfolgt in allen anderen Fällen die Subtraktion von 12 Monatsfreibeträgen und die Addition von 12 Monatshinzurechnungsbeträgen. In beiden Gruppen errechnet das Programm das steuerpflichtige Jahreseinkommen. Wie aus der Darstellung ersichtlich, hat der Programmierer in der COBOL-Sprache lediglich 3 Programmierungszeilen zu schreiben. Während die Steuerungsmerkmale des COBOL-Programms (hier: IF, ELSE und COMPUTE) meist in englischer Sprache zu schreiben sind, werden die einzelnen Programmerkmale in der Regel mit deutschen Ausdrücken bezeichnet. Es folgt die vergleichsweise Lösung in einer Assembler-Programmiersprache, bei der der Programmierer anstelle von 3 Zeilen in COBOL insgesamt 12 Zeilen zu codieren hat.

Bei den <u>deskriptiven Programmiersprachen</u> hat der Programmierer kaum noch einen Einfluß auf die innere Struktur des Programms. Das Umwandlungsprogramm (der Generator) erzeugt aus bestimmten, vom Programmierer beschriebenen (deskriptiven), Zuständen ein Programm. Die Übersetzungsprogramme deskriptiver Sprachen werden als Programmgeneratoren bezeichnet. Die beiden bekanntesten deskriptiven Sprachen sind RPG und LPG (vgl. Kapitel 3.31 Übersicht).

Bei den deskriptiven Sprachen, die im allgemeinen nur für einfache Programme verwendet werden können, hat

Aufgabe: Errechnung des steuerpflichtigen Jahreseinkommens (Auszug)

Vom bereits errechneten Einkommen sollen der Freibetrag subtrahiert und der Hinzurechnungsbetrag addiert werden.

Falls das laufende Jahr größer ist als 1967 und das Eintrittsjahr des gerade zu verarbeitenden Gehaltsempfängers gleich dem laufenden Jahr, soll folgendermaßen gerechnet werden:

Einkommen ./. 12 x Monatsfreibetrag
+ 12 x Monatshinzurechnungsbetrag = Einkommen (stpfl.)

In allen anderen Fällen ist zu rechnen:

Einkommen ./. Jahresfreibetrag
+ Jahreshinzurechnungsbetrag = Einkommen (stpfl.)

COBOL-Lösung:

```
IF JAHR GREATER 67 AND EINTRITTSJAHR = JAHR
COMPUTE EINKOMMEN = EINKOMMEN-12*(MONFREIBETR-MONHINZU -
                                BETR) ELSE
COMPUTE EINKOMMEN = EINKOMMEN-JAHRESFREIBETR+JAHRESHINZU -
                                BETR
```

Assembler-Lösung:

```
          C       67, JAHR
          BH      *1
*3        S       JFREIB, EINKOM
          A       JHIZUB, EINKOM
          B       *2
*1        C       EINTJR; JAHR
          BU      *3
          MLC     MFREIB, ZWI
          S       MHIZUB, ZWI
          M       12, ZWI
          S       ZWI, EINKOM
*2        ...
```

Bild 169: Gegenüberstellung eines Beispiels in COBOL- und Assembler-Verschlüsselung

der Programmierer auf vorgedruckten Fragebogen die Angaben für die Eingabe, Ausgabe und Verarbeitung in Form von Parametern zu beschreiben. Bei der Übersetzung erzeugt der Generator dann (aus gespeicherten Teilprogrammen) das ganze Programm selbst. Unabdingbare Voraussetzung beim Einsatz eines solchen Programmgenerators ist die Anpassung einer Aufgabe an das vom

Hersteller vorgeschriebene standardisierte Programm. Hieraus folgt, daß Generatoren im allgemeinen nur für einfache kaufmännische Anwendungen verwendet werden können. Beispiele hierfür sind einfache Statistiken, weswegen die Generatoren auch als Report- oder List-Generatoren (im Sinne einer Erzeugung von Listbildern) bezeichnet werden. Ein Vorteil der deskriptiven Programmsprachen ist, daß eine solche Programmiersprache besonders einfach zu erlernen ist. Der Generator übernimmt zu einem großen Teil die Programmierungsarbeit selbst. Generatoren werden vor allem bei kleineren EDV-Anlagen eingesetzt, wobei man davon ausgeht, daß sich diese Maschinen ohnehin nur zur Lösung einfacher Aufgaben eignen.

Bild 170 zeigt Ausschnitte der Bestimmungsblätter, die der Programmierer zur Aufgabenlösung in einer deskriptiven Programmiersprache benutzt. Auf dem Blatt "Dateizuordnung" legt er die Ein- und Ausgabegeräte fest (READER = Leser, PRINTER = Drucker). Für jedes Kartenfeld, das gedruckt werden soll, werden im Eingabe-Bestimmungsblatt ein Name und die Kartenspalte des Feldes eingetragen. Man sieht für die Auftragsnummer die Angabe von Spalte 2 bis Spalte 11 und den Namen "AUFTR". Unter Benutzung der bereits festgelegten Namen wird nun im Bestimmungsblatt die Ausgabe (unterer Teil des Bildes) eingesetzt, wie die Zeilen der Ausgabe-Liste zu drucken sind: die Auftragsnummer wird in den Stellen 5 bis 14 gedruckt (nur die letzte Stelle wird eingetragen, also 14), die Linien 1, 2 und 4 der Ausgabe-Bestimmung enthalten Angaben für den Zeilentransport und den Blattwechsel und in Linie 3 ist der Text der auf jedem Blatt erscheinenden Überschrift angegeben. Anhand der Angaben in diesen Bestimmungsblättern, die dann in Lochkarten übertragen werden, erzeugt der Generator das Programm, also alle Instruktionen, die zur Durchführung der Aufgabe benötigt werden, so beispielsweise alle Lese-, Druck- und Übertragungsbefehle. Die Arbeit des Programmierers beschränkt

Datei-Zuordnung

Linie	Art	Name der Datei	I/O/U/C Ein-/Ausg.-art	P/S/C/T/R Eing.dat.-Best	E Ende der Arbeit	A/D Satzfolge	F/V Feste/var. Satzlänge	Blocklänge	Satzlänge	b/L/R Verarbeitungsform	Länge eines Feldes bei Satzadress-Datei	K/I Art d. Satzadressierung	b/I/D/T Speichergs.form	Zeilenbegrenzanzeiger	Linke Stelle des Schlüsselfeldes (nur bei gebl. Sätzen)	Erweiter.formulare E/L	Eingabe-/Ausgabe-Einheit	Name der Eingabe-/Ausgabe-Einheit	Kennsätze N/S/E/b	Name der Kennsatzroutine des Benutzers	Name der Extent-Routine für direkten Zugriff (DAM)	Bemerkungen
3	6	7	15	16	17	18	19	20	24	28	29	31	32	33	35	39	40	47	53	54	60 65	74
Ø1	F	KARTE	I	P	E		F	8Ø	8Ø								READER					
Ø2	F	LISTE						132	132					OV			PRINTER					
Ø3	F																					

Eingabe-Bestimmungen

Linie	Art	Name der Datei	Reihenfolge	Anzahl 1/N	O = Wahlweise	Bezugszahl/Karte	Spalte	N = Negation	C/D/Z	Zeichen	Spalte	N = Negation	C/D/Z	Zeichen	Spalte	N = Negation	C/D/Z	Zeichen	Ablagefach	P = Gepackte Daten	von Kartenspalte	bis Kartenspalte	davon Dez. Stellen	Name	Gruppenstufe L1 – L9	EK/ZK – Vergleich M1 – M3	Bezugszahl/Karte bei ODER-Eingabe	Plus	Minus (Zone 11)	Null (num.) Blank (alph.)	
3 5	6	7 14	15	17	18	19	23	25	26	27	30	32	33	34	37	39	40	41	42	43	46	50	52	53 58	59	61	63	65	67	69	74
Ø1	I	KARTE	KF			90	1		C	8									2												
Ø2	I																				1	1		KA							
Ø3	I																				2	11		AUFTR							
Ø4	I																				12	13		WOCHE							
Ø5	I																				⋮			⋮							

Bild 170 (1): Generator-Programmierung

Ausgabe-Bestimmungen

Linie (3–5)	Art (Buchstabe O) (6)	Name der Datei (7–14)	Zeile D/T (15)	Ablagefach (16)	ZT vor dem Drucken (17)	ZT nach dem Drucken (18)	Vorschub bis Kanal vor dem Drucken (19)	Vorschub bis Kanal nach dem Drucken (21)	Bedingungen (23–25)	und (26–28)	und (29–31)	Ausgabefeld Name (32–37)	Z = Unterdrück. führ. Nullen (38)	B = Löschen nach Ausgabe (39)	Letzte Stelle im Ausgabebereich (40–43)	P = Gepackte Daten (44)	Konstante oder Schablone (45–70)	(74)
Ø1	O	LISTE	H			3	01		1P									
Ø2	O		OR						0V									
Ø3	O														72		'LISTE BILD 11'	
Ø4	O		D			1			90									
Ø5	O											KA			2			
Ø6	O											AUFTR			14			
Ø7	O											WOCHE			18			
Ø8	O											⋮			⋮			
Ø9	O																	
1Ø	O																	
11	O																	
12	O																	
13	O																	
14	O																	
15	O																	

Bild 170 (2): Generator-Programmierung

sich darauf, die Ein- und Ausgabe sowie die Verarbeitung in den Bestimmungsblättern zu beschreiben.

3.34 Beurteilung der Programmiersprachen

Stellt man die Vor- und Nachteile der

- maschinenorientierten Symbolsprachen (Assembler) und

- problemorientierten Symbolsprachen

einander gegenüber, so läßt sich folgendes feststellen:

- Maschinenorientierte Symbolsprachen besitzen durch ihre größere Maschinennähe den Vorteil der besseren Nutzung der EDV-Anlage. Praktisch wirkt sich dies so aus, daß die entsprechenden Maschinenprogramme im allgemeinen weniger Speicherplatz in der Zentraleinheit belegen und kürzere Laufzeiten aufweisen. Für den Hersteller haben maschinenorientierte Programmiersprachen den Vorteil, daß das Umwandlungsprogramm (das das Quellenprogramm in das Maschinenprogramm umwandelt) wesentlich einfacher zu erstellen ist. Nachteilig ist, daß die maschinennahe Ausrichtung auf einen ganz bestimmten Maschinentyp oder eine Maschinenserie eines Herstellers zugeschnitten ist. Die Programme sind nicht auf Maschinen anderer Hersteller einsetzbar, das heißt der Einsatz maschinenorientierter Sprachen bedeutet für den Benutzer eine ziemlich fest Bindung an den Hersteller der Anlage. Das Erstellen von Programmen in maschinenorientierter Sprache ist zudem schwieriger. Der Programmierer muß technische Kenntnisse über die Maschine besitzen und benötigt eine längere Ausbildungszeit sowie einen größeren Zeitbedarf für Codierung und Test von Programmen in maschinenorientierter Sprache.

- Die Vorteile der problemorientierten Sprachen sind gleichsam die Nachteile maschinenorientierter Programmiersprachen. Aufgrund von allgemein gültigen Standardregeln der problemorientierten Symbolsprachen wird der Benutzer vom Hersteller unabhängig. Ein vorhandenes Quellenprogramm kann mit dem Compiler des Herstellers zu einem Maschinenprogramm für einen bestimmten Computer umgewandelt werden. Problemorientierte Sprachen sind zudem leichter erlernbar. Das Schreiben von Programmen in diesen Sprachen ist einfacher und geht schneller. Darüber hinaus sind bei problemorientierten Sprachen die Fehleranfälligkeit geringer, der Testaufwand niedriger, die maschinelle Programmbeschreibung in der Umwandlungsliste besser und die Programmpflege und der Änderungsdienst einfacher. Nachteile problemorientierter Sprachen bestehen weitgehend in einer Umkehrung der Vorteile maschinenorientierter Sprachen: in problemorientierten Sprachen geschriebene Programme belegen im allgemeinen mehr Speicherplatz und die übersetzten Maschinenprogramme brauchen längere Laufzeiten. Da aber aufgrund verbesserter Produktionstechniken die Arbeitsspeicher der EDV-Anlagen heute relativ billig sind und zudem die internen Verarbeitungszeiten immer kürzer werden, verlieren diese Nachteile zunehmend an Bedeutung. Sofern eine Maschine eine bestimmte Größenordnung besitzt (Kapazität des internen Arbeitsspeichers von mehr als 64 KB sowie Anschluß von mindestens 2 Magnetplattenspeichern und/oder Magnetbandgeräten) dürfte es für den Benutzer langfristig von Vorteil sein, anstelle der maschinenorientierte Programmsprache eine problemorientierte Sprache (im allgemeinen COBOL oder PL/1) zu verwenden. Wie bereits anfangs darauf hingewiesen, werden deskriptive Sprachen, also Programmgeneratoren wie RPG und LPG, im allgemeinen nur bei kleineren EDV-Anlagen und für einfachere Aufgaben verwendet.

Die folgende Tabelle stammt aus einem Untersuchungsbericht des Betriebswirtschaftlichen Instituts für Organisation und Automation (BIFOA) an der Universität zu Köln und zeigt in übersichtlicher Form den Zusammenhang zwischen Programmiersprache und Auswirkungen auf Programmierzeit, Programmlaufzeit und Speicherbedarf:

Progr.-Sprache / Auswirkung	Assembler	RPG	COBOL	PL/1
1. Programmierzeit	100 %	99 %	44 %	24 %
2. Laufzeit	100 %	379 %	154 %	250 %
3. Speicherbedarf	100 %	107 %	152 %	181 %

3.4 Betriebssysteme

3.41 Übersicht

Als Betriebssystem (engl. operating system) bezeichnen wir denjenigen Teil der Software, der den Betrieb einer EDV-Anlage steuert und ihre Bedienung und Programmierung unterstützt. Es bildet mit der Hardware eine Einheit und wird vom Hersteller der Anlage dem Benutzer zur Verfügung gestellt.

Ein Betriebssystem besteht aus dem Steuerprogramm, das der Steuerung des Betriebsablaufs dient, und dem Komplex der Arbeitsprogramme, unterteilt nach Dienst-,

Übersetzungs- und Anwendungsprogrammen. Die Arbeitsprogramme haben folgende Funktionen:

- Unterstützung des Bedienungspersonals

- Vereinfachung der Programmierungsarbeiten durch Standard-Dienst- und -Anwendungsprogramme

- Verbesserung der Programmierungsarbeiten durch Verwendung symbolische Programmiersprachen (und Benutzung von Übersetzungsprogrammen).

Durch die Arbeitsprogramme werden die Bedienung der EDV-Anlage und die Programmierung erheblich verbessert, erleichtert und vereinfacht.

Während des Betriebs einer EDV-Anlage befindet sich das gesamte Betriebssystem auf einem externen Speicher (Magnetplatte oder Magnetband), der sogenannten Systemresidenz. Nur der Teil des Steuerprogramms, der den Betriebsablauf und die Programmabwicklung steuert, ist ständig im Arbeitsspeicher untergebracht. Die restlichen Teile des Steuerprogramms und die Arbeitsprogramme werden bei Bedarf aufgerufen und jeweils vom externen Speicher in den internen Arbeitsspeicher geladen und dort kurzzeitig gespeichert. Bild 171 zeigt eine Übersicht über den Inhalt eines Betriebssystems.

In Abhängigkeit von der Größenordnung und Ausrüstung der EDV-Anlage sowie von der Betriebsart stehen dem Benutzer im allgemeinen mehrere Betriebssysteme zur Auswahl zur Verfügung. Er hat jedoch darauf zu achten, daß Ausrüstung und Kapazität (Größe des Arbeitsspeichers) der EDV-Anlage den Anforderungen des Betriebssystems, insbesondere des Steuerprogramms, genügen. Außerdem muß er prüfen, ob das betreffende Betriebssystem auch die geplante Betriebsart unterstützt, da multiprogramming,

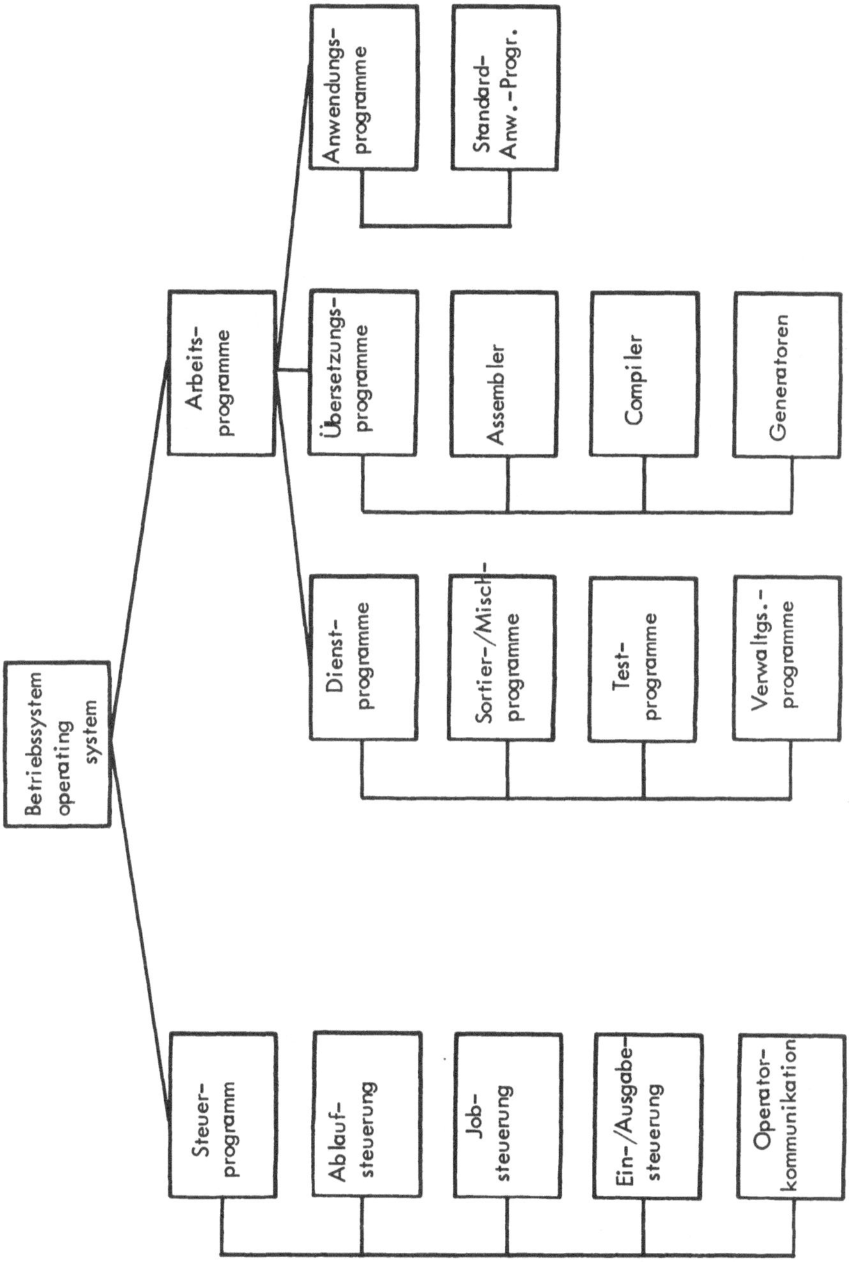

Bild 171: Übersicht Betriebssystem

time sharing oder real-time processing ausschließlich mit Hilfe des Betriebssystems realisiert werden.

3.42 Das Steuerprogramm

Das Steuerprogramm eines Betriebssystems hat vier Funktionen zu erfüllen:

- die Ablaufsteuerung (engl. task-management)

- die Jobsteuerung (engl. job-management)

- die Ein-/Ausgabesteuerung (engl. data-management) und

- die Steuerung der Kommunikation mit dem Operator.

Die für die einzelnen Steuerungsarten bestimmten Teile des Steuerprogramms heißen

- Ablaufprogramm (engl. supervisor)

- Jobsteuerungsprogramm (engl. jobscheduler)

- Ein-/Ausgabesteuerungsprogramm (engl. i/o-routines) und

- Bedienungsprogramm (engl. masterscheduler).

Der supervisor steuert und kontrolliert den Arbeitsablauf der einzelnen Aufgaben in der EDV-Anlage.
Er ist, als Kern und Hauptbestandteil des Betriebssystems, ständig im Arbeitsspeicher der Zentraleinheit untergebracht. Im einzelnen erfüllt er folgende Funktionen:

- Erkennen und Bearbeiten von Programmunterbrechungen, Operator-Unterbrechungen, Hardware-Störungen und multiprogramming

- Steuerung der Ein- und Ausgabevorgänge

- Zuordnung der benötigten Systemkomponenten (Rechenwerk, Arbeitsspeicher, Kanäle, periphere Geräte, Programme, Dateien)

- Ladefunktionen, das heißt Einlesen des für die Durchführung einer task benötigten Arbeitsprogramms

- Startfunktion, das heißt Starten eines Arbeitsprogramms.

Der jobscheduler bereitet die Jobsteueranweisungen für das System vor, das heißt er steuert das Laden und Starten eines sogenannten jobs, unterteilt in:

- Lesen der Job-Steuerkarten

- Speichern der Job-Steueranweisungen in Tabellen

- Initialisieren der einzelnen jobsteps, das heißt Übergabe eines jobsteps an den supervisor, womit der jobstep zur task wird und

- Beenden eines jobs aufgrund von Steuerzeichen aus dem supervisor.

Ein job ist eine in sich geschlossene Aufgabe, die auf der EDV-Anlage abgewickelt werden soll. In der Regel besteht ein job aus mehreren jobsteps, das heißt aus verschiedenen Programmen, die zu einer Aufgabe gehören. Um den jobscheduler über Einzelheiten der Jobsteuerung informieren zu können, werden vor Beginn des Jobablaufs bestimmte Steueranweisungen mit Hilfe von Job-Steuerkarten in den Arbeitsspeicher geladen.

Das Programm für die Ein-/Ausgabesteuerung (die i/o-routines ; i = input, o = output) verwaltet die Datenbestände auf den externen Speichern und übernimmt die Steuerung des Datenverkehrs zwischen Zentraleinheit und den peripheren Geräten. Im einzelnen gehören folgende Aufgaben zur Ein- und Ausgabesteuerung:

- Verwaltung der auf externen Speichern aufbewahrten Datenbestände und Programme

- Übertragung der Daten zwischen dem Arbeitsspeicher der Zentraleinheit und den peripheren Geräten und

- Behandlung von Fehlern und Unterbrechungen, die aufgrund der Datenübertragung anfallen.

Der masterscheduler schließlich steuert die Kommunikation zwischen Operator und EDV-Anlage. Mit Hilfe des masterschedulers kann der Operator Anweisungen an das Betriebssystem geben, und umgekehrt erhält er über den masterscheduler Informationen für manuelle Steuerungsanweisungen.

Bild 172 zeigt den Zusammenhang zwischen Hardware und Software bei der Ablaufsteuerung.

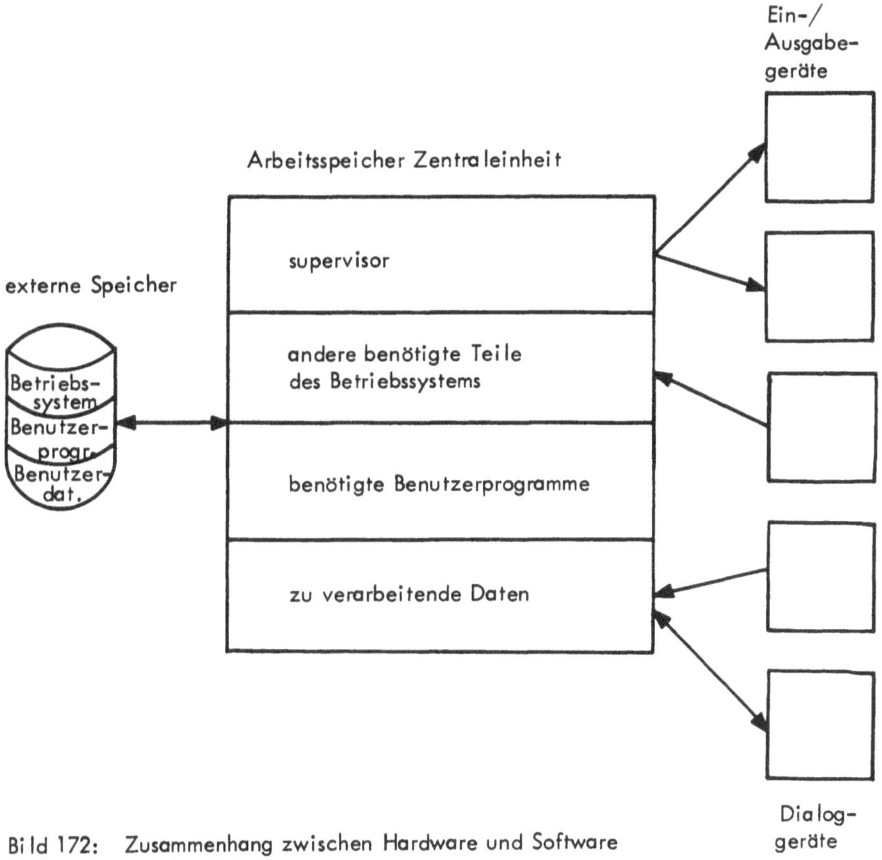

Bild 172: Zusammenhang zwischen Hardware und Software bei der Ablaufsteuerung

3.43 Die Arbeitsprogramme

Wie aus Bild 171 hervorgeht, werden die Arbeitsprogramme eines Betriebssystems unterteilt in

- Dienstprogramme
- Übersetzungsprogramme und
- Anwendungsprogramme.

Zu den Dienstprogrammen gehören alle Arbeitsprogramme, die nahezu jeder Benutzer verwenden kann, die jedoch nicht für ganz bestimmte anwendungsbezogene Arbeiten dienen. Beispiele für Dienstprogramme sind

- Sortier- und Mischprogramme
- Programme für die Übernahme von einem auf einen anderen Datenträger
- Testhilfsprogramme und
- Datenverwaltungsprogramme.

Übersetzungsprogramme haben die Aufgabe, die vom Programmierer in symbolischer Schreibweise erstellten Programme in die echte Maschinensprache zu übersetzen, das heißt die Quellen- in die Objektprogramme umzuwandeln. Die Übersetzungsprogramme sind als Objektprogramme innerhalb der Systemresidenz gespeichert und können mit Hilfe von Job-Steuerkarten in den Arbeitsspeicher geladen und von dort gestartet werden. Üblicherweise haben größere Betriebssysteme Übersetzungsprogramme für ASSEMBLER, ALGOL, FORTRAN, COBOL, PL/1 und RPG oder LPG.

Anwendungsprogramme sind praktisch identisch mit Standard-Benutzerprogrammen, nur daß sie vom Hersteller der EDV-Anlage innerhalb seiner Betriebssysteme als Service für den Benutzer zur Verfügung gestellt werden. Beispiele für solche Anwendungsprogramme sind die Errechnung der Nettolohnsteuer, Materialbedarfs- und Materialbestellrechnungen und die Auflösung von Stücklisten. Ein Programmkatalog des jeweiligen Herstellers gibt Auskunft über die vorhandenen Anwendungsprogramme und die hierfür (bei einzelnen Herstellern üblichen) berechneten Kauf- oder Mietkosten.

4. Orgware

4.1 Einführung und Übersicht

Neben den maschinentechnischen (Hardware-) und den programmtechnischen (Software-) Einrichtungen dient die Orgware, ein in jüngster Zeit aufgekommener Begriff, dazu, alle organisatorischen Verfahrenstechniken und Hilfsmittel für die Projektumstellung und -abwicklung bereitzustellen. Vom Stand der Orgware hängt es mit ab, mit welcher Wirksamkeit die Hardware und Software genutzt werden und wie produktiv und wirtschaftlich eine EDV-Abteilung arbeitet. Bild 173 zeigt eine Übersicht über die Teilgebiete der Orgware.

Wie aus Bild 174 hervorgeht, wird die Projektumstellung, also die Planung und Übernahme eines Arbeitsgebietes auf die EDV, unterteilt in

- die Voruntersuchung
  (= Kurzuntersuchung mit dem Ziel, die Umstellung freizugeben)

- die Projektsteuerung
  (= Planung, Überwachung und Kontrolle der Projektrealisierung)

- die Projektrealisierung
  (= Durchführung der Umstellung) und

- den Änderungsdienst
  (= Änderung von umgestellten Systemen und Programmen).

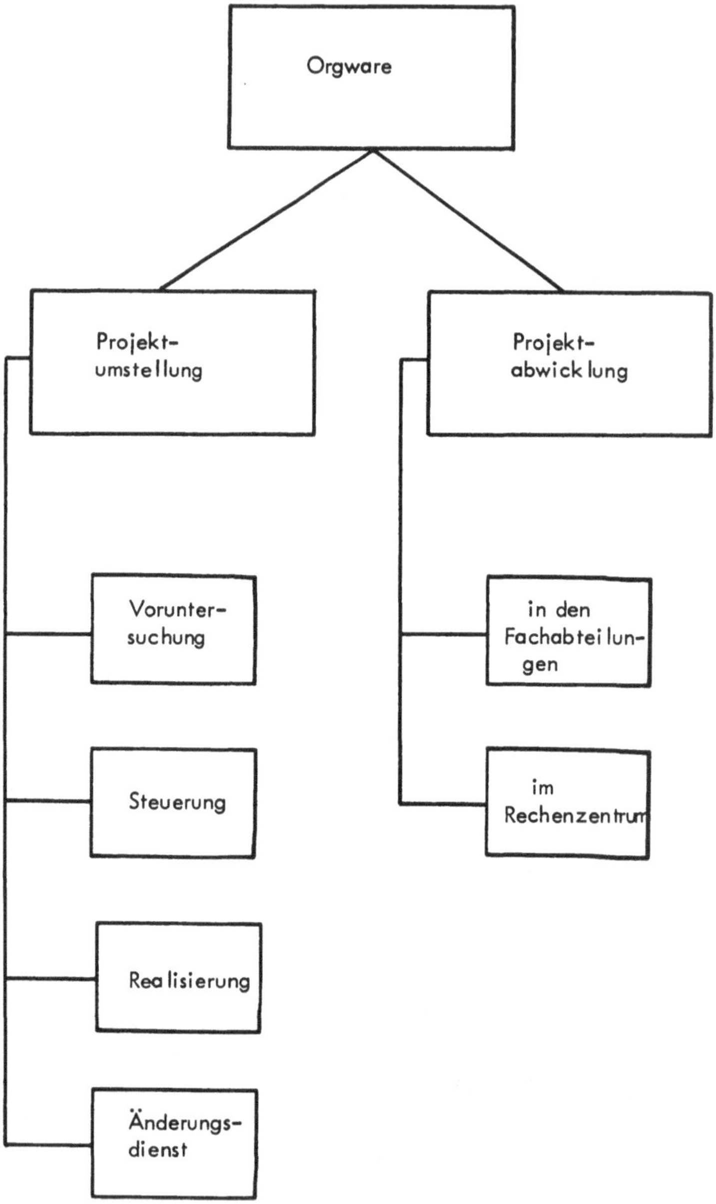

Bild 173: Übersicht Orgware

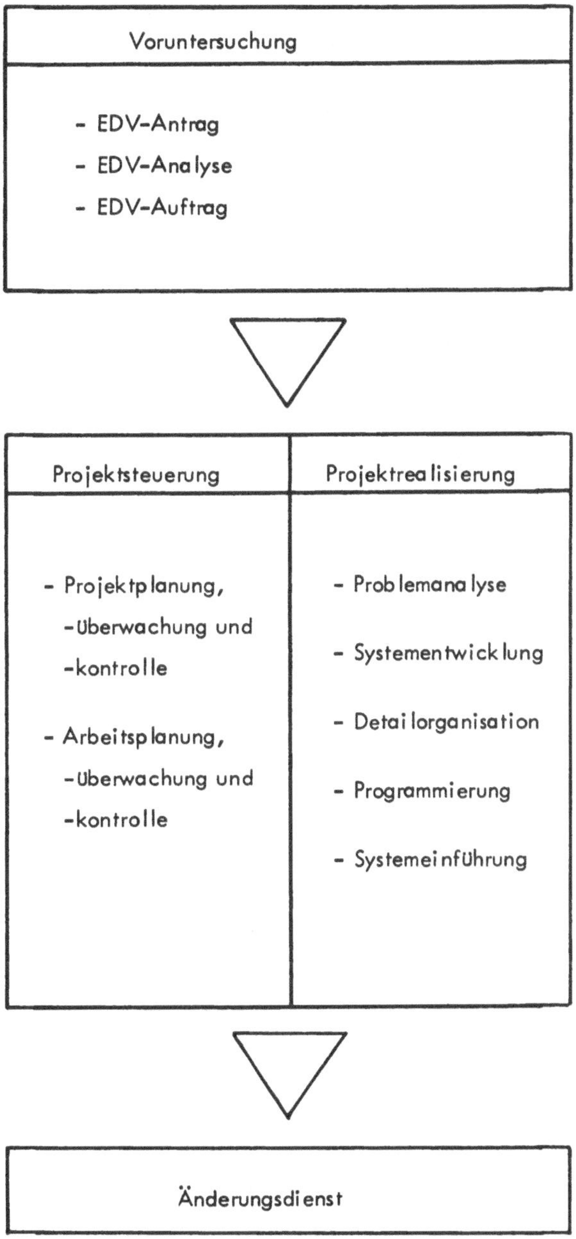

Bild 174: Übersicht Projektumstellung

Die Orgware für die Projektabwicklung, also für die Abwicklung der umgestellten Arbeitsgebiete, umfaßt die Verfahrenstechniken und Hilfsmittel für den Ablauf in Fachabteilungen und Rechenzentrum.

4.2 Orgware für die Projektumstellung

4.21 Voruntersuchung

4.211 Der EDV-Antrag

Sinn und Zweck der Voruntersuchung ist es, zu untersuchen und festzustellen,

- ob die Umstellung eines Arbeitsgebietes auf die EDV notwendig, sinnvoll und wirksam ist

- welcher ungefähre Aufwand mit der Umstellung verbunden sein wird

- wann die Umstellung voraussichtlich abgeschlossen sein wird und

- mit welchem Aufwand (vor allem im Rechenzentrum) nach der Umstellung zu rechnen ist.

Üblicherweise wird die Voruntersuchung durch einen EDV-Antrag ausgelöst, den irgendeine Stelle im Unternehmen, vorzugsweise die betreffende Fachabteilung, stellt.
Ein EDV-Antrag sollte auch für den Fall formuliert werden, daß bereits eine langfristige Umstellungsplanung (ein Rahmenkonzept) vorliegt, aufgrund derer dann zu gegebener Zeit ein bestimmtes Arbeitsgebiet umgestellt werden soll. EDV-Anträge werden zweckmäßigerweise an eine neutrale Stelle im Unternehmen, also nicht an

die EDV-Abteilung selbst, gerichtet; infrage kommen hier entweder ein EDV-Ausschuß oder die Betriebsorganisation. Diese Stelle nimmt dann zunächst eine Grobprüfung vor und veranlaßt für den Fall, daß eine Erfolgsaussicht in der Umstellung besteht, die Durchführung einer EDV-Analyse, in der Praxis auch Kurzuntersuchung genannt. Es sei angemerkt, daß sich der genannte EDV-Ausschuß aus Mitarbeitern verschiedener Stellen im Unternehmen (Betriebsorganisation, Fachabteilungen, EDV-Abteilung, Revision) zusammensetzen sollte. Seine Funktionen sind im allgemeinen:

- Entscheidung über EDV-Anträge
- Vergabe von Aufträgen für EDV-Analysen
- Entscheidungsvorbereitung für die Vergabe von EDV-Aufträgen für Umstellungen
- Koordination von EDV-Aufgaben
- Festlegung von Umstellungsprioritäten und
- Einschaltung bei Differenzen zwischen EDV-Abteilung und Fachabteilungen.

4.212 Die EDV-Analyse

Bei der EDV-Analyse handelt es sich um eine Kurzuntersuchung, die folgende Tatbestände und Daten untersuchen bzw. ermitteln soll:

1. Welches sind die Hauptmerkmale, Probleme und Engpässe des gegenwärtigen Verfahrens?
2. Welche ersten Vorstellungen bestehen für die Lösung der künftigen Abwicklung über die EDV?

3. Wie hoch werden die Umstellungskosten geschätzt?

4. Mit welchen laufenden Einsparungen bzw. Mehrkosten muß nach der Umstellung gerechnet werden?

5. Welche sonstigen Vor- und Nachteile sind mit der Umstellung verbunden?

6. Bis zu welchem Termin muß oder soll das betreffende Arbeitsgebiet umgestellt sein?

7. Können die EDV-Abteilung und die betreffenden Fachabteilungen aureichendes und geeignetes Personal für die Umstellung bereitstellen?

8. Kann der laufende Personal- und Maschinenaufwand nach der Umstellung in Fachabteilungen und Rechenzentrum bewältigt werden?

9. Welche benachbarten Fachabteilungen werden von der Umstellung betroffen, und sind die Belange dieser Abteilungen ausreichend berücksichtigt?

10. Sind alle anderen Rationalisierungsmöglichkeiten (herkömmliche Verfahren, der Einsatz von Standard-Software usw.) geprüft und ausgeschöpft?

Eine EDV-Anlage kann einige Tage, aber auch wenige Wochen dauern. Im allgemeinen hängt der Zeitaufwand vom Umfang und Schwierigkeitsgrad des betreffenden Arbeitsgebietes sowie von der Anzahl und Qualifikation der Untersuchungspersonen ab. In der Praxis hat es sich bewährt, daß die EDV-Anlayse durch ein Team aus Mitarbeitern der betreffenden Fachabteilungen, der Betriebsorganisation und der EDV-Abteilung durchgeführt wird. Hierbei empfiehlt es sich, die Anzahl der Untersuchungspersonen und auch den Zeitaufwand für die Untersuchung zu begrenzen. Zwischen 2 und 5 Untersuchungspersonen und 2 und 10 Mannwochen liegen die durchschnittlichen Erfahrungswerte für die Durchführung von EDV-Analysen.

Das Ergebnis der EDV-Analyse wird auf einem Formular dokumentiert. Das Formular enthält zunächst ein Grobkonzept der vorgeschlagenen Lösung, ergänzt um die erwarteten Einsparungen und Vorteile sowie um die geschätzten Kosten für den einmaligen Umstellungsaufwand. Die Dokumentation schließt mit einer Stellungnahme der Untersuchungsteams sowie den Empfehlungen der betroffenen Fachabteilungen und der EDV-Abteilung.

4.213 Der EDV-Auftrag

Die Voruntersuchung schließt mit der Erteilung des Umstellungsauftrages (EDV-Auftrag) an die EDV-Abteilung, soweit die EDV-Analyse zu einem positiven Ergebnis im Hinblick auf die Umstellung des betreffenden Arbeitsgebietes geführt hat. Die Auftragserteilung sollte schriftlich erfolgen und, zumindest innerhalb von Toleranzen, verbindlich sein; hierzu kann dasselbe Formular benutzt werden, das zur Dokumentation der EDV-Analyse dient. Festzulegen ist das Datum der Auftragserteilung, der vorgesehene Fertigstellungstermin, die Priorität für die Umstellung des Projekts und der Berichtszeitraum, mit dem der EDV-Leiter der auftraggebenden Fachabteilung Bericht über Stand, Fortschritt und Schwierigkeiten der Projektrealisierung erstattet. Für die Termine, den Zeitaufwand und die Kosten der Projektrealisierung sollten Toleranzen genannt sein, die bei der Umstellung nicht überschritten werden dürfen. Mit dem EDV-Auftrag wird der Leiter der EDV-Abteilung ermächtigt, das geplante Projekt entsprechend den Angaben und Richtwerten auf dem EDV-Auftrag, verbunden mit den Ergebnissen der EDV-Analyse, umzustellen. Bild 175 zeigt den Gesamtablauf der Voruntersuchung in schaubildlicher Darstellung.

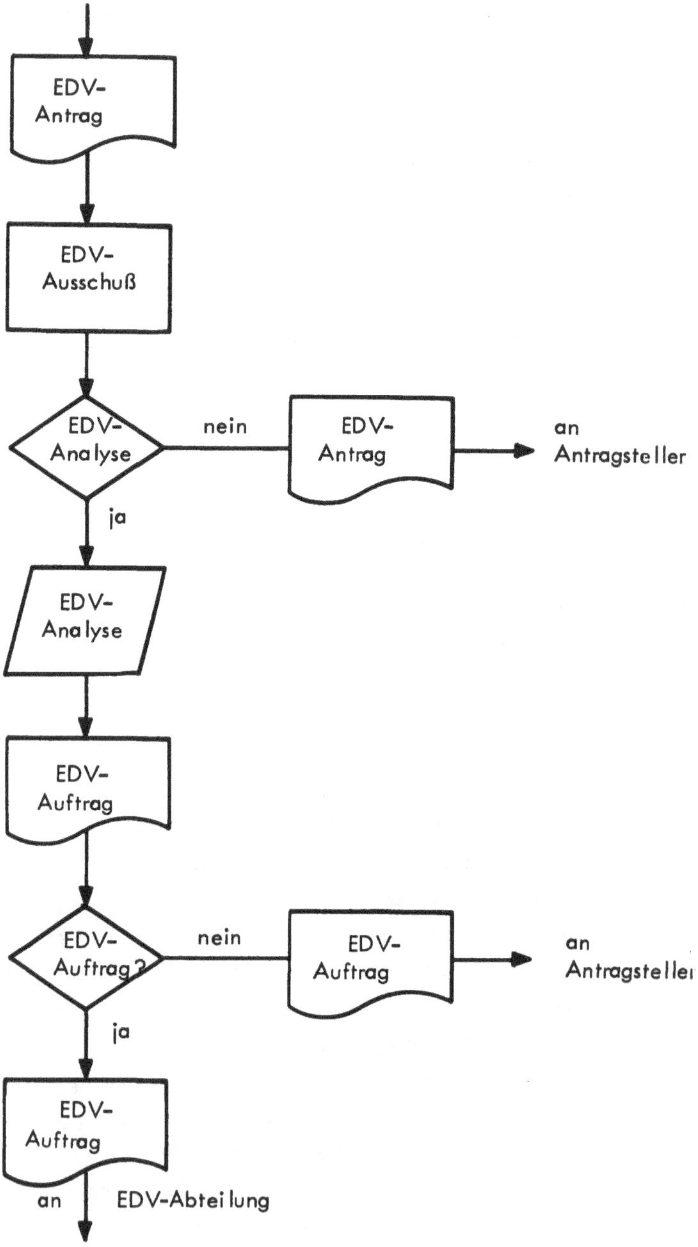

Bild 175: Arbeitsablauf Voruntersuchung

4.22 Projektsteuerung

4.221 Projektplanung, -überwachung und -kontrolle

Aus dem der EDV-Abteilung erteilten EDV-Auftrag leitet sich die Projektplanung, Projektüberwachung und Projektkontrolle als erste Stufe der Projektsteuerung ab.
Sie dient dazu, die Projektrealisierung in allen Stufen und Tätigkeiten zu planen, zu überwachen und zu kontrollieren. Üblicherweise informiert sich der EDV-Leiter einmal wöchentlich oder monatlich über Stand und Fortschritt der Projektrealisierung.

Vom Umfang eines Projektes und dem Umstellungstermin hängt es hauptsächlich ab, ob der EDV-Leiter die Umstellung auf ein oder mehrere Projektteams verteilt.
In den meisten Fällen wird ein einziges Projektteam genügen. Wie viele Mitarbeiter ein Projektteam umfaßt, wird durch den Umfang und Schwierigkeitsgrad des Projektes sowie durch die verfügbare Zeit bestimmt.
Von großem Vorteil ist es, wenn dem Projektteam nicht nur EDV-Organisatoren und Programmierer, sondern auch Mitarbeiter der betreffenden Fachabteilungen und der Betriebsorganisation angehören.

Der Auftrag zur Umstellung eines Projektes innerhalb der EDV-Abteilung wird mit Hilfe des Formulars "Projektauftrag" erteilt. Dieses Formular nimmt die geschätzten Angaben über Termine, Zeitaufwand und Umstellungskosten auf, unterteilt nach Soll-Angaben und erreichten Ist-Werten. Nach Abschluß einer Projektstufe wird dann die Ist-Summe des Zeit- und Kostenaufwandes errechnet und die Abweichung zu den Soll-Angaben vermerkt.
Die Plandaten auf dem Projektauftrag werden normalerweise in Mannwochen (beim EDV-Auftrag in Mannmonaten) vorgegeben. Liegen die Ist-Werte bei der Projektfortschreibung außerhalb der im EDV-Auftrag festgelegten Toleranzen und können sie im gesamten Projektverlauf nicht mehr ausgeglichen werden, so müssen die Ansätze

im EDV-Auftrag nachträglich geändert oder zusätzliche Maßnahmen zur Erreichung des Projektzieles getroffen werden.

4.222 Arbeitsplanung, -überwachung und -kontrolle

Unmittelbar vor Beginn der einzelnen Projektstufen erhält jeder Projektmitarbeiter einen Arbeitsauftrag. Im Gegensatz zur Projektplanung werden bei der Planung der Arbeitsaufträge die Soll-Daten nicht aus dem übergeordneten Projektauftrag abgeleitet, sondern je Projektstufe und Projekttätigkeit einzeln geschätzt. Zum Schätzen dienen einmal die dokumentierten Ergebnisse der vorhergehenden Projektstufe (Beispiel: die Programmvorgaben aus der Detailorganisation für die Schätzung des Programmierzeitaufwandes), zum anderen analytische Zeitschätzverfahren, unterschiedlich für EDV-Organisation und Programmierung. Der geschätzte Zeitaufwand und die daraus unter Berücksichtigung von Urlaub, Weiterbildung und voraussehbarem Arbeitsausfall ermittelten Anfangs- und Endtermine müssen mit den entsprechenden Daten des Projektauftrages abgestimmt werden. Auch hier gilt wieder, daß geeignete Maßnahmen zu ergreifen sind, wenn die Werte im Arbeitsauftrag außerhalb der Toleranzen des Projektauftrages liegen und nicht in einer anderen Stufe aufgefangen werden können.

Der Arbeitsauftrag enthält die einzelnen Tätigkeiten, die vom betreffenden Mitarbeiter für die aufgeführte Projektstufe durchzuführen sind. Die Tätigkeiten selbst werden aus einem Tätigkeitenkatalog abgeleitet, der die üblichen Tätigkeiten je Projektstufe enthält. Aufgrund der Zeitschätzung wird dann je Tätigkeit oder Tätigkeitsgruppe der geschätzte Zeitaufwand (üblicherweise in Manntagen, seltener in Mannwochen) einschließlich der Anfangs- und Endtermine eingetragen.

Je Kalenderwoche und bezogen auf einen Arbeitsauftrag hat der Projektmitarbeiter einen Arbeitsbericht auszufüllen. Die Angaben im Arbeitsbericht beziehen sich ausschließlich auf das betreffende Umstellungsprojekt. Es ist nicht ratsam, auch die projektunabhängigen Zeiten (Krankheit, Arztbesuch, Betriebsversammlungen usw.) aufzuschreiben, weil es hier ausschließlich um die Projektüberwachung, nicht dagegen um eine Mitarbeiterkontrolle geht. Bei Unterbrechung einer Tätigkeit, beispielsweise am Wochenende, dokumentiert der Mitarbeiter im Arbeitsbericht, welchen Zeitaufwand er selbst noch für den Rest der Tätigkeitserledigung veranschlagt.

Bild 176 zeigt den Arbeitsablauf der Projektsteuerung.

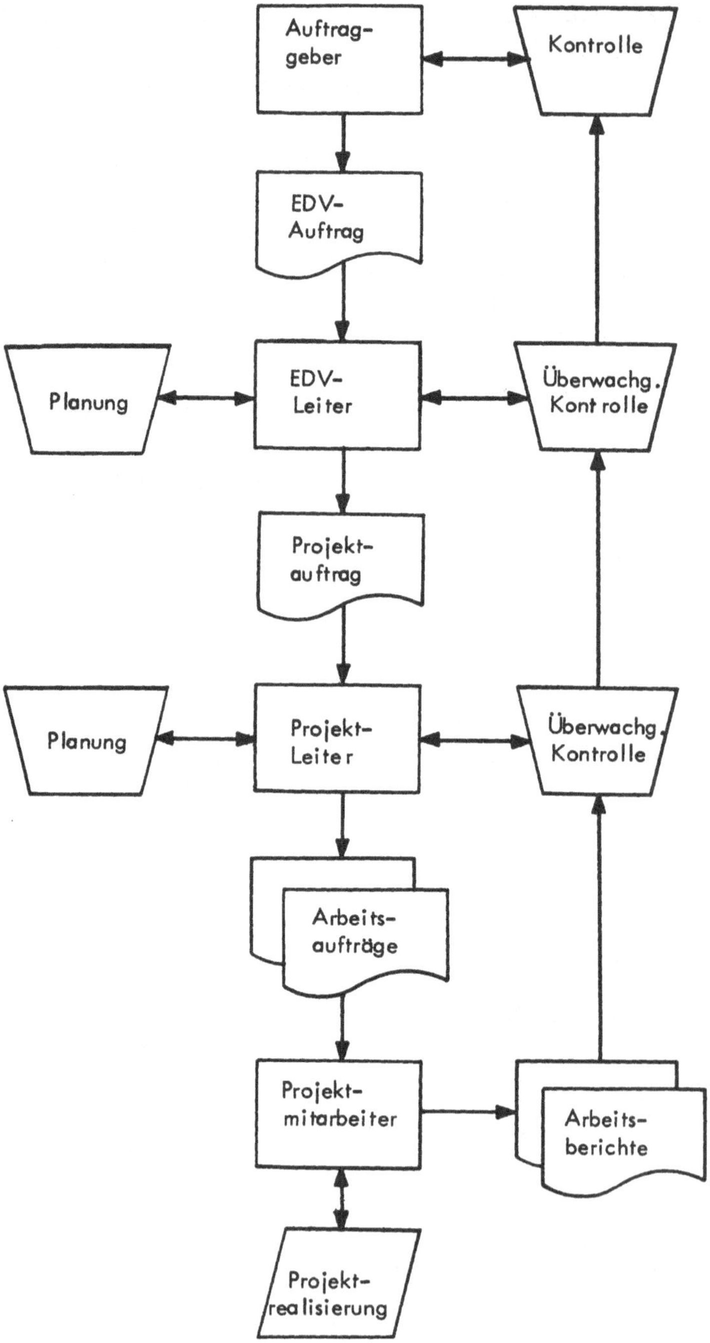

Bild 176: Arbeitsablauf Projektsteuerung

4.23 Projektrealisierung

4.231 Problemanalyse

Die Realisierung eines EDV-Projekts sollte immer systematisch, unterteilt nach Projektstufen, und mit Ausarbeitung einer Dokumentation je Projektstufe erfolgen. Die fünf Projektstufen sind die

- Problemanalyse
  (Ermitteln der Tatbestände, Pläne und Anforderungen)

- Systementwicklung
  (Entwurf der Konzeption)

- Detailorganisation
  (Ausarbeitung der organisatorischen und programmtechnischen Details)

- Programmierung
  (Erstellen der benötigten Programme) und

- Systemeinführung
  (Übergabe und Einführung des umgestellten Systems).

Die Problemanalyse ist der erste Schritt bei der Umstellung eines Arbeitsgebietes auf die EDV. Denn bevor die neue EDV-Konzeption entwickelt werden kann, müssen alle sachlichen Tatbestände des betreffenden Arbeitsgebietes, alle geplanten Änderungen und alle Anforderungen an das neue System ermittelt und festgelegt werden.

Der Ablauf der Problemanalyse erfolgt in den üblichen Phasen Planung, Durchführung und Kontrolle. Zu den Planungs- und Vorbereitungsarbeiten gehören

- das Festlegen der zu untersuchenden Stellen

- die Bestimmung der Untersuchungsmethoden
- die Planung der Untersuchungstermine und
- das Vorbereiten der Analysebogen für die Bestandsaufnahme.

Die zu untersuchenden Stellen sind in erster Linie die von der Umstellung betroffenen Fachabteilungen. Darüber hinaus müssen aber auch die benachbarten Fachabteilungen in die Untersuchung einbezogen werden, von denen Belege und Informationen kommen bzw. an die Belege und Informationen gehen. Was die Untersuchungsmethoden angeht, so kann nicht generell entschieden werden, welche Methode für den Einzelfall zu bevorzugen ist. Im allgemeinen wählt der EDV-Organisator jedoch bei der Untersuchung von Arbeitsläufen für die EDV-Umstellung eine Kombination von Interview-Methode (Befragung der innerhalb des Arbeitsablaufes tätigen Personen) und Round-Table-Gespräch (abschließende Überprüfung der Untersuchungsergebnisse durch ein Gespräch innerhalb einer größeren Gruppe). Bei der Festlegung der Untersuchungstermine ist vor allem auf die richtige Reihenfolge der Untersuchungen und auf den benötigten Zeitaufwand zu achten. Die wichtigste und zugleich aufwendigste Arbeit innerhalb der Planung für die Problemanalyse ist das Vorbereiten der Analysebogen. Analysebogen sind Frage-/Antwortbogen und dienen als bewährtes Hilfsmittel für die Aufnahme von Tatbeständen und Merkmalen. Bevor also die Aufnahme und Untersuchung der Tatbestände, Pläne und Erwartungen beginnen kann, bereitet sich der EDV-Organisator auf diese Arbeit in der Weise vor, daß er prüft, welche der im jeweiligen Standard-Analysebogen aufgeführten Fragen für seinen Anwendungsfall zutreffen und ob er weitere Fragen hinzufügen muß. Während der Ermittlung trägt er die durch Befragung, Prüfung, Messung usw. ermittelten Ergebnisse als Antworten in den Analysebogen ein. Soweit sich später während der Untersuchung weitere Fragen ergeben, muß er diese dem Bogen hinzufügen.

Jedes Organisationssystem läßt sich in die beiden Merkmale Strukturorganisation (Stellengliederung) und Ablauforganisation (zeitlicher Ablauf der Arbeitsgänge einschließlich der verwendeten Hilfsmittel) zerlegen. Beide Teilgebiete müssen bei der EDV-Umstellung eines Arbeitsgebietes untersucht werden, wobei der Ablauforganisation naturgemäß die Hauptbedeutung zukommt, weil den EDV-Organisator in erster Linie die Einzelheiten des Datenflusses und Arbeitsablaufs unabhängig von der bestehenden Strukturorganisation interessieren. Erst danach sind die Merkmale der Stellengliederung zu berücksichtigen, wobei zu ermitteln ist, wer welche Daten und Belege erhält, Daten bearbeitet und Auswertungen bekommt.

Dementsprechend muß sich der Untersuchungsgegenstand der Problemanalyse vornehmlich auf das Was, also auf die Tatbestände und die geplanten oder erwarteten Änderungen, und weniger auf das Wie, das sind die Methoden des gegenwärtigen Arbeitsablaufs, erstrecken. Deshalb stehen im Vordergrund der Untersuchung die Datenmengen, ihr zeitlicher Anfall, ihre Bearbeitungsregeln und ihre Informationsauswertung, wie sie für die Gestaltung des neuen Systems zu berücksichtigen sind. Die gegenwärtig praktizierten Arbeitsmethoden sind nur insoweit zu untersuchen, als sie zu Erkenntnissen hinsichtlich der Tatbestände beitragen können.

Die Tatbestände des Ist-Zustands und die erwarteten Änderungen und Pläne sind durch die Formulierung von Anforderungen zu ergänzen, die an das neue System gestellt werden. Hierbei handelt es sich sowohl um außerbetriebliche Anforderungen (Gesetze, Vorschriften, Tarife usw.) als auch um betriebliche Anforderungen von Seiten der Fachabteilungen und der EDV-Abteilung. Alle Anforderungen müssen auf ihre technische Durchführbarkeit, ihre Zweckmäßigkeit und ihre Wirtschaftlichkeit hin überprüft werden und dürfen nicht Illusionen entsprechen. Die bei der Durchführung der Problemanalyse ermittelten Ergebnisse werden schließlich, getrennt für die Struktur- und Ablauforganisation, auf verschiedenen Formularen dokumentiert. Diese Stufendokumentation dient dann als Ausgangspunkt für den Entwurf der Soll-Konzeption. Bild 177 zeigt den Arbeitsablauf der Problemanalyse.

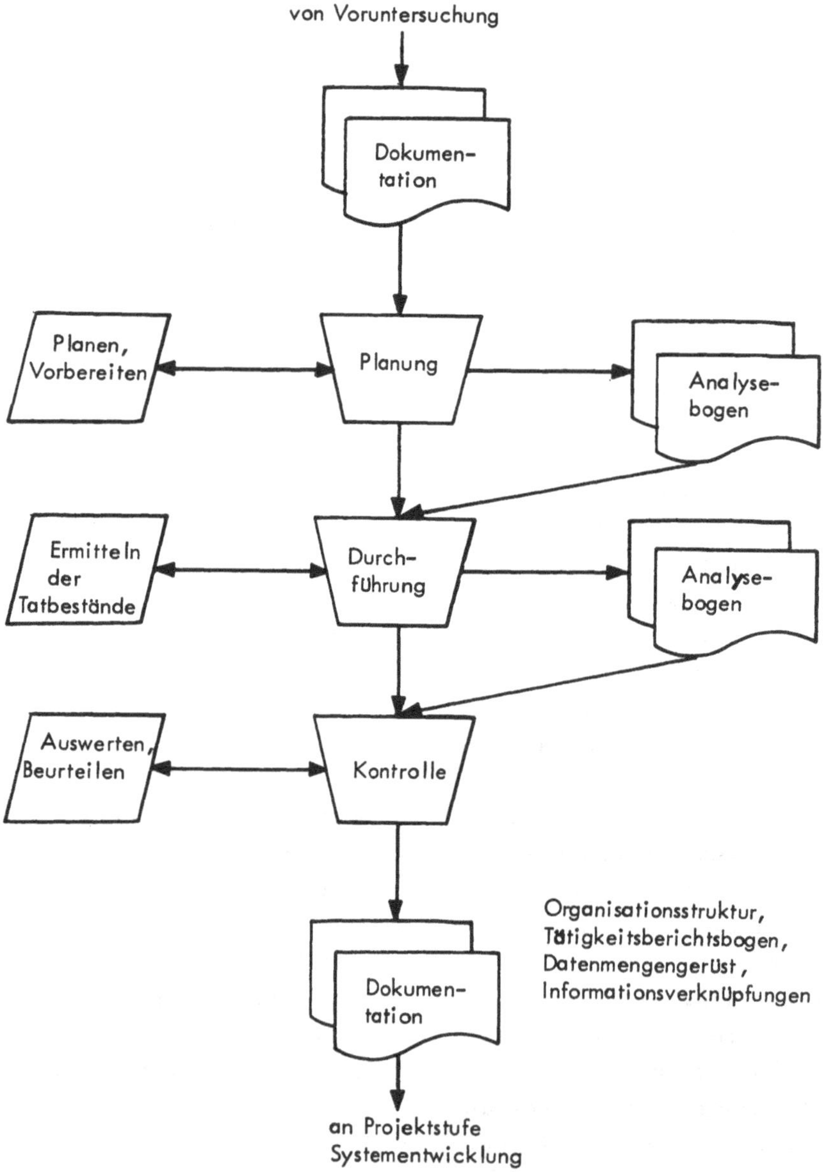

Bild 177: Arbeitsablauf Problemanalyse

4.232 Systementwicklung

Die Systementwicklung muß heute als der wichtigste und zugleich schwierigste Schritt der Projektrealisierung angesehen werden. Sie steht im Mittelpunkt der gesamten Umstellungsarbeiten. Während die Problemanalyse Tatbestände, Änderungen und Anforderungen für die Entwicklung des neuen Systems ermittelt und festlegt, dienen die der Systementwicklung nachgelagerten Stufen der Detailorganisation und Programmierung lediglich dazu, das entwickelte System organisatorisch und programmtechnisch zu übersetzen. Die Bedeutung der Systementwicklung ist auch daran zu messen, daß hier nicht nur die zukünftige EDV-Konzeption entwickelt wird, sondern vor allem die betriebswirtschaftlichen, organisatorischen Grundlagen des neuen Systems überprüft und ggfs. geändert werden. Es muß daher als Grundsatz jeder EDV-Umstellung gelten, daß zunächst eine klare und moderne sachlich-organisatorische Konzeption vorliegt, bevor die EDV-Lösung selbst entwickelt und in Programme übersetzt wird.

Wie auch in den folgenden Projektstufen, so wird immer als erster Schritt mit der Analyse der Ergebnisse aus der vorangegangenen Projektstufe begonnen. Für das Beispiel der Systementwicklung bedeutet dies, daß vor Entwicklung des neuen Systems die Ergebnisse der Problemanalyse erfaßt und kritisch überprüft werden müssen. Im Anschluß daran sind dann als nächstes Vorstellungen für die Gestaltung des neuen Systems zu entwickeln.

Bevor das neue EDV-System entworfen und die neue Soll-Konzeption festgelegt werden, ist das sachlich-organisatorische Konzept zu überprüfen. Hiermit sind die betriebswirtschaftlichen oder technischen und die organisatorischen Merkmale des neuen EDV-Systems gemeint. So ist beispielsweise zu bestimmen, nach welchem Verfahren die Kostenrechnung (Vollkosten- oder Deckungsbeitragsrechnung) arbeiten soll, wer welche Informationen erhalten muß und in welchen Zeiträumen Daten zu verarbeiten und Informationen bereitzustellen sind. Erst wenn alle sachlich-organisatorischen Merkmale festgelegt sind, erfolgt die Entwicklung des neuen EDV-Systems, dargestellt im Datenflußplan.

Für die schaubildliche Darstellung von Datenflußplänen werden bestimmte Sinnbilder (Symbole) verwendet, die in eine Schablone gestanzt sind. Die Sinnbilder kennzeichnen die Belege, den Datenfluß, die Arbeitsgänge sowie die verwendeten technischen Hilfsmittel.
Der Fachnormenausschuß Informationsverarbeitung (FNI) im Deutschen Normenausschuß hat laut DIN-Anweisung 66001 die Sinnbilder für Datenflußpläne vereinheitlicht. Außer dem Datenflußplan (grob; arbeitsablaufmäßig, nicht programmtechnisch orientiert) werden die Eingabe-, Ausgabe- und Speicherdaten sowie die Verarbeitungsregeln festgelegt. Im Gegensatz zur Detailorganisation erfolgt die Festlegung der Eingabe-, Ausgabe- und Speicherdaten sowie Verarbeitungsregeln nur von ihrem Inhalt her, nicht dagegen mit allen organisatorischen Einzelheiten. Die Detaillierung dieser Vorschriften ist der Detailorganisation mit der Ausarbeitung der Programmvorgaben vorbehalten.

Zu Vollständigkeit der Systementwicklung gehört die Kontrolle der entworfenen Konzeption. Denn bevor die zeit- und kostenaufwendige Übersetzung des neuen Systems durch die Detailorganisation und Programmierung beginnen kann, muß sichergestellt sein, daß die neue Konzeption hinsichtlich ihres sachlich-organisatorischen Aufbaus und ihrer EDV-Lösung voll den Vorstellungen entspricht und sich technisch und wirtschaftlich verwirklichen läßt.Wird diese Überprüfung nicht vorgenommen, so muß mit späteren Änderungen oder Ergänzungen der Konzeption gerechnet werden, die während der Detailorganisation oder gar der Programmierung mit außerordentlichem Zeit- und Kostenaufwand verbunden sein können. Die Kontrolle der Systemwicklung besteht im einzelnen darin, daß noch einmal geprüft wird, ob alle Tatbestände, Änderungen, Pläne und Anforderungen im neuen System berücksichtigt sind. Die endgültige Kontrolle muß unbedingt in Zusammenarbeit zwischen dem Projektteam und den betroffenen Fachabteilungen erfolgen. Hierzu eignet sich eine Präsentation des entwickelten Systems, bei der alle Beteiligten mit dem System vertraut gemacht werden und darüber entscheiden müssen, ob das Projekt endgültig in der vorgeschlagenen oder einer variierten Form realisiert werden soll.

Bild 178 zeigt den Arbeitsablauf der Projektstufe Systementwicklung.

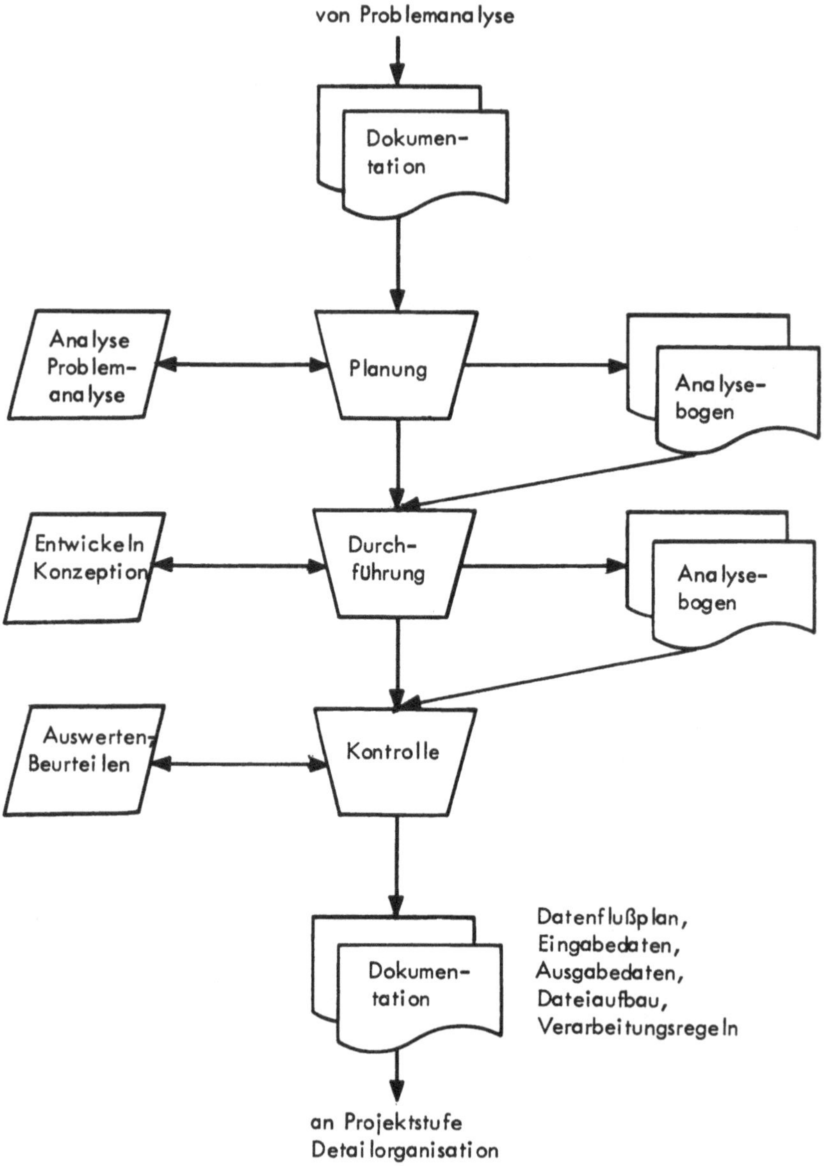

Bild 178: Arbeitsablauf Systementwicklung

4.233 Detailorganisation

Arbeitsablauf Detailorganisation

Während die Projektstufen Problemanalyse und Systementwicklung der Ermittlung der problemorientierten Tatbestände und dem Aufbau der neuen Systemkonzeption dienen, beginnt mit der Detailorganisation die Umsetzung des entwickelten Systems in organisatorische Einzelheiten, gefolgt von der Programmierung, in der dann schließlich die einzelnen Programme in der gewählten Programmiersprache erstellt werden. Planung, Durchführung und Kontrolle der Detailorganisation erstrecken sich auf den detaillierten Datenfluß, die Festlegung aller Einzelheiten für die Eingabe, Speicherung, Verarbeitung und Ausgabe und die Zusammenstellung der Unterlagen für die Programmvorgaben. Bild 179 zeigt den Arbeitsablauf der Detailorganisation in schaubildlicher Darstellung. Auch die Detailorganisation beginnt zunächst mit der Analyse der Arbeitsergebnisse aus der Vorstufe, also der Systementwicklung. Der Grob-Datenfluß muß erfaßt und analysiert und die ausgearbeitete Soll-Organisation in organisatorische Einzelheiten zerlegt und überprüft werden. Der zweite Schritt der Planungsarbeiten besteht darin, die Ergebnisse der Problemanalyse, allerdings nur schwerpunktmäßig, zu ergänzen und zu vertiefen. Da es innerhalb der Detailorganisation darum geht, jedes Datenfeld und jede einzelne Verarbeitungsregel auszuarbeiten und darzustellen, ist es in der Regel unumgänglich, daß einzelne Tatbestände des Ist-Zustandes noch einmal gründlich untersucht werden. Die Ergebnisse dieser vertieften Problemanalyse gehen dann in die Darstellung der Eingabesätze, Datei- und Satzaufbauten, Verarbeitungsregeln und Listbilder ein.

Die Detailorganisation besteht aus der Entwicklung und Darstellung des Fein-Datenflusses und der Ausarbeitung und Dokumentation der organisatorischen Einzelheiten von Eingabe, Speicherung, Verarbeitung

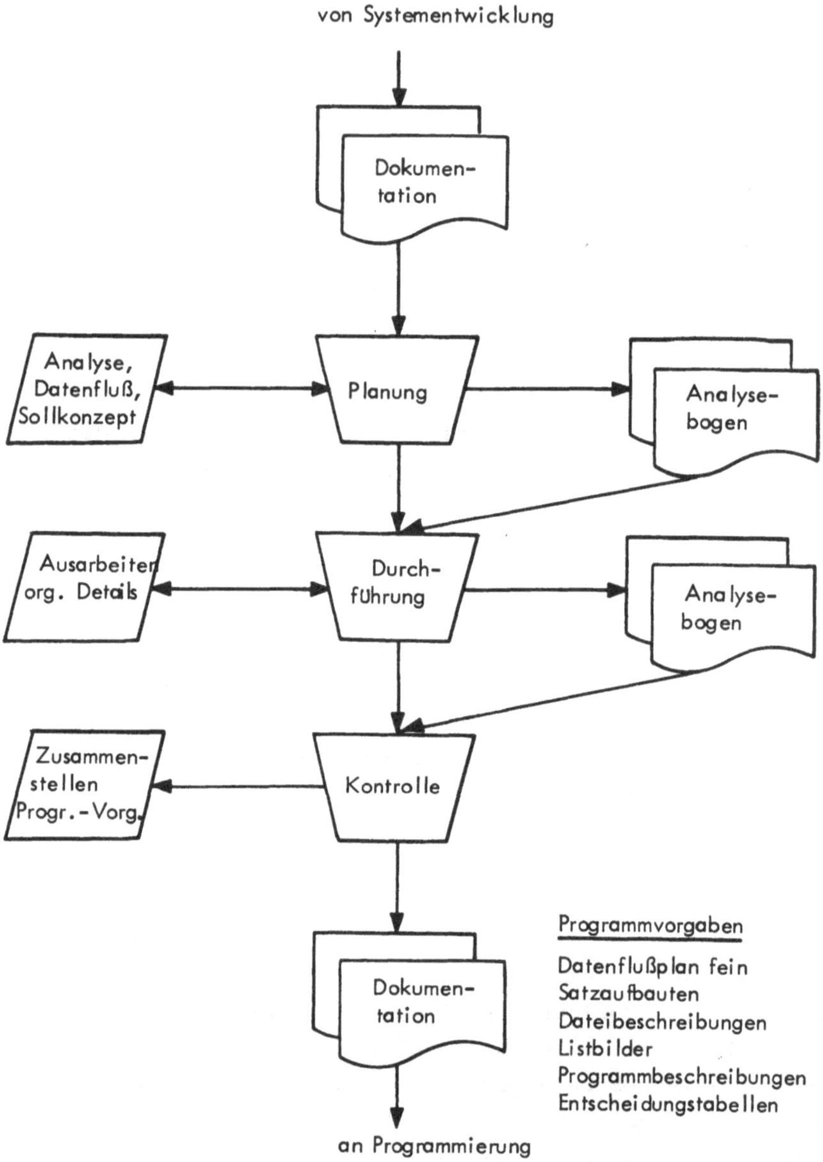

Bild 179: Arbeitsablauf Detailorganisation

und Ausgabe. Der Fein-Datenfluß unterscheidet sich vom Grob-Datenfluß der Systementwicklung dadurch, daß er jeden einzelnen organisatorischen Schritt enthält und nicht nur sachlich-organisatorisch, sondern vor allem programmtechnisch ausgerichtet ist, weswegen der Fein-Datenflußplan auch als Programmfolgeplan bezeichnet wird, weil er alle Programme des betreffenden Arbeitsgebietes in ihrer Reihenfolge aufzeichnet.

Die Ausarbeitung und Dokumentation der organisatorischen Einzelheiten des neuen Systems erstrecken sich auf

- jeden Datensatz
- jede Datei
- jeden Beleg
- jeden Listen- und Formularaufbau und
- jede Verarbeitungsregel.

Die Detailorganisation wird mit der Kontrolle der ausgearbeiteten Details und der Zusammenstellung der Programmvorgaben beendet, die sich im wesentlichen auf die Frage erstreckt, ob alle Verarbeitungsschritte und Datensätze mit allen Einzelheiten erfaßt und dargestellt wurden. Es empfiehlt sich, die Kontrolle mit Unterstützung von Teamkollegen bzw. Mitarbeitern der betreffenden Fachabteilung vorzunehmen. Die Programmvorgaben werden anhand des Fein-Datenflußplans für jedes einzelne Programm zusammengestellt und umfassen jeweils eine verbale Programmbeschreibung, einen Satzaufbau je Datensatz, einen Dateiaufbau je Datei, ein Listbild je Ausgabeliste und möglicherweise eine Entscheidungstabelle je Verarbeitungskomplex.

Ausarbeitung des Fein-Datenflußplans

Schaubildliche Darstellungen mit Hilfe genormter Sinnbilder eignen sich in vorzüglicher Weise dazu,

- dem einzelnen einen Überblick über den Arbeitsablauf zu vermitteln und ihm die Überprüfung zu ermöglichen und

- innerhalb einer Gruppe die Kommunikation zu erleichtern.

Entsprechend der Normung nach DIN 66001 unterscheiden wir

- Datenflußpläne
  (unterteilt in Grob- und Fein-Datenflußpläne, in Systementwicklung und Detailorganisation verwendet) und

- Programmablaufpläne
  (unterteilt in Grob- und Fein-Programmablaufpläne, in der Programmierung benutzt).

Die Bilder 180 und 181 zeigen je eine Übersicht über Sinnbilder für Datenflußpläne und Programmablaufpläne nach DIN 66001.

Während Programmablaufpläne den Ablauf der Instruktionen in einem informationsverarbeitenden System beschreiben, zeigen Datenflußpläne den Fluß der Daten durch ein informationsverarbeitendes System. Die Bilder 182 und 183 bringen ein Beispiel für einen Datenflußplan, und zwar einen Grob-Datenflußplan (Bild 182) und einen Fein-Datenflußplan (Bild 183), dargestellt für dasselbe Beispiel. Während der Grob-Datenflußplan den Datenfluß ohne einzelne Feinheiten beschreibt und sachlich-organisatorisch orientiert ist, enthält der Fein-Datenflußplan alle organisatorischen Einzelheiten (also jeden

Bearbeitung, allgemein (process) insbesondere für jede Art des Bearbeitens, die nachfolgend nicht erfaßt ist, z.B. Rechnen

Ausführen einer Hilfsfunktion (auxiliary operation) unter Verwendung maschineller Hilfsmittel, die nicht vom Leitwerk der Datenverarbeitungsanlage gesteuert werden, z.B. das manuelle Erstellen von Lochkarten und Lochstreifen

Eingreifen von Hand (manual operation) ohne Verwendung maschineller Hilfsmittel, z.B. Eintragungen in eine Liste, Bandwechsel

Eingeben von Hand (manual input) in die Datenverarbeitungsanlage, z.B. das Eintasten des Tagesdatums

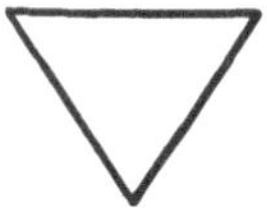

Mischen

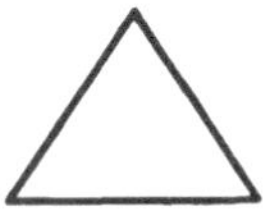

Trennen

Mischen mit gleichzeitigem Trennen (collate)

Bild 180 (1): Sinnbilder für Datenflußpläne nach DIN 66001

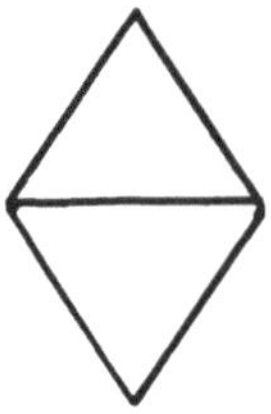

Sortieren

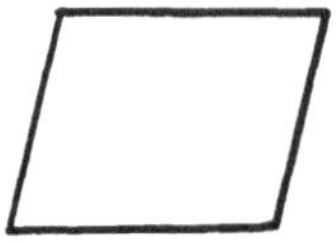

Datenträger, allgemein (input/output)
für Darstellungen, in denen der Datenträger nicht näher bestimmt werden soll, oder für alle Arten von Datenträgern, die nicht nachfolgend erfaßt sind

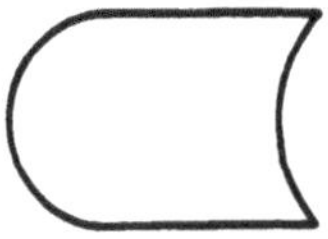

Datenträger, gesteuert vom Leitwerk der Datenverarbeitungsanlage (online storage)

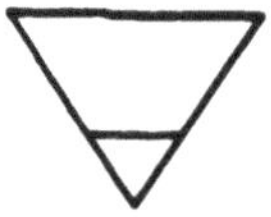

Datenträger, nicht gesteuert vom Leitwerk der Datenverarbeitungsanlage (offline storage)

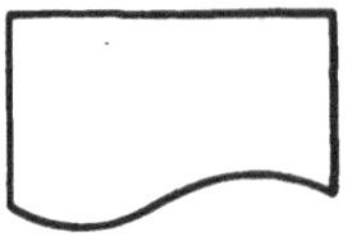

Schriftstück (document)

Lochstreifen (punched tape)

Lochkarte (punched card)

Matrixspeicher (core storage)
Dieses Sinnbild kann für Kernspeicher und andere Speicher mit gleichartigem Zugriffsverhalten benutzt werden

Bild 180 (2): Sinnbilder für Datenflußpläne nach DIN 66001

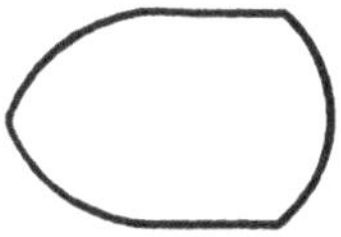

Anzeige (display)
in optischer oder akustischer Form, z.B. Ziffernanzeige, Kurvenschreiber, Summer

Flußlinie (flow line)
Die Linie kann beliebig geführt sein. Die Pfeilspitze darf nicht weggelassen werden

Transport der Datenträger
Die Linie darf beliebig geführt sein. Dieses Sinnbild ist anzuwenden, wenn der Transport der Datenträger besonders kenntlich gemacht werden soll

Datenfernübertragung (communication link)

Übergangsstelle (connector)
Der Übergang kann von mehreren Stellen aus, aber nur zu einer Stelle hin erfolgen. Zusammengehörige Übergangsstellen müssen die gleiche Bezeichnung tragen

Bemerkung (comment, annotation)
Dieses Sinnbild kann an jedes Sinnbild dieser Norm angefügt werden

Magnetband (magnetic tape)

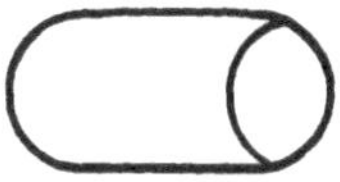

Trommelspeicher (magnetic drum)

Plattenspeicher (magnetic disk)

Bild 180 (3): Sinnbilder für Datenflußpläne nach DIN 66001

Operation, sofern die folgenden Sinnbilder nicht zutreffen

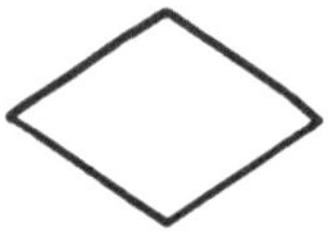

Verzweigung

Unterprogramm

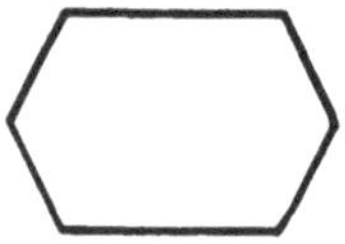

Programm-Modifikation

Operation von Hand (Tastatur, Druckschalter, etc.)

Eingabe, Ausgabe

Bild 181 (1): Sinnbilder für Programmablaufpläne nach DIN 66001

manuellen Arbeitsschritt, jeden Eingabe- und Ausgabesatz, jede Datei und jedes Programm) und ist programmtechnisch orientiert, weist also alle einzelnen Programme des Ablaufs auf.

Festlegung der Eingabedaten

Die Festlegung der Eingabedaten setzt sich aus folgenden Teilgebieten zusammen:

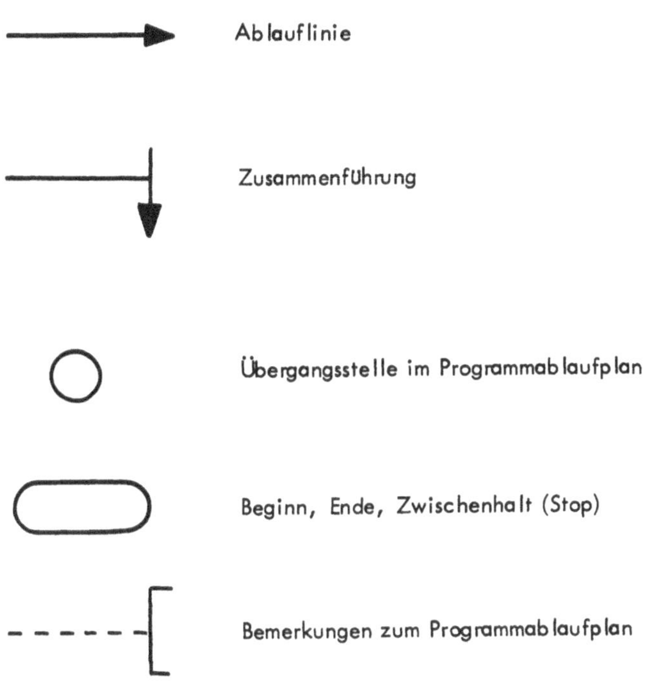

Bild 181 (2): Sinnbilder für Programmablaufpläne nach DIN 66001

- Festlegung der Datenerfassungsverfahren
- Gestaltung der Datenerfassungsbelege
- Beschreibung der Datenträger, Datei- und Satzaufbauten und
- Aufbau der Schlüssel.

Festlegung des Datenerfassungsverfahrens

Die Datenerfassung für das umzustellende Arbeitsgebiet baut entweder auf ein bereits vorhandenes Verfahren auf oder wählt eine neue Methode der Datenerfassung.
Die zweite Möglichkeit erfordert jedoch aus Einrichtungsgründen eine so rechtzeitige Festlegung, daß dies zum Zeitpunkt der Detailorganisation zu spät sein dürf-

+	Addition, positives Vorzeichen
−	Subtraktion, negatives Vorzeichen
*	Multiplikation
/	Division
**	Potenzierung
$\sum$	Summe
$<$	kleiner
$\leq$	kleiner oder gleich
=	gleich
$\geq$	größer oder gleich
$>$	größer
$\neq$	ungleich
$\longrightarrow$	verschieben nach; gehen zu
:	Verhältnis, Vergleich

Diese Symbole sollten genauso wie die Sinnbilder der vorhergehenden Seiten von allen Programmierern in allen Programmen einheitlich angewandt werden.

Genauso muß vereinbart werden:

O = Buchstabe O wie OTTO
Ø = Ziffer 0 wie 340

Bild 181 (3): Sinnbilder für Programmablaufpläne nach DIN 66001

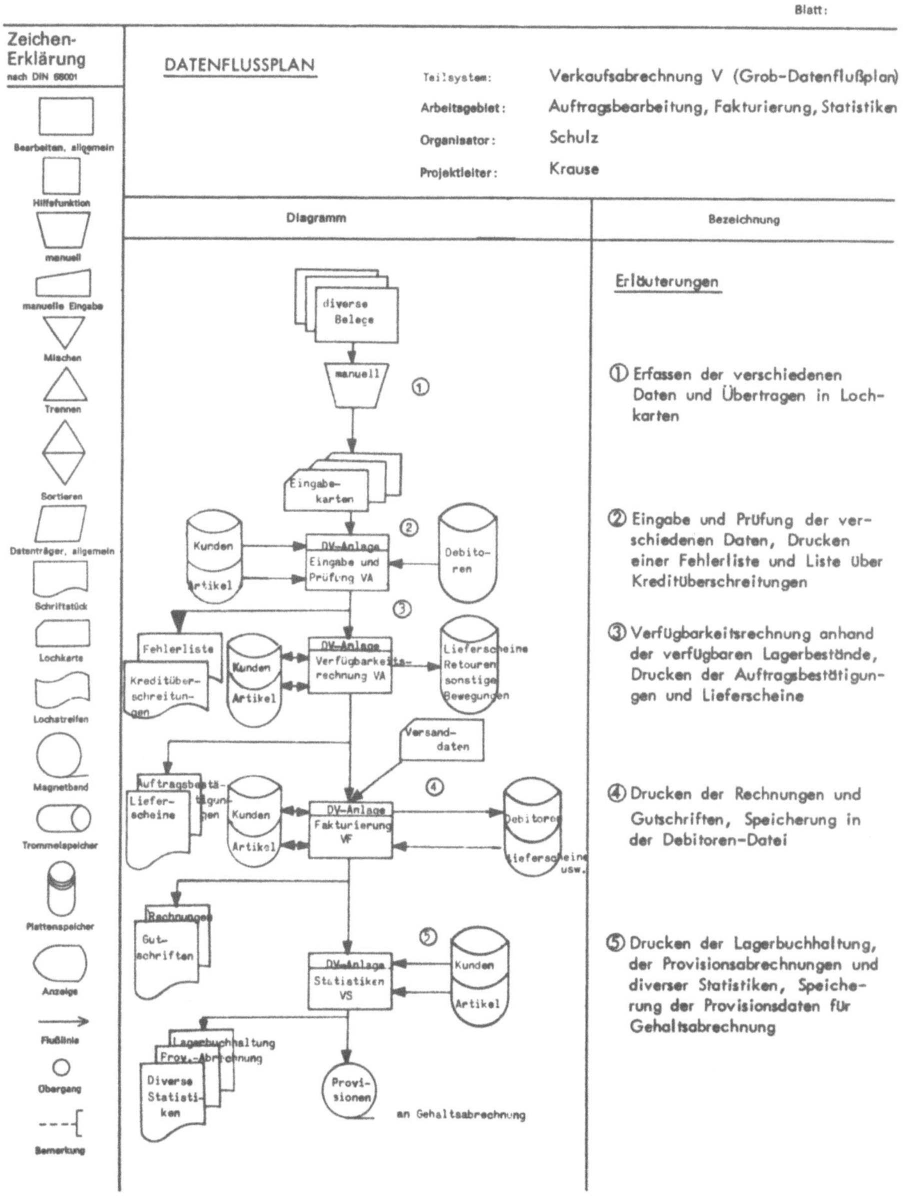

Bild 182: Grob-Datenflußplan (Beispiel: Verkaufsabrechnung)

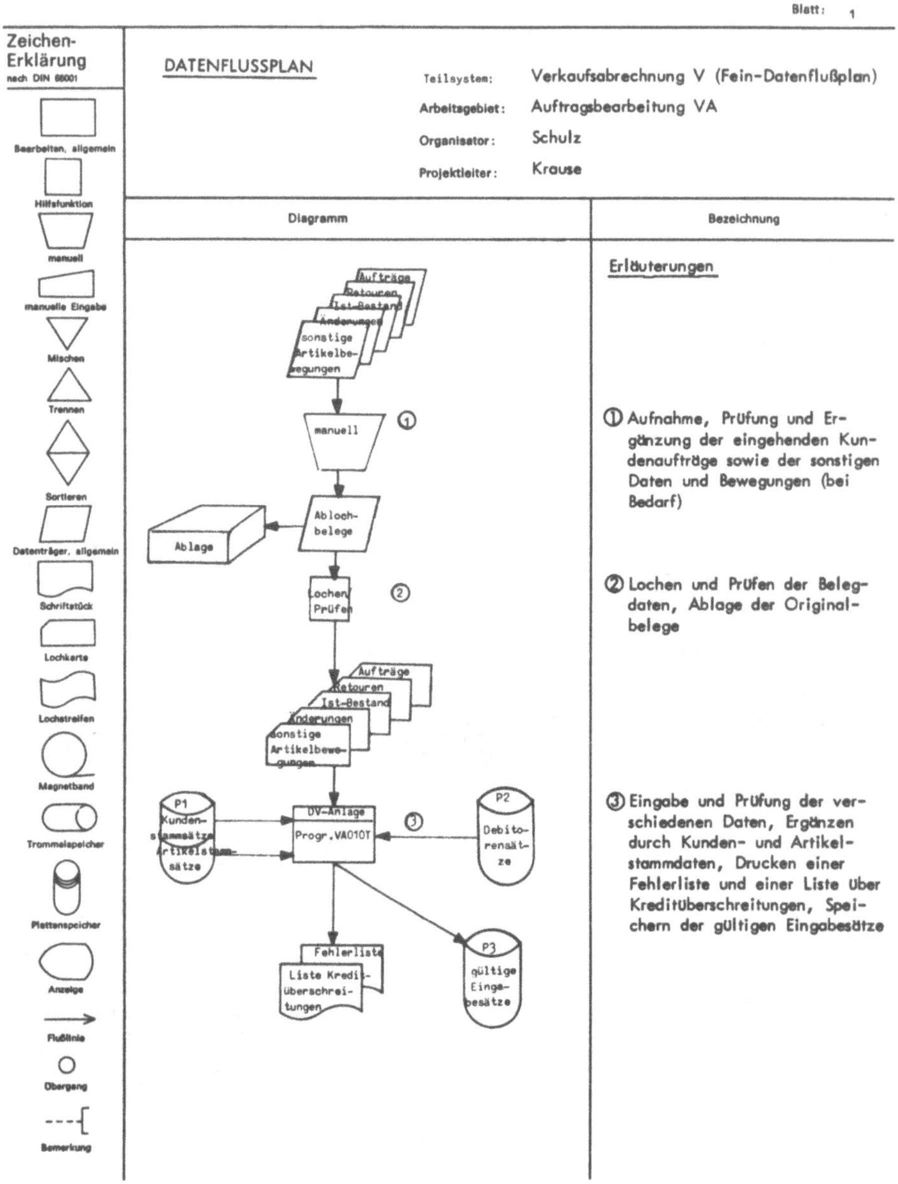

Bild 183 (1): Fein-Datenflußplan (Beispiel: Verkaufsabrechnung)

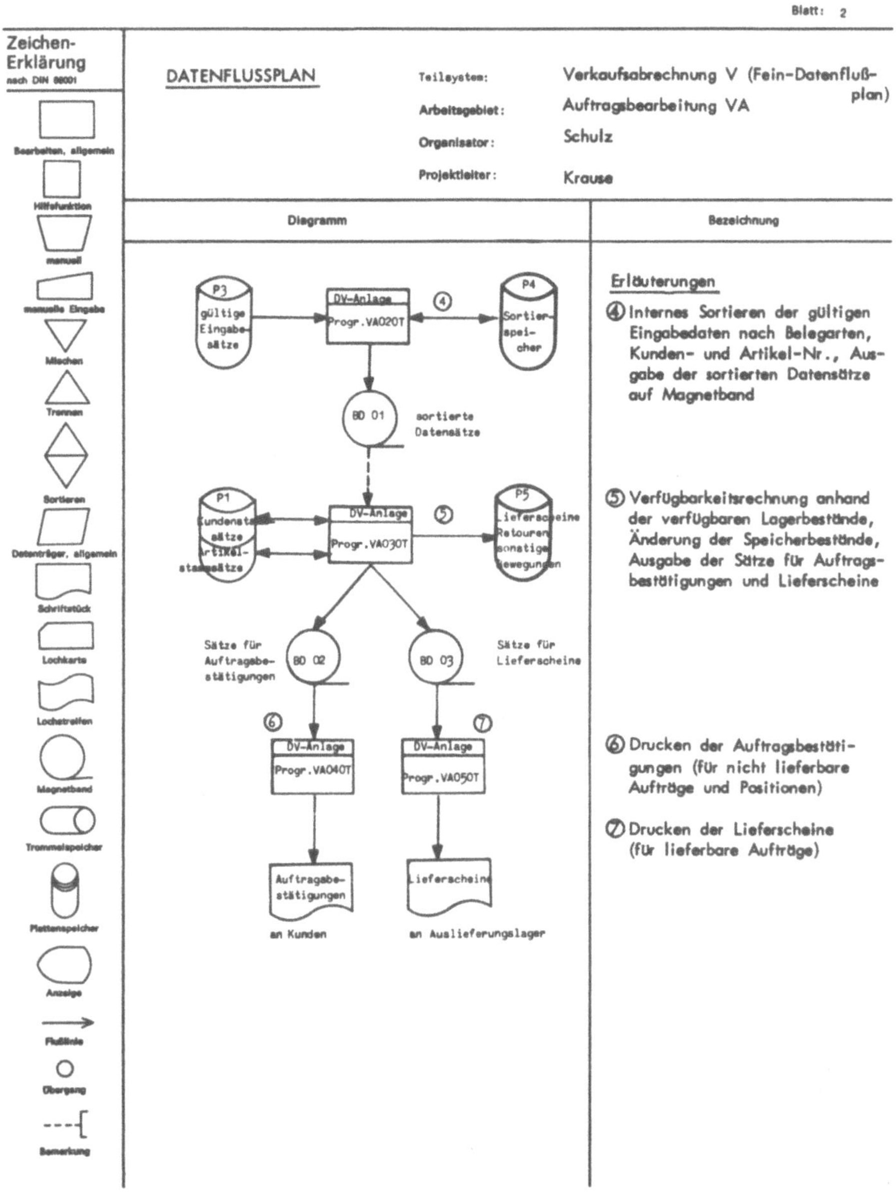

Bild 183 (2): Fein-Datenflußplan (Beispiel: Verkaufsabrechnung)

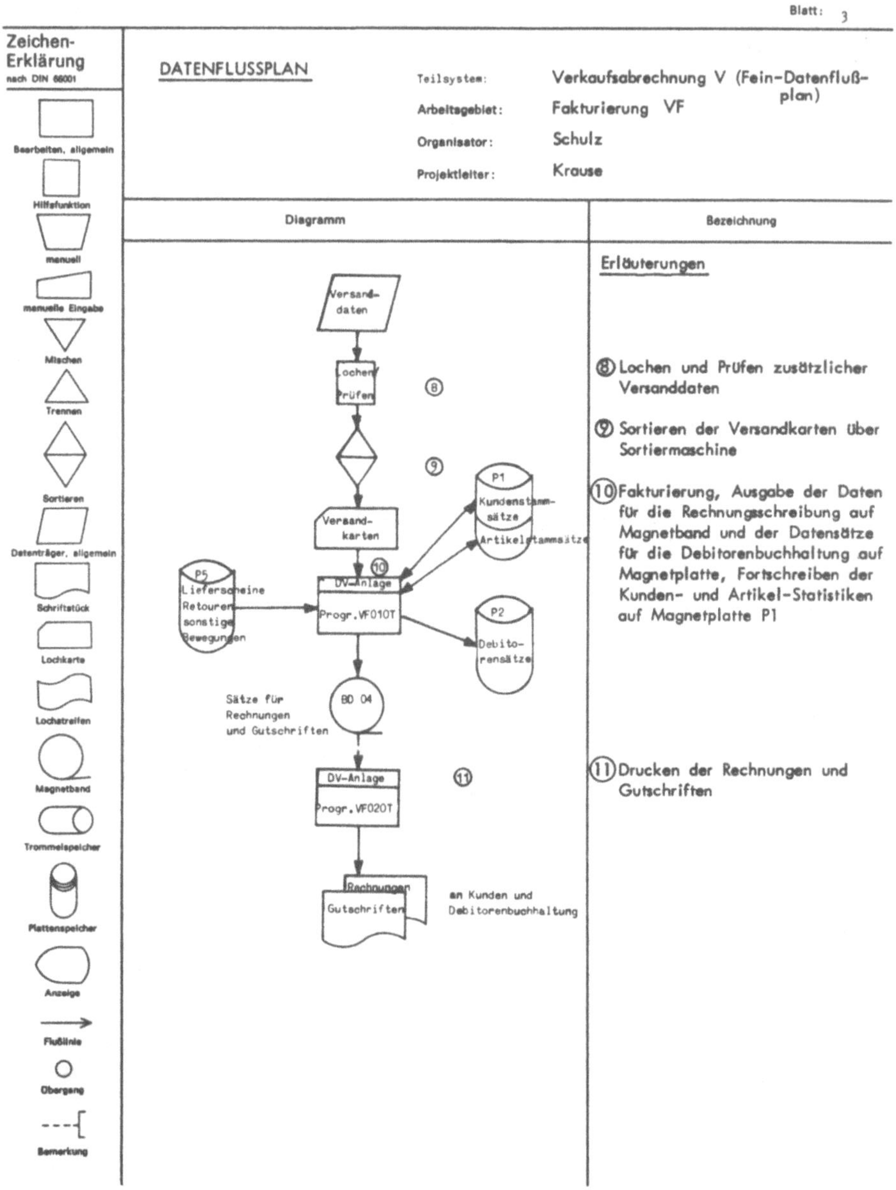

Bild 183 (3): Fein-Datenflußplan (Beispiel: Verkaufsabrechnung)

Blatt: 4

Zeichen-Erklärung nach DIN 66001

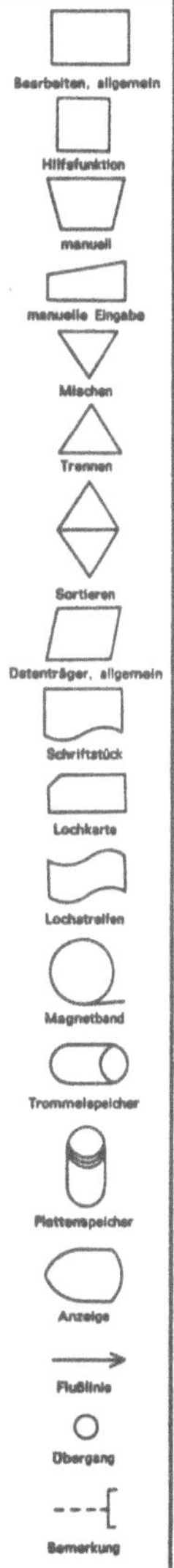

DATENFLUSSPLAN

Teilsystem:	Verkaufsabrechnung V (Fein-Datenflußplan)
Arbeitsgebiet:	Statistiken VS
Organisator:	Schulz
Projektleiter:	Krause

Diagramm	Bezeichnung

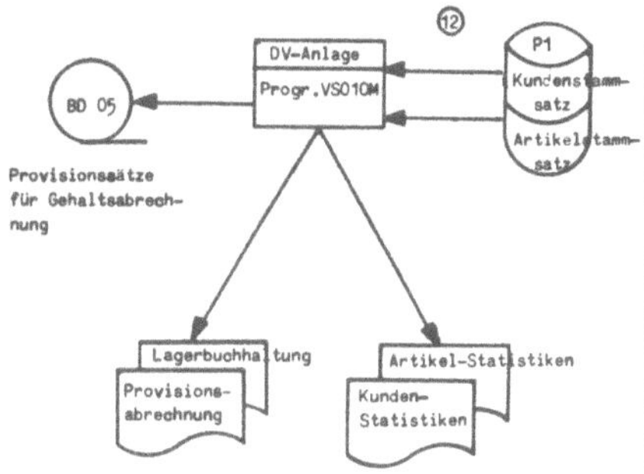

Erläuterungen

(12) Ausdrucken der Listen "Lagerbuchhaltung" und "Provisionsabrechnung" sowie der fortgeschriebenen Artikel- und Kundenstatistiken vom Magnetplattenspeicher, Ausgabe der Provisionssätze auf Magnetband

Bild 183 (4): Fein-Datenflußplan (Beispiel: Verkaufsabrechnung)

te. Im Hinblick auf die Einzelheiten der Datenerfassungsverfahrens sei auf Kapitel 2.1 Datenerfassung verwiesen.

Gestaltung der Datenerfassungsbelege

Sofern nicht die Erfassungsbelege selbst gleichzeitig Datenträger sind (Verbundlochkarten, direkt lesbare Belege) und die Daten nicht ohne Beleg in die EDV-Anlage eingegeben werden können (Direkteingabe), bedarf es eines gesonderten Datenerfassungsbeleges, von dem die Daten dann in einen Datenträger (Lochkarte, Lochstreifen, Magnetband) übertragen werden.

Damit die Umschlüsselung Datenerfassungsbeleg - Datenträger schnell, sicher und wirtschaftlich abläuft, sind besondere Anforderungen an die Gestaltung von Datenerfassungsbelegen zu stellen, im einzelnen:

1. Der Beleg sollte nach Möglichkeit DIN-Format haben, nicht größer als DIN A 4 sein (wegen des Ablageplatzes beim Erfassungs- und Prüfgerät) und nur auf der Vorderseite benutzt werden.

2. Die zu erfassenden Datenfelder sind (wie beim Lesen) von links nach rechts und von oben nach unten anzuordnen.

3. Die zu erfassenden Daten sind von den sonstigen Daten zu trennen und auf dem Beleg besonders hervorzuheben.

4. Alle abzubildenden Daten müssen auf dem Beleg in gleicher Reihenfolge angeordnet sein wie die Felder in der Lochkarte bzw. beim Satzaufbau.

5. Die zu erfassenden Datenfelder sind in der Reihenfolge des Übertragens zu numerieren, entsprechend der Reihenfolge der Felder in der Lochkarte bzw. beim Satzaufbau.

6. Die einzelnen Datenfelder auf dem Beleg sind in senkrechte Spalten zu unterteilen, um dem Eintragenden zur Einzeleintragung von Buchstaben und Ziffern zu zwingen.

7. Die Größe eines Datenfeldes auf dem Beleg muß der Länge des Datenfeldes im Datenträger entsprechen.

8. Bei Dezimalwerten sind die Kommastellen bereits auf dem Beleg zu kennzeichnen.

9. Alle festen Angaben (z.B. Schlüssel, Kartenart, Satzart) sind bereits auf dem Beleg vorzudrucken.

10. Ähnliche Datenerfassungsbelege sollten in vereinheitlichter Form aufgebaut sein und sich nur durch Überschrift und Farbe unterscheiden.

Bild 184 zeigt das Beispiel eines Datenerfassungsbeleges.

Festlegung der Datenträger, Datei- und Satzaufbauten

Bevor sich der EDV-Organisator mit der Festlegung der einzelnen Datenträger sowie Datei- und Satzaufbauten für die Eingabedaten beschäftigen kann, muß er zunächst folgende Fragen untersuchen:

- Ist schon ein geeigneter Datenträger vorhanden oder muß ein neuer entworfen werden?

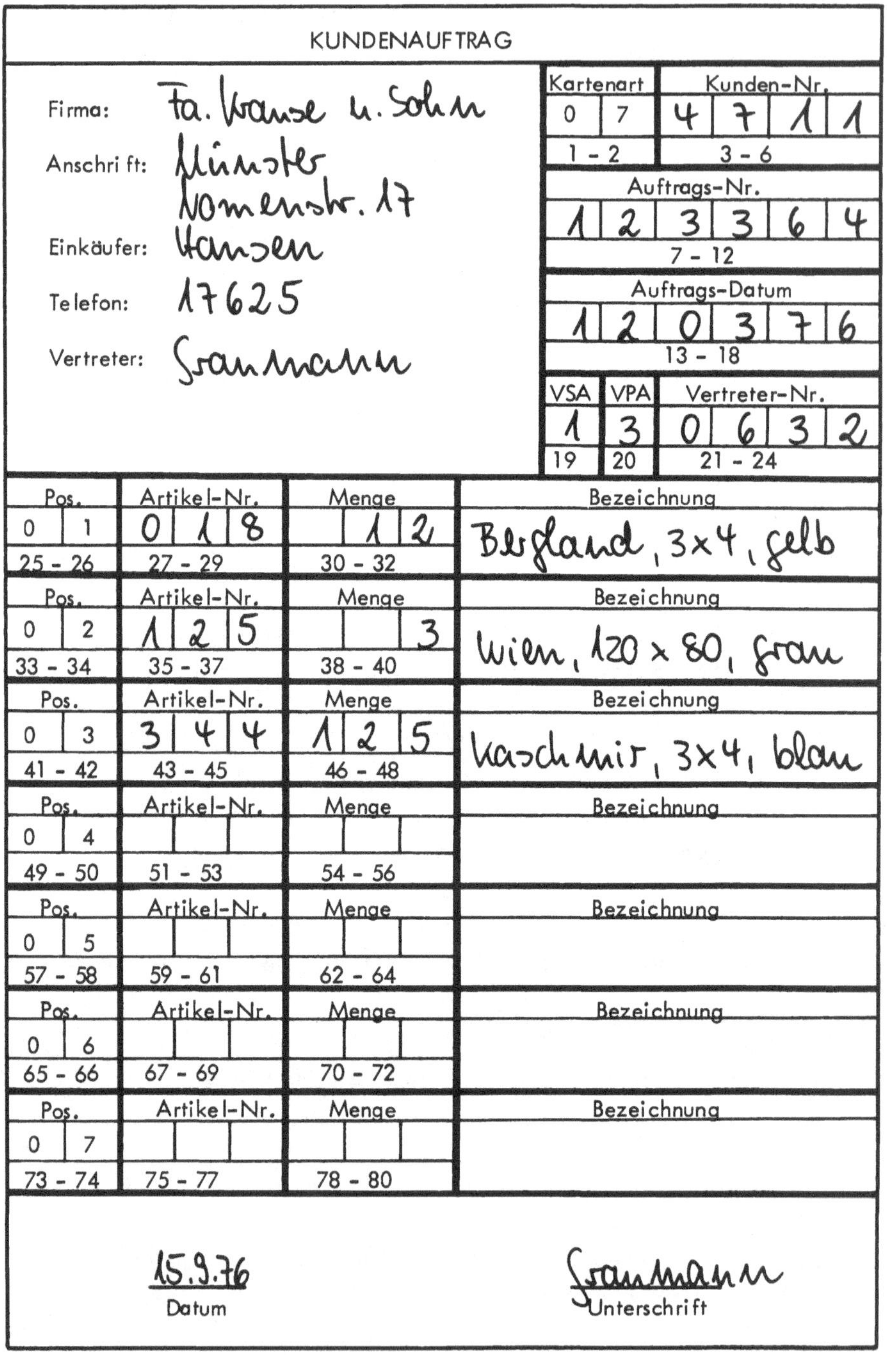

KUNDENAUFTRAG

Firma: Fa. Krause u. Sohn

Anschrift: Münster
Nomenstr. 17

Einkäufer: Hansen

Telefon: 17625

Vertreter: Grammann

Kartenart	Kunden-Nr.
0 7	4 7 1 1
1 - 2	3 - 6

Auftrags-Nr.
1 2 3 3 6 4
7 - 12

Auftrags-Datum
1 2 0 3 7 6
13 - 18

VSA	VPA	Vertreter-Nr.
1	3	0 6 3 2
19	20	21 - 24

Pos.	Artikel-Nr.	Menge	Bezeichnung
0 1 (25 - 26)	0 1 8 (27 - 29)	1 2 (30 - 32)	Bergland, 3x4, gelb
0 2 (33 - 34)	1 2 5 (35 - 37)	3 (38 - 40)	Wien, 120 x 80, grau
0 3 (41 - 42)	3 4 4 (43 - 45)	1 2 5 (46 - 48)	Kaschmir, 3x4, blau
0 4 (49 - 50)	(51 - 53)	(54 - 56)	
0 5 (57 - 58)	(59 - 61)	(62 - 64)	
0 6 (65 - 66)	(67 - 69)	(70 - 72)	
0 7 (73 - 74)	(75 - 77)	(78 - 80)	

15.9.76
Datum

Grammann
Unterschrift

Bild 184: Beispiel eines Datenerfassungsbeleges

- Wo entstehen die Ursprungsdaten?

- Welche Datenmengen fallen pro Zeiteinheit höchstens, durchschnittlich und mindestens an?

- Welche Zeit steht zwischen Entstehung der Ursprungsdaten und der Maschineneingabe zur Verfügung?

- Können die Daten bei der Entstehung sofort auf maschinengerechte Datenträger, mindestens jedoch auf Datenerfassungsbelege gebracht werden ?

- Welcher Datenträger eignet sich am besten für die Datenerfassung?

- Welche Daten können auf einem gemeinsamen Datenträger zusammengefaßt werden?

- Wieviele Daten umfaßt ein Datensatz, und wie muß die Anordnung der Daten aussehen?

- Können die Daten direkt in die EDV-Anlage eingegeben werden?

- Gewährleistet der vorgesehene Datenträger eine schnelle, sichere, einfache und wirtschaftliche Datenerfassung, und eignet er sich gut für einen zweckmäßigen Datenfluß?

- Sind alle betroffenen Abteilungen bei der Art, dem Inhalt und der Anordnung des Datenträgers berücksichtigt?

- Ist die eindeutige Kennzeichnung des Datenträgers und die klare Verschlüsselung des darin enthaltenen Datensatzes sichergestellt?

- Ist eine zentrale oder dezentrale Datenerfassung vorgesehen?

- Dient der Datenträger nur als maschinell lesbarer Beleg, oder muß er auch für eine manuelle Kartei verwendbar sein?

- Welche Daten sind fest und welche variabel?

Mit Ausnahme der Speicherung in Datenbanken (vgl. hierzu den Punkt "Festlegung der Speicherorganisation" kommt es bei der Festlegung der logischen Datenstruktur für die Dateneingabe (das gleiche gilt auch für die Ausgabe- und Speicherdaten) auf folgende Einzelheiten an:

- Dateikennzeichnung (Dateiname, Dateibezeichnung und Dateiart)

- Datenträgerbezeichnung

- Satzkennzeichnung (Satzart, Satzlänge, Satzmenge, Satzschlüssel und Satzverwendung)

- Satzaufbau (mit laufender Nummer, Stufennummer, Feldname, Feldbezeichnung, Stellenanzahl und Format).

Bild 185 zeigt den Datei- und Satzaufbau.

S c h l ü s s e l a u f b a u

Der Sinngehalt einer Information muß stets in einer Form vorliegen, die eine Verständigung zwischen Mensch und Mensch oder Mensch und Maschine möglich macht. Optische und akustische Zeichen oder Signale, aber auch unsere Sprache und Schriftzeichen können einen Sinngehalt wiedergeben. Da die Wiedergabe des Sinngehaltes einer

Dateiname: KUAUFTR	Satzlänge: 550 Stellen
Dateibezeichnung: Kundenaufträge	Anzahl Sätze: Ø 4500 / Tag
Dateiart: Bewegungsdatei	Schlüssel: Kunden-, Artikel-Nr.
Datenträger: Magnetband	Satzverwendung: Verk.abr., Debitoren
Satzart: MB 023	Zu-/Abänge je Periode: —

Satzaufbau

Lfd. Nr.	Stufe	Feldname	Feldbezeichnung	Anz. Stell.	Format	Bemerkungen
1		ESATZ	Satzname	5	A	Auszug
2		EKUND	Kunden-Nr.	6	N	
3		EVERT	Vertreter-Nr.	2	N	
4		ETOUR	Touren-Nr.	2	N	
5	1	EADR	Anschrift	45	A	
	2	ENAM	Name			
	2	EORT	Ort			
	3	EPLZ	Postleitzahl			
			usw.			

Bild 185: Datei- und Satzaufbau

Information nicht immer eindeutig ist, kommt es zusätzlich darauf an, daß durch normierte Kurzbezeichnungen Doppeldeutigkeiten und Mißverständnisse ausgeschlossen werden. Denn nur eindeutige und systematisch gegliederte Informationen können maschinell verarbeitet werden. Sie müssen deshalb in einer festgelegten Form und Folge von Zeichen (wie beispielsweise Buchstaben und Ziffern) und Gliederungsmittel (wie beispielsweise Punkte, Kommata, Striche und Schreibleerstellen) dargestellt sein. Eine solche eindeutige, übersichtlich gegliederte, kurze und merkfähige, leicht lesbare und maschinell-verarbeitbare Darstellung einer Information wird Schlüssel oder auch Nummer genannt. Immer dort, wo eine EDV-Anlage eingesetzt wird, ist die eindeutige und kurze Verschlüsselung einer Information unbedingte Voraussetzung zur einwandfreien Erkennung, Speicherung und Bearbeitung.

Ein Schlüssel ist nun so aufzubauen, daß eine genaue Bestimmung und Gliederung der Schlüsselmerkmale möglich ist. Aus der Praxis der Informationsverarbeitung haben sich bestimmte Anforderungen ergeben, die durch ein Schlüsselsystem erfüllt werden müssen. Die Grundforderung nach eindeutiger und unverwechselbarer Bezeichnung ist erfüllt, wenn durch eine oder mehrere Stellen innerhalb des Schlüssels (= identifizierender Schlüsselteil) oder ausschließlich durch den Schlüssel selbst (= identifizierender Schlüssel) der Sinngehalt einer Information jederzeit klar zu erkennen ist. Die Identifizierung von Informationen ist also dann gesichert, wenn der identifizierende Schlüssel nicht verändert wird. Identifizierende Schlüssel haben den Vorteil, daß sie sehr kurz sind, weil ja nicht für jeden Schlüsselteil, sondern nur für den Gesamtschlüssel die höchstmögliche Stellenzahl berücksichtigt werden muß. Kurzschlüssel sind einprägsam und klar. Sie sparen Schreib- und Locharbeiten sowie Speicherplatz und eignen sich außerdem besonders gut für die Erweiterung durch eine Prüfziffer. Bild 186 zeigt das Bei-

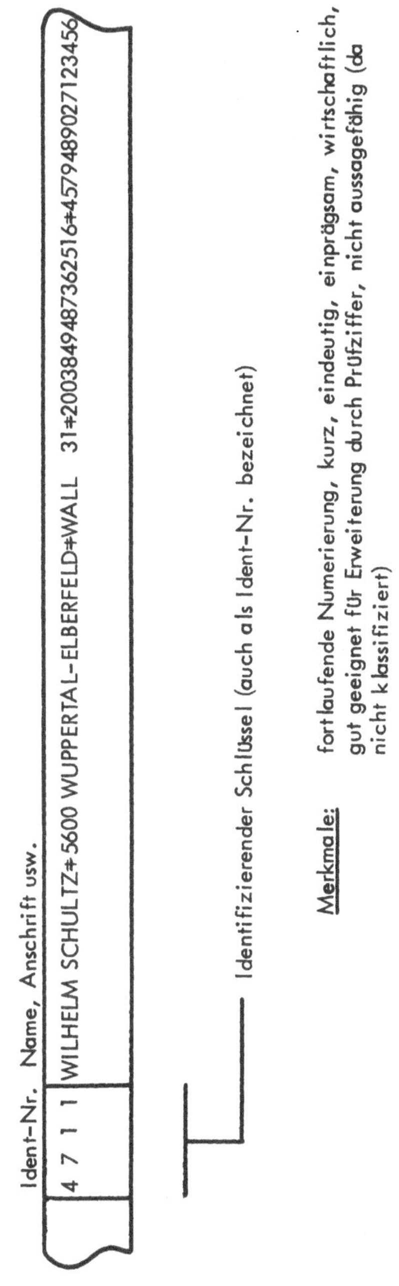

Bild 186: Vertreter-Stammsatz mit identifizierendem Schlüssel

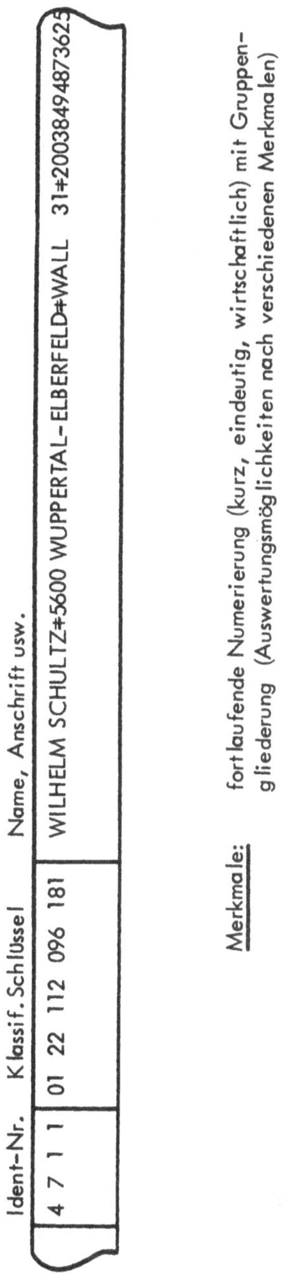

(zu S. 340)

Bild 188: Vertreter-Stammsatz mit kombiniertem Schlüssel

spiel eines Datensatzes mit identifizierendem Schlüssel. Nachteilig wirkt sich bei einem identifizierenden Schlüssel aus, daß aus ihm keinerlei Gruppierungsmerkmale ersichtlich sind. Für die manuelle Verwendung eines solchen Schlüssels umgeht man diesen Nachteil dadurch, daß man zusätzlich zum Schlüssel textliche Angaben auf Belege und Formulare druckt, die die Gruppierung des betreffenden Datensatzes deutlich machen.

Ein Schlüssel muß aber auch dem Wunsch nach vielseitiger maschineller Informationsverarbeitung Rechnung tragen. Denn erst die Einteilung von Informationen nach bestimmten Gesichtspunkten und logischen Zusammenhängen erschließt der Informationsverarbeitung die Möglichkeit, Auswertungen nach den verschiedensten Merkmalen vorzunehmen. Diese Anforderung ist dann erfüllt, wenn den einzelnen Nummernstellen innerhalb eines Schlüssels eine bestimmte Bedeutung zugeordnet wird. Eine solche Zuordnung oder Klassifizierung unterschiedlicher Merkmale setzt voraus, daß die Ausagen der Nummernstellen festgelegt sind.

Der in Bild 187 dargestellte Vertreterschlüssel ist nach den Gruppierungsmerkmalen

- Verkaufsdistrikt
- Verkaufsgebiet
- Verkaufsbezirk
- Verkaufsgruppe
- Vertreternummer

eingeteilt (klassifiziert). Jeder Teil eines klassifizierenden Schlüssels ist also ein Unterschlüssel, der eine eigene Aussagekraft besitzt und einen selbstständigen Teil innerhalb des Gesamtschlüssels darstellt.
Der Vorteil eines klassifizierenden Schlüssels besteht also darin, daß alle Gruppierungsmerkmale sofort erkennbar sind und jederzeit maschinelle Auswertungen auf-

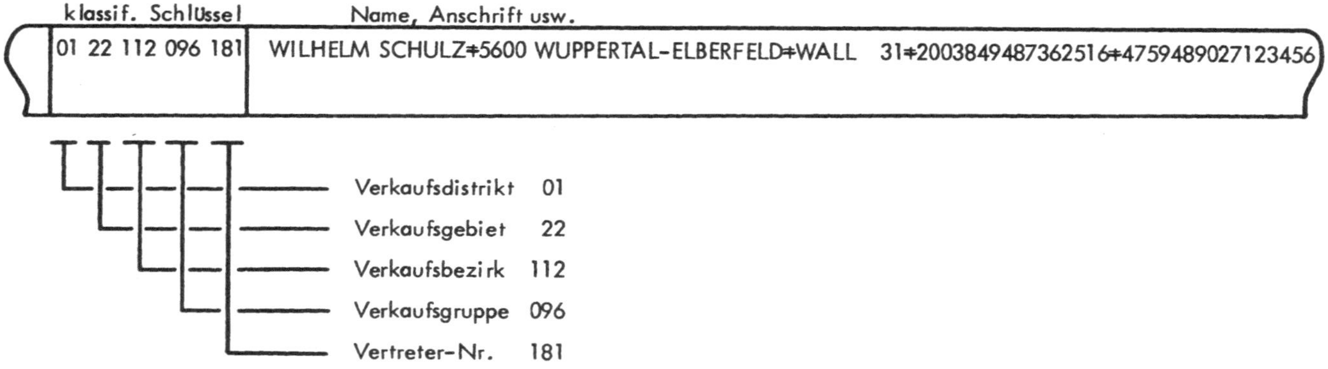

Merkmale: Gruppengliederung, lang kaum einprägsam, unwirtschaftlich (mehr Schreib- und Locharbeit, mehr Speicherplatz), schlecht geeignet für Prüfziffer, aussagefähig (da je Schlüsselteil klassifiziert)

Bild 187: Vertreter-Stammsatz mit klassifizierendem Schlüssel grund des Schlüssels vorgenommen werden können. Nachteilig wirkt sich dagegen die Länge des Schlüssels aus, weil für jede einzelne Untergruppe die höchstmögliche Anzahl Stellen einschließlich einer Reserve freigehalten werden muß. Hinzu kommt, daß bei Erreichung der Kapazitätsgrenze eines Unterschlüssels (wenn beispielsweise die Anzahl der Verkaufsgebiete 99 übersteigt) das ganze System geändert werden muß.

Um die Nachteile identifizierender und klassifizierender Schlüssel zu vermeiden, benutzt man in der Praxis der EDV meist eine Kombination der beiden Systeme. Dies bedeutet, daß jeder Datensatz sowohl einen identifizierenden als auch einen klassifizierenden Schlüssel erhält. Während der identifizierende Schlüssel die eindeutige Beziehung zu einem bestimmten Datensatz aufweist, dient der klassifizierende Schlüssel lediglich als Zuordnungsmerkmal. Datensätze, die mit beiden Schlüsseln ausgestattet sind, lassen sich jederzeit durch Umsortierung nach allen enthaltenen Merkmalen auswerten. Bild 188 zeigt das Beispiel eines Datensatzes mit kombiniertem Schlüssel.

Die Vorteile einer solchen kombinierten Verschlüsselung sollen noch einmal am Beispiel des in Bild 188 (S. 337) dargestellten Vertreter-Stammsatzes erläutert werden. Sobald ein Vertreter in das Unternehmen eintritt, erhält er die nächste freie identifizierende Schlüsselnummer. Sie wird ihm unabhängig von der Zuordnung zu einer bestimmten Verkaufsorganisation zugeteilt. Gleichzeitig erhält er den klassifizierenden Schlüssel, der seine Zugehörigkeit zu einer Verkaufsgruppe, einem Verkaufsbezirk, einem Verkaufsgebiet und einem Verkaufsdistrikt ausweist. Wechselt der Vertreter jetzt im Laufe seiner Tätigkeit seine Verkaufsgruppe, wird der klassifizierende Schlüssel entsprechend geändert, während der identifizierende Schlüssel (selbst noch einige Zeit nach seinem Ausscheiden) gleichbleibt. Auf diese Weise ist es möglich, sowohl Gesamtauswertungen in Bezug auf einen bestimmten Vertreter als auch hinsichtlich seiner jeweiligen Zuordnung zur Verkaufsorganisation vorzunehmen. Jeder Aufruf eines Datensatzes im Speicher wird allein über die identifizierende Nummer vorgenommen.

Bei der Festlegung der Schlüsselgröße muß der Organisator eine Reserve für die Vergabe neuer Nummern berücksichtigen. Er muß sich beispielsweise darüber im klaren sein, daß ein- und dieselbe Nummer ein zweites Mal nur dann vergeben werden kann, wenn eine Verwechselung völlig ausgeschlossen ist. So sollte beispielsweise die Nummer eines ausgelaufenen Artikels erst dann für einen neuen Artikel vergeben werden, wenn eindeutig feststeht, daß der alte Artikel unter dieser Nummer nicht mehr geführt wird; diese Sicherheit muß auch spätere Lagerbestände, Ersatzteilhaltung und Anfragen einschließen.

Abschließend sei noch einmal auf die Wichtigkeit einer sicheren, eindeutigen und wirtschaftlichen Zuordnung der Datensätze bei der maschinellen Verarbeitung hingewiesen. Eine sichere Speicherorganisation ist nur dann möglich, wenn Verwechselungen der Schlüssel völlig ausgeschlossen sind. Deshalb muß der Organisator der Entwicklung neuer Schlüsselsysteme bzw. der Änderung vorhandener Schlüssel seine besondere Aufmerksamkeit widmen. Er muß die Unternehmensführung davon überzeugen, wie wichtig eine klare Trennung und Gliederung der Informationen für die Auswertung ist. Eine spätere Änderung des Schlüsselsystems in der EDV bereitet außerordentliche Schwierigkeiten, weil Schlüssel nicht nur Gruppierungsmerkmale, sondern zugleich Suchbegriffe für die Speicherung und Verarbeitung in der EDV-Anlage sind.

Bevor ein neuer Schlüssel eingeführt wird, ist zu prüfen, ob ein gleicher Schlüssel bereits besteht und keine manuelle und maschinelle Verwechselung gleicher oder ähnlicher Schlüssel zu befürchten ist.

Grundlage hierfür sollte ein zentral geführtes Schlüsselverzeichnis sein, das dazu dient, alle vergebenen Schlüssel festzuhalten, um Doppelnumerierungen zu vermeiden und die Belegung der Schlüssel zu überwachen. Nach dem Aufbau bzw. der Einführung ist der neue Schlüssel in das Verzeichnis einzutragen. Für jeden Schlüssel wird ein getrenntes Blatt verwendet, wie im Beispiel des Bildes 189 dargestellt. Wird ein gleicher Schlüssel in verschiedenen Arbeitsgebieten und Programmen benutzt, so werden die Nummern der Arbeitsgebiete und Programme, die diesen Schlüssel verwenden, mit entsprechenden Erläuterungen in der Tabelle auf der unteren Hälfte des Formulars eingetragen. Reicht der vorhandene Platz für die Eintragung nicht aus, so sind weitere Blätter für einen Schlüssel anzulegen.

Bei der manuellen und maschinellen Erfassung und Übertragung von Daten treten häufig folgende Fehlerarten auf:

- Veränderung einer Datenstelle
- Fehlen einer oder mehrerer Datenstellen
- Vertauschen benachbarter Datenstellen
- Vertauschen nicht benachbarter Datenstellen
- Mischform aus anderen Fehlern.

Um solche Fehler, vor allem bei Schlüsseln, zu erkennen und damit eine Verbuchung auf falschen Datenkonten auszuschließen, haben sich in der Praxis Prüfziffernverfahren außerordentlich gut bewährt. Bei diesen Verfahren handelt es sich um maschinelle und mit geringem Aufwand verbundene und sichere Kontrollmethoden. Ein Schlüssel wird bei der Einführung durch eine, aus den Datenstellen des Schlüssels auf bestimmte Weise errechnete, Prüf-

SCHLÜSSELVERZEICHNIS	Schlüssel-Kennz.: Vertreter-Nr. Blatt:

Schlüsselaufbau	Beschreibung	Kapazität	Belegung
xxxx P	5stellige Ident-Nr., letzte Stelle Prüfziffer P nach Modulo 11	von 0001 P bis 9999 P = ca. 10.000 ./. ca. 10% wegen Prüfziffer	bei Einführung waren 4.000 Vertreter beschäftigt
xx xx xxx xxx xxx	<u>13stelliger klassif. Schlüssel</u>		
<u>xx</u>	Verkaufsdistrikt	von 01 bis 99	Belegung vergleichsweise zur Kapazität gering
<u>xx</u>	Verkaufsgebiet	von 01 bis 99	
<u>xxx</u>	Verkaufsbezirk	von 001 bis 999	
<u>xxx</u>	Verkaufsgruppe	von 001 bis 999	
<u>xxx</u>	Vertreter-Nr.	von 001 bis 999	

Verwendung in Programm	Schlüsselabhängige Programmsteuerung
VA010T	Eingabe und Prüfung der Auftragsdaten: Prüfung der mit eingegebenen Vertreter-Ident-Nr. nach Prüfziffernverfahren Modulo 11
VS010M	Ausgabe der Provisionssätze auf Magnetband, ohne Sortierung nach Vertreter-Ident-Nr.
LG010M	Zusammenmischen und Sortieren der Bänder mit Provisionssätzen nach Ident-Nr.
LG060M	Monatliche Auswertungen nach klassifizierendem Schlüssel = Vertreter- und Verkaufsorganisation-Statistik

4.9.76	Krause	1.10.76
Datum	EDV-Organisator	eingeführt ab

Bild 189: Schlüsselverzeichnis

ziffer ergänzt. Bei jeder Eingabe des Datensatzes wird dann die Prüfziffer nach demselben Rechenverfahren gewonnen und mit der eingegebenen Prüfziffer auf Übereinstimmung verglichen. Bild 190 zeigt diesen Vorgang noch einmal in einer graphischen Darstellung.

Beim Prüfziffernverfahren wird jede Datenstelle der Schlüsselnummer mit einem jeweils der Datenstelle entsprechenden Faktor multipliziert. Die Summe bzw. Quersumme der für jede Datenstelle errechneten Produkte wird dann durch einen festgelegten Divisor, Modulus genannt, dividiert. Der Divisionsrest oder die Differenz aus dem Quotienten und der mit Null endenden nächsthöheren Zahl oder die Differenz aus Modulus und Divisionsrest ergeben dann die Prüfziffer. Buchstaben werden wie Ziffernkombinationen behandelt. Eine mathematische Untersuchung der Fehleraufdeckung ergab, daß die Sicherheit bei den genannten Fehlern noch gesteigert werden kann, wenn für die einzelnen Datenstellen unterschiedliche Faktoren gewählt werden und für den Modulus eine möglichst große Primzahl festgelegt wird.

Bei der Prüfziffernmethode werden folgende Grundverfahren unterschieden:

- Kontrollmethode bei numerischen Datenstellen durch Anhängung einer Prüfziffer

- Kontrollmethode bei numerischen Datenstellen durch Anhängung eines Prüfbuchstabens und

- Kontrollmethode bei alphanumerischen Datenstellen durch Anhängung einer Prüfziffer bzw. eines Prüfbuchstabens.

Die Prüfziffer nach dem Verfahren Modulo 11 (in der Praxis überwiegend verwendet) wird folgendermaßen errechnet:

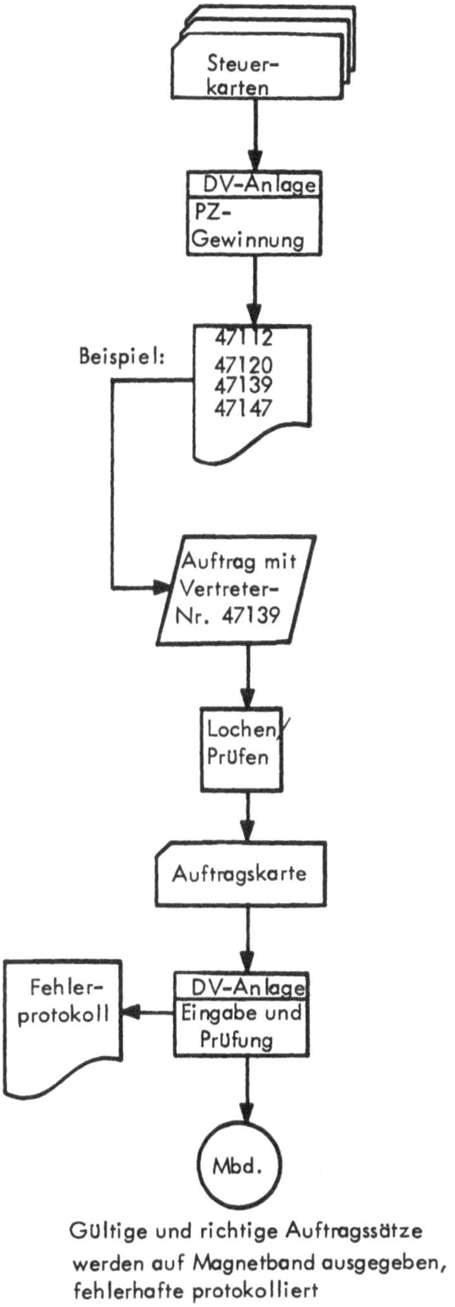

Bei der Einführung

Gewinnung der neuen Schlüssel mit Prüfziffer zum Zeitpunkt der Einführung

Liste der Schlüssel (mit 0001 P beginnend) mit Prüfziffer nach Modulo 11 (letzte Stelle = errechnete Prüfziffer)

Bei Erfassung, Eingabe und Übertragung

Kundenauftrag mit Vertreter-Nr.

Übertragen des Auftrages in Lochkarten

Auftragskarte mit Vertreter-Nr.

Eingabe und Prüfung der Auftragsdaten: Neue Errechnung der Prüfziffer und Vergleich mit eingegebener Prüfziffer nach Modulo 11

4 7 1 3

x2 = 6

x3 = 3

x4 = 28

x5 = 30

11 - 2 = 9 (=Prüfz.)   57 : 11 = 5,R.2

Bild 190: Prüfziffernverfahren

- den Stellen einer jeden Ziffer werden von rechts nach links in aufsteigender Folge die Faktoren 2, 3, 4 usw. fest zugeordnet. Hat eine Zahl mehr als 6 Stellen, so erhalten von der siebenten Ziffer ab die Stellen wieder die Faktoren 2, 3, 4 usw.

- jede Ziffer wird dann mit dem zugehörigen Faktor multipliziert

- die Ergebnisse der einzelnen Multiplikationen werden addiert

- die auf diese Weise gebildete Summe der Produkte wird durch 11 dividiert

- ergibt sich kein Rest, ist die Prüfziffer gleich Null

- ist der Divisionsrest ungleich Null, so wird dieser von 11 subtrahiert

- die Differenz ist dann die Prüfziffer.

Durch das Modulo 11-Verfahren werden Zahlendreher und Substitutionsfehler in einer Datenstelle aufgedeckt. Bei mehrfachen Substitutionen benachbarter oder entfernter Datenstellen bleiben nur diejenigen Fehler unerkannt, die dem Ausgleich der Produktdifferenz entsprechen oder bei denen die Summe der Produkte ein ganzes Vielfaches von 11 ergibt. Zahlen, bei denen der Divisionsrest 1 ist, können nicht nach dieser Methode geprüft werden, da hier die Differenz 11 - 1 = 10 eine zweistellige Zahl ergeben würde. Bei der Verwendung des Prüfziffernverfahrens nach Modulo 11 kann also kein lückenloses Nummernsystem benutzt werden, weswegen die Ergänzung klassifizierender Schlüssel mit einer Prüfziffer nach diesem Verfahren nicht möglich ist.

Ist dagegen ein lückenloses Nummernsystem notwendig oder erwünscht, so kann das Modulo 10-Verfahren für die Prüfziffernerrechnung verwendet werden. Bei diesem Verfahren wird die Prüfziffer nach folgender Methode errechnet:

- von der Einerstelle ausgehend wird jede in einer ungeraden Stelle der Grundzahl stehende Ziffer mit 2 multipliziert

- aus jedem zweistelligen Produkt wird die Quersumme gebildet

- die Ergebnisse der Multiplikation und die Ziffern in den geraden Stellen werden addiert

- die Summe wird von der nächsthöheren, auf Null endenden Zahl subtrahiert

- die ermittelte Differenz ist die Prüfziffer.

Statistische Untersuchungen haben ergeben, daß bei Verwendung dieses Zahlenprüfverfahren 97 % aller Fehler (gegenüber 99,99 % beim Modulo 11-Verfahren) erkannt werden. Diese Prozentzahl bezieht sich auf typische Erfassungsfehler, die Substitution einer Zahl und Zahlendreher.

Sofern das Unternehmen nicht einen Austausch von Datenträgern mit anderen Unternehmen oder Instituten beabsichtigt, kann der EDV-Organisator allein von der Zweckmäßigkeit her das Prüfziffernverfahren wählen. Will sich das Unternehmen dagegen beispielsweise dem Klarschriftleseverfahren der Deutschen Bundespost anschließen, so muß der EDV-Organisator das von der Deutschen Bundespost vorgeschriebene Prüfziffernverfahren verwenden. Bild 191 zeigt je ein Beispiel für eine Prüfziffernrechnung nach Modulo 11 und Modulo 10.

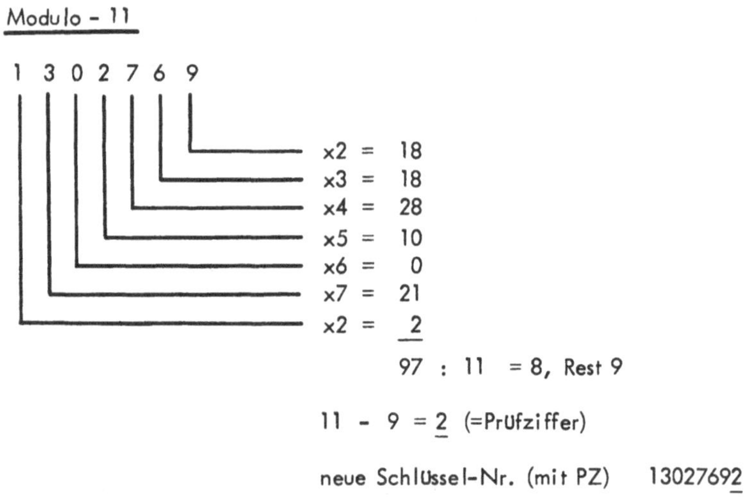

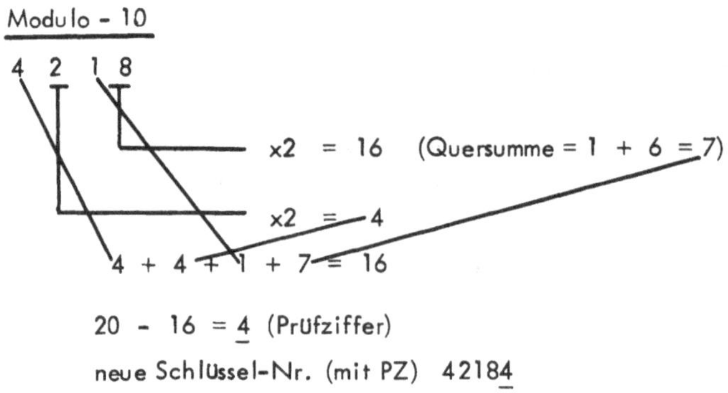

Bild 191: Prüfziffernverfahren nach Modulo 11 und 10 (Beispiele)

Festlegung der Ausgabedaten

Welche Einzelheiten hat der EDV-Organisator bei der Gestaltung von Formularen und Listen zu beachten? Ausgehend von den vorgesehenen Ausgabedaten und dem Zweck der Verwendung muß er zuerst festlegen, ob ein Vordruck verwendet werden soll oder aber ob Blankopapier genügt. Für die Entscheidung zugunsten eines Vordruckes gibt es drei Gründe:

- ein Vordruck ist gesetzlich oder rechtlich vorgeschrieben (Steuererklärungen, statistische Berichte, Mahnungen usw.)

- ein Vordruck entspricht dem üblichen Geschäftsverkehr (Rechnungen, Lieferscheine, Zahlkarten, Lohnabrechnungen, Kontoauszüge usw.)

- ein Vordruck wird aus wirtschaftlichen Gründen gewählt (bessere Übersichtlichkeit, spätere Verwendung als Erfassungsbeleg, Notwendigkeit zusätzlicher Hinweistexte usw.).

Der EDV-Organisator sollte sich immer dann für Blankopapier entscheiden, wenn nicht rechtliche oder verkehrsübliche Gründe oder eine technisch-wirtschaftliche Rechtfertigung zur Verwendung von Vordrucken bestehen. Bei der Verwendung von Blankopapier können (vor allem bei geringer Formularanzahl je Druckgang) erhebliche Rüstzeiten gespart werden, weil der Drucker nicht bei jedem Formularwechsel umgerüstet werden muß. Aus den genannten Gründen wird man vor allem bei innerbetrieblicher Verwendung zu Blankopapier greifen (soweit nicht die Übersichtlichkeit darunter leidet und nicht allzu viele Texthinweise notwendig sind), um die Vordruckkosten sowie wertvolle Computerzeit für das Umrüsten zu sparen. Muß der Aufbau eines Formulars geändert werden, so ist auch hier die Verwendung von Blankopapier von Vorteil. Die gegenüber dem Vordruck schlechtere Übersichtlichkeit bei Blankopapier kann dadurch verbessert werden, daß man den Druck etwas großzügiger anordnet und zusätzliche Zeilen- und Formularbegrenzungen vorsieht.

Doch auch bei Vordrucken lassen sich die Zeiten für das Umrüsten reduzieren, indem man das Druckbild so gestaltet, daß mehrere ähnliche Zwecke mit dem gleichen Vordruck abgedeckt werden. Die Zusammenfassung von Rechnung und Lieferschein auf einem Vordruck oder ein einheitlicher Beleg für Normal- und Stornobuchungen sind Beispiele hierfür; die unterschiedliche Verwendung des Beleges ist dann entweder vorgedruckt oder aber wird durch den Computer selbst eingesetzt.

Als nächstes hat der Organisator das Formular-Format zu wählen. Hierbei sollte er immer versuchen, ein Format so festzulegen, daß

- DIN - Größen verwendet werden

- die Formate verschiedener Belege für geschlossene Ablagen zusammenpassen und

- Belege für den Versand in genormten Versandtaschen ohne zusätzlichen Aufwand untergebracht werden können.

Schließlich muß der EDV-Organisator in Zusammenarbeit mit den betreffenden Fachabteilungen festlegen, wie viele Kopien zu drucken sind. Die Frage der Kopieanzahl ist meist ein sehr lästiges Problem bei der Formulargestaltung, weil einerseits Schnelldrucker nur eine begrenzte Anzahl gebrauchsfähiger Durchschläge (durchschnittlich zwischen 3 und 5) liefern und auf der anderen Seite noch immer die überholte Vorstellung besteht, daß möglichst jeder Interessent eine eigene Kopie erhalten muß. In vielen Fällen würde es statt dessen genügen, wenn mehrere Mitarbeiter oder Abteilungen Zugriff zu einer Zentralablage hätten und deshalb nicht eigene Kopien benötigten. Aus diesem Grunde sollte zunächst einmal geprüft werden, ob man nicht ganz oder wenigstens teilweise auf Kopien verzichten kann. Abgesehen von den erhöhten Formularkosten und den Arbeitskosten für das Trennen der Kopien, fallen in den Fachabteilungen weitere Kosten durch die Ablage und das Verwalten zusätzlicher Exemplare an. In allen anderen Fällen ist die Anzahl der Kopien genau festzulegen, wobei auf technische und wirtschaftliche Umstände Rücksicht genommen werden sollte. Diese Umstände liegen vor allem in

- der Formularherstellung (Art des Kopierverfahrens: Kohlepapier oder chemisch getränktes Papier; Festigkeit des Formularsatzes: Wahl der Formularheftung; Wahl der preisgünstigsten Formathöhen und -breiten)

- der günstigsten Gewinnung auf der EDV-Anlage und

- kostengünstiger Separierung des Kohlepapiers und Kopientrennung.

Die Zeilenbreite von durchschnittlich 132 bis 150 Zeichen der meisten Schnelldrucker ermöglicht die Herstellung zusätzlicher Kopien durch Paralleldruck. Hierbei wird der gleiche Text ohne Zeitverlust zweimal nebeneinander gedruckt, wenn die genannte Breite für die Herstellung zweier Parallelformulare ausreicht. Eine gleiche oder zusätzliche Wirkung ist auch durch Wiederholungsdruck zu erzielen, bei dem der gleiche Inhalt zweimal nacheinander gedruckt wird; dies gilt vor allem dort, wo die Breite des Druckers für einen Paralleldruck nicht ausreicht. In diesem Zusammenhang sei darauf hingewiesen, daß eine Reihe von Schnelldruckern mit geteilter Papierbahn und zweifachem Papiervorschub ausgestattet ist oder werden kann, wodurch die gleichzeitige Beschriftung verschiedener Formulargrößen in <u>einem</u> Druckgang möglich ist. Genügt die Kopienanzahl im Parallel- oder Nacheinanderdruck noch immer nicht für die Anzahl der benötigten Exemplare, so kann man mit jedem Schnelldrucker auch kopier- oder druckfähige Originale beschriften, von denen dann mit Hilfe einer der gebräuchlichen Vervielfältigungsgeräte oder Druckmaschinen die gewünschte Anzahl von Exemplaren hergestellt wird. Bei allem Streben nach Wirtschaftlichkeit sollte der EDV-Organisator aber nicht so weit gehen, die Anzahl der Maschinendurchschläge bis zur Fastunleserlichkeit heraufzusetzen. Die Hersteller von EDV-Anlagen lassen zwar meist bis 6 oder sogar 8 Durchschläge zu, was jedoch in den meisten Fällen bei mehr als 3 - 4 Kopien zu Unübersichtlichkeit, Rückfragen und Lesefehlern bei den letzten Kopien führt.

Leitsätze für die Gestaltung von Formularen und Listen

1. Für betriebsinterne, z.T. auch für betriebsexterne Zwecke sollten statt Vordrucke Listen aus Blankopapier verwendet werden.

2. Die Druckanordnung ist so vorzunehmen, daß ein Gleichmaß an Aussagefähigkeit durch zweckmäßige Gestaltung und ein vertretbarer Rüst- und Maschinenaufwand erreicht wird.

3. Auch die letzten Kopien müssen lesbar sein; gegebenenfalls Paralleldruck oder mehrere Druckdurchläufe.

4. Die Köpfe von Blankolisten sind hinsichtlich Inhalt und Anordnung zu standardisieren.

5. Bei Blankolisten ist der Text in Kopf und Überschriften sinnvoll abzukürzen, gegebenenfalls durch Doppelzeile.

6. Die zu druckenden Zeilen sind nach Überschrift-, Posten-, Zwischensummen-, Gesamt-, Übertragungs- und Fußzeilen zu gliedern.

7. Es ist stets eine maschinelle fortlaufende Numerierung der Formular- bzw. Listenseiten vorzusehen.

8. Alphabetische Felder im Formular-Entwurfsblatt sind mit A- A, numerische Felder durch 9 - 9 zu kennzeichnen.

9. Auch die zu druckenden Vorzeichen sind (vor oder hinter den numerischen Werten) einheitlich zu kennzeichnen.

10. Beim Entwurf von Formularen und Listen sind technische Einzelheiten von Druck (=Vordruck), Beschriftung (durch Schnelldrucker), Schneiden und Separieren sowie Ablage oder Versand zu berücksichtigen.

11. Beim Listendruck auf Blankopapier sind Standard-Listenköpfe zu verwenden, so zum Beispiel

<u>Kopfzeile bei DIN A 3 (120 oder 132 Stellen)</u>

Stellen 10 - 17	Datum (TT.MM.JJ)
Stellen 29 - 88	Listenbezeichnung
Stellen 97 - 107	Programmnummer
Stellen 111- 119	"Seite XXX" (fortlaufende Nummer).

<u>Kopfzeile bei DIN A 4 (80 Stellen)</u>

Stellen 3 - 10	Datum
Stellen 15 - 52	Listenbezeichnung
Stellen 57 - 67	Programmnummer
Stellen 71 - 80	"Seite XXX" (fortlaufende Nummer).

12. Alle Listen und Formulare sollten einheitlich jeweils auf dem ersten oder letzten Blatt Hinweise für Verteilung und Versand enthalten, die mitzudrucken sind.

Bild 192 zeigt die Vorbereitung für den Aufbau von Listen und Formularen; die Aufbereitung des Druckbildes selbst

Name: VERKST	Vordruck: nein
Bezeichnung: Verkaufsstatistik	Original an: Verkaufsleiter
Zweck: mtl. Statistik	1. Kopie an: Verkaufssachbearb.
Sortierung: Bezirk, Kunde	2. Kopie an:
Zeilenabstand: 2 zeilig	3. Kopie an:
	4. Kopie an:

Aufbau

Zeilenart	Zeilen-Nr.	Inhalt
Überschriftszeilen	1	Programm-Nr., Bezeichnung, Periode, Datum, lfd. Nr.
Kopfzeilen	2	BZ, KND, UMSVM, UMSM, ABW, %, BEMERKG
Postenzeilen	3 … 27	25 Normalzeilen, Übertrag möglich
Summenzeilen	28	entspr. Kopfzeile
Fußzeilen		—

Bild 192: Aufbau von Formularen und Listen

wird mit Hilfe der handelsüblichen Formular-Entwurfsblätter in Matrixform vorgenommen.

Festlegung der Speicherorganisation

Zu den Hauptmerkmalen von EDV-Anlagen gehört die Speicherung großer Datenbestände auf externen Speichern, vorzugsweise Magnetbändern und Magnetplatten. Während früher die Programme im Mittelpunkt des EDV-Prozesses standen (die zu ihrem Ablauf bestimmte Datenbestände benötigten), sind es heute Dateien oder Datenbanken, die mit Hilfe zahlreicher Programme bearbeitet, geändert, gesichert und ausgewertet werden.

So wie der Sachbearbeiter für die Bearbeitung eines Auftrages seine Kunden- und Artikelkartei verwendet, werden auch bei der elektronischen Datenverarbeitung zusammengehörende Gruppen von Daten benutzt, die wir als Datenbestände oder Dateien (engl. files) bezeichnen. Eine Datei ist also ein geschlossener Datenbestand, wie beispielsweise die Kunden-, Artikel-, Lieferanten-, Personalstamm-, Arbeitsplan- oder Debitorendatei. Je nach ihrem Verwendungszweck unterteilen wir die Dateien üblicherweise in

- Bewegungsdateien (= neue Geschäftsvorfälle, die nur eine zeitlang zwischengespeichert werden, z.B. Bestelldatei)

- Stammdateien (= auskunftsgebende Dateien, die nur bei Bedarf geändert werden, z.B. Personalstammdatei) und

- Bestandsdateien (=Dateien mit meist periodischer Änderung durch Fortschreibung, z.B. Lagerbestandsdatei).

Bevor nun eine solche Datei aufgebaut werden kann, muß sich der EDV-Organisator eine Reihe von Fragen vorlegen. Zu diesem Fragenkatalog gehören

- <u>anwendungsbezogene Merkmale</u>

  - Dateiname
  - Dateibezeichnung
  - Dateiart (Bewegungs-, Stamm- oder Bestandsdatei)
  - Umfang der Datei (Anzahl Datensätze)
  - Ordnungsmerkmale (Sortiermerkmale)
  - Verwendung der Datei
  - Anzahl der Bewegungen, das heißt Zu- und Abgänge innerhalb der Datei
  - Inanspruchnahme der Datei

- <u>speicherungstechnische Merkmale</u>

  - Welcher Datenträger ist für eine gegebene Datei am besten geeignet?
  - Wie groß ist der technische Speicherbedarf einschließlich einer Reserve?
  - Welche Speicherungsform und Verarbeitungsmethode (Zugriffsart, Adressierung, Satzeinteilung, Blockung) ist für die Datei am besten geeignet?
  - Welche technische Datensicherung (Hardware- und Software-Kontrollen) muß vorgesehen werden?
  - Sollen die Daten Teil einer Datenbank werden?

Jede Datei besteht aus einer meist großen Anzahl gleichartiger Datensätze (engl. records), wobei der einzelne Datensatz die logische Einheit zusammengehörender Daten bildet (logischer Datensatz). Während also die Kundendatei alle Kunden eines Unternehmens umfaßt, beinhaltet der Kunden-Datensatz alle Daten, die zu einem einzelnen Kunden gehören, wie beispielsweise Kundennummer, Name und Anschrift des Kunden, Lieferungskonditionen, Rabattsätze usw. In der Regel ist jeder Satz derselben Datei gleich aufgebaut und nimmt einen bestimmten Platz innerhalb dieser Datei ein. Jeder Datensatz selbst wird in einzelne Datenfelder (engl. fields) unterteilt, die die Speicherplätze für die Aufnahme der einzelnen Begriffe sind. Ein Daten- oder Satzfeld setzt sich wiederum aus einzelnen Zeichen zusammen. Die Sätze einer Datei sind entweder alle gleich lang (feste Satzlänge) oder haben eine unterschiedliche Länge (variable Satzlänge). Während die Verwendung einer festen Satzlänge Vorteile für die Programmierung mit sich bringt, jedoch meist mehr Speicherraum benötigt, wird bei einer variablen Satzlänge zwar Speicherraum gespart, jedoch umgekehrt ein größerer Programmierungsaufwand gebraucht. Vom logischen Datensatz (anwendungsbezogen) unterscheidet sich der physische oder physikalische Datensatz, der den Besonderheiten des Speichermittels und seiner wirtschaftlichen Nutzung Rechnung trägt. Bild 193 zeigt den Aufbau und Bild 194 die speicherungstechnischen Merkmale einer Datei. In Bild 195 ist eine Übersicht über die Dateiarten dargestellt.

Unter der Daten- oder Dateiorganisation externer Speicher versteht man die Form der Datenspeicherung und die Methode der Verarbeitung eines gespeicherten Datenbestandes. Im einzelnen kommt es hierbei auf folgende Fragen an:

- Welches Speichermittel wird verwendet?

- Welche Speicherungsform wird gewählt, das heißt welchen Aufbau hat eine Datei und wie werden die einzelnen Teile der Datei wieder auffindbar gemacht?

- Welche Verarbeitungsmethode wird gewählt, das heißt wie können die Datei bzw. Teile

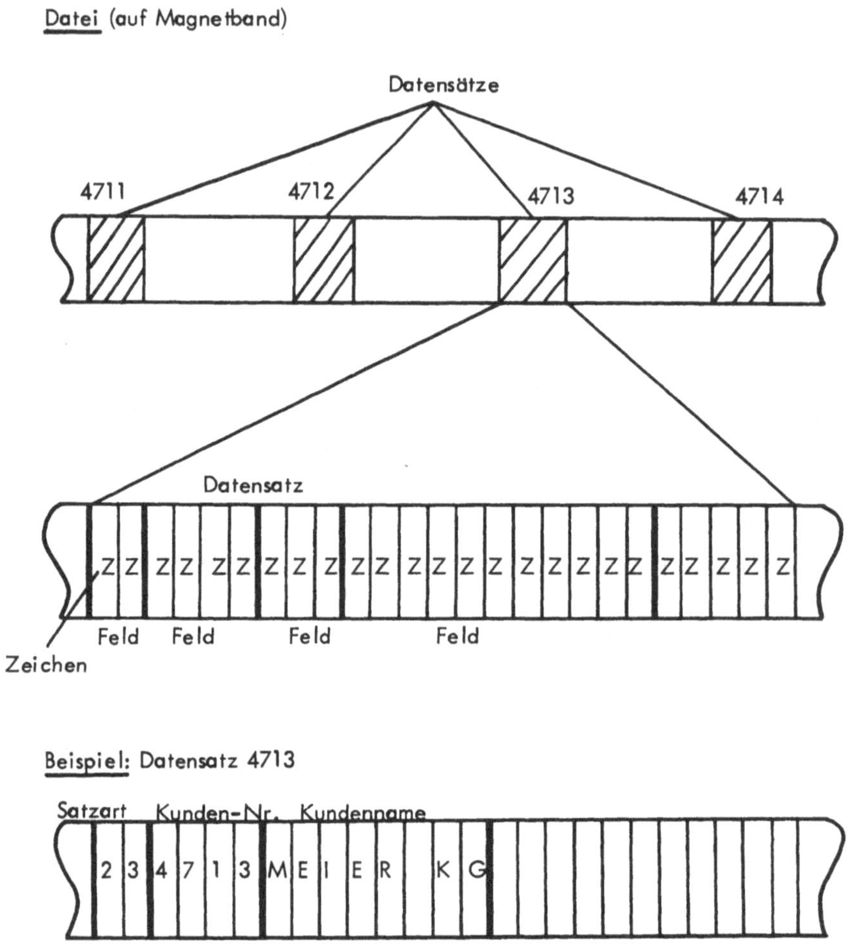

Bild 193: Aufbau einer Datei

davon angesprochen, verändert und verarbeitet werden?

Dateiorganisation ist also die Methode, die Datensätze so im externen Speicher anzuordnen, daß die Speicherkapazität bestmöglich genutzt wird und die Datensätze in kürzester Zeit für die Verarbeitung verfügbar sind.

Die Wahl von Art und Anzahl der externen Speicher wird nicht nur von den Anschlußmöglichkeiten der EDV-Anlage her beeinflußt, sondern hängt vor allem ab von

DATEIAUFBAU

Dateiname: KUDAT
Dateibezeichnung: kundendatei
Dateifunktion: Stammdatei
Archiv-Nr.: PL 1412

Datenträger: Magnetplatte
Dateiumfang: 3.800 - 4.000
Speicherungsform: index-sequ.
Sortierbegriff: Kunden-Nr.

Dateiverwendung in anderen Systemen: Debitorenbuchhaltung

Dateiaufbau

Blockung

Block.-Fakt	Blocklänge	Blockform.

Plattenbereiche

Index	Daten	Überlauf
Zyl. 50	Zyl. 51-80	Zyl. 81

Dateisicherung

Kennsatz: Standard
Aufbewahrungsfrist: Normal
Anzahl Generationen: Duplikat
Reorganisation: halbjährlich
Update-Dateien: 2 x wöchentlich

Verkettung zu anderen Dateien: nein

Dateiverwendung	Verarbeitungsform	Sortierfolge
VAB 02T	index-sequ.	
VAB 08T	"	1. Kunden-Nr.
VAB 12M	"	
VAB 14M	"	

Enthaltene Satzarten

Satzart	Name	Bezeichnung	Länge	Anzahl	Bemerkungen
01	KUSTA	Kundenstamm-satz	156	4.000	

Bild 194: Dateibeschreibung

	Bewegungsdatei	Bestandsdatei	Stammdatei
Änderungshäufigkeit	Keine Änderung, da auf den Geschäftsvorfall bezogen	periodisch durch Fortschreibung	bei Bedarf
Aktualität	bezogen auf den Geschäftsvorfall	abhängig von den Veränderungen durch die Bewegungen	abhängig vom Änd.-dienst
Dauer der Speicherung	kurzfristig	langfristig	ständig
Verwendungszweck	Erfassung neuer Geschäftsvorfälle d.h. "Eingabe" als Folge der primären Datenerfassung	Fortschreibung und Speicherung der Geschäftsvorfälle	Auskunft und Vervollständigung

Bild 195: Dateiarten

- der Menge der zu speichernden Daten (Speicherkapazität)

- der Geschwindigkeit, mit der die Daten gespeichert oder gelesen werden können (Zugriffszeit) und

- der Zugriffsart (wahlfreier oder nicht wahlfreier Zugriff).

Wie aus Bild 196 ersichtlich, unterscheiden sich die angebotenen Speichermittel sowohl von ihrer Kapazität und Zugriffszeit her als auch nach ihrer Zugriffsart. Da die Zugriffsart bei allen externen Speichern mit Ausnahme des Magnetbandes gleich ist, können wir uns im Hinblick auf die Dateiorganisation (die eng mit der Zugriffsart verknüpft ist) auf das Magnetband (nicht wahlfreier oder serieller Zugriff) und den Magnetplattenspeicher (wahlfreier Zugriff) beschränken.

Die Zugriffsart, das heißt die Möglichkeit eines bestimmten Zugriffs zu den einzelnen Datensätzen einer Datei, ist die wesentlichste Voraussetzung für die Form der Dateiorganisation. Abhängig von der Zugriffsart unterscheiden wir folgende Speicherungsformen und Verarbeitungsmethoden:

Speicherungsform

- sequentielle Speicherung (nur Magnetband)

- index-sequentielle Speicherung (alle anderen Speichermittel)

- gestreute Speicherung (alle anderen Speichermittel)

Speichermittel	Kapazität (in Bytes)	mittlere Zugriffszeit	Zugriffsart
Magnetband	bis 100 Mio (auswechselbar)	starr fortlaufende Verarbeitung	seriell (nicht wahlfrei)
Magnetplattenspeicher	bis 50 Mio (auswechselbar)	30 - 100 Millisekunden	wahlfrei
Magnettrommelspeicher	bis 100 Mio (nicht auswechselbar)	unter 10 Millisekunden	wahlfrei
Magnetkarten- oder -streifenspeicher	bis 400 Mio (auswechselbar)	etwa 500 Millisekunden	wahlfrei

Bild 196: Eigenschaften externer Speicher

Verarbeitungsmethode

- starr fortlaufende Verarbeitung (nur Magnetband)
- logisch fortlaufende Verarbeitung (alle anderen Speichermittel)
- wahlfreie Verarbeitung (alle anderen Speichermittel).

Bild 197 zeigt eine Übersicht über die Speicherungsformen bei externen Speichern; hierbei werden Magnetplatten-, Magnettrommel-, Magnetkarten- und Magnetstreifenspeicher wegen ihrer gemeinsamen Zugriffsart mit dem Ausdruck Random-Speicher (engl. random = wahlfrei) bezeichnet.

Sequentielle Speicherung

Die wesentlichen Merkmale der sequentiellen Speicherung lassen sich wie folgt zusammenfassen:

- Alle Datensätze werden in ihrer logischen Folge hintereinander gespeichert.
- Die Datensätze müssen in der Regel vor der Verarbeitung auf- oder absteigend sortiert werden.
- Es besteht keine Beziehung zwischen dem Ordnungsbegriff (Schlüssel) eines Datensatzes und der Satzadresse.
- In der Regel erfolgt eine Zusammenfassung mehrerer logischer Datensätze zu einem Datenblock, um die Speicherkapazität besser auszunutzen.

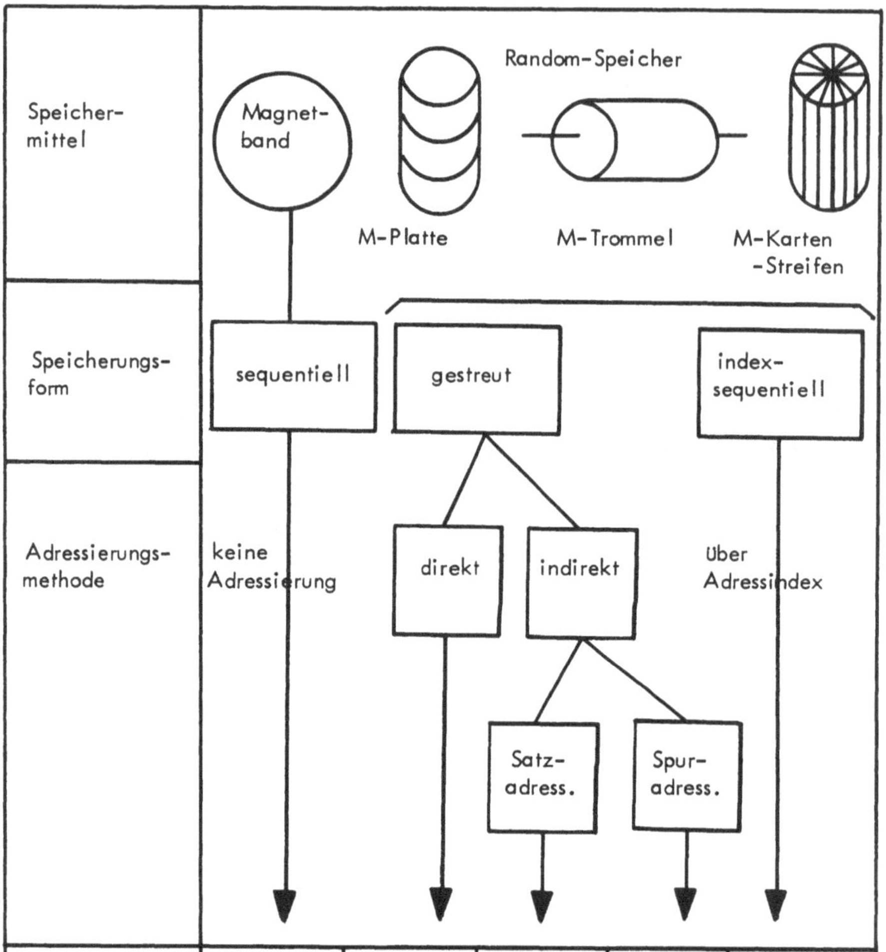

separates Schlüsselfeld?	nein	nein	möglich	erforderl.	erforderl.
Behandlung der Überlaufsätze	keine Überlaufsätze	keine Überlaufsätze	Es müssen besondere Überlaufbereiche oder die nächstmöglichen freien Plätze vorgesehen werden		
Blockung möglich?	ja	nein	nein	nein	ja

Bild 197: Speicherungsformen bei externen Speichern

- Es sind alle Satzformen (feste Satzlänge geblockt und ungeblockt, variable Satzlänge geblockt und ungeblockt) möglich.

Die sequentielle Speicherungsform wird sowohl bei Magnetbändern als auch bei Speichern mit wahlfreiem Zugriff (Random-Speicher) verwendet. Die Bilder 198 - 203 zeigen die Anwendung der sequentiellen Speicherung beim Magnetband, und Bild 204 bringt die sequentielle Speicherung auf Magnetplatte.

Index-sequentielle Speicherung

Die index-sequentielle Speicherungsform ist eine höhere Stufe der sequentiellen Speicherung und kann nur auf Random-Speichern angewendet werden. Bei dieser Art der Speicherung werden die Sätze entsprechend dem verwendeten Ordnungsbegriff logisch fortlaufend gespeichert, das heißt es besteht ein Zusammenhang zwischen dem Ordnungsbegriff des Datensatzes (z.B. der Kundennummer) und der Satzadresse. Beim Aufbau einer index-sequentiellen Datei werden die Datensätze nach ihrem Ordnungsbegriff sortiert gespeichert. Hierbei wird gleichzeitig die sogenannte Index-Tabelle aufgebaut. Eine solche Index-Tabelle ist als Übersetzungsverzeichnis zwischen Ordnungsbegriffen und Satzadressen vorstellbar. Zwar besteht keine feste rechnerische Beziehung zwischen Ordnungsbegriff und Satzadresse, doch kann jedem Schlüsselbegriff mit Hilfe der Index-Tabelle die jeweils zugehörige Satzadresse zugeordnet werden.

Der beim Laden einer Datei aufgebaute Adreß-Index setzt sich aus dem Spur-, dem Zylinder- und evtl. dem Haupt-Index (bezogen auf den Magnetplattenspeicher) zusammen, wobei der gesamte Adreß-Index einer mehrstufigen Adressen-Tabelle entspricht. Der Spur-Index steht jeweils in der ersten Spur eines Zylinders und enthält die höchsten Ordnungsbegriffe der Datensätze einer

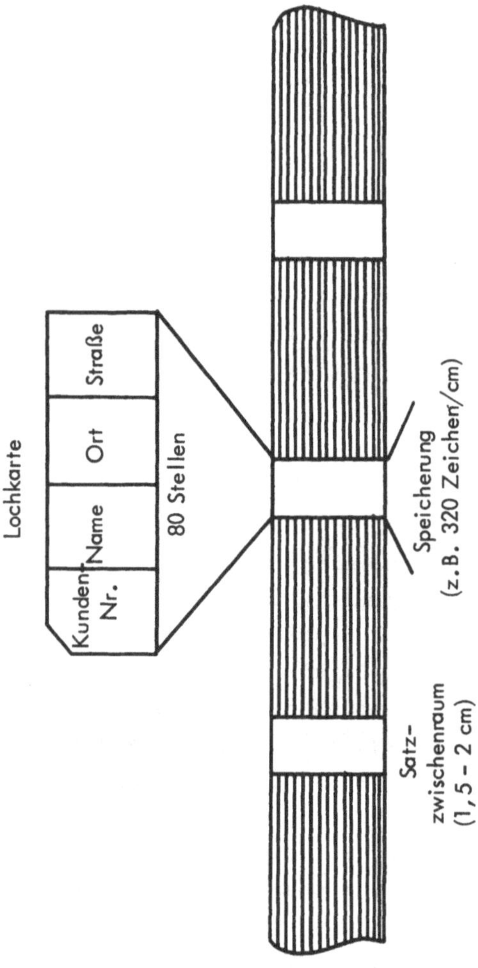

Bild 198: Datenspeicherung auf Magnetband

jeden Spur dieses Zylinders. Wird ein Datensatz auf diesem Zylinder gesucht, so läßt sich durch Abfragen des Spur-Indexes feststellen, in welcher Spur der Satz zu finden ist. Der Zylinder-Index enthält dagegen die jeweils höchsten Ordnungsbegriffe der Datensätze der einzelnen Zylinder innerhalb einer Speichereinheit. Wird ein Satz gesucht, so gibt der Zylinder-Index an, in welchem Plattenzylinder der Datensatz zu finden ist.

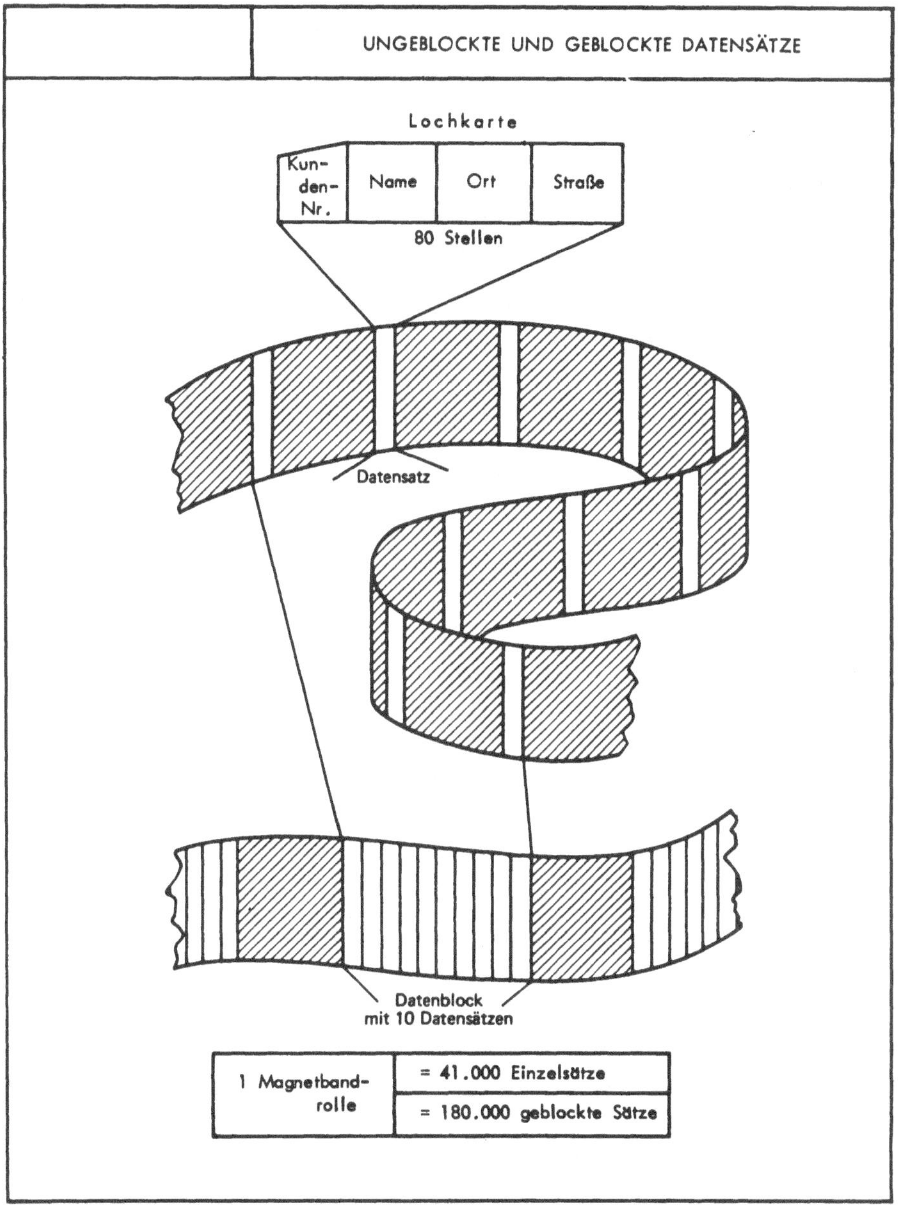

Bild 199: Ungeblockte und geblockte Datensätze

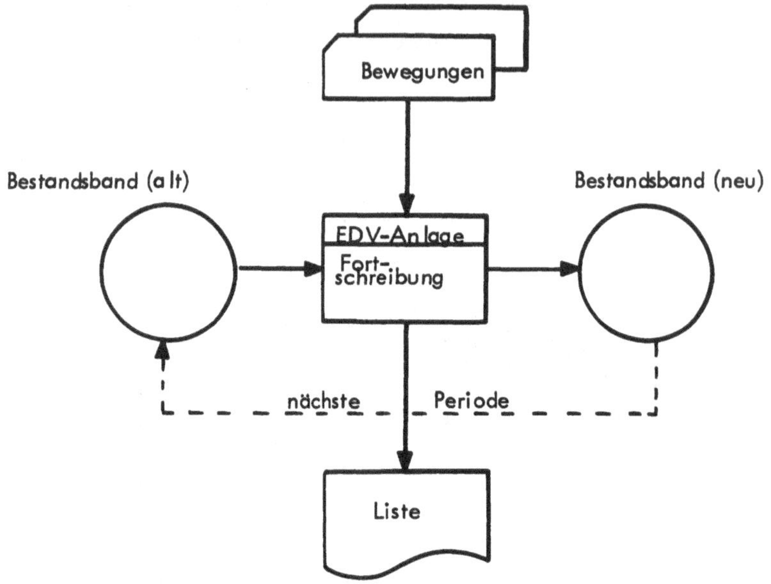

<u>Beispiel:</u> <u>Fortschreiben eines Lagerbestandes</u>

Eingabe:	Lagerbestände der Vorperiode über Magnetband; Lagerzu- und -abgänge der Buchungsperiode über Lochkarten
Verarbeitung:	Lagerbestandsfortschreibung: Alter Bestand + Zugänge - Abgänge = Neuer Bestand
Ausgabe:	Speichern der neuen Lagerbestände auf Magnetband; Drucken einer Lagerbestandsliste
Bemerkungen:	Alle eingegebenen Datensätze von Magnetband und Lochkarten müssen dieselbe Sortierordnung, z.B. aufsteigende Artikel-Nr.-Folge, besitzen. Alle Datensätze des Bestandsbandes alt (auch die nicht bewegten!) werden auf das Bestandsband neu übertragen.

Bild 200: Datenfortschreibung auf Magnetband

Erst danach wird der Spur-Index des betreffenden Zylinders abgefragt, der schließlich die Spur angibt, auf der sich der Satz befindet. Der Zylinder-Index ist dem Spur-Index übergeordnet und befindet sich normalerweise am Anfang eines Plattenspeichers. Der Haupt-Index

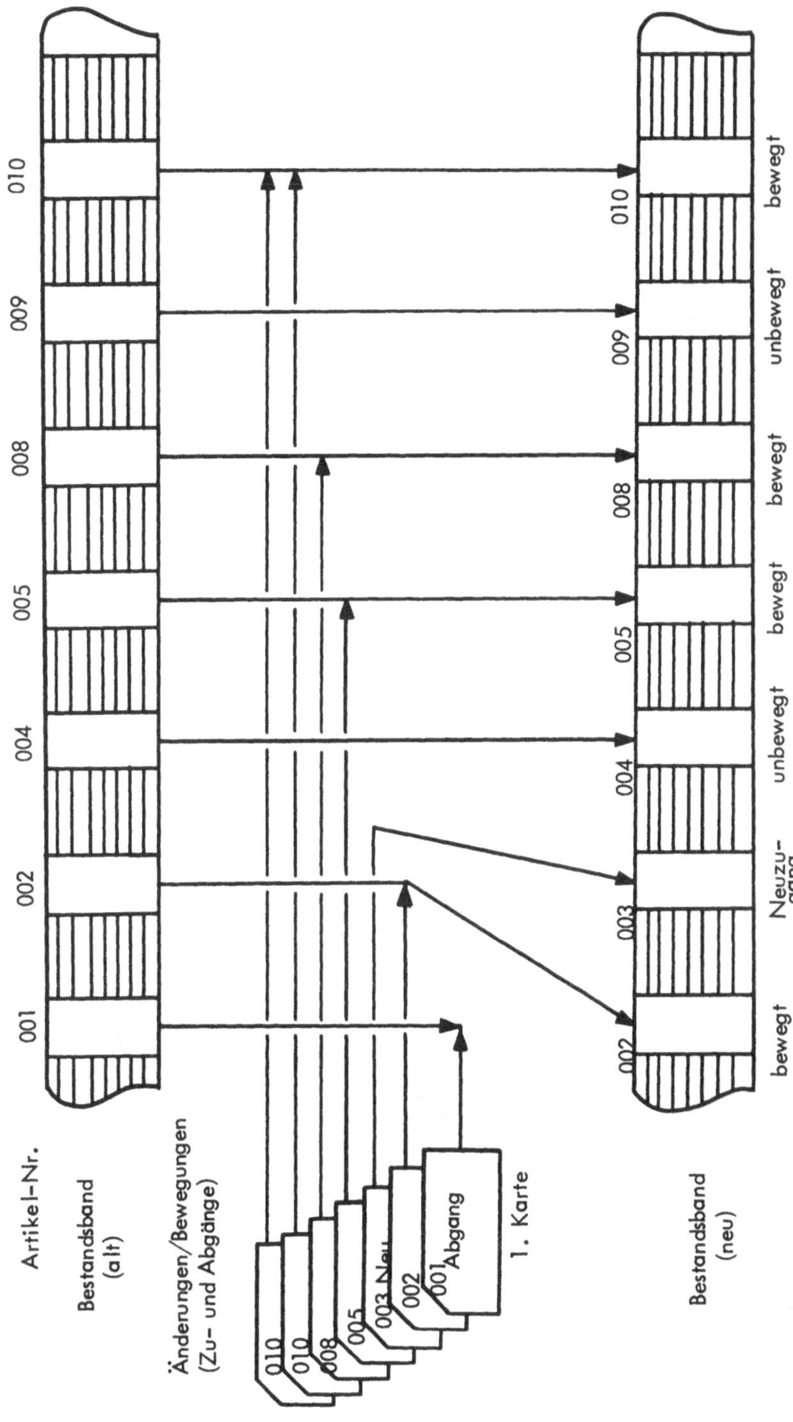

Bild 201: Verbuchen auf Magnetband

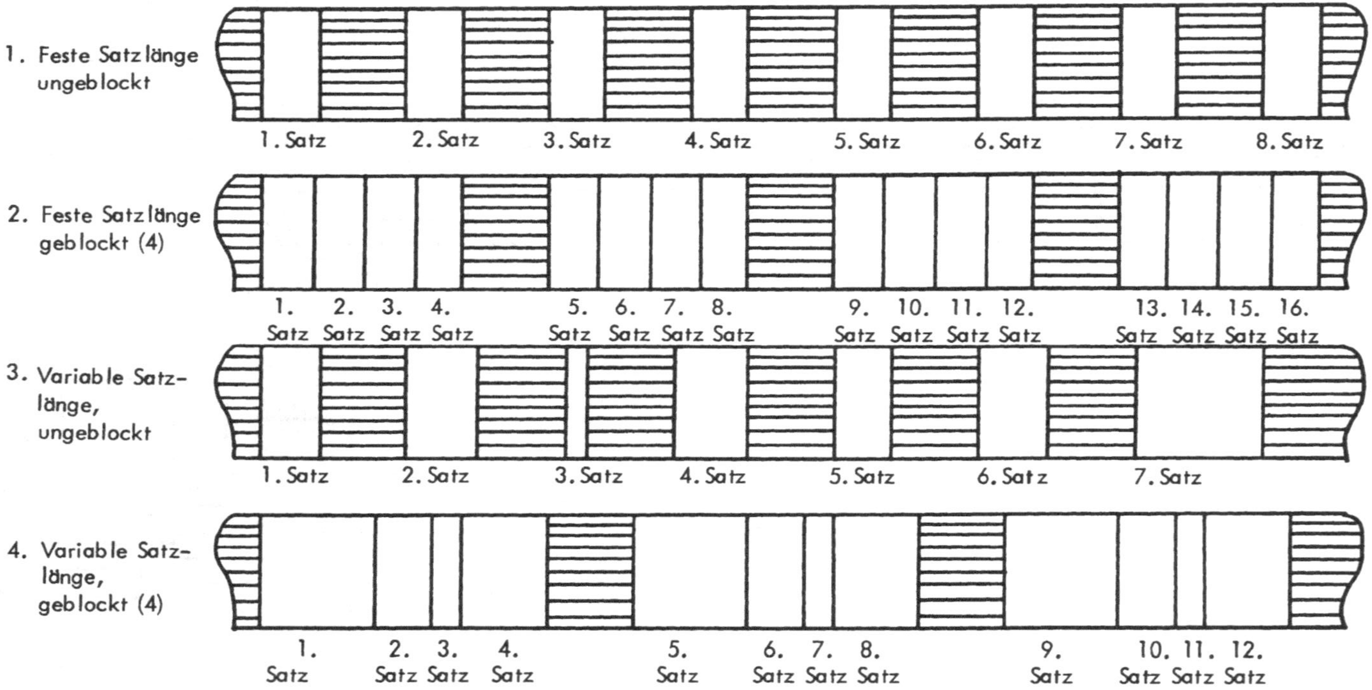

5. Variable Satzlänge, : ohne Längenangabe

Die Satzlänge muß vor dem Schreiben des Satzes in einem Register aufgebaut werden. Wird der Satz gelesen, so ermittelt das Steuerprogramm die Satzlänge und stellt sie in einem Register zur Verfügung.

Bild 202: Satzformen bei der Magnetbandspeicherung

Beispiel: Kluft = 2 cm
Bytes je Satz = 80
Zeichendichte = 320 Bytes/cm

$$Ls = 2 + \frac{80}{320} = 2{,}25 \text{ cm}$$

Errechnung der Anzahl der auf einem Magnetband gespeicherten Datensätze (oder Datenblocks):

$$\text{Anzahl Sätze K} = \frac{\text{Länge des Magnetbandes in m x 100}}{\text{Länge eines Satzes in cm}}$$

Beispiel: Bandlänge = 720 m
Satzlänge Ls = 2,25 cm

$$K = \frac{720 \times 100}{2{,}25} = \underline{\underline{32.000 \text{ Sätze}}}$$

Folgende Formeln benutzt der Organisator für die Zeitberechnung: [1)]

$$\text{Lese-/Schreibzeit LS} = \frac{\text{Anzahl Bytes}}{\text{Geschwindigkeit}}$$

Beispiel: Anzahl Bytes = 20.000 Sätze à 200 Bytes = 4.000.000 Bytes
Lese-/Schreibgeschwindigkeit = 40.000 Bytes je Sekunde

$$LS = \frac{4.000.000}{40.000} = 100 \text{ Sek.}$$

Gesamte Start-/Stopzeit GS = Anzahl Satzzwischenräume x Start-/Stopzeit

Beispiel: Anzahl Satzzwischenräume (ohne Blockung) = 20.000
Start-/Stopzeit (vom Hersteller festgelegt) = 20 ms

$$GS = \frac{20.000 \times 20}{1.000} = 400 \text{ Sek.}$$

Gesamtzeit = LS + GS

Beispiel: 100 + 400 = 500 Sek. = ca. 9 Minuten

1) Jede Zeitberechnung bei Magnetband setzt sich aus der Zeit für das Lesen bzw. Schreiben eines Satzes (Blocks) und der Zeit für das Starten und Stoppen je Satz (Block) zusammen.

Bild 203: Berechnungen bei der Magnetbandspeicherung

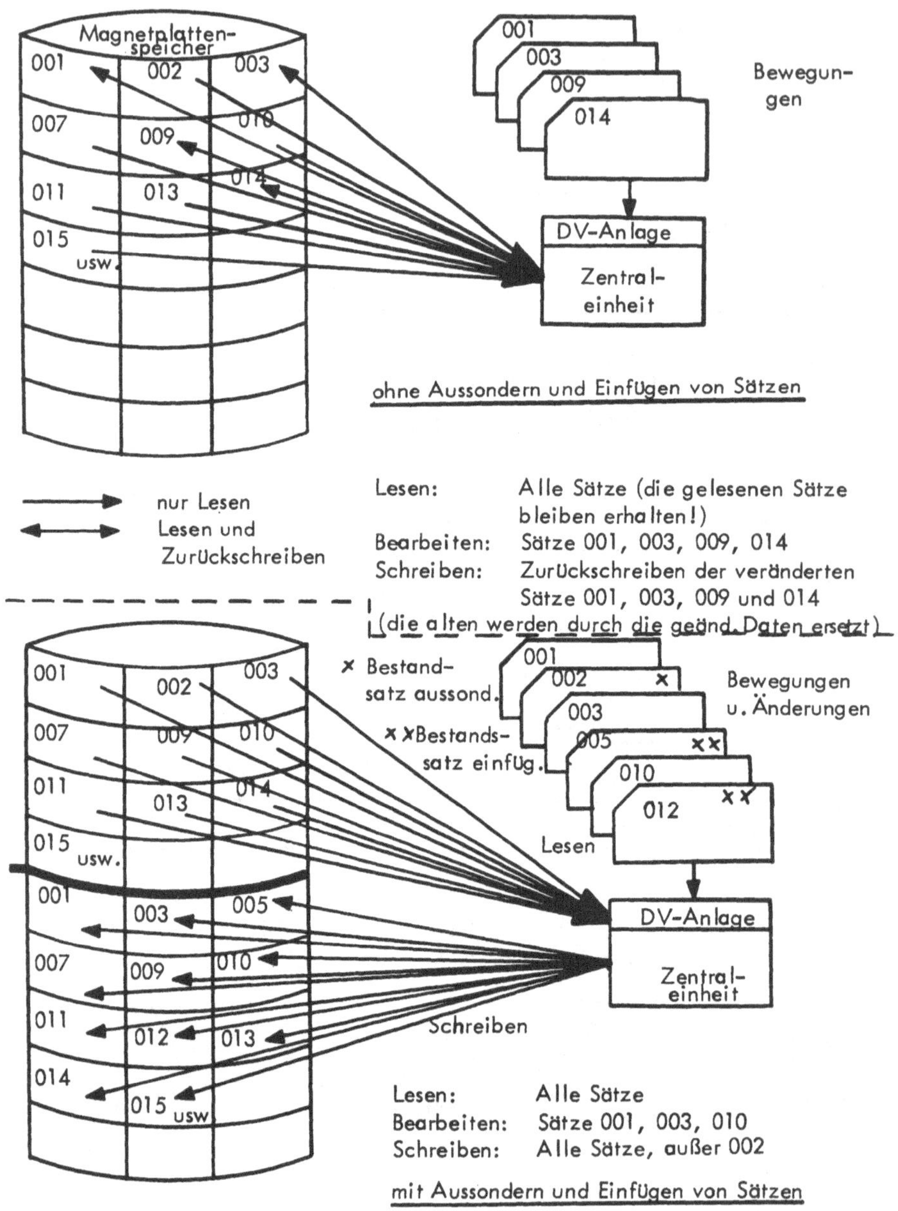

Bild 204: Sequentielle Speicherung auf Magnetplatten

bildet die höchste Stufe der Index-Tabelle. Er wird aber nur dann benötigt, wenn der Zylinder-Index zu umfangreich wird und das Abfragen zu lange dauern würde, wie beispielsweise bei Dateien, die über mehr als einen Plattenstapel gehen.

Bild 205 zeigt den Zusammenhang zwischen Ordnungsbegriff eines Datensatzes und der Speicheradresse mit Hilfe eines Adreß-Indexes. Bild 206 bringt die indexsequentielle Speicherung, unmittelbar nach dem Laden (=Erstellen) einer Datei, anhand eines Beispiels.
Der Haupt-Index enthält im vorliegenden Beispiel den Schlüsselbegriff 2000 als höchste Eintragung des Zylinder-Indexes. Im Zylinder-Index ist für jeden Zylinder der höchste Ordnungsbegriff als Hinweis gespeichert; wie aus der Spurenbelegung des Zylinders 1 ersichtlich, trägt der letzte Datensatz den Ordnungsbegriff 0100. Genauso verhält es sich mit den folgenden Schlüsselbegriffen der restlichen Zylinder, und zwar von 0800 im Zylinder 2 bis 2000 im Zylinder 5. Der Ordnungsbegriff im Zylinder mit der höchsten Nummer deckt sich mit dem Ordnungsbegriff im Haupt-Index.

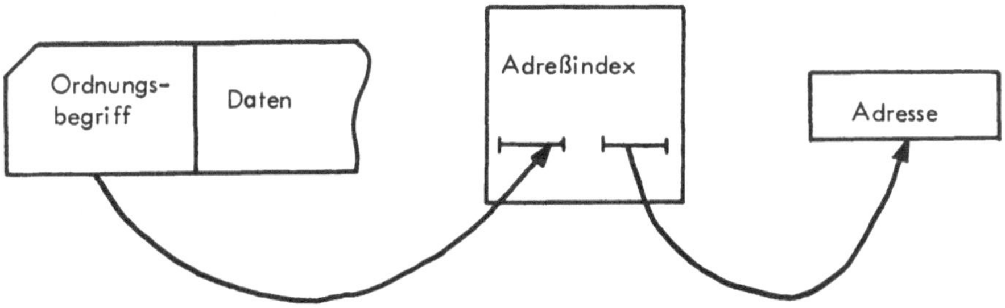

Bild 205: Index - sequentielle Speicherung

Wie der Darstellung in Bild 206 weiter zu entnehmen ist, wird der Spur-Index auf der Plattenspur 0 des jeweiligen Zylinders gespeichert. Das Beispiel zeigt die Schlüssel 0010 in Spur 1, 0025 in Spur 2 bis hin zu 0100 in Spur 7 für den Spur-Index. Im Spur-Index wird jetzt die Ver-

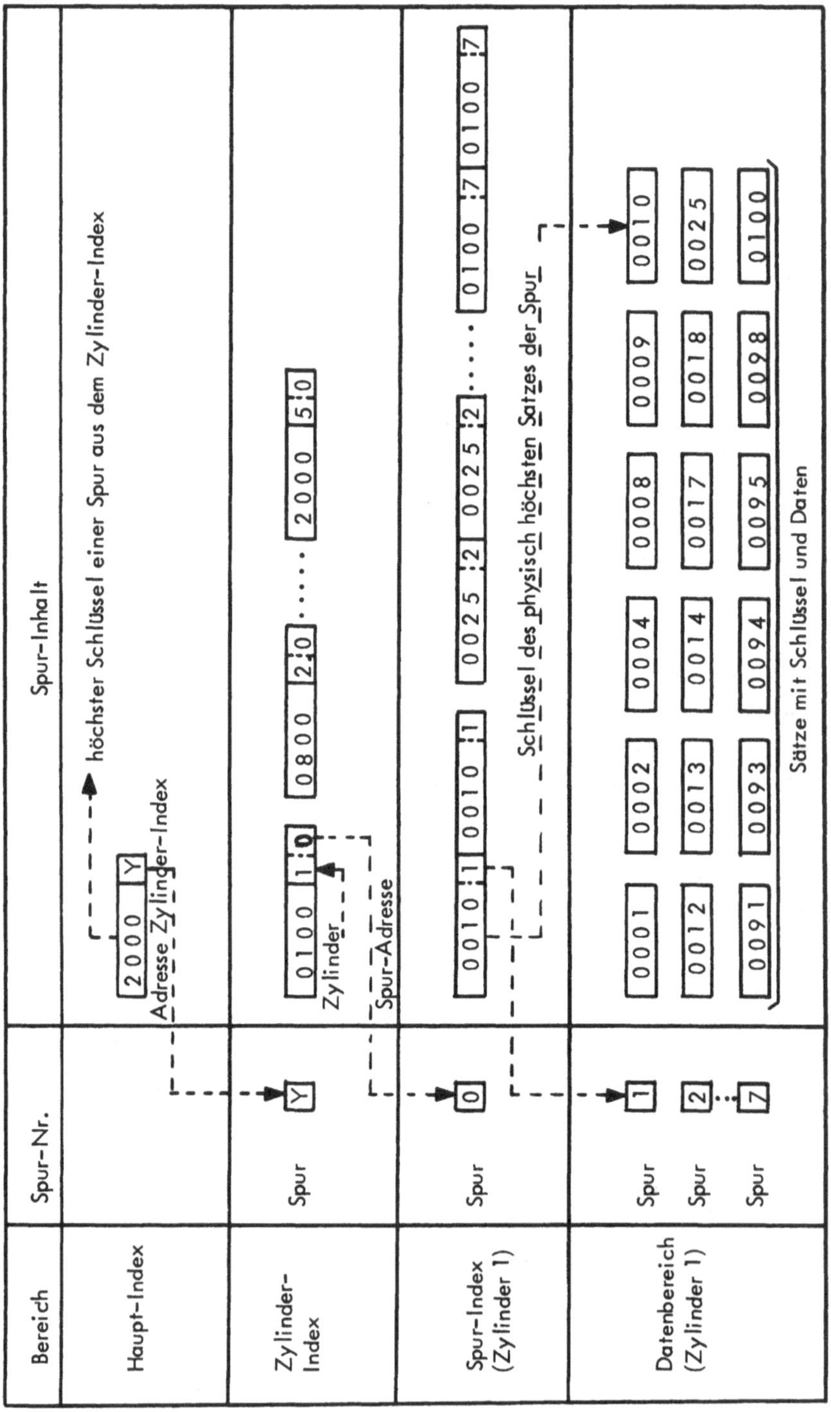

Bild 206: Index-sequentielle Speicherung, direkt nach dem Laden

bindung zum Datenbereich des betreffenden Zylinders hergestellt, wobei je Spur, wie dem Bild zu entnehmen ist, zwei Eintragungen vorgenommen werden. Die erste (linke) Eintragung enthält den höchsten Ordnungsbegriff einer Spur und die dazugehörige Spurnummer. Direkt anschließend folgt je Spur die sogenannte Folgeeintragung.

Die Eintragung entspricht der ersten Eintragung zum Zeitpunkt des Ladens. Wird später ein Neuzugang eingefügt, wie in Bild 207 dargestellt, so wird in diesem rechten Feld der Ordnungsbegriff des logisch höchsten Satzes, der zu dieser Spur gehört, einschließlich der Folgespur angegeben. Die Darstellung in Bild 206 zeigt, daß die Datensätze in aufsteigender Reihenfolge und, solange keine Aussonderung und Einfügung von Datensätzen vorkommt, lückenlos im Datenbereich gespeichert sind (dies gilt naturgemäß für die Technik der Speicherung, nicht jedoch für die Lükkenlosigkeit des Ordnungsbegriffs).

In Bild 207 ist der Fall dargestellt, daß ein Neuzugang (im Beispiel mit dem Ordnungsbegriff 0007) in eine logisch fortlaufend gespeicherte Datei eingefügt werden soll. Wie ersichtlich, wird der Satz entsprechend seinem Ordnungsbegriff eingeordnet, wobei der ursprünglich in dieser Spur als letzter gespeicherter Satz mit dem Ordnungsbegriff 0010 in einen Folgebereich (Reservebereich) ausgelagert werden muß; entsprechend wird die Folgeeintragung im Spur-Index (rechter Teil des ersten Feldes) geändert. Die neue Eintragung im Spur-Index besagt, daß ein Folgesatz, der logisch zu dieser Spur gehört, als erster Satz in die Spur 8 (=Folgebereich) ausgelagert wurde; eine Umschichtung des gesamten Datenbestandes ist nicht erforderlich. Alle Sätze im Datenbereich sind in einer bestimmten Reihenfolge gespeichert. Zugänge werden logisch richtig in die bestehende Ordnung eingefügt, wobei innerhalb der Spur eine Verschiebung eintritt. Reicht der Platz auf der Spur nicht aus (in der Regel können je nach Größe meh-

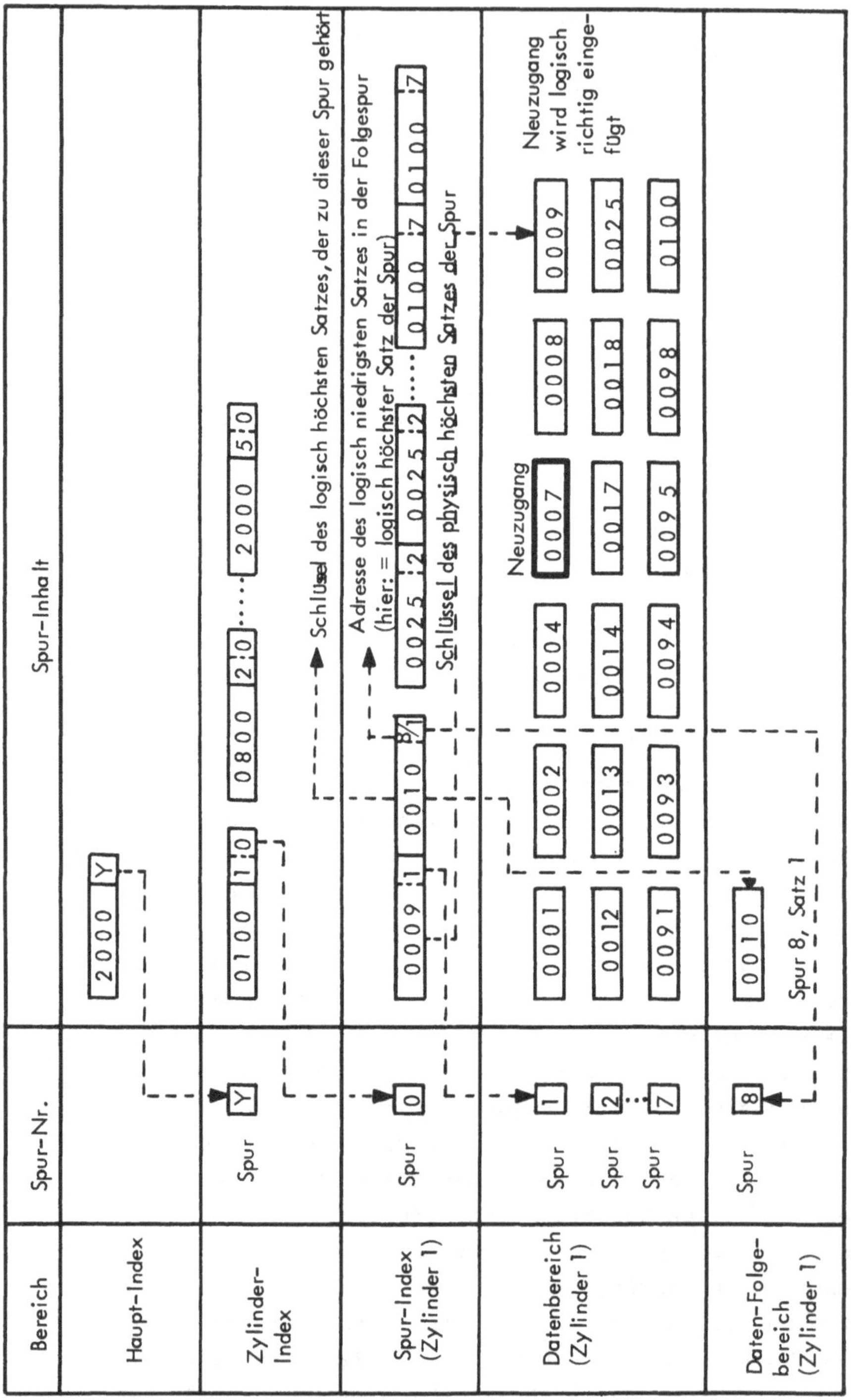

Bild 207: Index-sequentielle Speicherung, nach einem Neuzugang (in Verbindung mit Bild 206)

rere Datensätze je Spur gespeichert werden), so müssen die überlaufenden Sätze in einem Folgebereich untergebracht werden. Als Folgebereich können die letzten Spuren eines Zylinders oder aber ein getrennter Bereich auf einem eigenen Zylinder vorgesehen sein.

Während Zugänge, wie dargestellt, an der logisch richtigen Stelle eingefügt werden, werden Abgänge nicht gelöscht, sondern nur mit einem Löschmerkmal gekennzeichnet. Um die Kapazität des Plattenspeichers günstiger zu nutzen und die Zugriffsleistungen zu verbessern, ist es deshalb erforderlich, daß die Datei von Zeit zu Zeit reorganisiert wird. Bei einem solchen Neuaufbau dient der alte Datenbestand als Eingabe und ein neuer Plattenbereich als Ausgabe für die neu aufzubauende Datei. Die Reorganisation bewirkt, daß die durch ein Merkmal als veraltet gekennzeichneten Sätze enfernt und die gültigen Sätze so verteilt werden, daß Folgespuren und Folgebereiche (wie beim ersten Laden der Datei) leer bleiben. Gleichzeitig wird eine neue Index-Tabelle aufgebaut. Durch die Verwendung der Index-Tabelle ist es möglich, die logisch fortlaufend organisierte Datei auch wahlfrei zu verarbeiten. Soll ein Satz mit einem beliebigen Schlüssel aufgerufen werden, so wird anhand der einzelnen Index-Ziffern festgestellt, zu welcher Spur unmittelbar zugegriffen werden muß oder ob der gesuchte Satz im Folgebereich steht.

Auch für die index-sequentielle Speicherung sollen die wesentlichen Merkmale noch einmal zusammengefaßt werden:

- Beim Aufbau der Datei werden die Datensätze lückenlos in aufsteigender Sortierfolge gespeichert.

- Es besteht keine rechnerische Beziehung zwischen dem Ordnungsbegriff eines Datensatzes und der Satzadresse im Speicher.

- Beim Laden der Datei wird ein Adreß-Index aufgebaut; hierbei handelt es sich um ein mehrstufiges Adressen-Verzeichnis, das den Zylinder und die Spur angibt, auf der die betreffenden Sätze gespeichert sind.

- Jeder Datensatz muß mit einem Ordnungsbegriff (Schlüssel) versehen sein, der dem Datensatz immer voran gestellt wird.

- Zugänge werden logisch richtig eingefügt, überlaufende Sätze in Folgespuren bzw. Folgebereichen untergebracht.

- Satzformate der Speicherung sind: feste und variable Satzlänge, geblockt und ungeblockt.

Gestreute Speicherung

Erst diese Speicherungsform nutzt voll die Möglichkeiten externer Speicher mit wahlfreiem Zugriff. Sie wird vorzugsweise dort angewandt, wo die Anzahl der Bewegungen nur zwischen 10 und 20 % des Datenbestandes beträgt, die Bewegungen unsortiert verarbeitet werden oder Sofortauskünfte aus einem Datenbestand erteilt werden sollen.

Bei der gestreuten Speicherung besteht ein rechnerischer Zusammenhang zwischen dem Ordnungsbegriff des Datensatzes und der zugehörigen Satzadresse. Der Platz, auf dem ein Datensatz gespeichert werden soll, wird dadurch bestimmt, daß aus dem Ordnungsbegriff des Datensatzes die Speicheradresse (in der Praxis meist als Satzadresse bezeichnet) bei der Speicherung als auch bei der Verarbeitung der Datensätze die Satzadresse allein aus dem Ordnungsbegriff abgeleitet wird, und zwar ohne den Umweg über eine Index-Tabelle.

Die Satzadresse läßt sich nun entweder direkt oder mit Hilfe eines Umrechnungsverfahrens ermitteln. Aus diesem Grunde nimmt man eine weitere Unterscheidung der gestreuten Speicherung nach Adressierungsarten vor, im einzelnen

- Direkte Adressierung
- Indirekte Adressierung, weiter unterteilt nach
  - Satzadressierung und
  - Spuradressierung.

Das Ergebnis der Umrechnung aus dem Ordnungsbegriff ist also die Satzadresse, die angibt, in welcher Spur der Magnetplatte ein bestimmter Datensatz gespeichert ist. Da wegen der verhältnismäßig großen Spurkapazität (beispielsweise 3.625 Bytes je Spur) meist mehrere Datensätze in einer Spur gespeichert werden können, muß der Spurnummer noch die Satznummer (= Stellung des Datensatzes innerhalb der Spur) hinzugefügt werden.

In der Regel wird aber nicht die absolute, durch die Technik des Plattenspeichers bestimmte, Adressierung, sondern die sogenannte relative Adressierung verwendet. Die relative Satzadresse entspricht nicht einer bestimmten Plattenspeicheradresse, sondern bezeichnet die Stellung eines Datensatzes innerhalb seiner Datei. Völlig unabhängig von dem absoluten Platz auf dem Plattenspeicher erhält bei der relativen Adressierung der erste Satz immer die relative Adresse 0, der zweite die relative Adresse 1 usw. Natürlich muß beim System der relativen Adressierung ein Zusammenhang zwischen dem Beginn einer Datei und der absoluten Anfangsadresse hergestellt werden. Bild 208 zeigt das Prinzip der direkten Adressierung,und in Bild 209 ist der Zusammenhang zwischen den absoluten Adressen eines Plattenspeichers und der relativen Adressierung dargestellt.

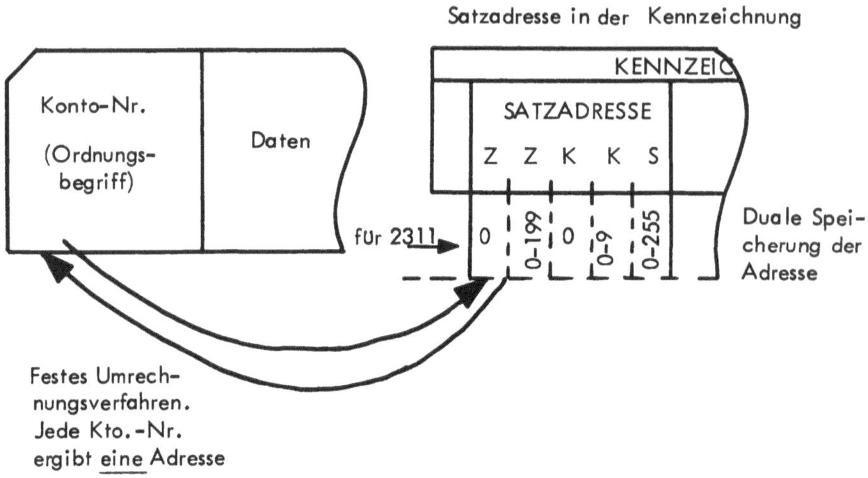

Bild 208: Gestreute Speicherung mit direkter Adressierung

Bei der Methode der direkten Adressierung besteht, wie wir gesehen haben, eine unmittelbare Beziehung zwischen dem Ordnungsbegriff des Datensatzes und der dazugehörigen Satzadresse. Im einfachsten Falle entspricht der Ordnungsbegriff direkt der relativen Satzadresse (die absoluten Plattenadressen werden kaum verwendet). Sind beispielsweise 5000 Bestandssätze mit den lückenlosen Artikelnummern 0000 bis 4999 zu speichern, so enthält der erste Datensatz die relative Satzadresse 0, der zweite Datensatz die relative Satzadresse 1 und der letzte Datensatz die relative Satzadresse 4999. In diesem Fall der direkten Adressierung ist keinerlei Umrechnung von Ordnungsbegriff in Satzadresse notwendig. Bild 210 veranschaulicht diesen Tatbestand.

Stimmen jedoch die Kapazität und die Belegung des Ordnungsbegriffes nicht überein (was in der Praxis eher die Regel ist), so wäre der obengenannte Fall der Zuordnung unwirtschaftlich. Für die Speicherung der nachfolgenden 2000 Bestandssätze gestreut über die folgenden Schlüsselkreise wäre nach dieser Methode

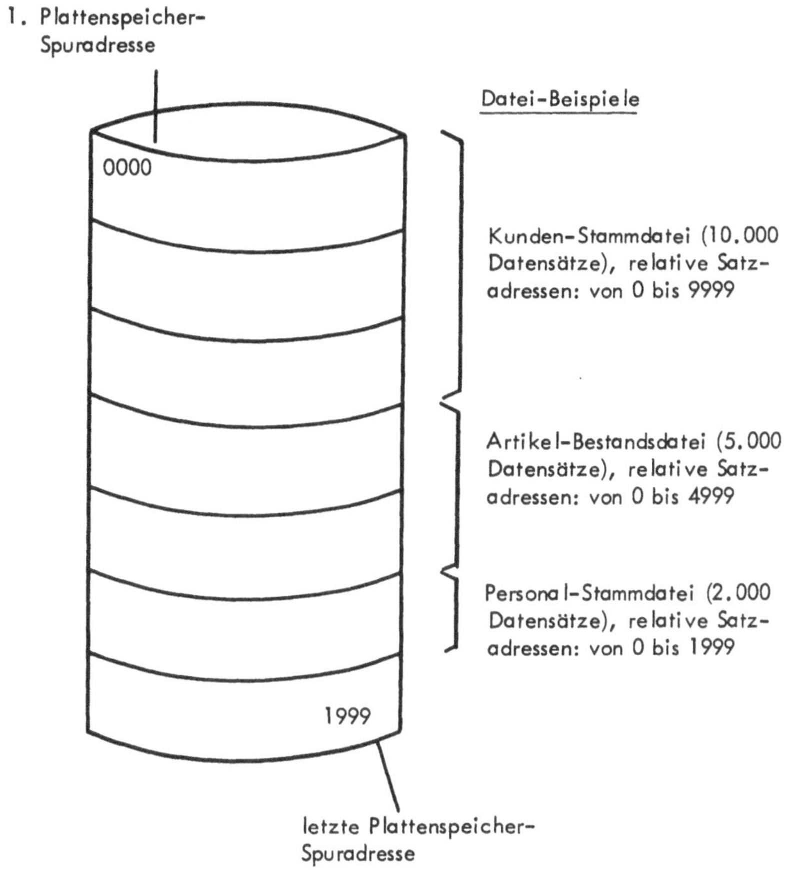

Bild 209: Relative Adressierung

die Reservierung von 6300 Speicherplätzen (für nur 2000 Datensätze) erforderlich:

- Artikelnummer 1000 bis 1499 = 500 Datensätze
- Artikelnummer 2000 bis 2199 = 200 Datensätze
- Artikelnummer 3000 bis 3399 = 400 Datensätze
- Artikelnummer 4000 bis 4299 = 300 Datensätze
- Artikelnummer 5000 bis 5099 = 100 Datensätze
- Artikelnummer 6000 bis 6199 = 200 Datensätze
- Artikelnummer 7000 bis 7299 = 300 Datensätze

Summe 2000 Datensätze

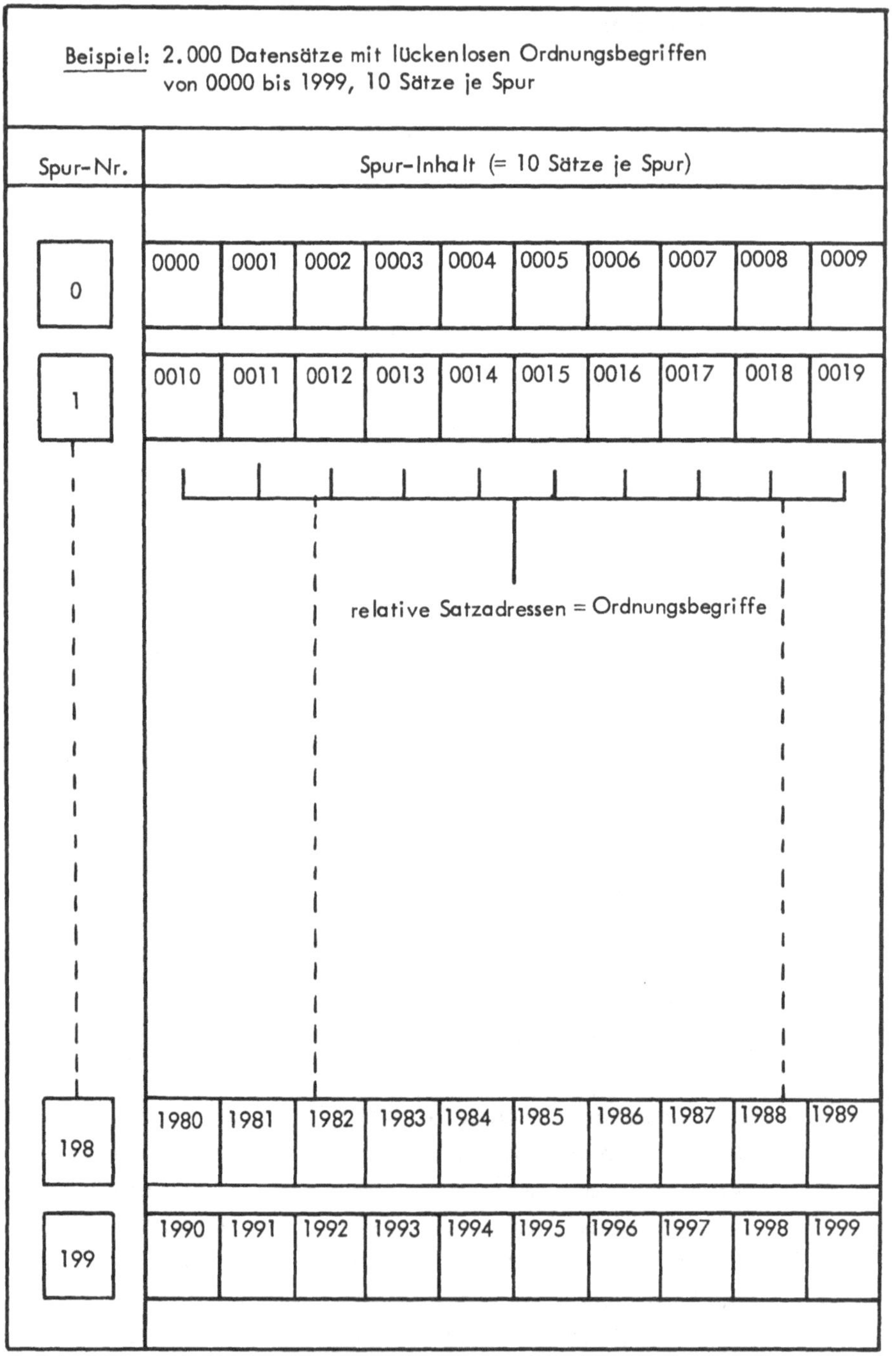

Bild 210: Direkte Adressierung ohne Umrechnung

Bei diesem Beispiel handelt es sich um die Verwendung eines klassifizierenden Ordnungsbegriffs (Schlüssels), nach Artikelgruppen geordnet. Wie Bild 211 zeigt, kann der vorliegende Fall mit Schlüsselgruppierungen ebenfalls nach der direkten Adressierungsmethode gelöst werden, indem man ein Umrechnungsprogramm zwischenschaltet. Auch in diesem Fall kann eine wirtschaftliche Speicherung erzielt werden.

Die Merkmale der direkten Adressierung bei gestreuter Speicherung sind:

- Zwischen dem Ordnungsbegriff des Datensatzes und der Satzadresse besteht eine eindeutige rechnerische Beziehung.

- In der Regel entspricht der Ordnungsbegriff der relativen Satzadresse.

- Eine Rückrechnung von der Satzadresse zum Ordnungsbegriff ist möglich.

- Die Ermittlung der Satzadresse erfolgt in der Regel mit Hilfe einer einfachen Umrechnung.

- Der Datenbestand ist in sortierter Reihenfolge gespeichert, eine besondere Index-Tabelle ist nicht vorhanden.

- Lücken im Ordnungsbegriff führen zu Lücken in der Speicherbelegung.

- Zugänge können leicht in vorhandenen Lücken aufgenommen werden.

- Voraussetzung für eine direkte Adressierung ist eine möglichst lückenlose Folge der Ordnungsbegriffe.

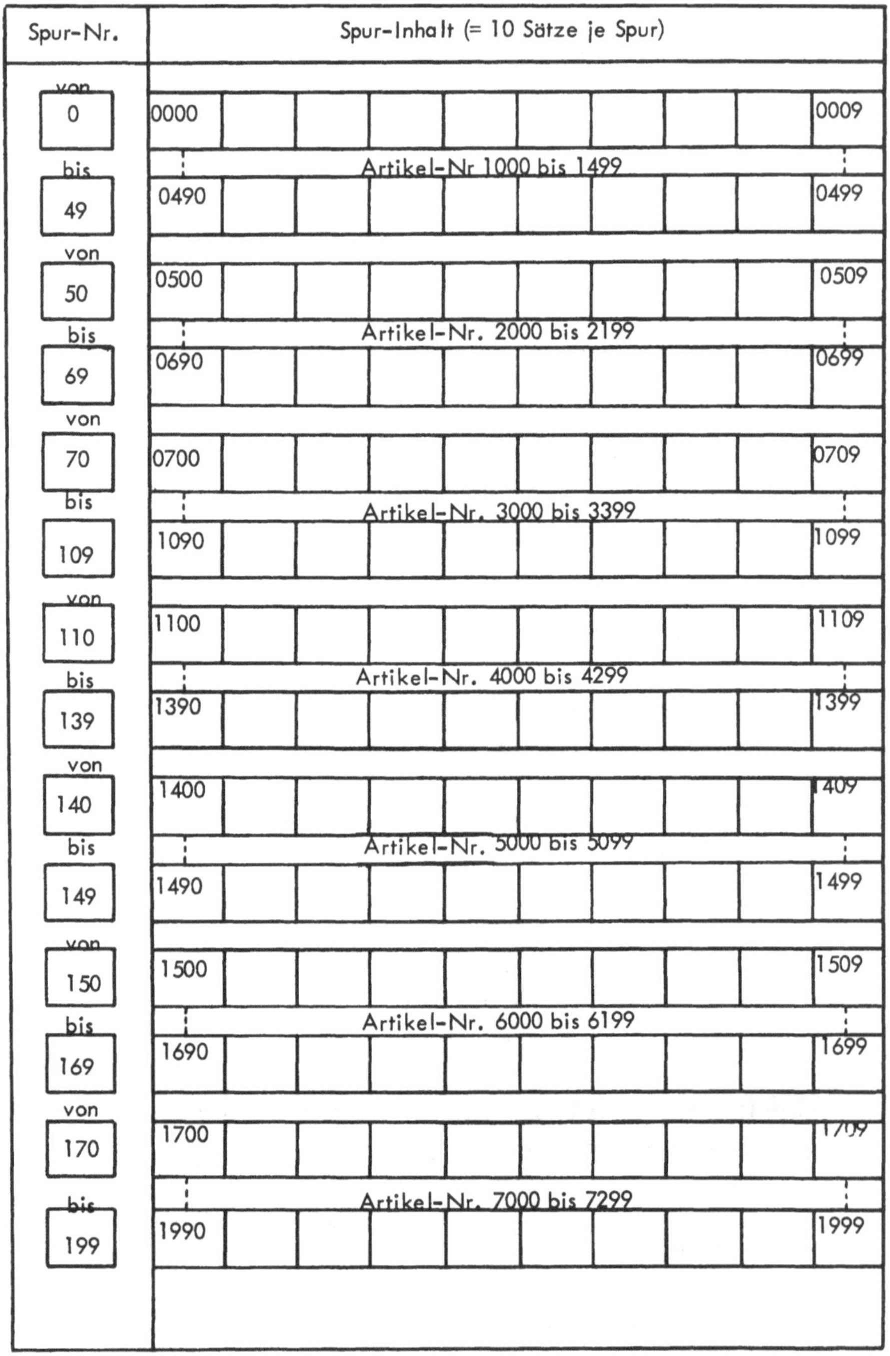

Bild 211: Direkte Adressierung mit Umrechnung

Bild 212 zeigt das Beispiel für die Ermittlung der relativen Satzadresse aus dem Ordnungsbegriff.

Weisen jedoch die einzelnen Ordnungsbegriffe innerhalb einer Datei in sich Lücken auf (werden beispielsweise einzelne Artikel nicht mehr geführt), so müßten bei der direkten Adressierung für die fehlenden Artikel im Speicher Lücken gelassen werden, was bedeutet, daß in der Regel mehr Speicherplatz als benötigt bereit gestellt werden muß. Die Sätze sind nicht mehr lückenlos hintereinander gespeichert, sondern es befinden sich freie Plätze zwischen den Sätzen. Hieraus geht hervor, daß sich Ordnungsbegriffe nicht immer für eine direkte Adressierung eignen. In diesen Fällen verwendet man die Methode der indirekten Adressierung, bei der die Beziehung zwischen Ordnungsbegriff und Satzadresse mit Hilfe eines besonderen Umrechnungsverfahrens hergestellt wird. Kennzeichnend für die indirekte Adressierung ist, daß die relative Satzadresse nicht direkt aus dem Ordnungsbegriff abgeleitet werden kann (wie dies bei der direkten Adressierung möglich ist), sondern erst mit Hilfe eines Umrechnungsverfahrens ermittelt werden muß. Die Umrechnungsmethode ist so zu wählen, daß eine möglichst gleichmäßige Belegung der Spuren hergestellt wird und je Spur nicht mehr Satzadressen errechnet werden, als Sätze auf einer Spur unterzubringen sind. Bild 213 zeigt das Prinzip der indirekten Adressierung.

Für die Umrechnung der Ordnungsbegriffe in Satzadressen gibt es nun eine Reihe von Methoden, deren aller Ziel ist, eine Datei, deren Ordnungsbegriff vielstellig ist und Lücken aufweist, möglichst gleichmäßig auf den dazu vorgesehenen Speicherbereich zu verteilen. Bei allen Umrechnungsverfahren muß in Kauf genommen werden, daß die Sortierfolge der Ordnungsbegriffe verloren geht und sowohl Mehrfachbelegungen als auch nicht belegte Speicherplätze vorkommen. Mehrfachbelegungen von Satzadressen ergeben sich dadurch, daß die Umrech-

Beispiel: Ein Nummernkreis besteht aus 8000 Ordnungsbegriffen von 20000 bis 27999.
Auf einer Spur können 25 Sätze gespeichert werden. Die erforderliche Anzahl Spuren ergibt sich aus

Anzahl Sätze : Spurkapazität

8000 : 25 = 320 Spuren.

Die relative Spuradresse wird wie folgt ermittelt:

1. Nummerkreis umrechnen, damit der 1. Satz die relative Adresse 0 hat.
   Im Beispiel subtrahieren von 20.000 vom Ordnungsbegriff, das Ergebnis bezeichnen wir als B.
2. Errechnung der relativen Adresse

   B : Spurkapazität = ganzzahliger Quotient, Rest.
3. Der Quotient gibt die Spur an, der Rest wird um 1 erhöht und gibt den Satz innerhalb der Spur an.

Zahlenbeispiel

Ordnungsbegriff = 23512

1.
```
  23512
- 20000
-------
   3512
```

2.
```
3512 : 25 = 14 Rest 12
25
---
101
  12
```

3. 12 + 1 = 13

Ergebnis:

Der Satz mit dem Ordnungsbegriff 23512 steht auf Spur 14 und ist innerhalb dieser Spur der 13. Satz.

Bei der direkten Adressierung kann der Ordnungsbegriff auch aus der Satzadresse zurückgerechnet werden.

Bild 212: Beispiel für die Ermittlung der relativen Satzadresse aus dem Ordnungsbegriff

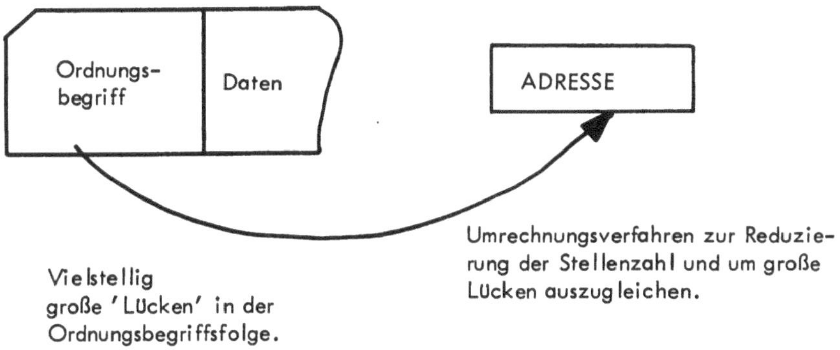

Bild 213: Indirekte Adressierung

nung verschiedener Ordnungsbegriffe aus mathematischen Gründen zu ein und derselben Satzadresse führen kann (was zwar erhöhten Zugriffsaufwand, nicht aber Fehler bedeutet). Es gilt deshalb, für einen bestimmten Anwendungsfall ein Umrechnungsverfahren zu wählen, das die Anzahl der möglichen Mehrfachbelegungen einschränkt und nur wenige Belegungslücken aufweist. Eine der in der Praxis am meisten angewandten Methoden ist die Division des Ordnungsbegriffs durch eine Primzahl.

Bei der Anwendung der Division durch eine Primzahl sind die nachstehenden Regeln zu beachten:

- Die Anzahl der bereitzustellenden Speicherplätze soll um 10 - 20 % größer sein als die für die Speicherung benötigte Kapazität, damit Zugänge und Mehrfachbelegungen von Satzadressen ohne Schwierigkeiten berücksichtigt werden können.

- Es muß eine Primzahl gewählt werden, die der Anzahl der bereitzustellenden Speicherplätze am nächsten kommt. Die Verwendung einer Primzahl als Divisor hat den Vorteil, daß wenig gleiche Reste auftreten und meist relativ wenige Mehrfachbelegungen vorkommen.

Bild 214 zeigt das Beispiel für eine indirekte Adressierung mit Hilfe der Division durch eine Primzahl.

Die genannte Mehrfachbelegung einer Satzadresse führt zu Überlaufsätzen, die innerhalb einer Überlaufspur des betreffenden Zylinders oder in einem besonderen Überlaufbereich eines anderen Zylinders untergebracht werden müssen. Damit der ausgelagerte Satz wieder aufgefunden wird, muß im Basissatz die Adresse der Über-

Das Rechenverfahren läuft wie folgt ab:

Der betreffende Schlüssel wird durch die gewählte Primzahl dividiert.

Aus dem Divisionsrest wird die Spuradresse errechnet, indem dieser durch die Spurkapazität (= Anzahl Sätze je Spur) dividiert wird.

Aus dem Divisionsrest der vorangegangenen Rechnung wird die Satznummer errechnet, indem zum Divisionsrest eine 1 hinzuaddiert wird.

Beispiel:

Gegeben:	Vorhandene Artikelsätze	=	8.500
	Bereitzustellende Speicherplätze	=	10.000 (10-20% mehr)
	Satzlänge	=	500 Bytes
	Spurkapazität	=	3.625 Bytes
	Anzahl Sätze je Spur	=	6 (wegen Satzzwischenräume)

Gesucht: Spuradresse und Satz-Nr. für Artikel-Nr. 25 368

Rechenverfahren:

a) Primzahl suchen = 9.973 (ähnlich 10.000)

b) $\frac{\text{Schlüssel}}{\text{Primzahl}} = \frac{25\,368}{9973} = 2,\ \underline{\text{Rest } 5.422}$

c) $\frac{\text{Divisionsrest}}{\text{Anzahl Sätze je Spur}} = \frac{5422}{5} = \underline{1084,\ \text{Rest } 2}$

d) Divisionsrest + 1 = Satz-Nr.
$2 + 1 = 3$

e) Ergebnis: Spuradresse = 1084
Satz-Nr. = 3

Bild 214: Indirekte Adressierung mit Division durch Primzahl (Beispiel) laufspur oder des Überlaufbereiches angegeben werden. Die Bilder 215 und 216 zeigen Mehrfachbelegungen bei Satz- und bei Spuradressierung.

Spur 1

Satz 1	Satz 2	Satz 3	Satz 4	Satz 5
belegt	frei	frei	belegt	frei

Spur 2

Satz 1	Satz 2	Satz 3	Satz 4	Satz 5
belegt	frei	belegt	frei	frei

Überlaufspur

Satz 1	Satz 2	Satz 3	Satz 4	Satz 5
Zugang	Zugang	Zugang		

Bild 215: Mehrfachbelegungen bei Satzadressierung

Spur 1

Satz 1	Satz 2	Satz 3	Satz 4	Satz 5
belegt	belegt	belegt	Zugang	frei

Spur 2

Satz 1	Satz 2	Satz 3	Satz 4	Satz 5
belegt	belegt	belegt	belegt	belegt

Überlaufspur

Satz 1	Satz 2	Satz 3	Satz 4	Satz 5
Zugang				

Bild 216: Mehrfachbelegungen bei Spuradressierung

Merkmale der gestreuten Speicherung mit indirekter Adressierung sind:

- Die Ornungsbegriffe werden mit Hilfe bestimmter Umrechnungsverfahren in Satzadressen umgerechnet.

- Die Umrechnung von mehreren Ordnungsbegriffen kann auf ein und dieselbe Satzadresse führen (Mehrfachbelegung); andererseits werden verschiedene Adressen nicht errechnet (Lücken im Speicherbereich).

- Durch die Umrechnung der Ordnungsbegriffe wird eine etwa vorhandene Sortierfolge zerstört.

- Eine Rückrechnung von der Adresse zum Ordnungsbegriff ist nicht möglich.

- Die Speicherung kann mit oder ohne Ordnungsbegriff, abhängig von der Adressierungsmethode, erfolgen.

- Zugänge werden in freigebliebenen Lücken oder in einem eigenen Folgebereich untergebracht.

- Eine Blockung der Sätze ist nicht möglich.

- Die gestreute Speicherung mit indirekter Adressierung wird vorteilhaft bei großen Lücken im Nummernkreis der Ordnungsbegriffe angewendet.

Die Verarbeitungsmethoden werden unterschieden in

- starr fortlaufende Verarbeitung

- logisch fortlaufende Verarbeitung und

- wahlfreie Verarbeitung.

Die Verarbeitungsmethoden stehen in einem bestimmten Zusammenhang mit den Speicherungsformen, wie auch aus Bild 217 hervorgeht.

Starr fortlaufende Verarbeitung

Eine sequentiell gespeicherte Datei kann nur starr fortlaufend verarbeitet werden. Die Verarbeitung ist nur Satz für Satz möglich. Bei der Bearbeitung von Bewegungen ist es erforderlich, daß die Bewegungssätze sortiert eingegeben werden. Alle Datensätze werden vom externen Speicher in den Arbeitsspeicher der Zentraleinheit eingelesen. Ein wahlfreier Zugriff zu einem bestimmten Datensatz ist nicht möglich. Bei Speicherung auf Random-Speichern können bewegte Sätze wieder an die alte Stelle (engl. up date) zurückgeschrieben werden. Neuzugänge oder Löschungen von Sätzen erfordern die Umspeicherung des gesamten Datenbestandes auf einen anderen Speicherbereich. Bild 218 zeigt die Verarbeitung von Zu- und Abgängen bei starr fortlaufender Verarbeitung. Die starr fortlaufende Verarbeitung ist bei der Magnetbandspeicherung die einzige Verarbeitungsmethode.

Logisch fortlaufende Verarbeitung

Bei der logisch fortlaufenden Verarbeitung wird entsprechend der Sortierfolge Satz für Satz im Arbeitsspeicher der Zentraleinheit verarbeitet. Sind alle Sätze einer Spur verarbeitet, wird im Spur-Index geprüft, ob Folgesätze im Folgebereich vorhanden sind. Sind Folgesätze ausgelagert, so erfolgt zunächst ihre Verarbeitung in Sortierfolge, bevor zur nächsten Spur übergegangen wird. Während Zugänge an der logisch richtigen Stelle eingeordnet sind, werden Abgänge nicht gelöscht, sondern nur mit einem Merkmal gekennzeichnet. Es ist deshalb erforderlich, daß die Datei von Zeit

Verarbeitungs-methode / Speicherungs-form	starr fortlaufend (in der gespeicherten Reihenfolge)	logisch fortlaufend (in der Sortierfolge)	wahlfrei
sequentiell	Normalfall	X	X
index-sequentiell	X	gut geeignet	gut geeignet (Adress-Index)
gestreut: direkt	Satzlücken vorhanden	X	gut geeignet (Normalfall)
gestreut: indirekt, Satzadressierung	X	wird erreicht durch wahlfreien Zugriff mit logisch fortlaufend sortierter "Pfadfinder-Datei"	Normalfall
gestreut: indirekt, Spuradressierung	X	wird erreicht durch wahlfreien Zugriff mit logisch fortlaufend sortierter "Pfadfinder-Datei"	Normalfall

Bild 217: Zusammenhang zwischen Speicherungsform u. Verarbeitungsmethode

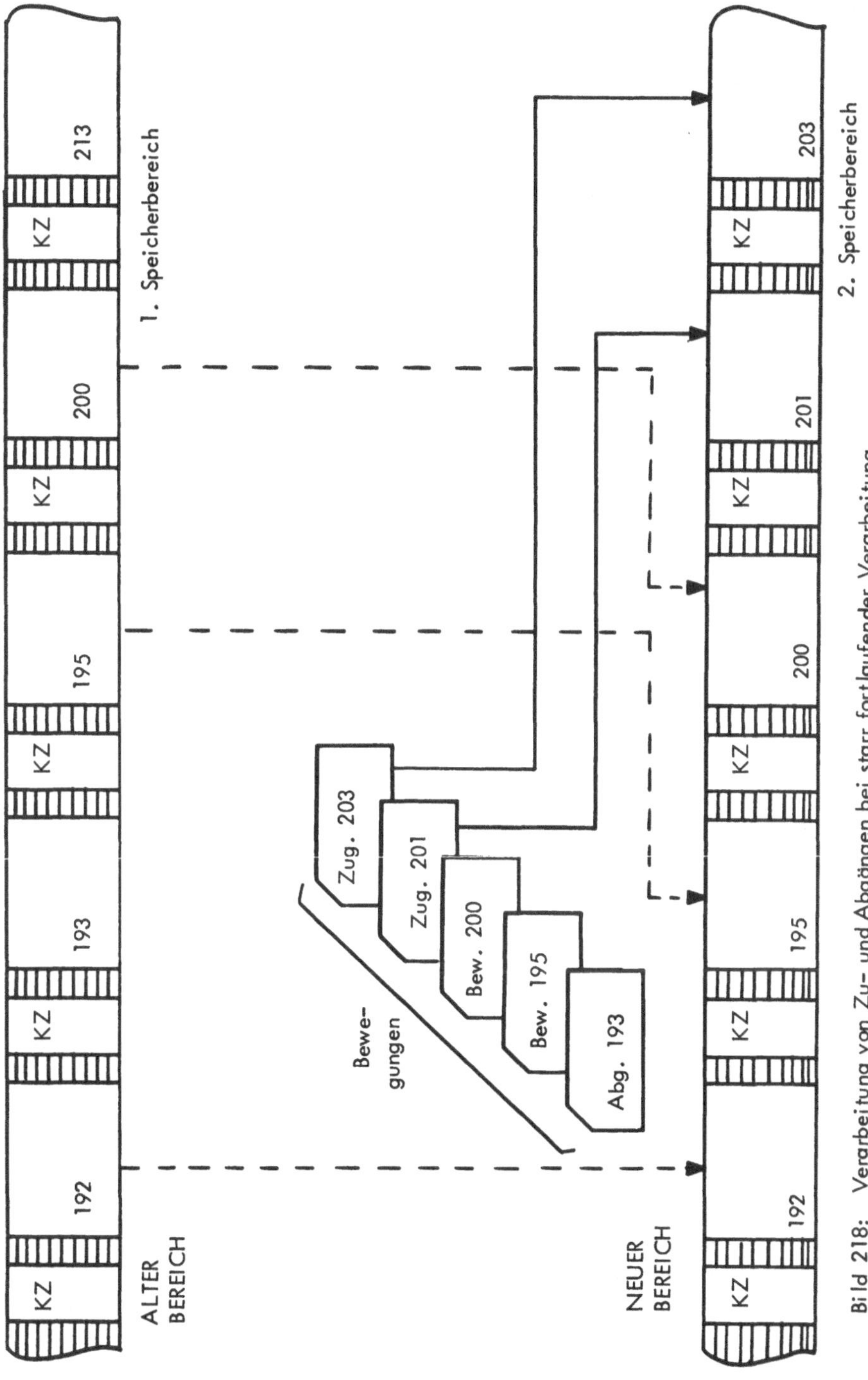

Bild 218: Verarbeitung von Zu- und Abgängen bei starr fortlaufender Verarbeitung

zu Zeit reorganisiert wird, wobei der alte Bestand als Eingabe und ein neuer Plattenbereich als Ausgabe für die neu aufzubauende Datei dient. Bei der Reorganisation werden die durch ein Merkmal als veraltet gekennzeichneten Sätze entfernt und die vorhandenen Sätze so verteilt, daß Folgespuren und Folgebereiche zunächst leer bleiben. Gleichzeitig werden neue Index-Tabellen aufgebaut. Geeignet für eine logisch fortlaufende Verarbeitung sind die index-sequentielle Speicherung und die gestreute Speicherung mit direkter Adressierung.

W a h l f r e i e V e r a r b e i t u n g

Bei dieser Verarbeitungsmethode wird aus einem Ordnungsbegriff die Adresse eines Satzes auf dem externen Speicher ermittelt. Die Sätze werden gelesen, verändert und auf den gleichen Platz zurückgeschrieben. Diese Verarbeitungsform erspart ein vorheriges Sortieren der Sätze nach Ordnungsbegriffen. Es wird immer auf den Satz zugegriffen, der im Augenblick gebraucht wird, unabhängig davon, welche Sätze vorher oder nachher benötigt werden.

Wahlfreie Verarbeitung bei gestreuter Speicherung mit direkter Adressierung:

- Es werden nur die bewegten Sätze gelesen.
- Durch eine Vorsortierung der bewegten Sätze kann die Verarbeitungszeit verkürzt werden.
- Zugänge werden in den entsprechenden Lücken des Speicherbereichs eingefügt.

Wahlfreie Verarbeitung bei gestreuter Speicherung mit indirekter Adressierung:

- Bei der Verarbeitung werden nur die bewegten Sätze gelesen.

- Zugänge werden in Lücken oder einem Folgebereich eingefügt; hierbei kann für jeden Zylinder eine eigene Überlaufspur oder aber für alle Zylinder ein unabhängiger Überlaufbereich eingerichtet werden.

Wahlfreie Verarbeitung bei index-sequentieller Speicherungsform:

- Beim Ansprechen eines bestimmten Datensatzes muß nur der Adreß-Index und nicht der gesamte Datenbestand gelesen werden.

- Durch sortierte Eingabe der Bewegungsdaten kann die Verarbeitungszeit erheblich reduziert werden.

- Ein Zugang wird entsprechend der Sortierordnung zwischen den bereits gespeicherten Sätzen eingefügt; hierbei werden die dem Zugang folgenden Sätze innerhalb einer Spur nach rechts verschoben, so daß der letzte Satz der Spur herausfällt.

- Ein herausfallender Satz wird als Folgesatz in einem Folgebereich gespeichert; die gleichzeitige Eintragung in der Index-Tabelle ermöglicht einen direkten Zugriff zu den ausgelagerten Sätzen.

A u s w a h l k r i t e r i e n

Beim Aufbau einer Datei ist zu prüfen, welche Speicherungsform und welche Verarbeitungsmethode sich am sinnvollsten einsetzen lassen. Da eine Datei üblicherweise bei mehreren Programmen als Ein-/Ausgabedatei verwendet wird, muß berücksichtigt werden, wie viele Bewegungen bei den einzelnen Dateien vorkommen. Ein wichtiges Auswahlkriterium ist die Bewegungshäufigkeit. Sie wird nach der Formel ermittelt:

$$\text{Bewegungshäufigkeit (in \%)} = \frac{\text{Anzahl Bewegungssätze x 100}}{\text{Anzahl Stammsätze}}$$

Bild 219 zeigt eine Übersicht über den Zusammenhang zwischen Bewegungshäufigkeit, Speichermittel und Speicherungsform, in Bild 220 ist die Auswahl des Speichermittels dargestellt, und Bild 221 zeigt die Auswahl der geeigneten Speicherungsform und Verarbeitungsmethode.

Gekettete Dateien

Die Einführung integrierter Datenverarbeitungs- und Informationsprozesse macht es erforderlich, daß die bisherigen Formen der Dateiorganisation und zusätzliche Techniken ergänzt werden. Denn während herkömmliche Datenverarbeitungsverfahren die gespeicherten Dateien im allgemeinen getrennt behandeln, verlangt der wirtschaftliche Einsatz maschineller Informationssysteme den Aufbau und Betrieb von Datengruppierungen, die miteinander verknüpft sind. Hierzu wurden zwei verschiedene Lösungstechniken entwickelt:

- gekettete Dateien und
- Datenbanken.

Während Datenbanken auf die bisherige Darstellung einzelner Dateien verzichten und bei der Struktur und Bearbeitung von Datenbeständen völlig neue Wege gehen, behalten gekettete Dateien die bisherige Struktur der Dateiorganisation bei und stellen lediglich Techniken für eine Verknüpfung oder Verkettung der Dateien zur Verfügung. Bei einer solchen sogenannten Adreßverkettung werden alle logisch zusammengehörenden Daten-

Bewegungshäufigkeit	Speichermittel	Speicherungsform	Anwendung
gering (bis 20 %)	Platte	gestreut	bei großen Datenbeständen mit geringen Bewegungen und/oder bei direktem Zugriff
mittel (21 bis 50 %)	Platte	index - sequentiell	bei wenigen Bewegungen oder für sofortige Auskunftsbereitschaft
hoch (über 50 %)	Band/Platte	sequentiell	bei zahlreichen bewegten Sätzen

Bild 219: Bewegungshäufigkeit, Speichermittel, Speicherungsform und Anwendung

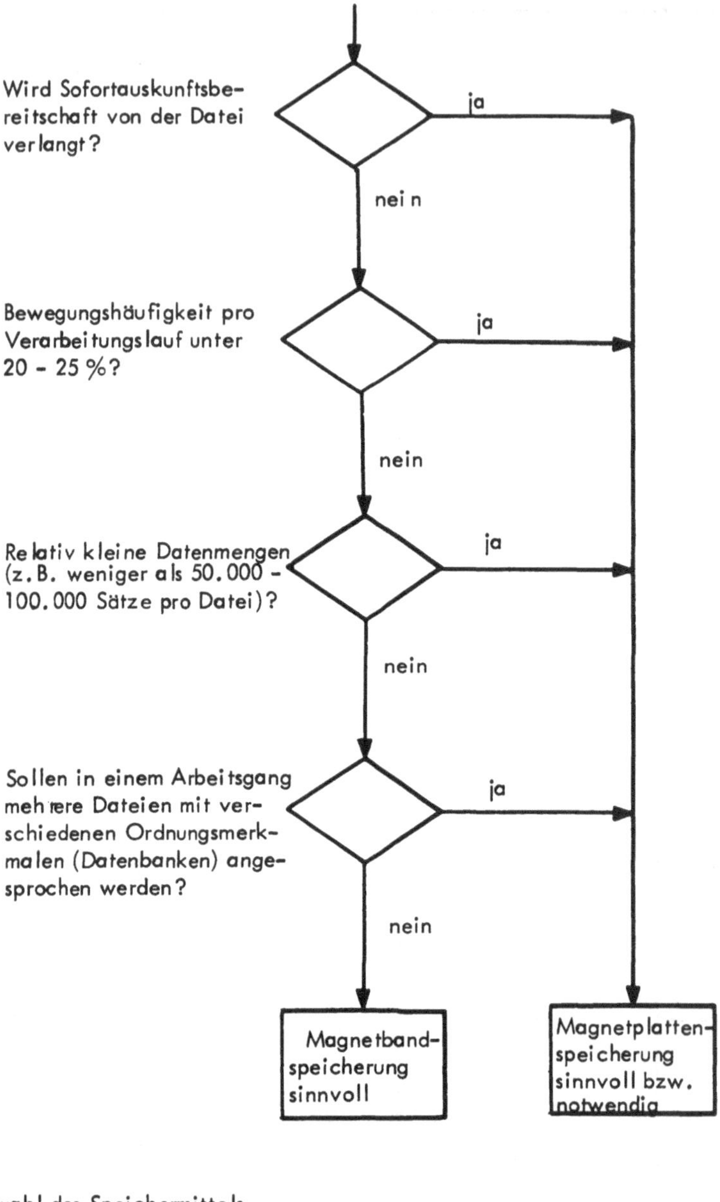

Bild 220: Auswahl des Speichermittels

sätze miteinander verbunden, indem man in den Datensätzen die Adressen der verknüpften Sätze mitspeichert - ein Vorgang, der als Adreßkettung bezeichnet wird.

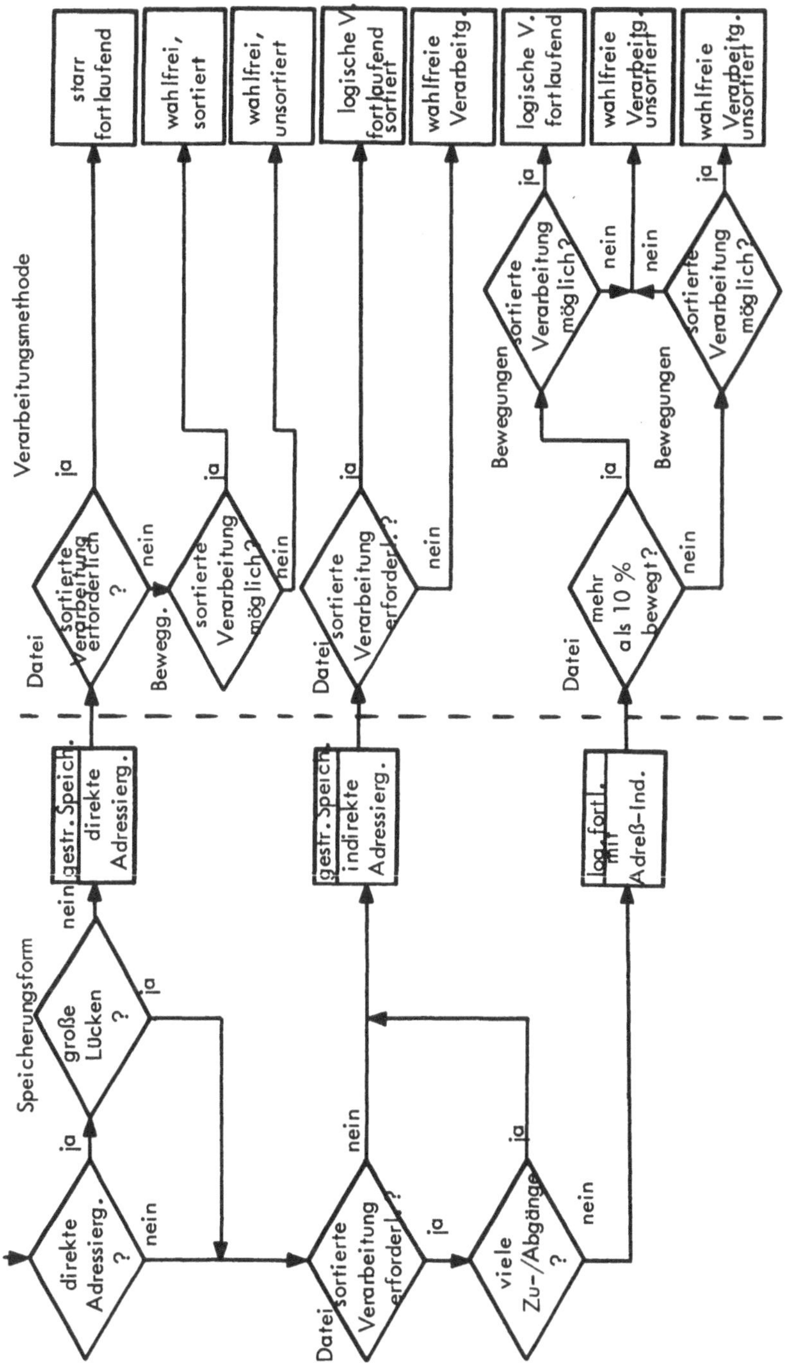

Bild 221: Auswahl der Speicherungsform und Verarbeitungsmethode

Die Kettung kann nun in der Weise erfolgen, daß ein Datensatz in eine Richtung an einen anderen Datensatz gekettet wird, wobei es für das Prinzip der Kettung unerheblich ist, ob die geketteten Sätze zu ein und derselben oder zu verschiedenen Dateien gehören.
Bei der Kettung in eine Richtung spricht man von einer offenen Kette. Das Prinzip der Adreßverkettung mit Hilfe einer offenen Kette läßt sich am besten am Beispiel der Stücklistenauflösung zeigen: jedes Erzeugnis einer Stückliste setzt sich aus seinen Bestandteilen zusammen, meist nach Baugruppen und Einzelteilen unterschieden. Für jede Baugruppe und jedes Einzelteil besteht nun, und zwar völlig unabhängig von einer bestimmten Stückliste, ein Teilestammsatz, in dem eine Reihe von Daten gespeichert sind, wie beispielsweise Teilenummer, Teilebezeichnung, Maßeinheit, Materialangaben, Lagerbestand, offene Bestellungen und der festgelegte Bedarf für die nächsten Perioden. Alle Teilestammsätze, die nun zu einem bestimmten Erzeugnis gehören, müssen mit Hilfe der Adreßverkettung, wie in Bild 222 dargestellt, sinnvoll verknüpft werden.

Wird dagegen nicht nur in eine Richtung gekettet, sondern kann von einem geketteten Satz wieder auf den Vorsatz zurückgegriffen werden, so handelt es sich um eine geschlossene Kette. Bild 223 zeigt das Beispiel einer geschlossenen Adreßkette bei mehreren Dateien.
In Zukunft werden gekettete Dateien wohl nur noch dort eine Bedeutung haben, wo der hardware- und softwaremäßige Aufwand für die Verwendung von Datenbanken und Datenbanksystemen zu groß ist. In den übrigen Fällen werden sich die weitaus geeigneteren Datenbanksysteme durchsetzen.

D a t e n b a n k e n

Obwohl von Jahr zu Jahr mehr Daten eingegeben, gespeichert und ausgegeben werden, hat dies insgesamt nicht zu einer besseren Informationsversorgung, sondern vornehm-

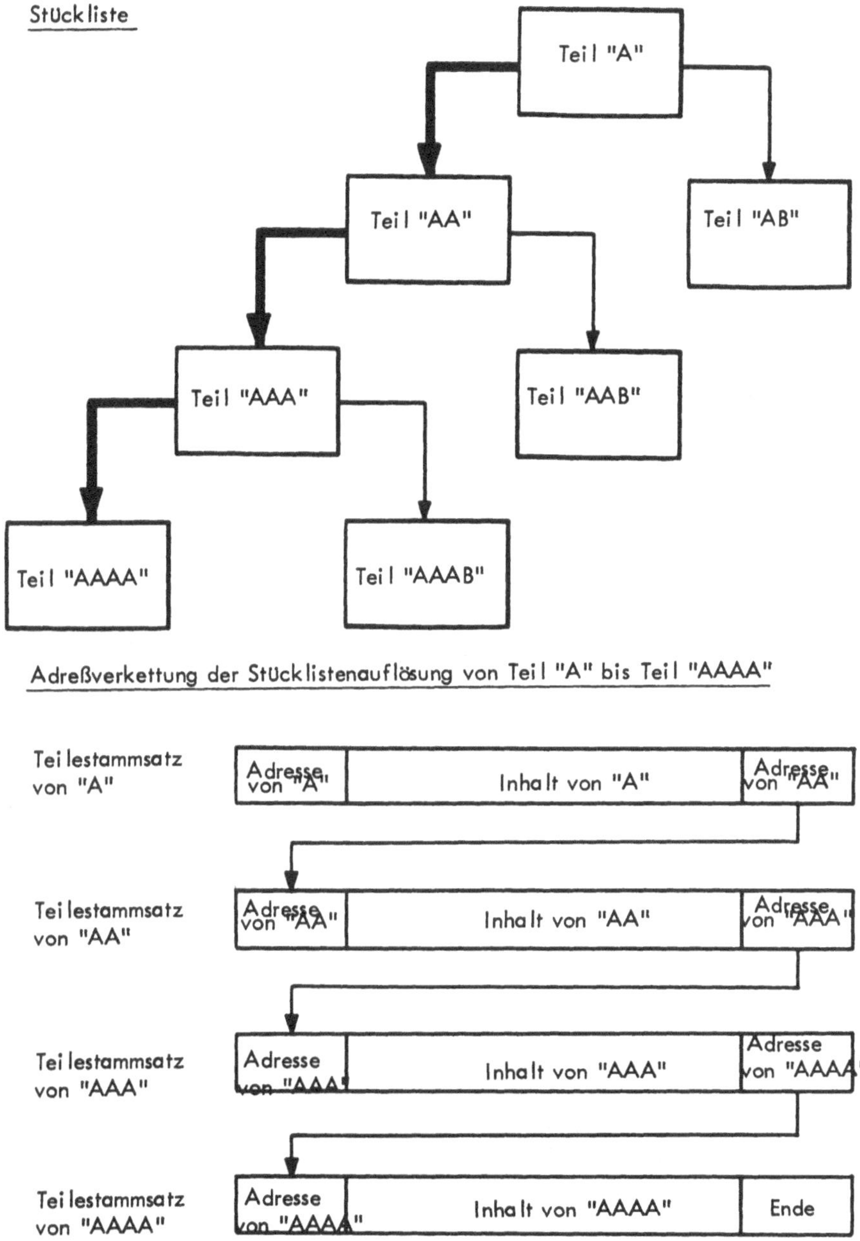

Bild 222: Beispiel einer offenen Adreßkette (innerhalb einer Datei)

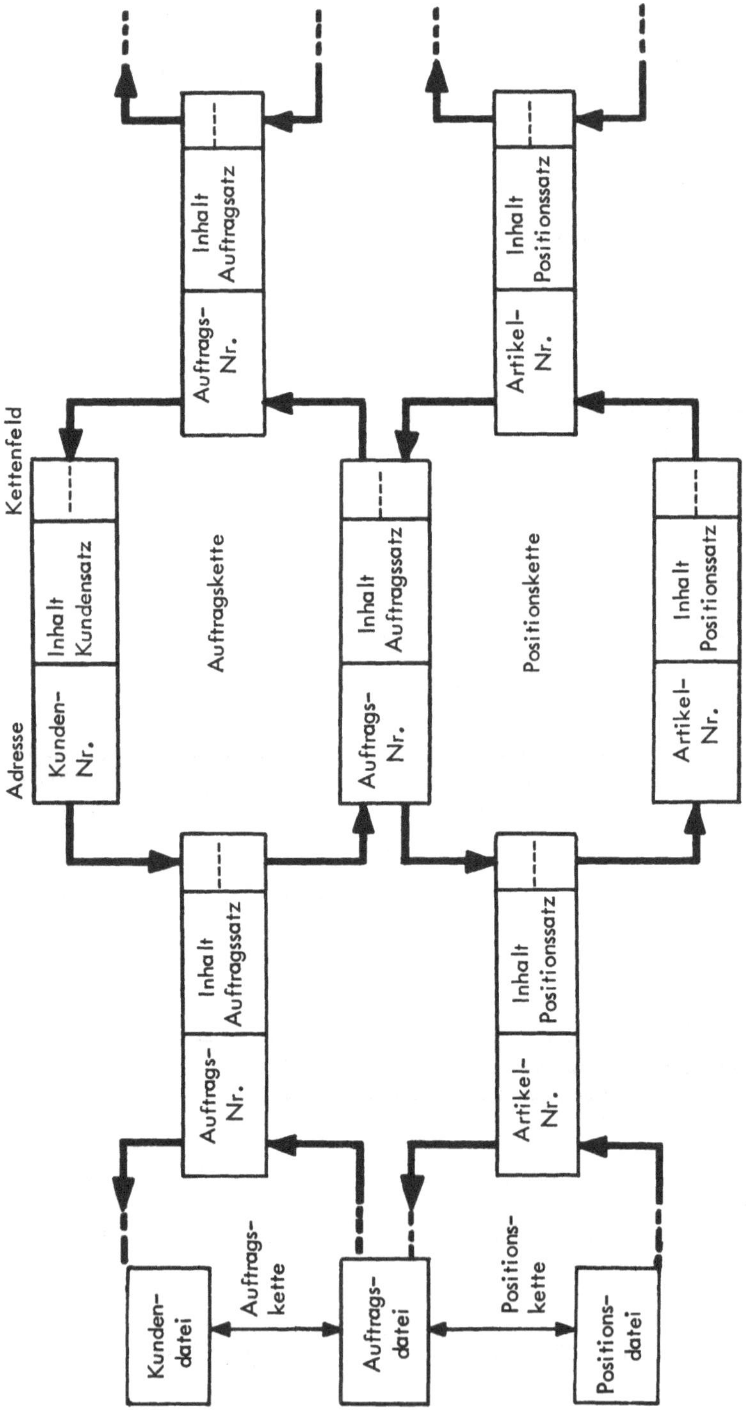

Bild 223: Beispiel geschlossener Adreßketten (bei mehreren Dateien)

lich zur Vermehrung von Zahlenfriedhöfen geführt. Die Forderung der Benutzer von EDV-Anlagen nach einer schnellen, selektiven und dazu wirtschaftlichen Bereitstellung von Informationen konnte bisher nicht oder nur in ungenügendem Maße erfüllt werden.

Schuld daran trägt vor allem die bisherige Organisationsform der Speicherung und Wiedergewinnung, die folgende Nachteile hat:

- Es ist eine Vielzahl voneinander unabhängiger Dateien vorhanden.

- Die große Zahl von Dateien führt zur Redundanz, das heißt gleiche Daten sind in verschiedenen Dateien gespeichert, die bei einer Änderung eines Datensatzes alle geändert werden müssen.

- Es besteht eine enge Kopplung zwischen Dateien und Programmen, was dazu führt, daß bei einer Dateiänderung nicht nur sämtliche Redundanz-Dateien, sondern auch alle auf die betreffenden Dateien zugreifenden Programme geändert werden müssen.

- Bei jeder Auswertung, die nicht in der Folge des Ordnungsbegriffes vorgenommen werden soll, muß die Datei zunächst umsortiert werden.

- Sollen mehrere Dateien, die nach verschiedenen Ordnungsbegriffen gespeichert sind, gemeinsam verarbeitet werden, so ist in der Regel zunächst ein Umsortieren und Zusammenmischen nach dem gemeinsamen Ordnungsbegriff erforderlich.

Datenbanken, als ein neues Organisationsprinzip der Speicherung und Wiedergewinnung von Daten, vermeiden die genannten Nachteile der Dateienorganisation. Ihre Vorteile bestehen darin, daß

- Programme und Dateien nicht mehr miteinander gekoppelt sind, die benötigten Daten also unabhängig von ihren Programmen aufgebaut und in einer Datenbank gespeichert werden.

- gleiche Daten nicht mehr in getrennten Dateien gespeichert sind, wodurch sowohl die Redundanz von Daten als auch die Notwendigkeit zur Kettung von Dateien wegfällt.

- der Zugriff zu den Daten in der Datenbank nicht mehr durch die Verarbeitungsprogramme selbst, sondern über ein besonderes Datenzugriffssystem erfolgt, was zur Vereinfachung der Programmierung und zur Reduzierung des Änderungsdienstes beiträgt.

- mehrere Benutzer gleichzeitig die in der Datenbank gespeicherten Daten ansprechen können, ein Vorteil, der sich vor allem beim Dialogverkehr auswirkt, und

- beliebige Auswertungen aus den in der Datenbank gespeicherten Daten gewonnen werden können, ohne daß es hierzu umfangreicher Sortier- und Mischarbeiten bedarf.

Während eine Datenbank die Sammlung von Daten in externen Speichern ist, wird unter dem Begriff Datenbanksystem die Einheit von Datenbank, Datenzugriffssystem und Datenverwaltungssystem, das heißt das gesamte System zur Speicherung und Wiedergewinnung von Daten in Datenbanken verstanden. Bild 224 zeigt die herkömmliche Dateiorganisation, und in Bild 225 ist das Organisationsprinzip eines Datenbanksystems dargestellt.

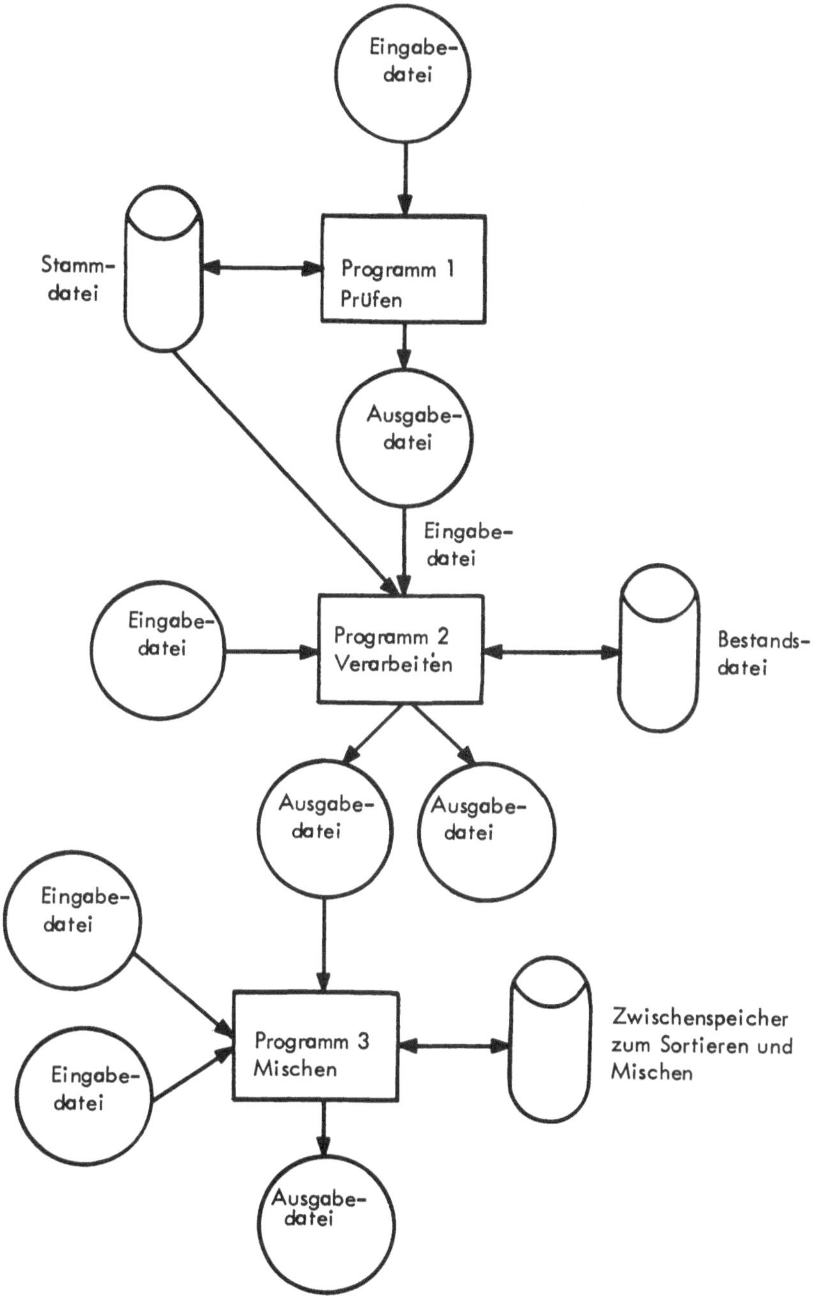

Bild 224: Herkömmliche Dateiorganisation

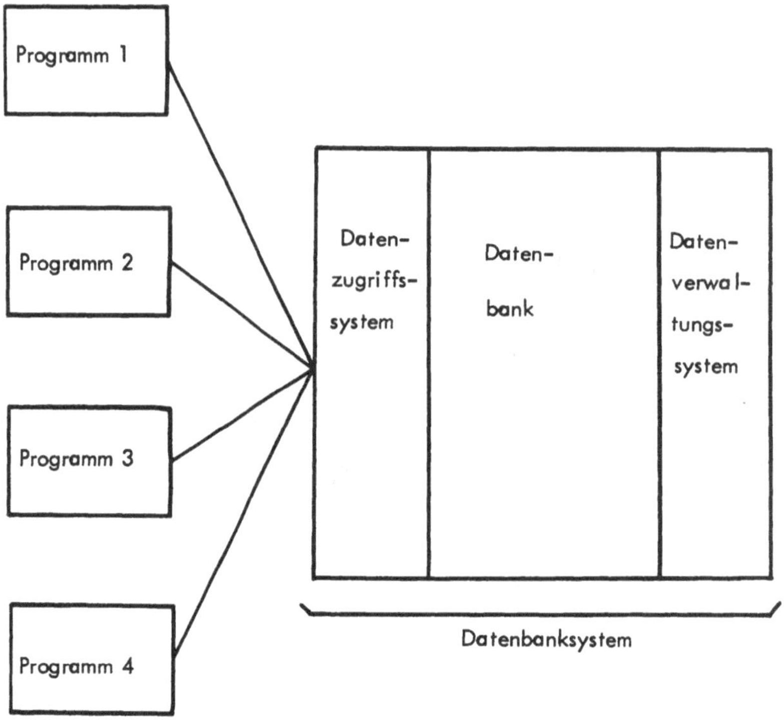

Bild 225: Datenbank und Datenbanksystem

Der Aufbau von Datenbanken und der Einsatz von Datenbanksystemen stellt an Hardware, Software und Orgware eine Reihe von Voraussetzungen, von denen die wichtigsten sind:

- Die EDV-Anlage sollte einen Arbeitsspeicher von mindestens 128 KB haben, um die entsprechende Software für Datenzugriffs- und Datenverwaltungssystem aufnehmen zu können.

- Für die Datenbank selbst werden großräumige externe Speicher mit mittlerer Zugriffsgeschwindigkeit benötigt, wie Großraummagnettrommeln und größere Magnetplattenspeicher, bei denen die Magnetplatten, auf denen die Datenbanken gespeichert sind, nicht mehr gewechselt zu werden brauchen.

- Einrichtungen für den Dialogverkehr, sofern die Datenbank auch für Auskünfte genutzt wird.

- Ein Betriebssystem, das über Anschlußpunkte zum Datenzugriffs- und Datenverwaltungssystem verfügt.

- Software für den Zugriff zu Datenbanken und Verwaltung der in Datenbanken gespeicherten Daten.

- Eine klare Konzeption über Struktur und Inhalt der benötigten Datenbanken.

Naturgemäß kann in einem Buch über die Grundlagen der EDV nicht detailliert auf die neuartigen Techniken von Datenbanken und Datenbanksystemen eingegangen werden. Hierzu muß auf gesonderte Datenbankliteratur verwiesen werden (2). Doch sei zusätzlich noch angemerkt, daß bei Datenbanken eine Reihe gleicher und ähnlicher Techniken (Beispiele sind Speicherungsformen, Verarbeitungsmethoden und Adreßkettung) wie bei der Dateiorganisation verwendet werden, während auf der anderen Seite einige erhebliche Unterschiede bestehen. Diese Unterschiede wollen wir etwas näher beschreiben.

Eine Datenbank besteht nicht aus Dateien (also einer bloßen Zusammenfassung mehrerer Dateien), sondern besitzt eine Struktur, die sich aufbaut aus

---

(2) Merten, Hanns, Datenbankorganisation, Arbeitsweise, Entwicklung und Einsatz von Datenbanksystemen, Verlagsgesellschaft Rudolf Müller,Köln,2. Auflage, 1974.

- Datenfeldern
  (für die Aufnahme einzelner Begriffe)

- Datensegmenten
  (für die Aufnahme einer Gruppe von Begriffen)
  und

- Datensätzen
  (für die Aufnahme logischer Dateneinheiten).

Bild 226 zeigt diesen Aufbau noch einmal anhand eines Beispiels. Der Vollständigkeit halber sei angemerkt, daß die Gesamtheit der Daten eines Unternehmens nicht in einer einzigen Datenbank gespeichert, sondern in verschiedenen und meist unternehmensbereichsbezogenen Datenbanken aufbewahrt werden. Entsprechend unterscheiden wir beispielsweise die Personal-Datenbank, die Vertriebs-Datenbank, die Material-Datenbank usw.

Neben der Struktur, die die Art der Speicherorganisation darstellt, ist es vor allem die Methode der Wiedergewinnung von Daten, die das Besondere einer Datenbank ausmacht. Den Such- oder Zugriffsverfahren kommt deshalb neben der Speicherorganisation die Hauptbedeutung bei Datenbanken zu. Hierbei ist zu fordern, daß eine bestmögliche Verbindung zwischen den Verarbeitungsprogrammen (mit Zugriff auf logische Datensätze) und der Speicherung in der Datenbank (mit Zugriff auf physische Datensätze) hergestellt wird. Such- oder Zugriffsverfahren dienen also dazu, anstelle einer festen Kopplung zwischen einem Datenbestand und den Verarbeitungsprogrammen die Wiedergewinnung von Daten aus einer Datenbank für eine bestimmte Verarbeitung flexibel zu gestalten. Während der Suchvorgang selbst mit Hilfe des Datenzugriffssystems erfolgt, dient das Suchverfahren dazu, die benötigten Angaben für das Auffinden bestimmter Daten in der Datenbank bereitzustellen.

Satzname	Kundensatz							
Segmentnamen		Namenssegment			Adreßsegment			
Feldnamen	Kunden-Nr.	Name	Vorname	Titel	PLZ	Ort	Straße	Nr.
Satzinhalte	4711	Graumann	Hans	-	5680	Witzbausen	Dorfstr.	18
	4712	Fritzler	Ernst	Dipl.-Kfm.	2230	Neureidt	Kaiserstr.	15
	4713	Lange	Gustav	Dr. jur.	4500	Samsen	-	186
	4714	Futh	Heidrun	-	5630	Hof	Alleestr.	3
	4715	Meyer	Heinz	-	2010	Wetterau	Mainkai	22
	4716	Mertens	Otto	-	3500	Radom	Elbstr.	17
	4717	Hilger	Fritz	Dr. med.	2565	Heide	Kieferstr.	36

Bild 226: Struktur einer Datenbank

Bei der herkömmlichen Dateiorganisation muß, ausgehend vom Ordnungsbegriff, die Speicheradresse eines Datensatzes ermittelt werden (und damit eine eindeutige Beziehung zwischen Verarbeitungsprogramm und Dateibestand); demgegenüber verzichtet ein Datenbanksystem weitgehend auf eine solche feste Bindung. Statt dessen wird mit Suchargumenten und Suchbedingungen gearbeitet. Dies bedeutet, daß anstelle des Ordnungsbegriffes und der Feldnummer zur Auffindung eines bestimmten Datenfeldes in einer Datei bei einer Datenbank nur das gewünschte Suchargument (= Feldname oder Feldinhalt) genannt zu werden braucht. Zusätzlich zum Suchargument kann eine Suchbedingung angegeben werden, so daß einzelne Datenfelder mit gleichem Suchargument nur bei Vorliegen einer bestimmten Bedingung angesprochen werden. Bild 227 zeigt noch einmal den Unterschied zwischen herkömmlicher Datei- und Datenbankorganisation bei der Wiedergewinnung von Daten.

Festlegung der Verarbeitungsregeln

Zu den Aktivitäten der Detailorganisation gehört nicht nur der Entwurf der Ein- und Ausgabesätze und die Festlegung der Speicherorganisation, sondern auch die Aufstellung der Verarbeitungsregeln, das heißt die Anweisung, wie das einzelne Programm die eingegebenen Daten zu prüfen, zu rechnen, zu speichern und auszugeben hat. Denn um ein Programm ausarbeiten zu können, benötigt der Programmierer die erforderlichen Rechenformeln, die einzubauenden Programmverzweigungen, die Tabellen verwendeter Schlüssel und vieles andere mehr. Es sei darauf hingewiesen, daß die Ausarbeitung der Verarbeitungsregeln für jedes einzelne im Arbeitsablauf enthaltene Programm erfolgen muß.

Die Darstellung der Verarbeitungsregeln kann entweder in Form der verbalen Beschreibung, der graphischen Aufzeichnung oder mit Hilfe der modernen Entscheidungstabellentechnik geschehen. Welche Form auch gewählt wird, aus Dateien

Ordn.-Begr.	Feld 1	Feld 2	Feld 3	Feld 4	Feld 5	Feld 6	Feld 7
Kunden-Nr.	Name	Vorname	Titel	PLZ	Ort	Straße	Nr.
Feldinhalt	---	---	---	---	---	---	---

1. Angabe von Dateiname, Ordnungsbegriff und Feld-Nr.
2. Ermittlung der Satzadresse
3. Abfrage auf bestimmte Bedingung, z.B. bestimmte Postleitzahl PLZ, nur über Programm

aus Datenbank

	Namenssegment			Adreßsegment			
Kunden-Nr.	Name	Vorname	Titel	PLZ	Ort	Straße	Nr.
Feldinhalt	---	---	---	--	---	---	--

1. Angabe von Suchargument (Feldname, z.B. "PLZ", oder Feldinhalt, z.B. bestimmte PLZ "563")
2. Angabe von Suchbedingung (z.B. PLZ "5630" nur von Kunden mit dem Anfangsbuchstaben "A")

Bild 227: Wiedergewinnung von Daten (= Aufsuchen eines Feldinhaltes)

immer muß die Darstellung der Verarbeitungsregeln in einer Weise erfolgen, daß der Programmierer die Vorgabe versteht und er seine Arbeit ohne ständige Rücksprachen und Fehlinterpretationen durchführen kann.

In den Bilder 228, 229 und 230 ist das Beispiel (Auszug) einer Programmbeschreibung dargestellt, und zwar verbal

(Bild 228), graphisch (Bild 229) und in Form einer Entscheidungstabelle (Bild 230). Es sei angefügt, daß man alle drei Darstellungstechniken innerhalb einer Programmbeschreibung auch nebeneinander verwenden kann, indem man einfache Darstellungen verbal beschreibt, die Gesamtübersicht der Verarbeitung graphisch aufzeichnet und schwierigere Entscheidungssituationen in Form einer Tabelle darstellt. Im allgemeinen wird jedoch heute auf die graphische Darstellung des Programmablaufs verzichtet, da sie erstens zu aufwendig ist und zweitens als Programmablaufplan vom Programmierer benutzt wird.

Die Entscheidungstabellentechnik tritt in jüngster Zeit immer mehr an die Stelle verbaler Beschreibungen und graphischer Darstellungen des Programmablaufs. Diese Technik gestattet es, Entscheidungssituationen in Form von Tabellen zu beschreiben und sie nach Bedingungen und Aktionen aufzulösen. Eine Entscheidungstabelle gibt jeweils an, welche Bedingungen erfüllt sein müssen, um bestimmte Aktionen auszulösen. Komplexe Verarbeitungs-

Je gezählter und richtiger Datensatz soll eine 1 auf den, dem Wagentyp und der Ausrüstung zugeordneten, Zähler addiert werden. Es sind folgende Wagentypen möglich:

Typ 11 = kleiner, zweitüriger Pkw
Typ 12 = kleiner, viertüriger Pkw
Typ 21 = großer, zweitüriger Pkw
Typ 22 = großer, viertüriger Pkw
Typ 30 = Lkw

Eine Prüfung auf falschen oder fehlenden Typenschlüssel ist nicht vorzunehmen. Alle Typen außer Typ 30 können mit (Schlüssel: SD = 1) oder ohne Schiebedach ausgerüstet sein und sind entsprechend getrennt zu zählen.

Bild 228: Verbale Programmbeschreibung
(Beispiel: Unterprogramm ZAEHLEN)

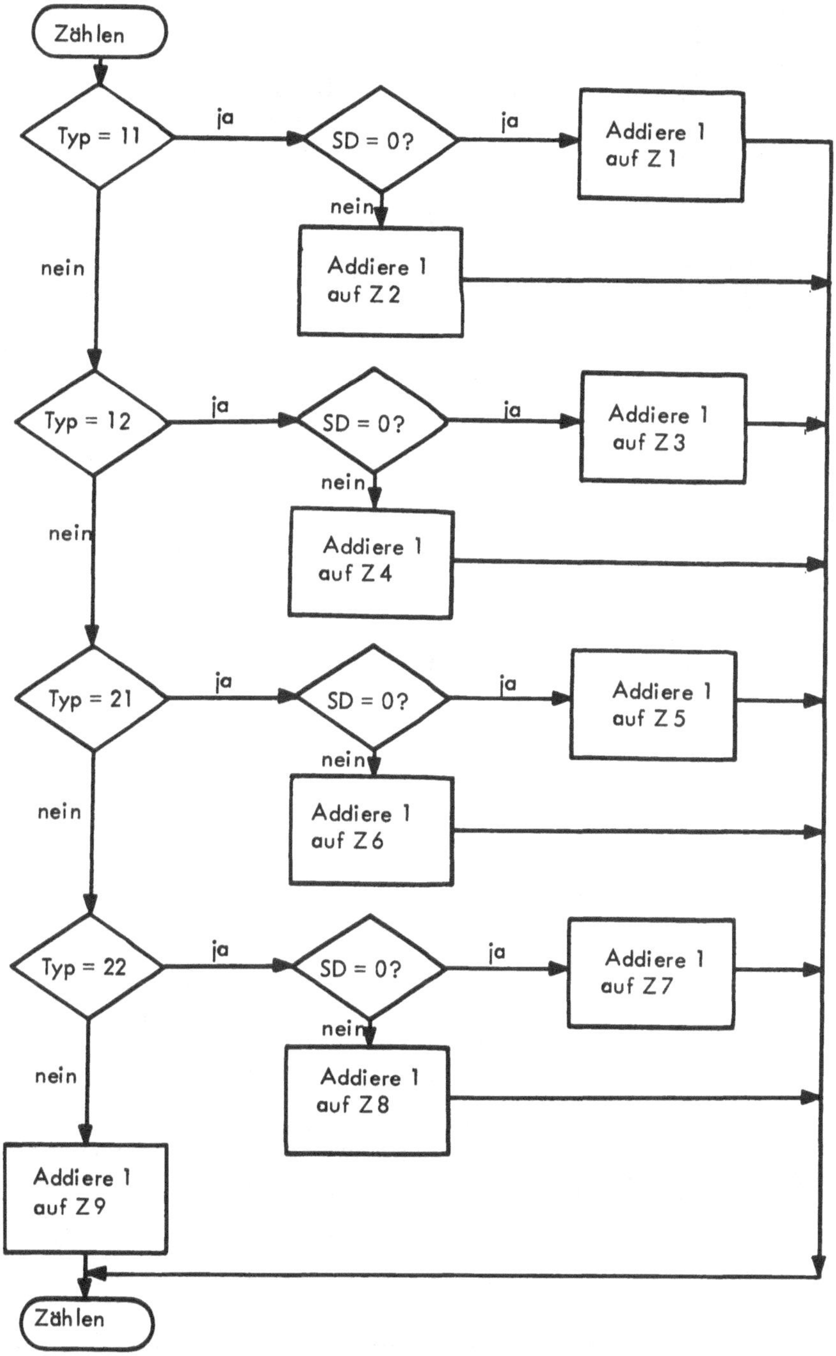

Bild 229: Graphische Programmbeschreibung

B/A	Bedingungen/Aktionen	1	2	3	4	5	6	7	8	9	10	11	12	13	14	15	16	17	18	19	20	21	22	23	24	25	26	27	28	29	30	31	32
B1	Typ 11	J	N	J	N	J	N	J	N	J	N	J	N	J	N	J	N	J	N	J	N	J	N	J	N	J	N	J	N	J	N	J	N
B2	Typ 12	J	J	N	N	J	J	N	N	J	J	N	N	J	J	N	N	J	J	N	N	J	J	N	N	J	J	N	N	J	J	N	N
B3	Typ 21	J	J	J	J	N	N	N	N	J	J	J	J	N	N	N	N	J	J	J	J	N	N	N	N	J	J	J	J	N	N	N	N
B4	Typ 22	J	J	J	J	J	J	J	J	N	N	N	N	N	N	N	N	J	J	J	J	J	J	J	J	N	N	N	N	N	N	N	N
B5	Schiebedach	J	J	J	J	J	J	J	J	J	J	J	J	J	J	J	J	N	N	N	N	N	N	N	N	N	N	N	N	N	N	N	N
A1	Addiere 1 auf Z1															X																	
A2	Addiere 1 auf Z2																															X	
A3	Addiere 1 auf Z3														X																		
A4	Addiere 1 auf Z4																														X		
A5	Addiere 1 auf Z5												X																				
A6	Addiere 1 auf Z6																												X				
A7	Addiere 1 auf Z7								X																								
A8	Addiere 1 auf Z8																								X								
A9	Addiere 1 auf Z9																																X

Bild 230: Programmbeschreibung mit Entscheidungstabellen (Beispiel: Unterprogramm ZAEHLEN)

prozesse lassen sich durch miteinander verknüpfter Entscheidungstabellen vollständig beschreiben. Der Vorteil der Entscheidungstabellentechnik gegenüber herkömmlichen Methoden liegt darin, daß alle vorkommenden Möglichkeiten eines Anwendungsfalls vollständig erfaßt und die wirklichen Alternativen eliminiert werden können. Entscheidungstabellen sind ein einfaches und einheitliches Kommunikationsmittel und ermöglichen eine übersichtliche Darstellung des Programmablaufs. Sie sind gleichzeitig ein gutes Mittel der Programmdokumentation und haben einen einfachen Änderungsdienst. Sofern ein Entscheidungstabellengenerator eingesetzt wird, ermöglicht er die automatische Umwandlung in lauffähige Programme.

Einen besonderen Schwerpunkt bei der Festlegung der Verarbeitungsregeln bilden die programmierten Kontrollen. Sie werden meist innerhalb eines gesonderten Prüfprogramms zusammengefaßt und dienen dazu, die Eingabedaten, zum Teil auch die Verarbeitungsergebnisse, umfangreichen EDV-Kontrollen auf richtiges Format (Datensatz und Datenfelder) und richtigen Inhalt zu unterwerfen.

Beispiele <u>programmierter Kontrollen</u> sind:

1. Doppelloch- und Leerspaltenkontrolle
   Prüfung auf überlochte oder nicht gelochte Stellen, insbesondere wichtig bei maschinell lesbaren Belegen.

2. Reihenfolge-Kontrolle
   Kontrolle auf auf- oder absteigende Sortierordnung bei sequentiell zu verarbeitenden Dateien.

3. Vorzeichen-Kontrolle
   Kontrolle auf positive oder negative Vorzeichen entsprechend der Satzart.

4. Null-Kontrolle
Kontrolle bei der doppelten Buchhaltung zur Prüfung der erforderlichen Summengleichheit der Soll- und Haben-Posten je Beleg oder Abstimmkreis.

5. Abstimm- und Kontrollsummen
Bestimmte Datenfelder wie z.B. Menge, Betrag, Gewicht usw. werden bei der Erfassung oder Eingabe addiert und als Kontrollzahl mit eingegeben; Wiederholung der Addition durch Programm und Vergleich der eingegebenen mit der errechneten Abstimm- oder Kontrollsumme.

6. Mischsummen-Kontrolle
Mischsummen sind Kontrollsummen von allen Belegen oder Datensätzen gemeinsamen Identifikationsfeldern; Vorgehensweise wie bei Abstimm- und Kontrollsummen.

7. Vollständigkeitskontrolle
Kontrolle aller Felder, ob belegt oder nicht belegt entsprechend der Satzartenstruktur mit Muß- und Kann-Feldern.

8. Vollzähligkeitskontrolle
Kontrolle, ob alle Belege oder Datensätze verarbeitet wurden, durch Satzartenzählung oder Postenzählung mit Vergleich der Summe aller Belege oder Satzarten laut Deckblatt.

9. Gültigkeitskontrolle
Kontrolle eines Ordnungsbegriffs oder eines anderen numerischen Begriffs auf innere Richtigkeit, z.B. Prüfziffernkontrolle, Vorhandensein bestimmter Zahlenkombinationen, Umrechnung mittels Formel bei verschlüsselten Begriffen.

10. Grenzwertkontrolle
Kontrolle, bei der nur die Zugehörigkeit von Ordnungsbegriffen oder numerischen Informationen zu einem bestimmten Zahlenbereich geprüft wird, angewandt bei klassifizierenden Schlüsseln, Vergleich auf größer/kleiner usw.

11. Plausibilitätskontrolle
Kontrolle eines eingegebenen Wertes auf Glaubwürdigkeit oder Zulässigkeit.

12. Prüfziffernverfahren
Kontrolle eines Ordnungsbegriffs auf innere Richtigkeit durch Prüfziffernkontrolle.

13. Ausschluß-Kontrolle
Kontrolle, ob die eingegebenen Daten überhaupt mit dem betreffenden Programm zu verarbeiten sind.

14. Formatkontrolle
Kontrolle auf Über- oder Unterschreitung festgelegter Formatlängen.

15. Kennsatzprüfung
Prüfung auf Freigabe und richtige Datei bei Magnetband- und Magnetplattendateien.

16. Kontrollpunktverfahren
Umfangreiche Programme sollten über Wiederanlaufpunkte verfügen, die den Zustand der Anlage und den Inhalt bestimmter Speicherbereiche in gewissen Abständen sowie bei Vorliegen bestimmter Störungsfälle sicherstellen und es gestatten, ein unterbrochenes Programm an dem der Fehlerstelle am nächsten zurückliegenden Fixpunkt zu starten; hierdurch ist die Programmwiederholung von Anfang an nicht erforderlich.

17. Quersummenkontrolle
    Kontrolle, bei der die Quersumme der Einzelwerte eines Datensatzes errechnet und mit der eingegebenen Quersumme auf Übereinstimmung verglichen wird.

18. Paarigkeitskontrolle
    Kontrolle von Ordnungsbegriffen, z.B. von Personalnummern, durch Vergleichen gegen die Ordnungsbegriffe der Stammdatei.

19. Feldprüfung
    Kontrolle auf rechts- oder linksbündige Schreibweise bei Ordnungsbegriffen mit variabler Länge.

20. Quer- und Rückrechnung
    Kontrolle eines eingegebenen Ergebnisses aus Vorprogrammen nach gleicher oder anderer Formel, z.B. bei Zinserrechnung angewandt.

Zusammenstellung der Programmvorgaben

Die Arbeiten des EDV-Organisators innerhalb der Detailorganisation enden mit der Ausarbeitung und Zusammenstellung der Programmvorgaben. Für jedes Programm, das zu dem betreffenden Arbeitsgebiet gehört, ist eine getrennte Programmvorgabe anzufertigen. Die Programmvorgabe enthält genaue und detaillierte Beschreibungen der Ein- und Ausgabedaten, der Speicherorganisation und der Verarbeitungsregeln. Hinzu kommen weitere Informationen wie Datenflußplan, Zeit- und Mengenangaben sowie Hinweise für die Ausarbeitung der Testbeispiele. Es versteht sich von selbst, daß alle Unterlagen in schriftlicher Form vorliegen müssen.

Eine Programmvorgabe sollte von Form und Inhalt her so aufgebaut sein, daß darin eine sinnvolle Zusammenarbeit zwischen EDV-Organisator und Programmierer zum Ausdruck kommt. Dies bedeutet einerseits eine klare Tätigkeits- und Verantwortungsabgrenzung zwischen EDV-Organisator und Programmierer, andererseits jedoch eine gute Verständigung und Kommunikation über die Probleme und Lösungen der umzustellenden Aufgabe. Deshalb wird der EDV-Organisator den Programmierer frühzeitig (nach Abschluß der Projektstufe Systementwicklung) mit dem Problem vertraut machen und mit ihm gemeinsam die Lösungsvorschläge erörtern. Eine gute Verständigung ist nicht nur für die Zeit vor den, sondern auch während der Programmierungsarbeiten geboten, weil vielfach während der Abwicklung der Programmierung Fragen auftauchen, die dann schnell geklärt werden müssen. Im Hinblick auf ihren Inhalt sollte eine Programmvorgabe so aufgebaut sein, daß in ihr alle problembezogenen und für die Programmierung erforderlichen Angaben detailliert enthalten sind. Dagegen sollten alle ablaufbezogenen Einzelheiten soweit wie möglich dem Programmierer überlassen bleiben. Er selbst sollte in der Regel darüber entscheiden, welche Speicherungsform und Verarbeitungsmethode er verwendet und wie er sein Programm aufbaut.

Jede Programmvorgabe muß dem Programmierer in schriftlicher Form alle Auskünfte darüber geben, welche Einzelheiten er bei der Programmierung zu beachten hat, im einzelnen

- welche Daten eingegeben werden

- welche Dateien zu verwenden sind

- welche Verarbeitungsregeln zu beachten sind und

- welche Ergebnisse geliefert werden sollen.

Im einzelnen umfaßt eine Programmvorgabe folgende Angaben, dargestellt in Formularen mit einheitlicher Symboltechnik:

PROGRAMMVORGABE

Progr.-Name:	VAB02T	Progr.-Sprache:	Cobol
Progr.-Bezeichnung:	Prüf. Eing.sät	Max. Progr.-Größe:	32 K
Progr.-Verwendung:	nur VAB	Standard-Unterprogramme:	keine

Aufgabe: Prüfen der sortierten Eingabesätze verschiedener Satzarten mit Trennung richtiger und fehlerhafter Eingabesätze und Drucken eines Eingabe- und Fehlerprotokolls.

Inhaltsverzeichnis

Unterlagen	enthalten	Seiten	Bemerkungen
1. Programmbeschreibung	⊗	1-2	
2. Datenflußplan	⊗	3-7	
3. Dateiaufbauten	⊗	8-10	
4. Satzaufbauten	⊗	11-13	
5. Listbilder	⊗	14	
6. Verarbeitungsregeln			
graphisch	○		
verbal	○		
Entscheidungstabelle	⊗	15-21	

Bild 231: Übersicht Programmvorgabe

- Fein-Datenflußplan

- Datei- und Satzaufbauten der Eingabe-, Speicher- und Ausgabedaten

- Listbilder für Formulare und Listen

- Verarbeitungsregeln mit Prüf- und Rechenvorschriften in Form der verbalen, graphischen oder Entscheidungstabellen-Darstellung

- Hinweise für den Aufbau der Testbeispiele.

Bild 231 zeigt eine Übersicht über die Zusammenstellung der Programmvorgaben.

4.234 Programmierung

Die Programmierung ist die vierte Projektstufe und beschließt die Entwicklung des neuen EDV-Arbeitsablaufs. Sie besteht darin,

- die Programmvorgabe aus der Detailorganisation zu analysieren

- den Programmablaufplan zu entwerfen

- das Programm zu verschlüsseln (codieren)

- das Programm zu testen und

- die Programmdokumentation auszuarbeiten und zusammenzustellen.

Bild 232 zeigt eine Übersicht über den Arbeitsablauf der Programmierung. Wegen der Einzelheiten der Programmierung sei auf den Abschnitt "3.23 Die einzelnen Schritte der Programmerstellung" verwiesen.

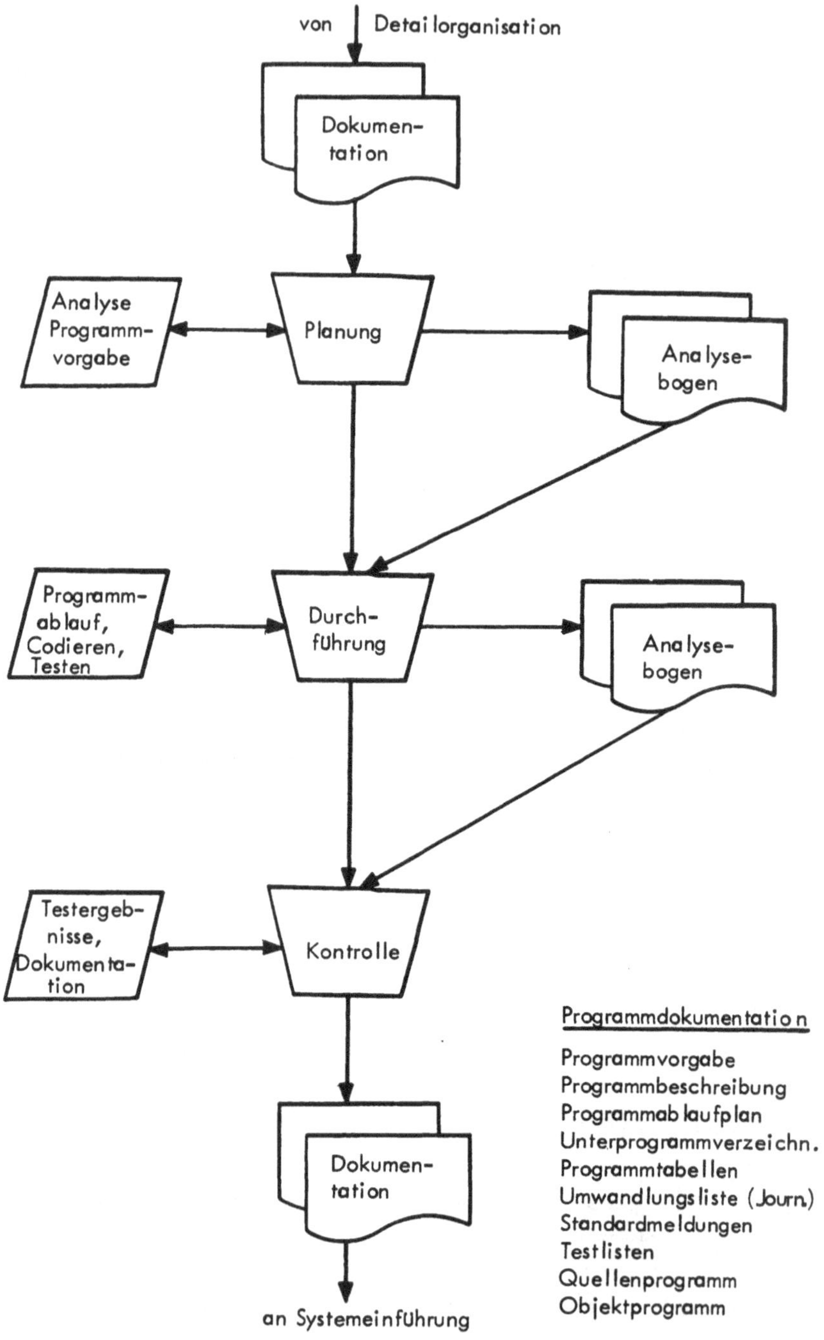

Bild 232: Arbeitsablauf Programmierung

4.235 Systemeinführung

Nachdem das neue System mit allen organisatorischen und programmtechnischen Einzelheiten fertiggestellt ist, muß es entsprechend dem Umstellungstermin in den Fachabteilungen und im Rechenzentrum eingeführt werden. Im Gegensatz zu den anderen Projektstufen muß ein Teil der hier genannten Aufgaben bereits vor dem Abschluß der Programmierungsarbeiten eingeleitet und durchgeführt werden. Zu den vorgezogenen Arbeiten gehören insbesondere die Planung der Systemeinführung, die Übernahme von Datenbeständen und die Schulung der Führungskräfte und Mitarbeiter in den Fachabteilungen. Die Verantwortung für die Durchführung der Systemeinführung liegt beim Projektleiter des Umstellungsteams, während die Systemeinführung selbst durch alle beteiligten Mitarbeiter sowohl des Umstellungsteams als auch der Fachabteilungen und des Rechenzentrums durchgeführt wird. Bild 233 zeigt den Arbeitsablauf der Systemeinführung.

Bevor die einzelnen Maßnahmen der Systemeinführung ablaufen können, ist zunächst die Ausarbeitung eines Einführungsplans erforderlich.

Die Durchführung der Systemeinführung erstreckt sich auf die Punkte

- Übernahme der Datenbestände
- Durchführung der Systemtests
- Schulung der Mitarbeiter in den Fachabteilungen
- Abschlußdokumentation
- Übergabe des neuen Systems und
- Starthilfe

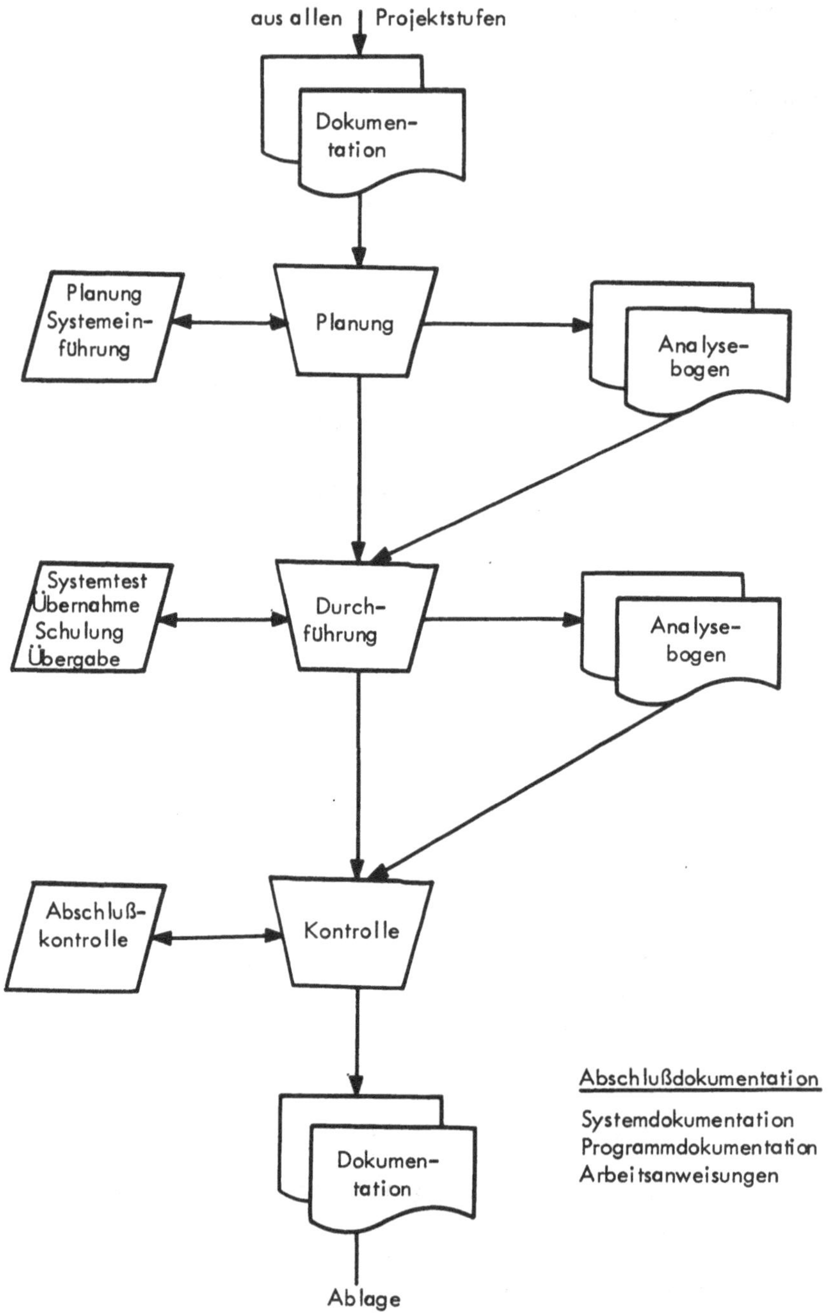

Bild 233: Arbeitsablauf Systemeinführung

Zu den Arbeiten, die rechtzeitig geplant und durchgeführt werden müssen, gehört die Übernahme der Datenbestände. Alle bisher in Karteien, Konten und Listen aufgeführten Stamm- und Bestandsdaten müssen auf den neuesten Stand gebracht und auf Erfassungsbelege übertragen werden, wobei insbesondere geänderte oder neue Schlüssel zu beachten sind. Die Datenbestände müssen anschließend in Datenträger übertragen und in die Anlage eingegeben werden, um die entsprechenden Dateien maschinell aufbauen zu können. Datenerfassungsbelege, Datenträger sowie Eingabe- und Prüfprogramme sollten möglichst den Versionen entsprechen, wie sie später zur Erfassung, Eingabe und Speicherung erforderlich sind. Es hat sich als zweckmäßig erwiesen, die zu übernehmenden Bestands- und Stammdateien nicht erst zum Startzeitpunkt des neuen Systems, sondern bereits vorher maschinell aufzubauen und zu führen. Auf diese Weise ist eine sichere Handhabung bis zum Programmanlauf gewährleistet. Die vorzeitige Aufnahme bedingt jedoch zugleich, daß der maschinelle Änderungsdienst ebenfalls von diesem Zeitpunkt an erfolgt.

Unter dem Ausdruck Systemtest versteht man einen abschließenden Generaltest, der zweierlei Zwecken dient, nämlich

- alle Programme des Systems auf ihre richtige Verknüpfung zu prüfen (=Programmfolgetest) und

- das neue System in allen seinen Teilen auf seine Übereinstimmung mit der Wirklichkeit zu überprüfen (=Organisations- oder Praxistest).

Der Programmfolgetest muß dem Praxistest vorangehen. Während für den Programmfolgetest die aus den vorangegangenen Programmtests stammenden Testdaten mit geringen Änderungen benutzt werden können, müssen für den Praxistest neue Testdaten gewonnen werden. Diese Testdaten sind möglichst von den betreffenden Fachabteilungen unter Assistenz des EDV-Personals zu erstellen und beziehen sich auf den sachlich orientierten Systemablauf. Auch die Auswertung der Testergebnisse sollte wiederum von den Mitarbeitern der betreffenden Fachabteilungen erfolgen, da nur sie objektiv und neutral die richtige Funktionsweise des neuen Systems überprüfen können.

Die Schulung der Führungskräfte und Mitarbeiter in den betroffenen Fachabteilungen ist von einer allgemeinen Einführung in die EDV zu trennen. Während sich die EDV-Einführung auf die Möglichkeiten und Grenzen der EDV und die Zusammenarbeit zwischen EDV-Abteilung und Fachabteilungen erstreckt und frühzeitig bei Einrichtung der EDV im Unternehmen erfolgen sollte, bezieht sich die hier genannte Einführungsschulung projektgebunden auf die Handhabung des neuen Systems, also vor allem auf die Datenerfassung, den Stammdaten-Änderungsdienst und die Auswertung der EDV-Listen. Die Schulung sollte jeweils vor der Übernahme eines neuen Systems erfolgen, sich auf alle Personen erstrekken, die mit der Handhabung des neuen Systems vertraut sein müssen, und gut vorbereitet sein. Datenflußpläne, Muster der Erfassungsbelege und EDV-Listen sowie Arbeitsanweisungen für die Fachabteilungen dienen als Hilfsmittel für die Schulung und Einweisung der Mitarbeiter in den Fachabteilungen.

Sinn und Zweck der Abschlußdokumentation ist es, das umgestellte System in seinen Zusammenhängen und Einzelheiten transparent zu machen, damit Eingriffe, Änderrungen und Überprüfungen jederzeit und mit möglichst geringem Aufwand durchzuführen sind. Jede Dokumentation verliert jedoch ihren Sinn, wenn nicht auch alle Programmänderungen in den Dokumentationsunterlagen berücksichtigt werden und die Dokumentation somit immer auf dem neuesten Stand ist. Die aus den anderen Projektstufen stammenden Dokumentationsunterlagen werden hier, soweit sie zur Abschlußdokumentation gehören, überarbeitet, auf den neuesten Stand gebracht, durch weitere Unterlagen vervollständigt, sauber geschrieben und gezeichnet, vervielfältigt und an die dazu vorgesehenen Stellen im Unternehmen verteilt. Es empfiehlt sich, drei vollständige Dokumentationssätze zu erstellen. Ein kompletter Satz bleibt als Arbeitsunterlage in der EDV-Abteilung, ein weiterer Satz wird zur Sicherung ausgelagert, während der dritte Satz (Arbeitsanweisungen und Dokumentation der Eingabe-, Speicher- und Ausgabedaten) auf die verschiedenen Stellen des Rechenzentrums und der beteiligten Fachabteilungen verteilt wird.

Die Übergabe des neuen Systems an das Rechenzentrum und die Fachabteilungen sollte ordnungsgemäß protokolliert und quittiert werden. Abgesehen von einer Starthilfe und der Abschlußkontrolle sind mit der Übergabe die Projektarbeiten abgeschlossen, und das System gilt als ordnungsgemäß abgenommen.

Unabhängig von der Übergabe und Abnahme müssen die EDV-Organisatoren und Programmierer des Projektteams das System in der Anlaufphase überwachen und jederzeit verfügbar sein, wenn es zu Fehlern oder anderen Problemen kommt. Die EDV-Organisatoren werden zweckmäßigerweise den Anlauf des Systems in den Fachabteilungen überwachen, während die Programmierer dem Rechenzentrum zur Verfügung stehen.

Die Umstellungsarbeiten enden mit einer Gegenüberstellung der ursprünglichen Planwerte und der erreichten Istwerte, damit einmal die Abweichungen in den Terminen sowie im Zeit- und Kostenaufwand einschließlich ihrer Ursachen festgestellt und zum anderen Erfahrungswerte für künftige Projektplanungen gesammelt werden. Nur dieser Weg kann langfristig zu realistischen Zeit- und Kostenschätzungen führen. Bezogen auf den EDV-

Auftrag werden die Istwerte aus den einzelnen Projektaufträgen ermittelt und addiert. Die Summe wird dann, unterteilt nach Personaleinsatz, Zeitaufwand und Kosten und getrennt für Fachabteilungen, EDV-Organisation, Programmierung und Rechenzentrum, den geplanten Werten im EDV-Auftrag gegenübergestellt. Aus dem Soll-/Ist-Vergleich lassen sich die Abweichungen in den einzelnen Punkten ablesen.

4.24 Änderungsdienst

Ziel und Sinn des Änderungsdienstes ist es, alle eingesetzten Programme eines Systems auf dem aktuellen Stand zu halten. Programmänderungen können sowohl aus programmtechnischen Gründen (Beseitigung von Fehlern, Verbesserung der Programmstruktur) als auch sachbezogen (gesetzliche oder tarifliche Änderungen, betriebliche Änderungen, Verbesserung des Informationswesens usw.) erforderlich sein. Um den Änderungsaufwand so gering wie möglich zu halten, sollten Programmänderungen, soweit dies möglich ist, nicht einzeln, sondern gesammelt durchgeführt werden. Bei allen Einschränkungen werden sich aber Programmänderungen nie ganz vermeiden lassen. Mit einer Programmänderung ist immer eine Änderung der Programmdokumentation verbunden. Ob dagegen Steuerkarten und Arbeitsanweisungen geändert werden müssen, hängt vom Einzelfall ab. Abgesehen vom formalen Änderungsablauf entsprechen die Tätigkeiten bei einer Programmänderung derjenigen der Neuprogrammierung, nur daß bei Programmänderungen bereits auf vorhandene Dokumentationsunterlagen zurückgegriffen werden kann.

Programmänderungen werden von der auslösenden Abteilung (in der Regel Fachabteilung oder EDV-Abteilung) beantragt und nach der Genehmigung durch den EDV-Leiter dem zuständigen Projektleiter übergeben. Wie aus Bild 234 hervorgeht, sollte der gesamte Ablauf einer Programmänderung von der Auslösung

Bezeichnung	Inhalt/Verfahren
Änderungsantrag	Abteilung, Name, Datum, Art der Änderung, Grund der Änderung, Fertigstellungstermin
Änderungsauftrag	Genehmigung, Auftrag, Name, Termin
Änderungsbeschreibung	genaue Beschreibung der durchzuführenden Änderung
Änderungsdurchführung	alte und neue Programm-Versionsnummer; Beginn, Ende und Aufwand der Änderung
Änderungsfreigabe	Abnahme der geänderten Programme, Freigabe der Änderung
Änderungsübergabe	Übergabe der geänderten Programme an Systemprogrammierung und Arbeitsvorbereitung
Änderungsdokumentation	Übergabe der geänderten Dokumentation und Quittierung durch Archivverwalter

Bild 234: Änderungsdienst

über die Durchführung und Abnahme bis hin zum Dokumentationsvermerk schriftlich festgehalten werden. Die Dokumentation der Änderung hat nicht nur den Vorteil der Transparenz und ordnungsmäßigen Ausführung, sondern kann auch für spätere Auswertungen über Umfang und Art der Programmänderungen eines Arbeitsgebietes dienen.

4.3 Orgware für die Projektabwicklung

4.31 Organisation der Arbeitsabläufe

4.311 In den Fachabteilungen

Die Fachabteilungen sind an der Projektabwicklung (nach Umstellung eines Arbeitsgebietes) in der Regel in dreifacher Weise beteiligt, und zwar

- vor der maschinellen Abwicklung (Datenerfassung, Datenübertragung, Datendirekteingabe)

- während der maschinellen Abwicklung (Korrektur von Eingabe- und Fehlerprotokollen, Dialogverkehr) und

- nach der maschinellen Abwicklung (Auswertung von Listen und Formularen).

Um die Mitwirkung der Fachabteilungen in diesem Gesamtablauf organisatorisch zweckmäßig und wirtschaftlich zu gestalten, ist es erforderlich, ihre Führungskräfte und Mitarbeiter entsprechend zu schulen (vgl. hierzu Abschnitt 4.235 Systemeinführung) und sie mit geeigneten Organisationsunterlagen zu versorgen. Zu diesen Organisationsunterlagen gehören

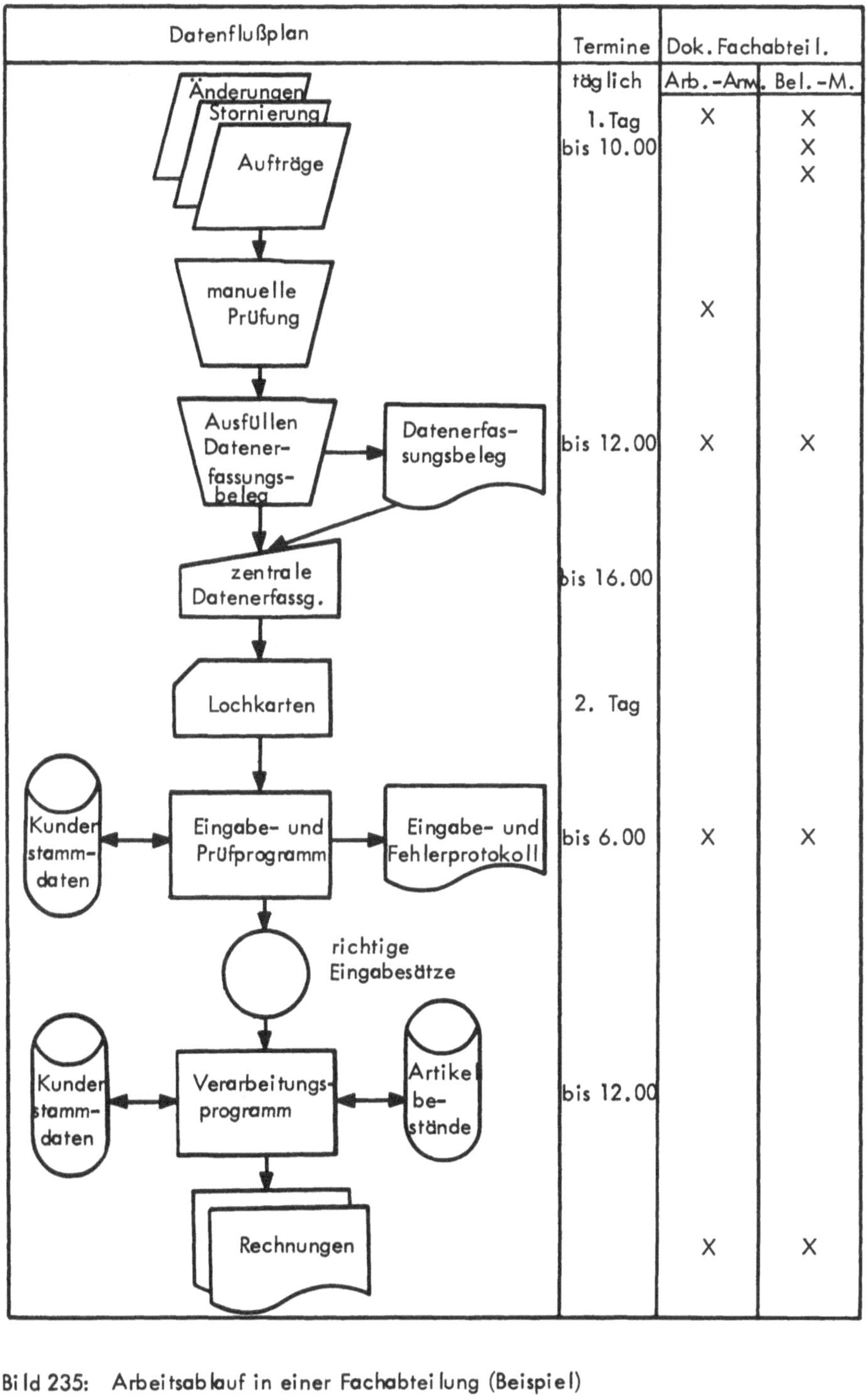

Bild 235: Arbeitsablauf in einer Fachabteilung (Beispiel)

- ein Fein-Datenflußplan
  (zur Darstellung des detaillierten Gesamtdatenflusses mit Ausweis der manuellen Bearbeitungsstationen)

- ein Terminplan
  (zur Festlegung der Bearbeitungs- und Weitergabetermine)

- Arbeitsanweisungen
  (detailliert für jeden manuellen Arbeitsschritt, analog einer Programmbeschreibung für jeden maschinellen Arbeitsschritt) und

- Belegmuster
  (für Urbelege, Datenerfassungsbelege, Datenträger, Listen, Formulare und Bildschirmmasken).

Bild 235 zeigt das Beispiel eines Arbeitsablaufs mit Arbeitsunterlagen für die Fachabteilungen.

4.312 Im Rechenzentrum

Naturgemäß kommt dem Rechenzentrum die Hauptaktivität bei der Abwicklung der umgestellten Projekte zu. Um die Projektabwicklung und alle weiteren Arbeiten im Rechenzentrum (Umwandlungen und Tests, Probe- und Wiederholungsläufe usw.) organisatorisch sinnvoll und wirtschaftlich durchzuführen, bedarf es einer Reihe verfahrenstechnischer Maßnahmen und Hilfsmittel. Bild 236 zeigt eine Übersicht über die Orgware im Rechenzentrum einschließlich der organisationsmäßigen Verbindung zu den Projektteams (während der Umstellungsarbeiten) und den Fachabteilungen (während der Projektabwicklung).

Arbeitsvorbereitung

Die Aufgaben der Arbeitsvorbereitung gliedern sich in drei Gruppen, und zwar in die

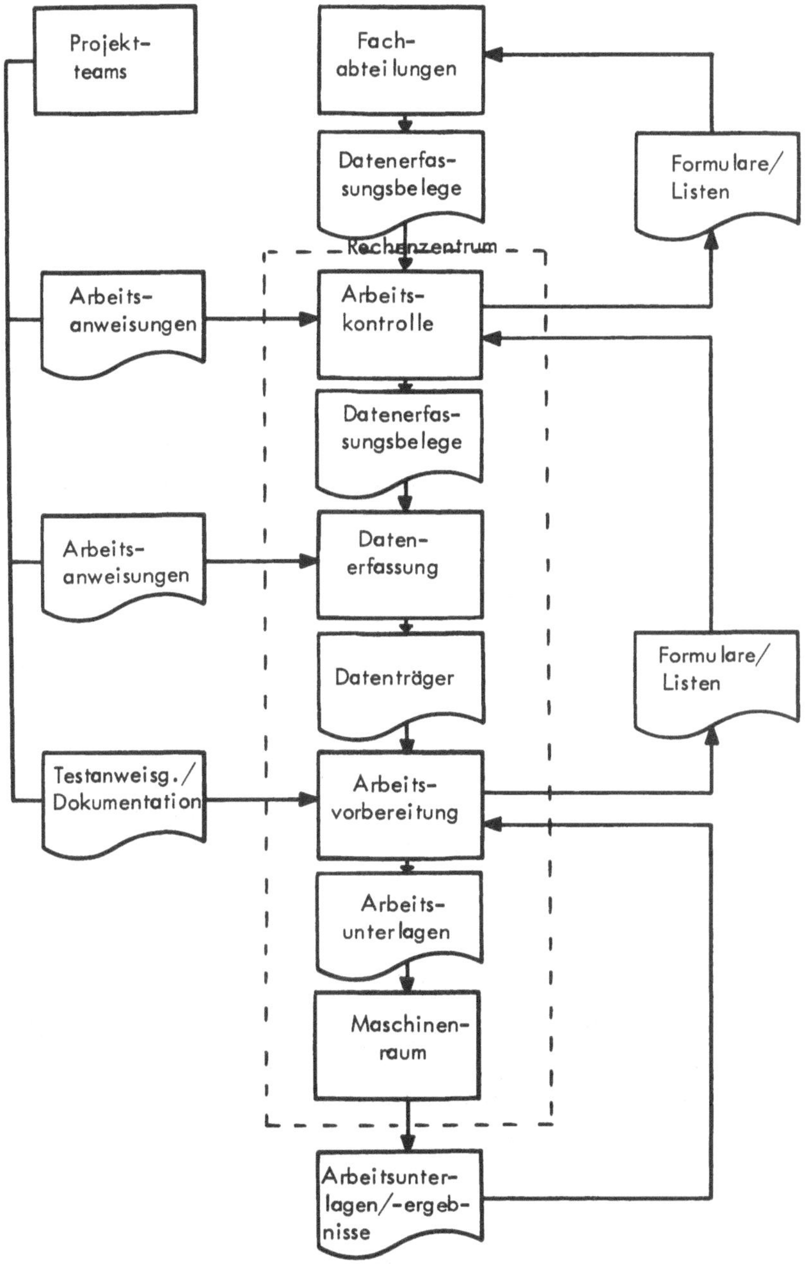

Bild 236: Arbeitsablauf – Rechenzentrum

- Termin- und Kapazitätsplanung

- Vorbereitung von Maschinenabläufen und

- Archivierung und Materialdisposition.

Ausgang der Termin- und Kapazitätsplanung sind die in der Arbeitsmappe enthaltenen Unterlagen RZ-Terminplan (Terminplanung je Arbeitsgebiet) und Job-/Step-Beschreibung (für die Kapazitätsplanung). Neu umgestellte Arbeitsgebiete werden aufgrund dieser Unterlagen in den bestehenden RZ-Arbeitsplan eingefügt, der alle sich wiederholenden Arbeitsgebiete mit Angabe der Laufperiode enthält. Aus dem übersichtlichen und alle Arbeitsgebiete umfassenden RZ-Arbeitsplan entsteht der Maschinenplan je Kalenderwoche und die Maschinenbelegung je Arbeitstag oder Arbeitsschicht. Für die Wochenplanung, auf jeden Fall aber für die tages- und schichtbezogene Maschinenbelegung muß die zusätzliche Maschinenzeitanforderung für sporadische Auswertungen sowie für den Testbedarf berücksichtigt werden.

Aus der Maschinenbelegung wird die Vorbereitung für die Arbeit im Maschinenraum abgeleitet. Die erforderlichen Arbeitsunterlagen entnimmt der Arbeitsvorbereiter der angelegten Arbeitsmappe, während er die Datenträger von der Datenerfassung und die Testdaten mit Testanweisungen von den Projektteams erhält. Er stellt die Arbeitsunterlagen und Arbeitsmittel für die Abwicklung zusammen und gibt sie rechtzeitig an den Maschinenraum. Nach der Durchführung der Arbeiten gehen die Unterlagen einschließlich der gewonnenen Formulare und Listen bzw. Testergebnisse an die Arbeitsvorbereitung zurück.

Die letzte Aufgabe bezieht sich auf die Archivierung und Materialdisposition. Hierzu gehört die Eintragung der Dateibewegungen in die Magnetband- und Magnetplattenkartei, die Verwaltung und Disposition des benötigten Materials sowie die Archivierung der Dokumentation einschließlich der Dokumentationsänderungen.

Bild 237 zeigt eine Übersicht über die Aktivitäten und Hilfsmittel der Arbeitsvorbereitung.

Zentrale Datenerfassung

Die Stelle Zentrale Datenerfassung ist ein Teilbereich der Arbeitsdurchführung im Rechenzentrum, sofern die Erfassung der Daten nicht dezentralisiert innerhalb der Fachabteilungen durchgeführt wird. Der Arbeitsablauf in der Datenerfassung beginnt mit der Einplanung neuer Arbeitsgebiete, wozu die Stelle Datenerfassung den RZ-Terminplan je Arbeitsgebiet und die Arbeitsanweisung Datenerfassung je Erfassungs- und Prüfvorgang von der Arbeitsvorbereitung erhält. Neben diesen Unterlagen sollte für die Disposition der Erfassungs- und Prüfarbeiten ein Terminplan benutzt werden.

Aufgrund der Planung im Terminplan und nach Anlieferung der Datenerfassungsbelege von der Arbeitskontrolle erfolgt die Datenerfassung, indem die auf Datenerfassungsbelegen erfaßten Daten von Datatypistinnen in Datenträger (Lochkarten, Lochstreifen, Magnetbänder) übertragen werden. Der Datenerfassung folgt die Prüfung der erfaßten Daten auf ihre richtige Übertragung. Nach der Erfassung und Prüfung gehen die Datenträger weiter an die Arbeitsvorbereitung. Soweit die Datenerfassung bereits in den Fachabteilungen erfolgt bzw. die Daten direkt in Datenträgern (optisch lesbare Belege, Markierungsbelege) erfaßt bzw. unter Umgehung von Datenträgern (Direkteingabe) in die EDV-Anlage eingegeben werden, entfallen die entsprechenden Aktivitäten im Rechenzentrum. Bild 238 zeigt eine Übersicht über die Aktivitäten und Hilfsmittel in der zentralen Datenerfassung.

Maschinenraum

Der Maschinenraum ist neben der zentralen Datenerfassung die ausführende Stelle im Rechenzentrum, die sich mit der Datenverarbeitung auf der EDV-Anlage einschließlich der Hilfsmaschinen (z.B. Datenfernübertragungseinrichtungen, herkömmliche Lochkartenmaschinen) beschäftigt.

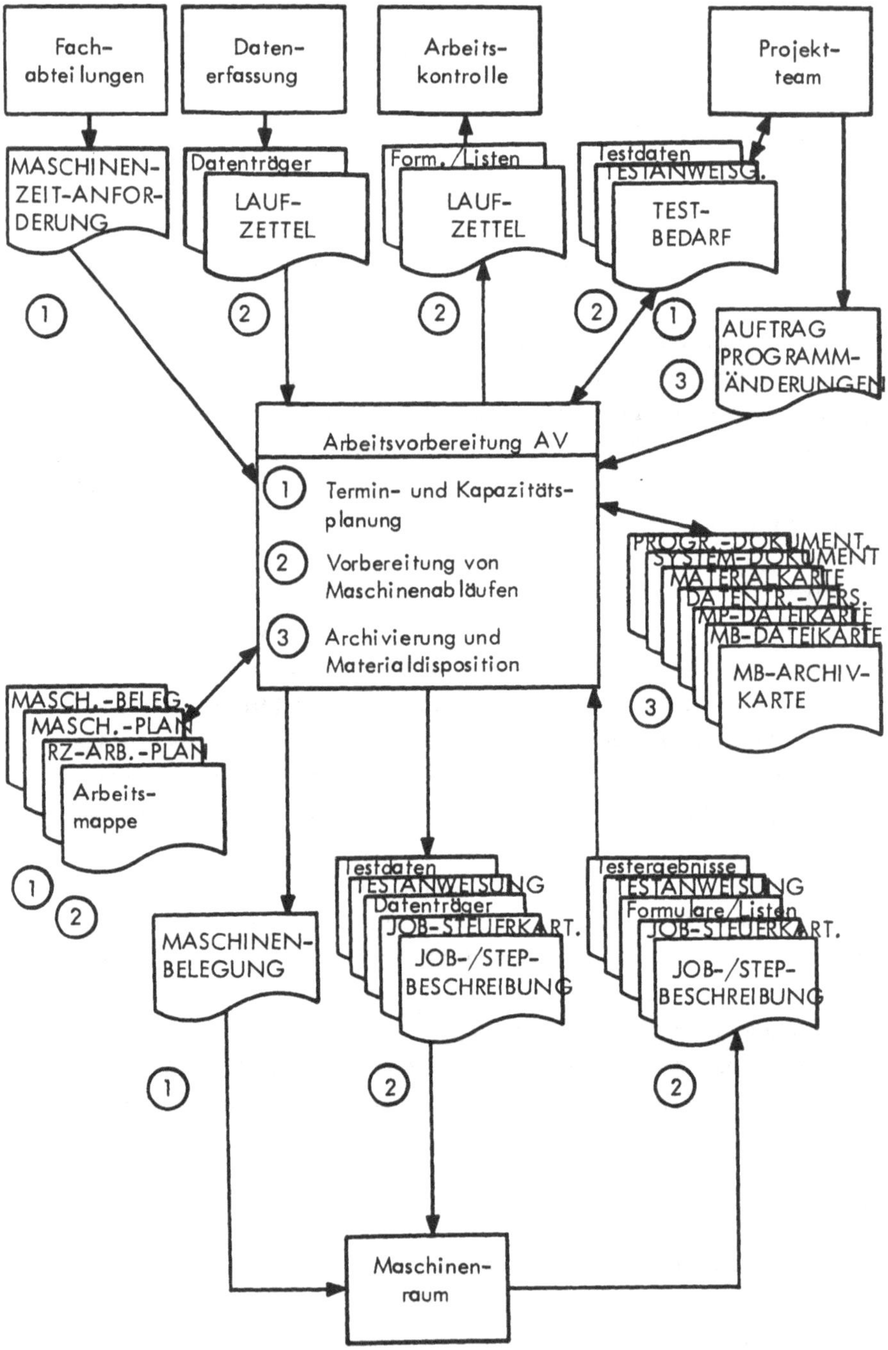

Bild 237: Arbeitsablauf Arbeitsvorbereitung

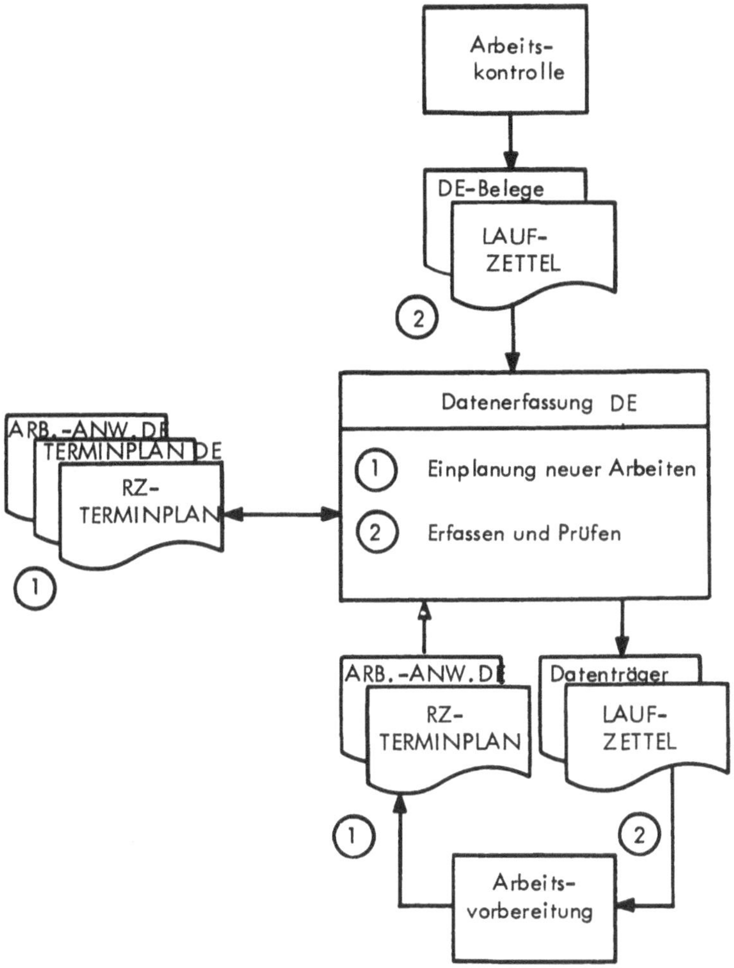

Bild 238: Arbeitsablauf Zentrale Datenerfassung

Im Gegensatz zu den Anfangsjahren der Datenverarbeitung ist der Maschinenraum heute durch drei Merkmale gekennzeichnet:

- Der Maschinenraum wird als Closed-Shop-Betrieb geführt
  (Vorteil: höhere Sicherheit und bessere Maschinenausnutzung).

- Alle Planungs-, Vorbereitungs- und Kontrollarbeiten werden von anderen Stellen außerhalb des Maschinenraums ausgeführt
  (Vorteil: höhere Sicherheit durch Arbeitsteilung)

- Die Operateure sind als Maschinenbediener und nicht als Sachbearbeiter für bestimmte Arbeitsgebiete eingesetzt
  (Vorteil: höhere Sicherheit durch Funktionen- anstelle von Sachbearbeiterprinzip).

Der Ausdruck "Closed-Shop-Betrieb" bedeutet, daß die Tür zum Maschinenraum für jedermann verschlossen bleibt, der nicht unmittelbar mit der EDV-Anlage zu tun hat. Personen mit Zutrittserlaubnis sind die Operateure der betreffenden Schicht, die Arbeitsvorbereiter (für Umdispositionen in Ausnahmefällen) und die Systemprogrammierer, soweit sie gerade Software-Probleme an der EDV-Anlage lösen. Insbesondere verschlossen bleibt der Maschinenraum den Programmierern, die nur noch im Closed-Shop-Testbetrieb testen, und den Sachbearbeitern der Fachabteilungen, deren Partner nach der Umstellung die Mitarbeiter der Arbeitskontrolle und nicht die Operateure im Maschinenraum sind. Die Einrichtung eines Closed-Shop-Betriebs erfordert folgende organisatorische Maßnahmen:

- Festlegung und Veröffentlichung der Personen, die Zutritt zum Maschinenraum haben, bzw. die Ausgabe von Ausweisen mit Berechtigung, den Maschinenraum zu betreten.

- Arbeitsteilung zwischen Maschinenraum und Arbeitsvorbereitung, die alle Planungs-, Vorbereitungs- und Archivierungsarbeiten übernimmt.

- Arbeitsteilung zwischen Maschinenraum und Arbeitskontrolle, der allein die Verbindung zwischen Fachabteilungen und Rechenzentrum obliegt.

- Einführung von Operatoranweisungen für den Testbetrieb (Testanweisungen), damit die Maschinentests ohne Anwesenheit der Programmierer ablaufen können.

Mit der Begrenzung auf reine Durchführungsarbeiten bei der Maschinenbedienung ist gemeint, daß alle planerischen, vorbereitenden und kontrollierenden Aufgaben außerhalb des Maschinenraums liegen. Diese Arbeitsteilung erhöht nicht nur die Sicherheit im Rechenzentrum, sie hat zudem den Vorteil, daß sich die Operateure voll und ganz auf die Bedienung der EDV-Anlage und damit auf eine höchstmögliche Auslastung konzentrieren können. Sobald beispielsweise ein Programm zu einem unvorhergesehenen Stopp kommt, wird die EDV-Anlage mit einem neuen Programm geladen. Die Ursachen des Stopps werden dagegen außerhalb des Maschinenraums geklärt.

Schließlich sollte sichergestellt sein, daß die Operateure keine Sachbearbeiter sind, also nicht nur jeweils bestimmte Arbeitsgebiete abwickeln. Jeder Operator muß jedes Arbeitsgebiet maschinell ablaufen lassen können und arbeitet, ohne besondere Sachgebietskenntnisse, allein aufgrund der Operatoranweisung (Job-/Step-Beschreibung).

Der Arbeitsablauf im Maschinenraum beginnt mit der Einteilung der Maschinenbelegung durch die Arbeitsvorbereitung. Je Tag oder besser je Schicht erhält der Maschinenraum von der Arbeitsvorbereitung eine Übersicht über die Maschinenbelegung. Die Arbeitsunterlagen zur Abwicklung selbst sind die Job-/Step-Beschreibung, Job-Steuerkarten, Datenträger, Testanweisungen und Testdaten. Die gleichen Unterlagen gehen, zusammen mit den Arbeits- oder Testergebnissen, nach der Arbeitserledigung an die Arbeitsvorbereitung zurück. Die Ist-Daten der Arbeitserledigung werden mit Hilfe eines Bedienungsprotokolls bzw., bei Maschinenstörungen, mit dem Formular Störungsmeldung erfaßt. Soweit die EDV-Anlage mit einer Konsolschreibmaschine ausgerüstet ist, erfolgt eine zusätzliche Protokollierung mit Hilfe des Betriebssystems.

Auswertungen über Nutzung und Auslastung sollten nach Arbeitsschlüsseln und Kostenstellen (Benutzern) erstellt werden. Bild 239 zeigt eine Übersicht über die Aktivitäten und Hilfsmittel des Maschinenraums.

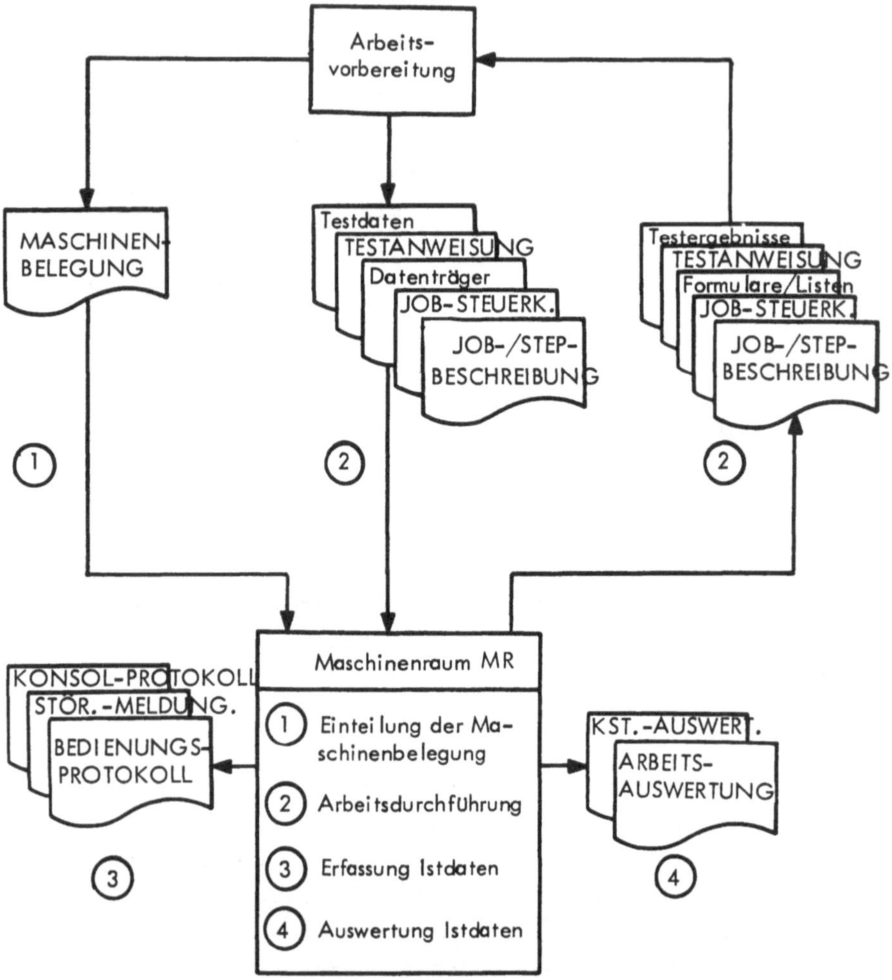

Bild 239: Arbeitsablauf Maschinenraum

Arbeitskontrolle

Die Stelle Arbeitskontrolle (auch als Kontrolle/Abstimmung oder Belegstelle bezeichnet) bildet das Bindeglied zwischen den Fachabteilungen auf der einen und dem Rechenzentrum auf der anderen Seite nach der Umstellung eines Arbeitsgebietes. Für die Einplanung neuer Arbeiten erhält die Arbeitskontrolle von der Arbeitsvorbereitung den bekannten RZ-Terminplan, die Arbeitsanweisung Arbeitskontrolle und die Arbeitsanweisung Separieren/Schneiden. Als eigene Arbeitsunterlage kommt

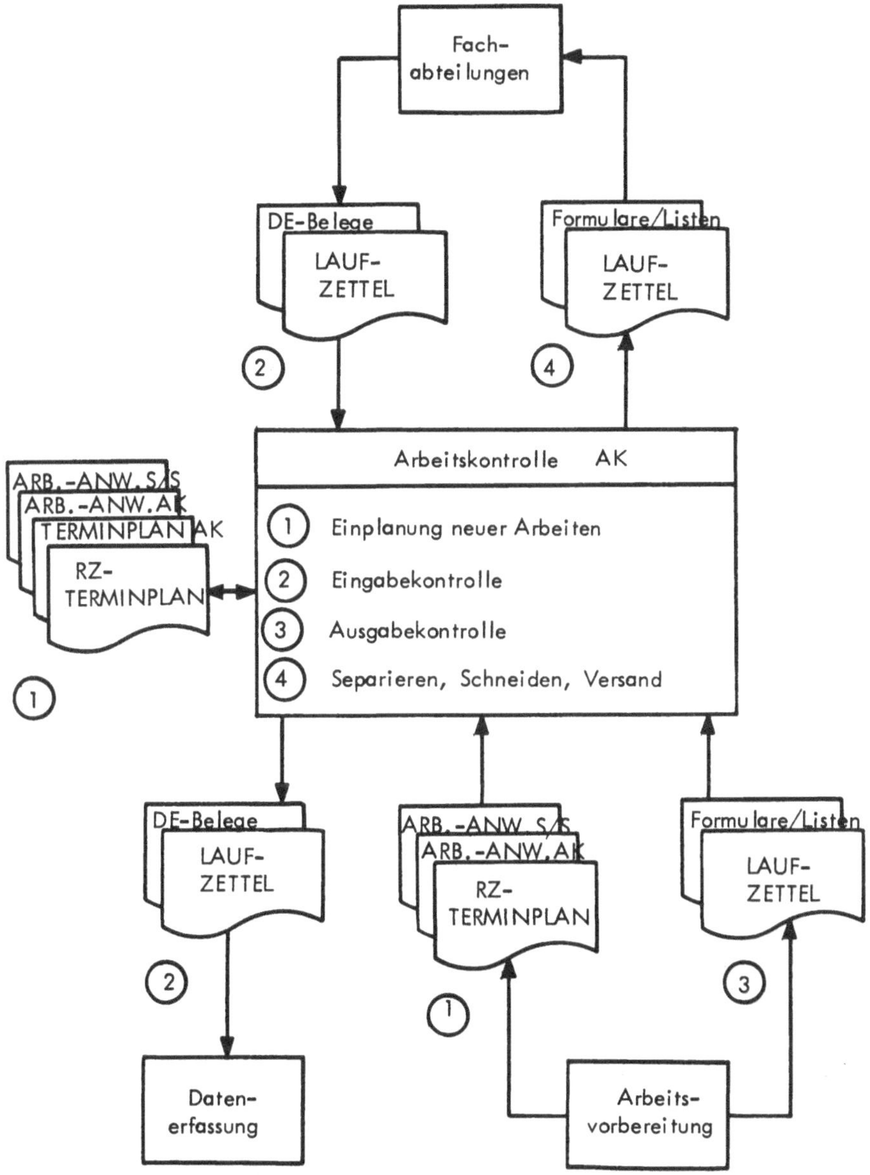

Bild 240: Arbeitsablauf Arbeitskontrolle

ein Terminplan über alle Arbeitsgebiete hinzu. Um die Ergebnisse der Datenverarbeitung vor dem Separieren und Schneiden der Formulare und Listen kontrollieren zu können, ist es zweckmäßig, die Separier- und Schneideeinrichtungen nicht dem Maschinenraum, sondern der Arbeitskontrolle zuzuordnen. Zum Separieren und Schneiden gehört auch der Versand der Formulare und Listen an die betreffenden Fachabteilungen.

Der tägliche Ablauf der Arbeitskontrolle beginnt mit der Anlieferung der Datenerfassungsbelege von den Fachabteilungen, begleitet durch einen Laufzettel. Nach der terminlichen und sachlichen Eingabekontrolle gehen die Datenerfassungsbelege mit Laufzettel an die Datenerfassung weiter. Bei der Ausgabekontrolle werden die von der Arbeitsvorbereitung bzw. direkt vom Maschinenraum angelieferten Formulare und Listen im Hinblick auf Vollständigkeit, Abstimmsummen usw. überprüft und, nach dem Separieren und Schneiden, wiederum begleitet durch Laufzettel, an die Empfänger in den Fachabteilungen verteilt. Bild 240 zeigt eine Übersicht über die Aktivitäten und Hilfsmittel der Arbeitskontrolle.

4.32 Maßnahmen für Datenschutz und Datensicherung

4.321 Begriffe und Übersicht

Neben der organisatorisch zweckmäßigen und wirtschaftlichen Gestaltung der Arbeitsabläufe in Fachabteilungen und Rechenzentrum kommt es auf den Schutz und die Sicherung des Geschehens in der EDV an. Denn die Datenbestände, aber auch die Programme und die EDV-Einrichtungen selbst, sind fortwährend zahlreichen Gefahren und Risiken ausgesetzt, wie beispielsweise Verlust, Zerstörung, Beschädigung, Verfälschung und Mißbrauch. Solche Gefahren und Risiken waren und sind bei jeder Art von Datenverarbeitung vorhanden. Während sie aber bei der bisher überwiegend betriebenen Form des Teilhaberbetriebs überschaubar und kalkulierbar waren, muß bei künftigen Teilnehmersystemen mit Datenfernverarbeitung und Dialogverkehr mit weitaus höheren Risiken gerechnet werden. Bild 241 zeigt eine Übersicht über die Fragen des Datenschutzes und der Datensicherung beim Betrieb von EDV-Anlagen.

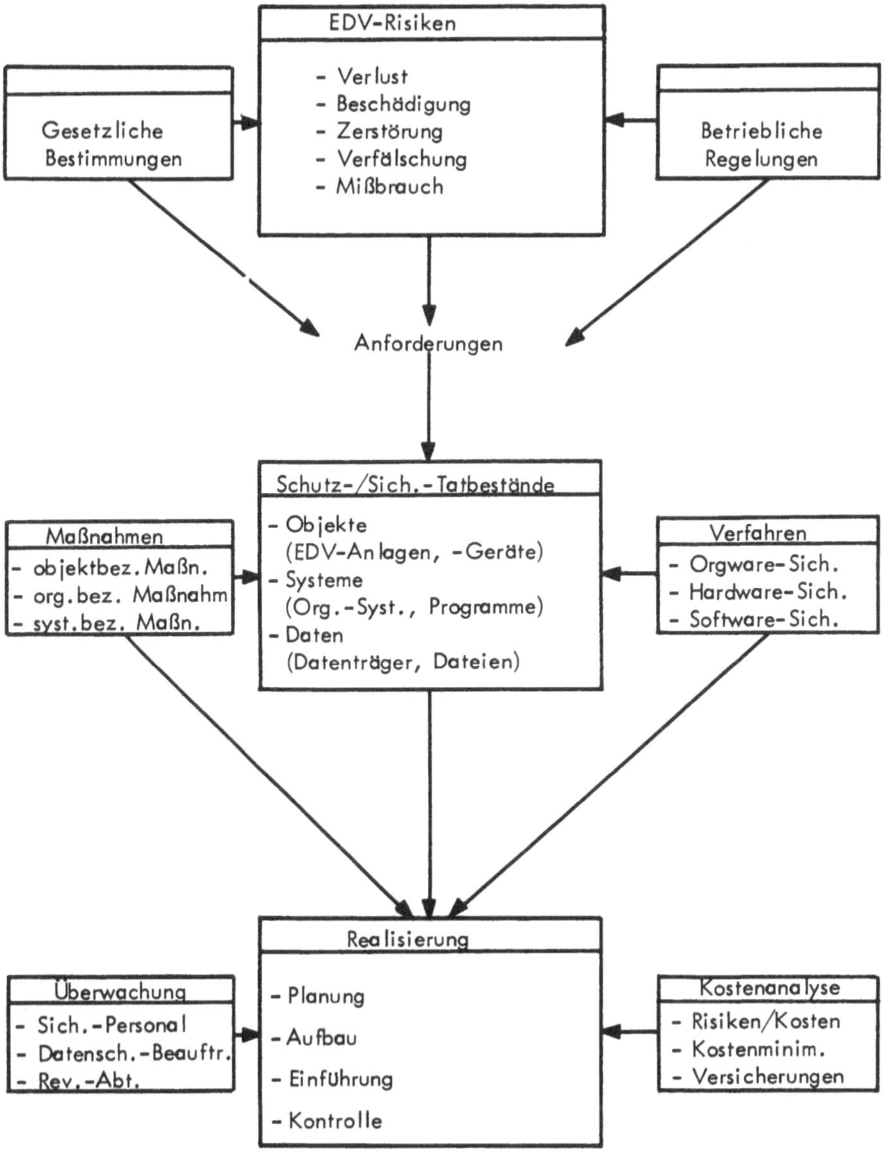

Bild 241: Übersicht Datenschutz und Datensicherung

Der Datenschutz umfaßt die Summe aller Vorkehrungen, um den rechtswidrigen Gebrauch der Datenverarbeitung zu verhindern. Er soll also Schutz vor der Datenverarbeitung bieten und sowohl die Privatsphäre des einzelnen Bürgers (Individualschutz, engl. privacy) als auch die Amts- und Geschäftsgeheimnisse von Staat, Behörden, Parteien und Unternehmen (Organisationsschutz) schützen. Beim Datenschutz handelt es sich vorwiegend um eine juristische Begriffsfassung mit Festlegung der Pflichten von Behörden und Unternehmen bzw. Rechten der Betroffenen.

Demgegenüber erstreckt sich die Datensicherung auf die Sicherung der Datenverarbeitung selbst. Sie umschließt alle Maßnahmen, um die Datenbestände, Systeme und Objekte gegen Katastrophen, Fehler und Mißbrauch zu sichern. Die Datensicherung (engl. security) ist eine organisatorisch-technische Aufgabe zur Sicherung des Gesamtsystems der Datenverarbeitung.

4.322 Orgware für den Datenschutz und die Datensicherung

Die Maßnahmen für die Realisierung von Datenschutz und Datensicherung werden unterteilt in

- organisatorisch-administrative Verfahren (Orgware-Sicherungen)

- technische Verfahren (Hardware-Sicherungen) und

- programmtechnische Verfahren (Software-Sicherungen).

Unter Orgware-Sicherungen werden alle Schutz-/Sicherungsmaßnahmen organisatorischer und administrativer Natur verstanden. Maßnahmen dieser Kategorie sind im allgemeinen leicht zu verwirklichen, anpassungsfähig und relativ billig.

Hardware-Sicherungen erstrecken sich einmal auf die Objektsicherung (objektbezogene Schutz-/Sicherungsmaßnahmen) und zum anderen auf die Systeme und Daten (wie z.B. Speicherschutz durch Hardware-Einrichtungen, Datenstationen mit Ausweisleser u.a.). Sie sind nicht oder nur sehr schwer anpassungsfähig und meist sehr teuer, bieten dagegen aber ein Höchstmaß an Sicherheit.

Die dritte Gruppe bilden die Software-Sicherungen. Sie sind Bestandteil der Software und werden nach systemsoftwarebezogenen Verfahren (also die von den Software-Produzenten in die Systemsoftware, insbesondere in die Betriebssysteme, fest eingebauten Verfahren) und anwendungssoftwarebezogenen Verfahren (also die von den Benutzern selbst in die Anwendungsprogramme eingebauten programmierten Kontrollen) unterschieden. Programmtechnische Verfahren sind meist mittelschwer zu verwirklichen, verhältnismäßig anpassungsfähig, unterschiedlich teuer und bieten eine mittlere bis hohe Sicherheit.

Die Orgware-Maßnahmen für den Datenschutz und die Datensicherung erstrecken sich auf

- Objekte
  (EDV-Anlagen, Datenerfassungsgeräte, Datenübertragungseinrichtungen, Gebäude, Räume und Versorgungseinrichtungen)

- Systeme
  (Organisationssysteme, Programme) und

- Daten
  (Datenträger, Dateien, Datenbanken).

Objektbezogene Orgware-Sicherungen

Orgware-Sicherungen für Objekte (EDV-Anlagen, Datenerfassungsgeräte, Datenübertragungseinrichtungen, Gebäude, Räume und Versorgungseinrichtungen) umfassen folgende Maßnahmen:

- Für den Sicherheitsbereich (Maschinenräume, Datenerfassungsraum, Datenträgerarchiv, Räume für Stromversorgungs- und Klimaanlagen) ist ein absoluter Closed-Shop-Betrieb mit entsprechenden organisatorischen Maßnahmen festzulegen.

- Für die An- und Ablieferung von Datenträgern, Listen und Formularen ist eine Belegschleuse einzurichten.

- Im Rechenzentrum sollte ein aktuelles und jedem Mitarbeiter bekanntes Katastrophenhandbuch vorhanden sein; das Handbuch muß mit allen betreffenden Stellen abgestimmt sein und darüber Auskunft geben, welche Maßnahmen im Katastrophenfalle in welcher Reihenfolge und von wem zu treffen sind.

- In allen Räumen des Sicherheitsbereichs ist ein absolutes Rauchverbot durchzusetzen.

- Listen und Formulare sollten aus Sicherheitsgründen nicht für längere Zeit in den Maschinenräumen gelagert werden.

- Taschen und Mäntel des RZ-Personals sind außerhalb des Sicherheitsbereichs aufzubewahren.

- Sicherung der Betriebsbereitschaft durch Ausweichrechenzentren.

Naturgemäß sind die meisten objektbezogenen Sicherungsmaßnahmen vornehmlich Hardware-Sicherungen.

Systembezogene Orgware-Sicherungen

Durch Orgware-Sicherungen im Bereich der Organisationssysteme und Programme wird klar geregelt,

- wer Umstellungsaufträge erteilen darf

- wer Programmänderungen veranlassen darf
- wer welche Bewegungsdaten empfangen und bearbeiten darf
- wer für die Weitergabe von Erfassungsbelegen und Datenträgern an das Rechenzentrum verantwortlich ist
- wer welche Datenstationen benutzen darf
- wer zu welchen Datenbeständen zugreifen darf
- wer Eingabe- und Fehlerprotokolle korrigieren und weitergeben darf
- wer welche Listen und Formulare vom Rechenzentrum erhält
- wer für die Verwahrung von Belegen und Datenträgern höherer Sicherheitsstufen verantwortlich ist
- wer in der EDV-Abteilung Programm-, Datei-, Satznamen und ähnliches vergeben darf
- daß noch nicht freigegebene Programme nicht in die Original-Programmbibliothek aufgenommen werden dürfen
- daß keine Original-Dateien zu Testzwecken verwendet werden dürfen
- daß der Sicherheitsbereich des Rechenzentrums nur von den dazu befugten Personen betreten werden darf
- daß die Operateure keine Daten über die Konsole eingeben dürfen

- daß mindestens zwei Operateure gleichzeitig im Maschinenraum arbeiten müssen

- daß nur Systemprogrammierer neue Programme und Datenbestände in Original-Bibliotheken und Datenbanken aufnehmen dürfen

- daß der Belegfluß durch alle Stufen der Fachabteilungen und des Rechenzentrums (auf Laufzetteln) festzuhalten ist

- daß erfaßte Belege und bearbeitete Datenträger genauso wie alle Programmläufe und bearbeitete Dateien (durch Entwertungen, Protokolle, Logbücher) zu kennzeichnen sind

- daß alle Abläufe auf der EDV-Anlage zu protokollieren sind

- daß alle Maschinenprotokolle zweifach zu bedrukken und endlos zu numerieren sind

- daß aufbewahrungspflichtige Belege und Datenträger umgehend an die Fachabteilungen zurückgeleitet werden

- daß Eingabe- und Fehlerprotokolle nur in den betreffenden Fachabteilungen korrigiert werden

- daß Störungen des Maschinenablaufs einzeln festzuhalten sind

- daß eine geschlossene Konzeption der Belegorganisation mit eindeutiger Regelung von Belegvorbereitung, Belegentstehung, Belegerstellung, Beleglauf und Belegentwertung besteht

- daß alle Belege mit Belegnummern versehen sind

- daß Belege, die sich mit besonderen wirtschaftlichen Vorgängen befassen, einer besonderen Überwachung unterliegen

- daß ein Belegartenplan mit Nummernzuordnung, Behandlung, Buchungsart, Verantwortlichkeit und Genehmigungspflicht vorhanden ist

- daß vom Computer abgewiesene Daten korrigiert und zum richtigen Zeitpunkt vollständig wieder in die Eingabe eingeordnet werden

- daß buchungspflichtige Geschäftsvorfälle zu journalisieren sind

- daß jeder Erfassungsbeleg erfaßt und kein Beleg zweimal erfaßt wird

- daß jeder Benutzer einer Datenstation (Dialoggerät) eindeutig identifiziert werden kann

- daß jeder Zugriff zu einem Datenbestand abgesichert und protokolliert wird.

Datenbezogene Orgware-Sicherungen

Datenbezogene Orgware-Sicherungen dienen zum Schutze und zur Sicherung von Datenträgern, Dateien und Datenbanken. Beispiele dieser Art sind:

- Es ist sicherzustellen, daß Druckbänder ohne Genehmigung nicht ausgedruckt werden können.

- Nicht mehr benötigte Dateien sind sofort zu löschen, fehlerhafte Ausdrucke sofort zu vernichten.

- Die Sicherung von Datenbeständen ist zu unterteilen in normale Sicherung, Sicherung vertraulicher Daten und Sicherung von Geschäftsgeheimnissen; entsprechend der Sicherungsklasse sind zusätzlich zu den normalen Sicherungsmaßnahmen weitere Sicherungen durchzuführen, wie beispielsweise Tresorlagerung, Lagerung in den Fachabteilungen, Überwachung durch Sicherheitspersonal oder Datenschutzbeauftragten.

- Bei Eingabe- und Ausgabedaten genügt in der Regel die gesicherte Aufbewahrung der Eingabe- und Druckbänder für einige Tage, um Wiederanlaufmöglichkeiten zu haben bzw. bei Verlust oder Zerstörung von Listen den Druck wiederholen zu können.

- Bei der Sicherung von Stamm- und Bestandsdateien ist nach der Art des Datenträgers zu unterscheiden: Auf Magnetband gespeicherte Dateien werden üblicherweise nach dem 3-Generationen-Prinzip gesichert, wobei jeweils eine Generation im Sicherheitsarchiv ausgelagert wird. Systemdateien, die (üblicherweise) auf Magnetplatten gespeichert sind, sollte man mindestens einmal täglich durch Duplizierung sichern; hierbei bleibt das tägliche Systemduplikat im Rechenzentrum gelagert, während ein zusätzliches wöchentliches Systemduplikat im Sicherheitsarchiv ausgelagert wird.

- Bei Dateien auf Magnetplatten richtet sich das Sicherungsintervall nach dem Verarbeitungsrhythmus. Hierbei kommt es hauptsächlich darauf an, daß die gespeicherten Daten im Falle einer Zerstörung bei vertretbarer Ausfallzeit wiederhergestellt werden können. Der Umfang der Sicherungsmaßnahmen hängt vom notwendigen Sicherheitsgrad, von der höchstmöglichen vertretbaren Ausfallzeit und von der Zeit ab, in der die Rekonstruktion der zerstörten Dateien möglich ist. Die Sicherung selbst kann durch periodisches Duplizieren des Plattenstapels auf einen anderen Plattenstapel oder auf Magnetband, durch Abspeicherung der Adressen bewegter Stammsätze und Kopieren nur der bewegten Sätze, durch gleichzeitiges Duplizieren des Plattenstapels während des Verarbeitungsablaufs mit Vermerk von Datum und Art der letzten Veränderung im Plattensatz und durch Aufbewahren aller Bewegungen seit dem letzten Kopierlauf erfolgen.

- Auch bei der Sicherung von Datenbeständen in einer Datenbank kann man so verfahren, indem man vom Datenbestand ein Duplikat anlegt. Bei sehr umfangreichen Datenbeständen in einer Datenbank kann der Aufwand zur Rekonstruktion einer Datenbank nach diesem Verfahren jedoch Stunden betragen, weswegen hier differenzierte Verfahren der Datensicherung angewandt werden sollten. Es müssen Verfahren sein, die nicht nur kurze Restartzeiten, sondern auch Reparaturen zerstörter Datenbankbereiche im laufenden Betrieb ermöglichen.

- Zerstörte oder beschädigte Datenbestände müssen auf jeden Fall rekonstruiert werden können.

- Die verwendete Rekonstruktionsmethode ist vom Vorrang der Arbeit, von der noch akzeptablen Ausfallzeit und von der zur Rekonstruktion benötigten Maschinenzeit abhängig.

- Bei der Rekonstruktion werden, ausgehend vom letzten Duplikatspeicher, alle Buchungen der letzten Periode nachgebucht.

- Der Zeitaufwand für die Rekonstruktion einer Datei hängt vom Umfang des zu rekonstruierenden Datenbestandes, von der Speicherungsform, der Verarbeitungsmethode und dem Umfang der Wiederholungsbuchungen ab.

Anhang

Begriffserklärungen

A

Abfühlbürste	Einrichtung der elektromechanischen Abfühlung beim Lochkartenlesegerät
Abfühldraht	siehe Lesedraht
Abfühlvorrichtung	Einrichtung des Lochkartenlesegerätes zum Abfühlen von Lochkarten
Ablaufprogramm	engl. "supervisor"; Teil des Steuerprogramms zur Ablaufsteuerung in der EDV-Anlage
Ablaufsteuerung	engl. "task management"; Teil des Steuerprogramms eines Betriebssystems zur Steuerung des Arbeitsablaufs in der EDV-Anlage
Ablaufvorbereitung	Teilaufgaben der Arbeitsvorbereitung mit Zusammenstellung der Arbeitsunterlagen und Arbeitshilfsmittel für den Maschinenraum
Abschlußdokumentation	Zusammenstellung, Vervielfältigung und Verteilung aller Unterlagen für ein umgestelltes Arbeitsgebiet einschließlich der Programmunterlagen
Abschlußtest	oder Praxistest; Endtest, bei dem mit Hilfe einer größeren Anzahl von

	Testbeispielen die richtige Arbeitsweise eines ganzen Programmkomplexes getestet wird
Addierwerk	siehe Akkumulator
Adresse	fortlaufende Numerierung der Speicherplätze beim internen Arbeitsspeicher und den externen Zusatzspeichern (mit Ausnahme des Magnetbandes)
Adreß-Index	mitgespeicherte Tabelle, in der den Ordnungsbegriffen die dazugehörigen Speicheradressen zugeordnet sind
Adreß-Register	Teil des Steuerwerks zur Aufnahme des Adreß-Teils einer Maschineninstruktion
Adreß-Teil	Bestandteil einer Instruktion zur Aufnahme der Operandenadressen
Adreß-Verkettung	Prinzip der Verknüpfung von Datensätzen einer gleichen oder verschiedener Dateien
Änderungsdienst	Begriff, der den gesamten Ablauf bei Programmänderungen vom Änderungsantrag bis zur Änderungsfreigabe umfaßt
Akkumulator	elektronische Schaltungen im Rechenwerk der Zentraleinheit zur Durchführung der arithmetischen Operationen
ALGOL	engl. "<u>ALGO</u>rithmic <u>L</u>anguage", problemorientierte Programmsprache für mathematische Zwecke

alphanumerisches Zeichen	Ziffer, Buchstabe oder Sonderzeichen
Amplituden-Modulation	einfaches Verfahren zur Umwandlung von Wechselstrom-in Gleichstromimpulse bzw. von Gleichstrom-in Wechselstromimpulse
Analogrechner	elektronische Rechenanlage zur Verarbeitung physikalischer Meßwerte
Analysebogen	Hilfsmittel für die Durchführung von Analysen in den einzelnen Stufen der Projektrealisierung (Umstellung)
Analyse der Programmvorgabe	erster Schritt bei der Programmierung; Durcharbeitung und Zerlegung der Programmvorgabe
Anwendungsprogramm	Programm zur Durchführung einer fachspezifischen Anwendung
Arbeitsanweisung	Hilfsmittel für die Beschreibung eines Arbeitsschrittes in Fachabteilungen und im Rechenzentrum
Arbeitsauftrag	Hilfsmittel der Projektsteuerung zur Vorgabe einer Arbeit an einen Projektmitarbeiter
Arbeitsbericht	Hilfsmittel der Projektsteuerung für die Aufnahme der tatsächlichen Istwerte bei der Realisierung eines Projekts
Arbeitskontrolle	Teil der Projektsteuerung, in dem die Arbeit eines Projektmitarbei-

	ters mit Hilfe des Arbeitsberichts kontrolliert wird
Arbeitsplanung	Teil der Projektsteuerung zur Planung der Arbeit für Projektmitarbeiter mit Hilfe des Arbeitsauftrages
Arbeitsprogramme	Teil des Betriebssystems, unterteilt nach Dienst-, Übersetzungs- und Anwendungsprogrammen
Arbeitsspeicher	oder Hauptspeicher; Teil der Zentraleinheit zur Aufnahme der Programme und der jeweils zu bearbeitenden Daten
Arbeitssteuerung	Ausdruck für die Planung, Überwachung und Kontrolle bei der Projektrealisierung, bezogen auf einen Projektmitarbeiter
Archivierung	hier: Ausdruck für die Verwaltung und Aufbewahrung der Dokumentation, der Programme und der Datenträger
arithmetische Operation	Operationsart für die Durchführung der Addition, Subtraktion, Multiplikation und Division
Assembler	englischer Ausdruck für eine maschinenorientierte Programmiersprache sowie für das dazugehörige Übersetzungsprogramm
asynchrone Arbeitsweise	Arbeitsweise einer EDV-Anlage, wobei keine Übereinstimmung der Arbeitstakte von Zentraleinheit und peripheren Geräten erfolgt

Aufzeichnungsdichte	Begriff für die Anzahl Zeichen je cm oder Zoll bzw. Bits per Inch beim Magnetband
Ausführungsphase	Teil des Programmablaufs im Steuerwerk mit Ausführung einer Operation
Ausgabedaten	Daten, die zur Ausgabe vorwiegend auf Endlospapier bestimmt sind
Ausgabegerät	Gerät einer EDV-Anlage zur Ausgabe von Daten: Schnelldrucker, Lochkartenstanzer, Bildschirmgerät, Ausgabepuffer, Zwischenspeicher beim Ausgabegerät bei asynchroner Arbeitsweise
Ausgabesatz	Datensatz, zur Ausgabe bereitgestellt
Ausgabeoperation	Operation des Steuerwerkes zur Durchführung der Datenausgabe, z.B. Drucken einer Zeile, Stanzen einer Lochkarte oder Speicherung eines Datensatzes
Ausgleichsschleifen	Schleifenbildung beim Magnetbandgerät, um das Dehnen oder Zerreissen der Bänder zu verhindern
Aussteuerungsfach	Einrichtung beim Lochkartenleser und Lochkartenstanzer zur Aussteuerung falscher oder fehlerhafter Karten
Automatisierung	hier: Automatisierung der Büro- und Verwaltungsarbeit mit Hilfe von EDV-Anlagen

B

BASIC	spezielle problemorientierte Programmiersprache für die Datenfernverarbeitung
BCD-Code	engl. "binary coded decimal"; binäres Zahlensystem, bei dem der dezimale Stellenwert, im Gegensatz zur rein binären Verschlüsselung, erhalten bleibt
Bedienungsanleitung	Arbeitsanweisung für den Operator
Bedienungskonsole	Tastatur, Schreibmaschine oder Bildschirmgerät für die Ein- und Ausgabe von Einzeldaten bei der Bedienung einer EDV-Anlage
Bedienungsprogramm	engl. "master scheduler"; Teil des Steuerprogramms zur Kommunikation mit dem Operator
Befehl	anderer Ausdruck für Instruktion
Befehlsvorrat	Begriff für die Anzahl der verschiedenen Befehle, die eine EDV-Anlage ausführen kann
Beleg	Bezeichnung eines Formulars, das zur Aufnahme von Daten für die Übertragung in Datenträger dient
Beleglesegerät oder Belegleser	Ausdruck für ein Eingabegerät, das die Daten direkt von einem Magnetschrift-, Klarschrift- oder Markierungsbeleg lesen kann

Beleglesung	Vorgang der Lesung von Daten vom Magnetschrift-, Klarschrift- oder Markierungsbeleg
Belegmuster	Muster eines Datenerfassungsbeleges, als Begleitunterlage zur Arbeitsanweisung für die Mitarbeiter in den Fachabteilungen
Belegsortiermaschine	dem Belegleser verwandte Maschine zum off-line Sortieren von Belegen
Benutzerprogramm	neben dem Betriebssystem Teil der Software einer EDV-Anlage für benutzerspezifische Anwendungen
Bestandsdaten	auf Datenträgern fortgeschriebene Datenbestände, z.B. Lagerbestände
Betriebsart	sowohl für die Art der Arbeitsdurchführung auf der EDV-Anlage als auch bei der Datenfernübertragung verwendet
Betriebsform	Ausdruck für die indirekte (off-line) oder direkte (on-line) Datenfernübertragung
Betriebssystem	engl. "operating system"; Teil der Software, bestehend aus dem Steuerprogramm und den Arbeitsprogrammen
Bewegungsdaten	im Gegensatz zu den Stamm- und Bestandsdaten handelt es sich bei den Bewegungsdaten um neue Geschäftsvorfälle
Bildschirmanzeige	Ausgabe von Daten auf einem Bildschirmgerät

Bildschirmgerät	Ausgabegerät bei EDV-Anlagen, aus dem Bildschirm und einer Tastatur bestehend
binär-dezimale Verschlüsselung	siehe BCD-Code
binäres Zahlensystem (Binärsystem)	Zahlensystem, das auf der Basis 2 aufbaut; auch duales Zahlensystem genannt
Binärstelle	kleinste Stelle bei der Datenspeicherung zur Aufnahme eines Bits
Bit	engl. "binary digit"; kleinste Stelle bei der Datenspeicherung zur Aufnahme eines binären Zeichens
Bitzahlprüfung	Prüfung bei der Datenspeicherung und -lesung mit Hilfe eines Prüfbits
Blankoliste	Endlosformular ohne Vordruck
Blankolochkarte	Lochkarte ohne besonderen Aufdruck
Blattschreiber	siehe Bedienungskonsole
Blockparität	Überprüfung auf gerader Anzahl von Einerbits je Datensatz oder -block
Blockung	Zusammenfügen logisch verschiedener Datensätze zu einem physischen Datenblock; die Vorteile der Blockung liegen in der besseren Speicherausnutzung und schnelleren Verarbeitung

bpi	engl. "bits per inch"; Anzahl Bits je Zoll, siehe Aufzeichnungsdichte
Breitbandkanal	Sondernetz bei der Datenfernübertragung für sehr schnelle Übertragungsvorgänge
Breitbandübertragungsweg	postalischer Ausdruck für Breitbandkanal
Byte	englischer Ausdruck für die Speicherung von Zeichen innerhalb 8 Datenbits und einem Prüfbit; ein Byte kann einen Buchstaben oder ein Sonderzeichen oder zwei Ziffern aufnehmen

C

Closed-Shop-Betrieb	Ausdruck für ein Rechenzentrum, bei dem alle Arbeiten nur durch die Operateure durchgeführt werden und das Rechenzentrum für alle anderen Personen gesperrt ist
CMC-7-Schrift	am meisten verbreitete Magnetschrift, bei der jedes Zeichen aus 7 Strichen in verschiedenen Abständen besteht
COBOL	engl. "COmmon Business Oriented Language"; problemorientierte, symbolische Programmiersprache für vorwiegend kommerzielle Anwendungen
Code	allgemeiner Ausdruck für die Verschlüsselung dezimaler oder alpha-

	betischer Werte in ein anderes Zahlensystem
Code-Übersetzung	oder Code-Umwandlung; Ausdruck für die Umwandlung von einem in ein anderes Zahlensystem
Code-Umwandler	hardware- oder softwaremäßige Einrichtung für die Code-Übersetzung
Codierblatt	oder Codierschemata; Formular für die Aufnahme von symbolischen Instruktionen in einer bestimmten Programmiersprache
Codiergerät	Gerät für die Übertragung von Magnetschrift oder Klarschrift auf einen direkt lesbaren Beleg
Codierung	anderer Ausdruck für die Programmverschlüsselung oder für die Übertragung von Magnet- oder Klarschrift
COM-Gerät	engl. "Computer Output Microfilm"; Einrichtung für die Übertragung von Daten aus der EDV-Anlage in Mikrofilm
Compiler	engl. "Übersetzungsprogramm" zur Übersetzung problemorientierter, operativer Programmiersprachen in die Maschinensprache
Computer-Verbundsystem	System, bei dem mehrere Computer mit Hilfe der Datenfernübertragung zusammengekoppelt sind

D

Datatypistin	Bedienerin eines Datenerfassungsgerätes
Datei	Bezeichnung für eine Gruppe zusammengehörender Datensätze, einer manuellen Kartei entsprechend
Dateiart	Unterteilung der Dateien in Bestands-, Stamm-, Bewegungs- und Änderungsdateien
Dateiaufbau	Ausdruck für die Struktur, d.h. Unterteilung und Zusammensetzung einer Datei
Dateibezeichnung	genauer: verbale Kennzeichnung einer Datei
Dateiname	Kurzform der Dateibezeichnung, wie sie in den Programmen und Dateiverwaltungssystemen verwendet wird
Dateiorganisation	anderer Begriff für Speicherorganisation
Dateiumfang	Angabe der Größenordnung einer Datei, in Bandrollen, Plattenzylindern oder ähnlichem angegeben
Dateiverwendung	Hinweis auf die Verwendung einer Datei in verschiedenen Programmen
Daten	in Form von Buchstaben, Sonderzeichen und Ziffern dargestellte Geschäftsvorfälle jeder Art

Datenausgabe	Ausgabe von Daten über Schnelldrucker, Bildschirmgerät oder ähnlichem
Datenauswertung	der Datenverarbeitung folgender Arbeitsschritt, in dem die Daten entsprechend ihrem Zweck verwertet werden
Datenbank	Ausdruck für die Sammlung und Speicherung einer meist größeren Datenmenge nach bestimmten Strukturmerkmalen
Datenbanksystem	Datenbank mit Zugriffs- und Verwaltungssystem, in Form eines Softwarepaketes
Datenbegriff	Inhalt eines Datenfeldes
Datenbestand	Sammlung und Speicherung zusammengehörender Bestandsdaten
Datenbit	Binärstelle für die Datenaufnahme; Gegensatz: Prüfbit
Datenblock	physische Einheit mehrerer Datensätze, die logisch verschieden sind und gemeinsam ohne Zwischenraum gespeichert werden
Dateneingabe	Eingabe von Daten in eine EDV-Anlage über Lochkarten, Lochstreifen, Magnetband oder Tastatur
Datenendeinrichtung	Ausdruck für Codier- und Decodiergeräte sowie Datensicherungsgeräte bei der Datenfernübertragung

Datenendgerät	engl. "terminal"; Ausdruck für ein Ein- oder Ausgabegerät bei der Datenfernübertragung
Datenerfassung	Aufnahme der von äußeren oder inneren Stellen eingehenden Daten und ihre Übertragung in maschinell lesbare Datenträger oder Belege
Datenerfassungsbeleg	spezieller Beleg, von dem die Daten in Datenträger übertragen werden
Datenfeld	Zusammenfassung mehrerer Stellen auf einem Datenträger für die Aufnahme eines Datenbegriffs
Datenfernübertragung	System zum Transport von Daten zwischen EDV-Anlagen oder zwischen einer EDV-Anlage und Datenendgeräten mit Hilfe von Fernschreib-, Fernsprech- oder Sonderleitungen
Datenfernübertragungssystem	Ausdruck für die Datenendgeräte, Datenendeinrichtungen und Übertragungswege bei der Datenfernübertragung
Datenfernverarbeitung	Datenfernübertragung und anschliessende Verarbeitung der übertragenen Daten
Datenfluß	Anordnung der Arbeitsschritte in der Reihenfolge ihres Ablaufs
Datenflußplan	graphische Darstellung des Datenflusses von der Datenerfassung bis zur Auswertung der Verarbeitungsergebnisse

Datenkanal	Verbindung zwischen Zentraleinheit und den Steuereinheiten der peripheren Geräte zum Transport der Daten zwischen Zentraleinheit und den peripheren Geräten
Datensatz	zusammengehörende Gruppe einzelner Daten eines Geschäftsvorfalles, beispielsweise Daten eines Lohnbeleges, einer Materialentnahme oder einer Bestellung
Datenschutz	Ausdruck für den Schutz von Personen und Organisationen vor der Datenverarbeitung
Datensicherung	Ausdruck für die Sicherung eines Datenverarbeitungssystems
Datensicherungsgerät	Einrichtung eines Datenfernübertragungssystems, um die einwandfreie Übertragung der Daten sicherzustellen
Datenspeicherung	Aufbewahrung von Daten auf Datenträgern, um sie mit EDV-Anlagen verarbeiten zu können
Datensegment	Ausdruck aus der Datenbanktechnik; Zusammenfassung mehrerer Datenfelder zu einem Datensegment gleichgelagerter Daten
Datenträger	Mittel für die Speicherung von Daten bei der elektronischen Datenverarbeitung
Datenträgerverfahren	Verfahren der Datenerfassung, bei dem Daten von einem Datenerfassungsbeleg in einen Datenträger (Loch-

	karte, Lochstreifen, Magnetband) übertragen werden
Datenübertragung	Transport von Daten zwischen Zentraleinheit und den peripheren Geräten
Datenverarbeitung	Verarbeitung von Daten mit Hilfe einer EDV-Anlage
Datenverwaltungsprogramme	zu den Dienstprogrammen eines Betriebssystems gehörend
Datenverwaltungssystem	Programmkomplex zur Verwaltung von Daten, zu den Dienstprogrammen eines Betriebssystems gehörend
Datenzugriffssystem	Teil eines Datenbanksystems, das die Verbindung zwischen den Programmen und den Daten in der Datenbank herstellt
Datexnetz	Fernschreibnetz für die Datenfernübertragung mit etwa 4facher Geschwindigkeit gegenüber normalem Fernschreibnetz
Decodiergerät	Teil eines Datenfernübertragungssystems zur Rückschlüsselung vom Datenfernübertragungs- in den Verarbeitungscode
Demodulator	Teil eines Modems zur Umwandlung der Wechselstromimpulse zurück in Gleichstromimpulse der Ausgabegeräte
deskriptive Programmiersprache	Generator-Programmiersprache, wie RPG und LPG

Detailorganisation	Projektstufe der Projektrealisierung, in der Programmvorgaben ausgearbeitet werden
Dialoggerät	kombiniertes Ein-/Ausgabegerät zur Kommunikation mit der EDV-Anlage, meist an ein Datenfernübertragungssystem angeschlossen
Dialogverkehr	Kommunikation zwischen Mensch- und EDV-Anlage
Dienstprogramm	Arbeitsprogramm, vom Hersteller der EDV-Anlage zur Verfügung gestellt; Beispiele für Dienstprogramme sind Sortier- und Mischprogramme, Standard-Druckprogramme und ähnliche
Digitalrechner	Ziffernrechner; Begriff für elektronische Rechen- und Datenverarbeitungsanlagen, die alphanumerische Zeichen verarbeiten können, Gegensatz: Analogrechner.
Direktausgabe	Ausgabegerät, über ein Datenfernübertragungssystem an eine EDV-Anlage gekoppelt
direkte Adressierung	Verfahren der Speicherorganisation, bei dem die Ordnungsbegriffe der Datensätze mit den echten Adressen der Speicherplätze übereinstimmen
direkte Beleglesung	oder Beleglesung; Verarbeitung der Urbelege selbst ohne Umschlüsselung in einen Datenträger
direkte Datenerfassung	siehe Direkteingabe

Direkteingabe	Eingabe von Daten in ein EDV-System ohne Beleg und ohne Datenträger
Direktverarbeitung	siehe Echtzeitverarbeitung
Disjunktion	Schaltungsart beim Addierwerk; bei einer Disjunktionsschaltung (auch Oder-Schaltung genannt) kann der Strom zum Ausgang fließen, wenn wenigstens ein Eingangsschalter geschlossen ist
Dokumentation	Sammlung von Unterlagen zur Darstellung eines Arbeitsgebietes oder eines Programmablaufs
doppelter Formularvorschub	Zusatzeinrichtung bei einigen Schnelldruckern, um zwei verschiedene Formulare gleichzeitig und nebeneinander beschriften zu können
Dreiadreßmaschine	EDV-Anlage, die mit drei Operandenadressen (Angabe der beiden Operanden und des Speicherplatzes für das Ergebnis) arbeitet
Druckkette	Typenkette, bei einigen Schnelldruckern verwendet
Druckstab	auswechselbarer Typenstab, bei einigen Schnelldruckern verwendet
duales Zahlensystem	(Dualsystem) siehe binäres Zahlen-System
Dünnfilmspeicher	oder Dünnschichtspeicher; schneller Arbeitsspeicher, aus dünnen magnetischen Schichten bestehend

Dünnschichtspeicher	siehe Dünnfilmspeicher
Duplex-Verfahren	oder Gegenbetrieb; Verfahren, das die Übertragung von Daten gleichzeitig in beiden Richtungen gestattet
dynamische Testmethode	Testverfahren, bei dem die Überprüfung eines Programms während seines Ablaufs stattfindet (Gegensatz: statische Testmethode)

E

EBCDIC	Verschlüsselungsform im Byteaufbau, bestehend aus zwei Tetraden, Halbbytes genannt, mit insgesamt 8 Datenbits und 1 Prüfbit
echtes Programm	siehe Maschinensprache
Echtzeitverarbeitung	engl. "realtime processing"; Betriebsart einer EDV-Anlage, bei der die übertragenen Daten sofort und ohne Zwischenspeicherung verarbeitet und die Ergebnisse der Datenverarbeitung sofort wieder zurückübertragen werden
E-13B-Schrift	weniger gebräuchliche Magnetschrift
EDV-Analyse	Teilgebiet der Voruntersuchung, bei der geprüft wird, ob sich die Umstellung eines Arbeitsgebietes lohnt und mit welchem Aufwand die Umstellung voraussichtlich verbunden ist

EDV-Antrag	Antrag auf Umstellung eines Arbeitsgebietes auf die EDV
EDV-Auftrag	Auftrag der Fachabteilung an die EDV-Abteilung zur Umstellung eines Arbeitsgebietes auf die EDV
Einadreßmaschine	EDV-Anlage, deren Instruktionen nur eine Operandenadresse aufnehmen können
Ein-/Ausgabesteuerung	engl. "data management"; Teil des Steuerprogramms zur Steuerung der Ein- und Ausgabeoperationen
Einerbit	Darstellung einer binären 1 (Eins)
Eingabedaten	Daten, die zur Eingabe in ein EDV-System dienen
Eingabegerät	Einrichtung für die Eingabe von Daten in eine EDV-Anlage
Eingabemagazin	Einrichtung beim Lochkartenlesegerät zur Aufnahme der zu lesenden Karten
Eingabeoperation	Maschineninstruktion für die Eingabe von Daten
Eingabeprotokoll	Protokollierung der eingegebenen Daten auf dem Schnelldrucker einer EDV-Anlage
Eingabepuffer	Zwischenspeicher beim Eingabegerät zum Zwecke einer asynchronen Arbeitsweise
Eingabesatz	Datensatz für die Eingabe

Einprogrammverarbeitung	im Gegensatz zum Multiprogramming Betriebsart einer EDV-Anlage, bei der jeweils nur 1 Programm im Arbeitsspeicher gespeichert ist und abläuft
elektrische Abfühlung	Verfahren der Lochkartenlesung mit Hilfe von elektromechanischen Abfühlbürsten
elektrischen Zeichenlochverfahren	Zeichenlochverfahren bei Lochkarten, mit Hilfe elektrisch leitender Markierungen
elektromagnetisches Element	siehe Relais
Elektronenröhre	Bauelement der ersten Computergeneration
elektronische Datenverarbeitungsanlage (EDVA)	engl. "EDPM = Electronic Data Processing Machine"; elektronische Rechenanlage für überwiegend kommerzielle Anwendungen
elektronische Rechenanlage (ERA)	Maschinen mit elektronischen Bauteilen zur Verarbeitung wissenschaftlich-technischer Daten
elektronischer Plotter	Zeichengerät, an eine EDV-Anlage angeschlossen, auf elektronischer Grundlage
elektrostatischer Drucker	Schnelldrucker, auf elektrostatischer Basis, d.h. ohne Typenträger

elektronisches Element	Ausdruck für Elektronenröhren, Transistoren, Dioden und Mikrobausteine
Endlospapier	zickzackgefaltetes Papier für die Druckausgabe beim Schnelldrucker
Elementaroperation	Grundoperation einer EDV-Anlage, fest verdrahtet
Entscheidungstabelle	Hilfsmittel der Entscheidungstabellentechnik
Entscheidungstabellentechnik	Darstellungsform für wirtschaftliche oder technische Zusammenhänge in Tabellen (Matrizen)
Entwurf des Programmablaufs	zweiter Schritt der Programmierung, bei dem der Programmablauf in Form von Ablaufdiagrammen dargestellt wird
externe Daten	Daten, die von außerhalb des Unternehmens stammen
externe Datenspeicherung	Speicherung in externen Speichern
externer Speicher	im Gegensatz zum internen Arbeitsspeicher der Zentraleinheit zusätzlicher Speicher, wie Magnetband, Magnetplatte oder Magnetrolle

F

Fehlerfach	Aussteuerungsfach beim Lochkartenlese- und Lochkartenstanzgerät zur

	Aufnahme fehlerhaft gelochter oder gestanzter Karten
Fehlerprotokoll	Protokollierung fehlerhafter Daten während oder nach der Eingabe von Daten
Fehlerschutzverfahren	Verfahren bei der Datenfernübertragung, um auf dem Übertragungsweg entstandene Fehler erkennen und ggfs. korrigieren zu können
Fein-Datenflußplan	Datenflußplan zur detaillierten Darstellung eines Datenflusses mit allen Einzelheiten
Fein-Programmablaufplan	Programmablauf in graphischer Form, um die Einzelheiten eines Programmablaufs darzustellen
Feldbezeichnung	verbale Bezeichnung eines Datenfeldes
Feldlänge	Anzahl Zeichen für einen Datenbegriff, beispielsweise für Namen- oder Anschriftenfeld
Feldname	programmtechnische Kurzbezeichnung für ein Datenfeld
Fernschreiber	Einrichtung für die Datenfernübertragung bei Telegraphieleitungen
Fernschreibleitung	Leitung für die Datenfernübertragung nach dem Prinzip der Telegraphie
Fernschreibmietleitung	Fernschreibleitung, von einem Benutzer fest gemietet

Fernsprechleitung	Leitung für die Datenfernübertragung nach dem Fernsprechverfahren
Fernsprechmietleitung	Fernsprechleitung, ausschließlich für einen Teilnehmer zur Verfügung stehend
Fernsprechstromweg	anderer Ausdruck für Fernsprechleitung
Fernsprechwählnetz	öffentliche Fernsprechleitungen für die Datenfernübertragung
Ferraktor	elektronisches Element der ersten Computergeneration
Festarithmetik	oder Festkommaarithmetik; Addierwerk einer EDV-Anlage, ohne automatische Kommaverschiebung
feste Satzlänge	Format der Speicherorganisation, bei dem die Stellen eines Datensatzes immer gleich lang sind
Filmbandlochung	Lochung des Endlospapiers beim Schnelldrucker zum Zwecke des Papiertransportes
Flip-Flop	Halbleiter-Schaltelement
Folgebereich	Begriff aus der Magnetplattenspeicherung; der Folgebereich dient zur Aufnahme von Datensätzen, die im normalen Speicherbereich keinen Platz finden
Folgespur	Spur auf der Magnetplatte zur Aufnahme von Folgesätzen

Folgezylinder	Magnetplattenspeicherbereich zur Aufnahme von Folgesätzen, die im normalen Speicherbereich keinen Platz finden
Format	Ausdruck für die Struktur eines Datensatzes, z.B. feste oder variable Satzlänge, geblockt oder ungeblockt
Formular	hier: Endlospapier mit Vordruck
Formularaufbau	Anordnung des Vordrucks auf Endlospapier
FORTRAN	engl. "FORmular TRANslator"; problemorientierte, symbolische Programmiersprache für mathematisch-technische Zwecke
fotoelektrische Abfühlung	Abfühlung beim Lochkarten- und Lochstreifenleser mit Hilfe von Fotozellen
fotoelektrisches Zeichenlochverfahren	Abfühlung bei Zeichenlochkarten mit Hilfe von Fotozellen
Frequenz-Modulation	Umschlüsselung zwischen Wechselstrom- und Gleichstromimpulsen bei der Datenfernübertragung

G

geblockte Datensätze	logisch unterschiedliche Datensätze, die zu physischen Datenblöcken zusammengefügt sind; die Datenblockung verbessert die Ausnutzung des Spei-

	cherplatzes und erhöht die Verarbeitungsgeschwindigkeit
Gegenbetrieb	siehe Duplex-Verfahren
gekettete Dateien	Dateien, deren Datensätze über Adreßketten miteinander verknüpft sind
Generator	Übersetzungsprogramm bei deskriptiven Programmiersprachen, Entscheidungstabellen und ähnlichem
gepackte Speicherung	Ausdruck bei Speichern mit Bytestruktur, bei der 2 Ziffern in einem Byte untergebracht sind
Geräte für Direkteingabe	Eingabegeräte, mit denen Daten direkt am Entstehungsort in eine EDV-Anlage eingegeben werden
geschlossene Kette	Ausdruck bei geketteten Dateien, wobei die Adreßverkettung zyklisch verläuft
gestreute Speicherung	Speicherungsform mit wahlfreiem Zugriff zu den Daten
Gleitarithmetik	oder Gleitkommaarithmetik; Addierwerk einer EDV-Anlage mit automatischer Berücksichtigung der Kommastellung
Grob-Datenflußplan	Datenflußplan, bei dem nur die Zusammenhänge eines Arbeitsablaufs, dagegen nicht seine Einzelheiten, grafisch dargestellt werden
Grob-Programmablaufplan	Programmablaufplan in grafischer Form, um die Zusammenhänge eines

	Programms, nicht dagegen seine ablaufmäßigen Einzelheiten, aufzuzeigen
Großraumspeicher	anderer Ausdruck für externen Speicher, bezogen auf Magnetplatten-, Magnettrommel- und Magnetkartenspeicher
Gruppensystem	Ausdruck aus der Datenfernübertragung; Verbindung mehrerer Datenendgeräte über einen Übertragungskanal mit der Zentraleinheit

H

Halbbyte	Eine Tetrade eines Bytes, bestehend aus 4 Datenbits, zur Aufnahme einer Ziffer
Halbduplex-Verfahren	oder Wechselbetrieb; Verfahren, das die Datenübertragung in beiden Richtungen, jedoch nicht zur gleichen Zeit, gestattet
Handschriften-Lesegerät	Eingabegerät einer EDV-Anlage, das normierte Handschriften lesen kann
Handschriften-Leseverfahren	technisches Verfahren eines Lesegerätes zum Lesen von Handschriften
Hardware	englischer Ausdruck für alle technischen Einrichtungen zur Erfassung, Übertragung und Verarbeitung von Daten
Hardware-Sicherung	in die Hardware fest eingebaute Kontrolleinrichtung

Hardware-Kontrolle	Hardware-Sicherung zur Kontrolle von Operationen, z.B. doppelte Lesung, Lochzählung, Bitzahlprüfung usw.
Hardware-Steuerung	fest eingebaute Steuerung einer EDV-Anlage
Hauptindex	Ausdruck bei der index-sequentiellen Speicherorganisation; der Hauptindex bildet die höchste Stufe der Index-Tabelle, der nur dann benötigt wird, wenn der Zylinderindex zu umfangreich wird und das Abfragen zu lange dauern würde
Hauptprogramm	im Gegensatz zum Vor- und Schlußprogramm umfaßt das Hauptprogramm alle sich wiederholenden Eingabe-, Verarbeitungs- und Ausgabeoperationen
Hauptspeicher	siehe Arbeitsspeicher
Hemmdraht	Draht beim Magnetkernspeicher, der das Umkippen von Magnetkernen bei der Speicherregenerierung verhindern soll
Hexadezimalsystem	oder Sedezimalsystem; Zahlensystem auf der Basis 16 bestehend
Hollerithmaschinen	anderer Ausdruck für Lochkartenmaschinen

I

identifizierender Schlüssel	fortlaufende Numerierung eines Ordnungsbegriffs ohne besondere Kennzeichnung und Unterteilung

index-sequentielle Speicherung	Speicherungsform bei Magnetplatten, bei der die Zuordnung von Ordnungsbegriffen zu Speicheradresse mit Hilfe einer Index-Tabelle erfolgt
Index-Tabelle	mehrstufiges Verzeichnis für die Zuordnung von Ordnungsbegriffen und Speicheradressen
indirekte Adressierung	Form der Adressierung, bei der nicht die echten Speicheradressen verwendet werden, sondern eine Umrechnung von Ordnungsbegriffen zu Speicheradressen erfolgt
Instruktion	Zusammensetzung eines Maschinenbefehls aus Operations- und Adreßteil
Instruktionszähler	Teil des Steuerwerks einer EDV-Anlage zur Aufnahme der einzelnen Stellen einer Maschineninstruktion
interne Daten	Daten, die im Unternehmen selbst anfallen
interner Speicher	siehe Arbeitsspeicher
Interpretationsphase	erste Stufe der Operationsausführung im Steuerwerk, bei der die eingelesene Instruktion interpretiert wird, d.h. festgestellt wird, um welche Operation es sich handelt
Istzustand	Bezeichnung des gegenwärtigen Zustands eines Arbeitsablaufs

J

Job	englische Bezeichnung für die Zusammenfassung mehrerer Programme zu einem Programmkomplex
Jobstep	anderer Ausdruck für ein Programm, das Bestandteil eines Jobs ist
Job-/Step-Beschreibung	Arbeitsanweisung für den Operator zur Handhabung der einzelnen Programme (Steps) eines Programmpaketes (Job)
Jobsteuerung	engl. "job management"; Teil des Steuerprogramms eines Betriebssystems
Jobsteuerungsprogramm	engl. "job scheduler"; Teil des Steuerprogramms eines Betriebssystems zur Durchführung der Jobsteuerung

K

Kanal	oder Datenkanal; Verbindung zwischen Zentraleinheit und Steuereinheit der peripheren Geräte für den Datentransport zwischen Zentraleinheit und peripheren Geräten
Kapazitätsplanung	hier: Kapazitätsplanung im Rechenzentrum, um die Kapazität einer EDV-Anlage möglichst gut auszunutzen
Kartendoppler	herkömmliche Lochkartenmaschine zum Duplizieren von Lochkarten

Kartenlocher	(Locher), Gerät für die Erfassung von Daten in Lochkarten
Kartenmischer	herkömmliche Lochkartenmaschine zum Mischen von zwei verschiedenen Kartenpaketen
Kartenprüfer	(Prüflocher), Gerät zum Prüfen gelochter Karten
Kernspeicher	siehe Magnetkernspeicher
Kettendrucker	Schnelldrucker einer EDV-Anlage, auf der Basis einer Druckkette als Typenträger
Kilo-Byte	Ausdruck für 1000 Bytes, meist jedoch als Größenordnung für 1024 Bytes bezeichnet
Klarschrift	Normalschrift, meist leicht stilisiert, die sowohl vom Menschen als auch von der EDV-Anlage gelesen werden kann
Klarschriftlesegerät (Klarschriftleser)	oder optischer Belegleser; Eingabegerät einer EDV-Anlage zum Lesen von Klarschrift
Klarschriftverfahren	oder optische Beleglesung; Verfahren zum Lesen von Klarschrift mit Hilfe eines Klarschriftlesegeräts
klassifizierender Schlüssel	im Gegensatz zum identifizierenden Schlüssel sind die einzelnen Teile des Schlüssels sprechend, d.h. sie kennzeichnen eine bestimmte Zuordnung des Schlüssels

Kombinationsleser	Lesegerät, das sowohl Klarschrift als auch Handschrift lesen kann
kombinierter Schlüssel	Schlüssel, der sowohl aus klassifizierenden als auch identifizierenden Merkmalen besteht
Konjunktion	oder Und-Schaltung, die zwei Eingänge und einen Ausgang benutzt; nur wenn beide Eingangsschalter geschlossen sind, ist die Und-Bedingung erfüllt und der Strom kann zum Ausgang fließen
Konsolschreibmaschine	an der EDV-Anlage zur Bedienung angeschlossene Schreibmaschine
Kreuzungsdrähte	in Matrizenform aufgereihte Drähte eines Magnetkernspeichers zur Identifizierung einer Speicherstelle
Kristalldiode	elektronisches Element der zweiten Computergeneration

L

Leerkarte	Lochkarte, in der bisher noch keine Daten gelocht sind
Leerspule	oder Gerätespule; feste Spule beim Magnetbandgerät, auf die das Band aufgewickelt wird und die nicht auswechselbar ist
Leitkammer	Steuerungseinrichtung einer mechanisch arbeitenden Lochkartenmaschine

Lesen	Ausdruck sowohl für das Abfühlen von Daten als auch das Abrufen aus einem Speicher
Lesedraht	neben den Kreuzungsdrähten und dem Hemmdraht der 4. Draht im Magnetkernspeicher, der zum Lesen gespeicherter Daten dient
lineare Programmierung	Art der Programmierung, bei dem die Instruktionen hintereinander und nicht in Form von Schleifen angeordnet werden
Listbild	Ausdruck für den Aufbau einer Ausgabeliste
Liste	im Gegensatz zum vorgedruckten Formular die Ausgabe von Daten auf Blankopapier
Lochen	Übertragen von Daten in Lochkarten oder Lochstreifen in Form von Lochungen
Locher	oder Lochgerät, Maschinen zum Lochen von Daten in Lochkarten oder Lochstreifen
Lochfeld	Teil der Lochkarte zur Aufnahme eines Datenbegriffs
Lochkarte	Spezialkarton für die Aufnahme und maschinelle Verarbeitung alphanumerischer Zeichen in Lochschrift
Lochkartenbeschrifter	Maschine für die Übertragung von Lochungen in Normalschrift

Lochkartencode	Verschlüsselung bei der Darstellung von Zeichen in der Lochkarte
Lochkartenlesegerät (Lochkartenleser)	Eingabegerät einer EDV-Anlage zum Abfühlen von Lochkarten
Lochkartenmaschinelle Rechengeräte	Recheneinrichtungen bei herkömmlichen Lochkartenmaschinen
Lochkartenmaschinen	oder Hollerithmaschinen; herkömmliche, heute kaum noch verwendete Maschinen zum Verarbeiten von Daten in Lochkarten
Lochkartenstanzgerät (Lochkartenstanzer)	Gerät für die Datenausgabe in Lochkarten bei EDV-Anlagen
Lochkartenverfahren	Verfahren der Datenerfassung und -eingabe unter Verwendung von Lochkarten
Lochspalte	Zusammenfassung aller senkrechten Lochstellen einer Lochkarte für die Aufnahme eines alphanumerischen Zeichens
Lochstelle	auf der Lochkarte vorgesehener Satz für die Aufnahme eines Loches
Lochstreifen	genormter Papierstreifen für die verschlüsselte Aufnahme und maschinelle Verarbeitung alphanumerischer Zeichen in Lochschrift
Lochstreifencode	Verschlüsselung alphanumerischer Zeichen in Lochschrift auf dem Lochstreifen
Lochstreifenkanal	waagerechte Spur auf dem Lochstreifen zur Aufnahme einer Lochreihe

Lochstreifenlesegerät (Lochstreifenleser)	Gerät für die Lochstreifeneingabe bei EDV-Anlagen
Lochstreifenstanzgerät (Lochstreifenstanzer)	Gerät für die Datenausgabe in Form von Lochstreifen bei EDV-Anlagen
Lochstreifenverfahren	Verfahren der Datenerfassung und -eingabe unter Verwendung von Lochstreifen
Lochzählung oder Lochzahlprüfung	Verfahren, bei dem die Lochkarten zweimal gelesen und die Anzahl der Lochungen miteinander verglichen werden
Lochzeile	waagerechter Platz auf der Lochkarte zur Aufnahme aller Lochstellen eines gleichen Zeichens
logische Operation	Operationsart für die Durchführung von Entscheidungs- und Verzweigungsoperationen
logischer Datensatz	zusammenhängende Daten eines Geschäftsvorfalls ohne Rücksicht auf das Format der Speicherung, geblockt oder ungeblockt
logisch fortlaufende Verarbeitung	Form der Verarbeitungsmethode bei der Datenspeicherung, wobei die Datensätze in ihrer logisch richtigen Reihenfolge aufgrund ihres Ordnungsbegriffes verarbeitet werden
LPG	engl. "List Program Generator"; deskriptive, problemorientierte Programmiersprache für einfache Anwendungen

M

Magnetband	Kunststoffband für die verschlüsselte Aufnahme und maschinelle Verarbeitung von Daten in Form von Magnetpunkten
Magnetbanderfassungsgerät	Gerät für die Erfassung und Übertragung von Daten direkt auf Magnetband
Magnetbandgerät	Gerät für die Speicherung von Daten auf Magnetband
Magnetbandkassette	Magnetband, anstelle einer Spule auf einer Kassette untergebracht
Magnetbandkassettengerät	Datenerfassungsgerät, das anstelle von Magnetbandspulen Magnetbandkassetten benutzt
Magnetbandrolle	Rolle, auf der ein Magnetband aufgespult ist
Magnetbandspule	siehe Magnetbandrolle
Magnetbandverfahren	Verfahren der Datenerfassung, bei dem anstelle von Lochkarten oder Lochstreifen Magnetbänder benutzt werden
Magnetdrahtspeicher	Arbeitsspeicher, bei einigen UNIVAC-und NCR-Anlagen verwendet; hohe Zugriffsgeschwindigkeit bei niedrigen Herstellkosten
magnetisches Element	Schaltung einer EDV-Anlage auf magnetischer Basis, z.B. Magnetkern

Magnetkartenspeicher	Großraumspeicher, bei dem die Daten auf Magnetkarten gespeichert werden
Magnetkern	kleiner Eisenring als Bestandteil eines Magnetkernspeichers für die Aufnahme eines Bits
Magnetkernebene	Teil des Magnetkernspeichers für die Aufnahme aller Magnetkerne derselben Bitebene
Magnetkernspeicher	der am meisten verbreitete Type des internen Arbeitsspeichers
Magnetplatte	hochpolierte Metallscheibe, auf deren beiden Flächen Daten in konzentrischen Spuren gespeichert werden
Magnetplattenspeicher	externer, wechselbarer Speicher, bei dem die Daten auf den magnetisierbaren Oberflächen von Magnetplatten gespeichert werden
Magnetplattenstapel	mehrere Magnetplatten, die fest auf einer Achse aufgebracht sind
Magnetschrift	spezielle Schriftzeichen mit magnetischer Farbe geschrieben, für Menschen und Maschinen lesbar
Magnetschrift-Lesegerät (Magnetschrift-leser)	Gerät für die Eingabe von Daten in Magnetschrift
Magnetschrift-verfahren	Verfahren der direkten Beleglesung, das Magnetschrift verwendet

Magnetstreifenspeicher	dem Magnetkartenspeicher ähnlich
Magnettrommel	hochpolierter Zylinder des Magnettrommelspeichers
Magnettrommelspeicher	externer Großraumspeicher, bei dem die Daten auf der magnetisierbaren Oberfläche eines Zylinders gespeichert werden
Makrobefehl	Vielfachbefehl, bei dem der Programmierer für eine Kette von Befehlen nur einen einzigen Befehl zu schreiben braucht; die Auflösung des Makrobefehls geschieht dann bei der Programmumwandlung
manuelle Datenverarbeitung	Form der Datenverarbeitung, bei der die Daten von Hand ohne oder mit Bürohilfsmaschinen verarbeitet werden
Markierungslesegerät (Markierungsleser)	Gerät der direkten Beleglesung für die Eingabe von Belegen mit markierten Daten
Markierungsverfahren	Verfahren, bei dem die Belege selbst mit handschriftlichen Markierungen für die Eingabe verwendet werden
maschinelle Datenverarbeitung	Form der Datenverarbeitung, bei der die Daten mit Lochkartenmaschinen, der mittleren Datentechnik oder EDV-Anlagen verarbeitet werden
Maschinenbelegung	Ausdruck für die soll- oder istmäßige Auslastung einer EDV-Anlage

Maschinenoperation	Befehl einer EDV-Anlage in der echten Maschinensprache
Maschinenorientierte Programmiersprache	symbolische Programmiersprache, maschinenabhängig
Maschinenraum	Teil des Rechenzentrums, in dem die EDV-Anlage einschließlich der Zusatzgeräte aufgestellt ist
Maschinenplanung	im Gegensatz zur kurzfristigen Maschinenbelegung, die wöchentliche oder monatliche Vorausplanung des Maschineneinsatzes
Maschinensprache	Programmsprache, der Struktur der EDV-Anlage angepaßt
Maschinentest	Programmtest unter Benutzung einer EDV-Anlage
Materialdisposition	hier: Disposition und Verwaltung des Verbrauchsmaterials im Rechenzentrum
mechanische Rechenmaschinen	Rechenmaschinen, die mit mechanischen Zählrädern arbeiten
mechanische Plotter	Zeichengerät auf mechanischer Grundlage als Ausgabegerät einer EDV-Anlage
mechanisches Zählrad	Bauelement von mechanischen Rechenmaschinen
Mechanisierung	hier: Mechanisierung der Büro- und Verwaltungsarbeit mit Hilfe herkömmlicher Büromaschinen

Mehradreßmaschine	EDV-Anlage, die Instruktionen mit 2 oder mehr Operandenadressen verarbeitet
Mehrfachbelegung	Ausdruck der Speicherorganisation, bei der die Umrechnung verschiedener Ordnungsbegriffe zu gleichen Speicheradressen führt
Mehrfachkanal	siehe Multiplexkanal
Mehrfachverarbeitung	engl. "multiprocessing"; Betriebsart, bei der mit Hilfe von zwei oder mehreren Zentraleinheiten mehrere Programme echt parallel ablaufen
Mehrfunktionseinheit	Gerät, an kleinere EDV-Anlagen anschließbar, das sowohl Daten aus Lochkarten einlesen, als auch Lochkarten beschriften, stanzen und mischen kann
Mehrfunktionsleser	Kombinationsleser, der sowohl Maschinen- als auch Handschriften lesen kann
Mehrprogrammverarbeitung	engl. "multiprogramming"; Betriebsart, bei der sich mehrere Programme gleichzeitig im Arbeitsspeicher befinden und überlappt ablaufen
Mehrzweckanlage	EDV-Anlage, die sowohl wissenschaftlich-technischen als auch kommerziellen Zwecken dient
Metalloxydspeicher	siehe Dünnfilmspeicher

Mikrofilm	bekanntes Material zur Verfilmung von Unterlagen
Mikroschaltelement	Kleinstbaustein bei EDV-Anlagen der III. Computergeneration
Mikrosekunde	eine Mikrosekunde = 1/1000.000stel Sekunde
Millisekunde	eine Millisekunde = 1/1000stel Sekunde
Mittlere Datentechnik	Bezeichnung eines Maschinentyps, der zwischen herkömmlichen Büromaschinen und kleinen EDV-Anlagen einzuordnen ist
Modem	zusammengesetzter Ausdruck für Modulator und Demodulator
Modulator	Einrichtung der Datenfernübertragung zur Frequenzmodulation
Modulo-11-Verfahren	Prüfziffernverfahren unter Verwendung der Division durch 11
Modulo-10-Verfahren	Prüfziffernverfahren unter Verwendung der Division durch 10
Monolitschaltung	Schaltung moderner EDV-Anlagen, auf Kleinstbausteinen zusammengefaßt

N

Nanosekunde	eine Nanosekunde = 1/1000.000.000 Sekunde

Negationsschaltung	einfachste der drei Grundschaltungen beim Addierwerk; Negationsschaltungen haben einen Eingang und einen Ausgang, und eine binäre Null am Eingang wird zu einer binären 1 am Ausgang und umgekehrt
Normalfach	Ablagefach beim Lochkartenleser und Lochkartenstanzer für die richtig gelesenen bzw. gestanzten Karten
Normallochstelle	Begriff der Lochkarte für die Aufnahme eines Loches im Bereich der 10 Ziffern
Normallochzeile	Zusammenfassung aller Normallochstellen derselben Höhe
Normallochzone	Zusammenfassung aller Normallochzeilen
Nullerbit	Darstellung eines Bits mit binärer Null
numerisches Zeichen	anderer Ausdruck für Ziffer

O

Objektprogramm	anderer Ausdruck für Maschinenprogramm in der echten Maschinensprache
OCR-A-Schrift	am meisten verbreitete Schrift bei der optischen Beleglesung
OCR-B-Schrift	die am zweitmeisten verwendete Schrift bei der optischen Beleglesung

öffentliches Wählnetz	öffentliches Fernsprechnetz
offene Kette	Ausdruck aus der Dateiverkettung, wobei eine offene Adreßkette nicht zur Anfangsadresse zurückführt
off-line	engl. "Erfassung und Übertragung von Daten, getrennt von der EDV-Anlage"
Off-Line-Betrieb	Betrieb von Datenerfassung und -übertragung ohne Einschaltung einer EDV-Anlage
Off-Line-Übertragung	Datenfernübertragung zwischen Ein- und Ausgabegeräten ohne Einschaltung einer EDV-Anlage
on-line	engl. "Datenerfassung und Datenübertragung zwischen peripheren Geräten und der Zentraleinheit einer EDV-Anlage"
On-Line-Betrieb	Betrieb zwischen Zentraleinheit und peripheren Geräten einer EDV-Anlage
On-Line-Übertragung	Datenfernübertragung unter Einschaltung einer EDV-Anlage
Operand	Operandenteil oder Adreßteil; Teil einer Instruktion zur Aufnahme der Operandenadressen
Operationsregister	Bestandteil des Steuerwerks zur Aufnahme einer Maschinenoperation

Operationssteuerung	der Teil des Steuerwerks einer Zentraleinheit, der der Steuerung der Maschinenoperationen dient
Operationsteil	Bestandteil einer Instruktion mit Ausweis der jeweiligen Operation (Befehl)
operative Programmiersprache	problemorientierte, maschinenunabhängige, symbolische Programmiersprache, wie COBOL, FORTRAN, ALGOL und PL/1
Operator	anderer Ausdruck für Maschinenbediener
optische Beleglesung	anderer Ausdruck für Klarschriftverfahren
Ordnungsbegriff	Schlüssel eines Datensatzes, der bei der Speicherorganisation als Ordnungsbegriff und Suchmerkmal verwendet wird
Ordnungsmerkmal	siehe Ordnungsbegriff
Orgware	in jüngster Zeit häufig verwendeter Begriff über die Zusammenfassung aller organisatorischen Maßnahmen der EDV-Aktivitäten
Orgware-Sicherung	Kontrolle innerhalb eines Arbeitsablaufes auf organisatorisch-administrativer Grundlage
Papiervorschub	Einrichtung beim Schnelldrucker zum Transport des Endlospapiers

parallele Übertragung	schnelle Übertragung von Daten bitparallel; Gegensatz: serielle Übertragung
Parameter	konstante Größe, die nur durch Austausch geändert wird
Paritätsbit	siehe Prüfbit
Paritätszeichen	siehe Prüfzeichen
periphere Geräte	Zusammenfassung aller Ein- und Ausgabegeräte, externer Speicher und Dialoggeräte
Peripherie	anderer Ausdruck für periphere Geräte
Phasen-Modulation	Modulation von Wechselstrom- und Gleichstromimpulsen bei der Datenfernübertragung, für höhere Übertragungsgeschwindigkeiten geeignet
physischer Datensatz	oder Datenblock; Zusammenfassung mehrerer logischer Datensätze zu einem physischen Datensatz, um Speicherplatz zu sparen und die Datensätze schneller verarbeiten zu können
Plattenfläche	Oberfläche einer Magnetplatte zur Speicherung von Daten
PL/1	engl. "Program Language 1"; Bezeichnung für eine neue problemorientierte Programmiersprache, die sowohl für kaufmännische als

	auch für technisch-wissenschaftliche Zwecke geeignet ist
Plotter	Zeichengerät als Ausgabegerät bei einer EDV-Anlage
Problemanalyse	1. Stufe der Projektrealisierung zur Aufnahme und Analyse des organisatorischen Istzustands
Praxistest	Abschlußtest eines ganzen Programmkomplexes zur Prüfung, ob das EDV-Modell mit der Wirklichkeit übereinstimmt
problemorientierte Programmiersprache	maschinenunabhängige, symbolische Programmiersprache wie COBOL, PL/1, ALGOL und FORTRAN
Programm	Summe aller Einzelschritte für die maschinelle Lösung einer bestimmten Aufgabe
Programmablauf	Folge der Einzelschritte eines Programms
Programmablaufplan	oder Blockdiagramm; graphische Darstellung eines Programmablaufs
Programmänderung	Änderung eines bestehenden Programms
Programmbeschreibung	verbale Beschreibung eines Programmablaufs
Programmbiliothek	meist in Großraumspeichern zusammengefaßte Aufbewahrung sämtlicher Programme eines Unternehmens

Programmdokumentation	Niederschrift und Zusammenstellung aller Programmunterlagen
Programmfehler	falsche Codierung
Programmfolgeplan	Datenflußplan, bei dem die Aufeinanderfolge der einzelnen Programme im Vordergrund steht
Programmfolgetest	dem Praxistest vorangehender Test, bei dem die Übergänge zwischen den Programmen eines Arbeitsgebietes auf ihre Richtigkeit überprüft werden
programmgesteuerte Rechenanlage	Rechenanlage, die nicht manuell, sondern automatisch mit Hilfe eines gespeicherten Programms gesteuert wird
Programmierer	Fachkraft für die Ausarbeitung von Programmen
Programminstruktion	oder Instruktion; Arbeitsschritt eines Programms, bestehend aus der Operation und den Operandenadressen
Programmierung	Ausdruck für die Ausarbeitung eines Programms mit allen Einzelschritten
Programmiersprache	im Gegensatz zur echten Maschinensprache eine symbolische Sprache, die noch in die Maschinensprache übersetzt werden muß
programmierte Kontrollen	in den Programmen eingebaute Kontrollen

Programmkarte	Lochkarte für die Aufnahme einer Programm- oder Maschineninstruktion
Programmkomplex oder Programmfolge	Zusammenfassung mehrerer Programme für ein Arbeitsgebiet
Programmladen	Übertragung eines Programms aus Datenträgern oder einem externen Speicher in den Arbeitsspeicher der Zentraleinheit
Programmlogik	Struktur eines Programms
Programmschleife	Teil eines Programms, das wiederholt durchlaufen wird
Programmsteuerung	Steuerung einer Maschine mit Hilfe eines eingegebenen Programms
Programmtabelle	tabellarische Darstellung von Hinweisen, die in einem Programm verwendet werden
Programmtest	Prüfung eines ausgearbeiteten Programms anhand von Testbeispielen und meist mit Hilfe einer EDV-Anlage
Programmumwandlung	maschinelle Übersetzung eines symbolischen Programms in die Maschinensprache
Programmverschlüsselung	oder Codierung; Übertragung der einzelnen Schritte des Programmablaufplans in Instruktionen der betreffenden Programmiersprache
Programmvorgabe	Aufbereitung einer Aufgabe mit allen organisatorischen Details

	für die Durchführung der Programmierung
Programmzweig	Teil eines Programms, das üblicherweise mehrmals durchlaufen wird; siehe auch Programmschleife
Projektabwicklung	Ausdruck für die Abwicklung eines umgestellten Arbeitsgebietes im Rechenzentrum
Projektauftrag	Hilfsmittel der Projektsteuerung zur Vorgabe eines Projektes an ein Projektteam
Projektleiter	Fachvorgesetzter eines Projektteams zur Durchführung eines Projekts
Projektmitarbeiter	Mitarbeiter eines Projektteams
Projektrealisierung	Ausdruck für die Umstellung eines Arbeitsgebietes, unterteilt in Projektstufen
Projektsteuerung	Planung, Überwachung und Kontrolle eines Umstellungsprojekts
Projektteam	Zusammenstellung von Mitarbeitern aus der EDV-Abteilung und den betroffenen Fachabteilungen zur Umstellung eines EDV-Projekts
Prozeßrechner	elektronische Rechenanlage für die Steuerung von technischen Prozessen, meist als Analogrechner ausgerüstet.
Prüfbit	zusätzliches Bit bei der Speicherung, das ein Zeichen auf eine ge-

	rade oder ungerade Bitzahl ergänzt, zur Prüfung auf richtige Übertragung
Prüflocher	Lochkartengerät zum Prüfen von Daten in Lochkarten
Prüfziffernverfahren	Verfahren für die Sicherung von Schlüsseln durch Ergänzung um eine Prüfziffer als Ergebnis einer mathematischen Berechnung
Prüfzeichen	zusätzliches Zeichen bei der Speicherung, das einen Datenblock oder Datensatz auf eine gerade oder ungerade Bitzahl ergänzt, zur Prüfung auf richtige Übertragung
Pseudotetrade	unerwünschte Tetrade bei binär verschlüsselten Dezimalsystemen (siehe BCD-Code), den Dezimalzahlen 11 - 15 entsprechend
Pufferspeicher (Puffer)	Zwischenspeicher bei den langsam arbeitenden Ein- und Ausgabegeräten, um eine asynchrone Arbeitsweise der EDV-Anlage sicherzustellen
Punkt-zu-Punkt-System	Verbindung eines Datenendgerätes über eine eigene Leitung mit der EDV-Anlage (Gegensatz: Gruppensystem)

Q

Quellenprogramm	Programm in einer Programmiersprache, das in das Maschinenprogramm (Objektprogramm) übersetzt wird

R

Rechenoperation	Maschinenoperation zur Durchführung von Addition, Subtraktion, Multiplikation und Division
Rechenregister	siehe Register
Rechenwerk	Teil der Zentraleinheit zur Durchführung der Rechen- und logischen Operationen
Rechenzentrum	Zusammenfassung der Stellen und Räume für die Abwicklung der maschinellen Datenverarbeitung, üblicherweise unterteilt in Arbeitsvorbereitung, zentrale Datenerfassung, Maschinenraum und Kontrolle/Abstimmung
Redundanz	Bezeichnung für das Vorhandensein überflüssiger Elemente in einer Information, die keine zusätzliche Informationen liefern, sondern lediglich die Grundinformation unterstützen
Register	elektronische Schaltkreise des Steuerwerkes (Steuerregister) und des Rechenwerkes (Rechenregister, Akkumulatoren)
Relais	elektromagnetischer Baustein früherer Lochkartenanlagen
Relais-Rechner	Rechenmaschine, die mit Hilfe von elektromagnetischen Relais arbeitet

relative Adressierung	Verfahren, bei der nicht die echten Plattenspeicheradressen verwendet, sondern die Stellung der Datensätze innerhalb ihrer Datei durch relative Satzadressen gekennzeichnet werden
Richtungsbetrieb	(Simplex-Verfahren); Begriff der Datenfernübertragung, wobei die Daten nur in einer Richtung übertragen werden können
RPG	engl. "Report Program Generator"; deskriptive, problemorientierte Programmiersprache für einfache Anwendungen, insbesondere Statistiken
RZ-Arbeitsplan	Hilfsmittel für die terminliche Planung sich wiederholender Arbeiten im Rechenzentrum

S

Satellitenrechner	kleine Rechenanlage oder EDV-Anlage, die an eine große Rechenanlage oder EDV-Anlage gekoppelt ist
Satzadresse	Kennzeichnung eines Datensatzes innerhalb einer Datei, und zwar entweder absolut (echte Speicheradresse) oder relativ innerhalb einer Datei (relative Satzadresse)
Satzadressierung	Verfahren der Adressierung von Datensätzen, entweder mit Angabe der absoluten Speicheradresse oder der relativen Satzadresse

Satzart	Kennzeichnung eines Datensatzes nach seiner Art: Bewegungsdaten, Stammdaten, Bestandsdaten
Satzaufbau	Struktur eines Datensatzes mit Unterteilung in Satzfelder nach fester oder variabler Länge bzw. nach geblockter oder ungeblockter Speicherung
Satzlänge	Kennzeichnung der Stellen- oder Byteanzahl je Datensatz
Satzschlüssel	die in einem Datensatz mitgespeicherten Schlüssel, wie z.B. Kundennummer, Artikelnummer oder Personalnummer
Satzverwendung	Angabe der Programm- oder Dateinummern, in denen ein Datensatz verwendet wird
Schalttafelsteuerung	Steuerung herkömmlicher Lochkartenmaschinen mit Hilfe elektrischer Schalttafeln
Schaltzeit	Bezeichnung der Zeit, die ein elektronisches Element zur Veränderung seines Zustandes benötigt (Umschaltung von binär 0 auf binär 1 oder umgekehrt)
Schlüsselaufbau	Struktur und Kennzeichnung eines Schlüssels
Schlußprogramm	Teil eines Programms, das nur einmal, und zwar am Schluß des Programmablaufs, durchlaufen wird

Schnelldrucker	Ausgabegerät einer EDV-Anlage zum Drucken der Verarbeitungsergebnisse in Klarschrift
Schreiben	hier: anderer Ausdruck für Speichern
Schreib-/Lesekopf	Einrichtung bei magnetischen Speichern zum Speichern und Lesen der Daten
Schreiblocher	Gerät zum manuellen Lochen von Karten, gekoppelt mit einer spaltengerechten Schreibeinrichtung
Schreibtischtest	Überprüfung eines Programms mit Hilfe von Testdaten am Schreibtisch
Schrittgeschwindigkeit	Ausdruck aus der Datenfernübertragung mit Angabe der Anzahl Bits, die pro Sekunde übertragen werden können
Sedezimalsystem	siehe Hexadezimalsystem
Selektorkanal	Datenkanal für die schnelle Übertragung von Daten zwischen Zentraleinheit und den peripheren Geräten
sequentielle Speicherung	Speicherorganisation, bei der die Datensätze in sortierter Reihenfolge hintereinander, d.h. ohne Zuordnung zu bestimmten Speicheradressen, gespeichert werden
serielle Übertragung	Übertragung von Daten Bit für Bit getrennt
Simplex-Verfahren	Richtungsbetrieb; Begriff der Datenfernübertragung, wobei die Da-

	ten nur in einer Richtung übertragen werden können
Sinnbild	siehe Symbol
SLT-Technik	engl. "Solid Logic Technology"; Bauelemente der III. Computergeneration; Miniaturtransistoren sind in gedruckten Schaltungen zusammengefaßt und auf kleinen Keramikplatten untergebracht
Sofortverarbeitung	siehe Echtzeitverarbeitung
Software	Bezeichnung für alle nicht-verdrahteten Einrichtungen (Programme) zur Benutzung einer EDV-Anlage
Software-Kontrolle	oder programmierte Kontrolle; Kontrolle von Daten mit Hilfe eines Programms
Software-Sicherung	Bezeichnung aller Sicherungsmaßnahmen mit Hilfe von Programmen
Sollkonzeption	Ergebnis der Projektstufe Systementwicklung; Darstellung des neuen Konzeptes der geplanten EDV-Lösung
Sollorganisation	organisatorische Einzelheiten (Beschreibung der Ein- und Ausgabe, der Speicherorganisation und Verarbeitung) der neuen Sollkonzeption
Sonderleitung	besondere Übertragungswege der Bundespost, insbesondere Breitbandleitungen

Sortiermaschine	herkömmliche Lochkartenmaschine zum Sortieren von Lochkarten
Spaltenabfühlung	Abfühlung von Lochkarten im Lesegerät Spalte für Spalte
Speicherabzug	engl. "DUMP"; Ausdruck des Speicherinhalts mit Hilfe des Schnelldrukkers, hauptsächlich zu Testzwecken
Speicheradresse	numerische oder alphanumerische Bezeichnung der Speicherplätze
Speicherbyte	kleinste adressierbare Speichereinheit bei EDV-Anlagen der III. Generation, aus 8 Datenbits und 1 Prüfbit bestehend
Speicherdichte	siehe Aufzeichnungsdichte
Sperrdraht	siehe Hemmdraht
Speicherinhalt	Inhalt des Speicherplatzes, zu unterscheiden von der Speicheradresse
Speicherkapazität	höchstmögliche Aufnahmefähigkeit eines Speichers in Stellen, Bytes oder Worten ausgedrückt
Speichern	das Übertragen von Daten auf einen Speicher (Magnetkernspeicher, Magnetband, Magnetplatte, Magnettrommel)
Speicherorganisation	Kennzeichnung der Ordnung einer Datei nach bestimmten Regeln

Speicherplatz	bestimmter Ort der Speicherung unter einer Speicheradresse
Speicherstelle	kleinste adressierbare Einheit, hauptsächlich bei Speichern der II. Computergeneration, aus 6 Datenbits und 1 Prüfbit bestehend
Speicherungsform	Teil der Speicherorganisation mit Angabe der Form (sequentielle Speicherung, index-sequentielle Speicherung und gestreute Speicherung), in der die Datensätze im Speicher untergebracht sind
Speicherwort	Zusammenfassung mehrerer Speicherstellen zu einer Datengruppe unter einer Speicheradresse
Sprachausgabe	Ausgabe von Daten in akustischer Form über Telefon
Spur	Einteilung magnetischer Speicher, insbesondere Bänder, Platten und Trommeln, in Spuren für die Aufnahme der Datenbits
Spur-Index	Zuordnung der Daten in den Spuren mit Hilfe einer Index-Tabelle
Spur-Adressierung	Adressierung von Daten, bezogen auf die Spuren eines Speichers
Spurkapazität	höchstmögliche Aufnahmefähigkeit einer Datenspur
Stabdrucker	Schnelldrucker mit Typenstab
Staffelwalze	erste Rechenmaschine zum Addie-

	ren, Subtrahieren, Multiplizieren und Dividieren
Stammdaten	Daten, die über einen gewissen Zeitraum hinweg nicht geändert zu werden brauchen
Standardprogramm	Programm oder Programmteil, das von vielen Benutzern verwendet werden kann
Standardsoftware	Summe aller Standardprogramme
Standard-Unterprogramm	standardmäßiger Programmteil, der in andere, meist benutzerindividuelle Programme eingefügt wird
Standleitung	anderer Ausdruck für Mietleitung der Datenfernübertragung
Stanzen in die gleiche Karte	Ausdruck für einen Vorgang, bei dem Daten in die gleiche Lochkarte, von der sie abgefühlt wurden, gestanzt werden
Stapelbetrieb	engl. "batch processing"; Betriebsart, bei der die Daten gesammelt und stapelweise verarbeitet werden
starr fortlaufende Verarbeitung	Verarbeitungsmethode der Speicherorganisation, bei der die gespeicherten Datensätze in der Reihenfolge ihrer Speicherung verarbeitet werden
Starthilfe	Hilfe der EDV-Organisatoren und Programmierer beim Anlaufen ei-

	nes Arbeitsgebietes auf der EDV-Anlage
Steuereinheit	Steuereinrichtung, den peripheren Geräten vorgeschaltet, zur getrennten Steuerung von Ein- und Ausgabevorgängen außerhalb des Steuerwerkes der Zentraleinheit
Steuerkarten	für jedes Programm bzw. jeden Job anzulegende Vorlaufkarten, zur Mitteilung von programmindividuellen Informationen an das Betriebssystem der EDV-Anlage
Steuerprogramm	Teil des Betriebssystems; das Steuerprogramm dient zur internen Steuerung der EDV-Anlage, zur Unterstützung der Programmierer sowie zur Kommunikation mit dem Bedienungspersonal
Steuerwerk	Teil der Zentraleinheit zur hardwaremäßigen Steuerung von Programmabläufen
Stufendokumentation	hier: Ausarbeitung von Dokumentationsunterlagen bei Abschluß einer Projektstufe
Symbol	graphisches Zeichen oder Sinnbild für die Darstellung von Datenfluß- und Programmablaufplänen nach DIN 66001
symbolisches Programm	Programm in einer symbolischen Programmiersprache unter Verwendung leicht verständlicher Symbole, Gegensatz: Maschinenprogramm

Symbolsprache	Programmiersprache unter Verwendung von einfachen Symbolen
synchrone Arbeitsweise	Arbeitsweise einer EDV-Anlage, bei der alle Teile und Geräte der Anlage taktmäßig aufeinander abgestimmt sind; außerdem Begriff der Datenfernübertragung, bei der die Zeichen einer Nachricht nicht einzeln, sondern zu einem Block zusammengefaßt übertragen werden
Synchronlocher	Karten- oder Streifenlocher, mit einem anderen Gerät verbunden; die geschriebenen Daten werden gleichzeitig und übereinstimmend in Lochkarten oder Lochstreifen übertragen
Systemeinführung	letzte Projektstufe, bei der ein umgestelltes System in Fachabteilungen und Rechenzentrum eingeführt wird
Systementwicklung	2. Stufe der Projektrealisierung mit Entwicklung der Grobkonzeption
Systemresidenz	Speicher, meist Magnetplattenspeicher, auf dem alle umgestellten Programme einschließlich des Betriebssystems gespeichert sind
Systemsoftware	im Gegensatz zur Benutzer- oder Anwendungssoftware anwendungsunabhängige Software zur Steuerung des EDV-Systems

Systemtest	im Gegensatz zum Programmtest wird beim Systemtest der gesamte Programmkomplex auf Übereinstimmung mit der Wirklichkeit überprüft

T

Tabelliermaschine	Zeilendrucker und Rechengerät bei der herkömmlichen Lochkartentechnik
Teilautomatisierung	Automatisierung mit herkömmlichen Lochkartenmaschinen oder Maschinen der mittleren Datentechnik
Teilhaberbetrieb	siehe Stapelbetrieb
Telegrafieleitung	oder Fernschreibleitung; Übertragungsweg für die Datenfernübertragung per Fernschreiber
Telexnetz	öffentliches Wählnetz bei Telegrafieleitungen
Test	siehe Programmtest und Systemtest; Überprüfung eines Programms oder eines Programmkomplexes auf seine richtige Arbeitsweise
Testbeispiele	Daten zur Überprüfung eines Programms
Testdatei	spezielle Datei zur Überprüfung eines Programms
Testdaten	siehe Testbeispiele
Testergebnis	Ergebnis eines Programmtests

Testhilfe	spezielles Standardprogramm zur Vereinfachung der Maschinentests
Testlauf	Arbeitsablauf eines Programmtests
Testunterlagen	Zusammenstellung aller Testbeispiele, Programmkarten, Testauswertungen usw.
Testvorbereitung	Zusammenstellung aller Unterlagen für einen Programmtest
Testzeit	Maschinenzeit für einen Programmtest
Tetrade	4 binäre Stellen zur Darstellung einer Ziffer
Transistor	elektronisches Element der II. Computergeneration
Typenzylinder	Druckwalze bei einigen Schnelldruckern

U

überlassene Leitung	Standleitung oder Mietleitung; von der Bundespost gemietete Leitung für die Datenfernübertragung
Überlaufbereich	Bereich auf dem Magnetplattenspeicher zur Übernahme von Datensätzen, die im Normalbereich nicht untergebracht werden können
Überlaufsatz	Datensatz, der im Normalbereich nicht untergebracht werden kann

Überlaufspur	besondere Spur zur Aufnahme von Datensätzen, die in den Normalspuren nicht untergebracht werden können
Überlochstellen	zusätzliche Stellen je Lochkartenspalte zur Aufnahme von Lochungen für die Darstellung von Buchstaben und Sonderzeichen
Überlochzeile	Zusammenfassung aller Überlochstellen in einer Lochkartenzeile
Überlochzone	Zusammenfassung der beiden Überlochzeilen
Übersetzungsprogramm	Programm zur Umwandlung aus der symbolischen Programmiersprache in die Maschinensprache
Übertragungsart	Begriff aus der Datenfernübertragung; Übertragung im Start-/Stop-Verfahren oder auf synchrone Weise
Übertragungscode	besondere Verschlüsselung für die Übertragung von Daten
Übertragungsgeschwindigkeit	Anzahl Bits je Sekunde bei der Datenfernübertragung
Übertragungskanal	Fernschreib-, Fernsprech- oder Sonderleitungen bei der Datenfernübertragung
Übertragungsoperation	Maschinenoperation zur Übertragung von Daten von einem auf einen anderen Speicherplatz

Übertragungsweg	siehe Übertragungskanal
Umstellungspriorität	Vorrang bei der Umstellung mehrerer Arbeitsgebiete
Umwandlungsliste	während der Übersetzung von dem symbolischen in den Maschinencode gedrucktes Maschinenprotokoll
ungeblockte Datensätze	Datensätze, die einzeln und nicht zu Blöcken zusammengefaßt gespeichert werden
ungepackte Speicherung	Speicherung von nur 1 Ziffer je Byte; Gegensatz: gepackte Speicherung
Unterprogramm	in sich geschlossenes Teilprogramm, durch die Programmstruktur zusammengehalten und innerhalb des Hauptprogramms aufgerufen
Urbeleg	aufbewahrungspflichtiger Datenbeleg

V

variable Satzlänge	unterschiedliche Länge der einzelnen Datensätze innerhalb einer Datei
Verarbeitungsoperation	anderer Ausdruck für Rechenoperation
Verarbeitungsmethode	Teil der Speicherorganisation im Hinblick auf die unterschied-

	liche Verarbeitung der gespeicherten Datensätze
Verarbeitungsregeln	Festlegung der Verarbeitung innerhalb einer Programmvorgabe
Verarbeitungszyklus	Verarbeitung eines Datensatzes innerhalb eines Programms mit Wiederholungsschleife für die restlichen Datensätze
Verbundlochkarte	Lochkarte mit manueller Beschriftung, gleichzeitig kaufmännischer und maschinell lesbarer Beleg
Vergleichsoperation	Maschinenoperation für das Vergleichen zweier Speicherfelder, um aufgrund des Vergleichsergebnisses im Programm zu verzweigen
Verschlüsselungsformular	siehe Codierblatt
Verzweigungsoperation	Maschinenoperation für eine Programmverzweigung aufgrund eines Vergleichsergebnisses
Vielfachsystem	Begriff aus der Datenfernübertragung; Zusammenfassung von mehreren Terminals zu Gruppen mit einem Übertragungskanal
virtueller Speicher	Simulation eines beliebig großen internen Arbeitsspeichers; der Inhalt des gesamten virtuellen Speichers

	befindet sich dagegen auf einem externen Speicher
Vorprogramm	Teil eines Programms, das nur einmal, und zwar zu Beginn des Verarbeitungslaufs, durchlaufen wird
Vorratsrampe	Nachschubrampe beim Lochkartenlese- und -stanzgerät
Voruntersuchung	der Projektrealisierung vorangehende Arbeit, um das Ziel einer Umstellung festzulegen und den Umstellungsaufwand zu schätzen

W

Wählleitung	Begriff der Datenfernübertragung für ein öffentliches Übertragungsnetz
wahlfreier Zugriff	engl. "random access"; Zugriff zu gespeicherten Daten, ohne auf eine bestimmte Reihenfolge Rücksicht nehmen zu müssen
wahlfreie Verarbeitung	Verarbeitung von gespeicherten Daten in beliebiger Reihenfolge
Walzendrucker	Schnelldrucker mit Typenzylinder
Wechselbetrieb	oder Halbduplex-Verfahren; Verfahren, das die Datenübertragung in beiden Richtungen, doch nicht zur gleichen Zeit, gestattet

Z

Zählrad	Element einer mechanischen Rechenmaschine
Zählregister	Register des Steuerwerks der Zentraleinheit zur Aufnahme einer Instruktion
Zeichendrucker	Schreibmaschine; bei jedem Anschlag wird nur ein einzelnes Zeichen gedruckt
Zeichenlocher oder Zeichenlochautomat	Lochkartenmaschine zum Übertragen handschriftlicher Markierungen in Lochungen
Zeichenlochkarte	Lochkarte mit handschriftlichen Markierungen, die maschinell in Lochungen umgesetzt werden
Zeichenlochverfahren	Verfahren zur Umwandlung von Markierungen in Lochkarten durch maschinelle Stanzung
Zeichenparität	Sicherung bei der Übertragung von Daten durch Hinzufügung eines Zeichens je Datenblock
Zeilenabfühlung	zeilenweise Abfühlung von Lochkarten
Zeilendrucker	Schnelldrucker bei EDV-Anlagen; bei jedem Anschlag wird eine ganze Zeile gedruckt
Zeitscheibenverfahren	engl. "time slicing"; Begriff des Time-Sharing-Verfah-

	rens mit Programmunterbrechungen in festen Zeitintervallen
Zeitteilverfahren	engl. "time sharing"; hierbei handelt es sich um eine quasi simultane Verarbeitung, jedoch mit festen CPU-Zeitintervallen
zentrale Datenerfassung	Datenerfassung innerhalb des Rechenzentrums, getrennt von den Fachabteilungen
Zentraleinheit	engl. "CPU"; Bezeichnung für das Steuerwerk, das Rechenwerk und den internen Arbeitsspeicher einer EDV-Anlage
Zugriffsarm	Vorrichtung eines Magnetplattenspeichers für den Zugriff zu den gespeicherten Daten
Zugriffskamm	kammartiger Zugriffsarm beim Magnetplattenspeicher
Zugriffszeit	Zeit für das Auffinden oder Hinbringen einer Information im Speicher
Zweiadreßmaschine	EDV-Anlage, deren Instruktionen 2 Operandenadressen benutzen
Zwischenspeicher	oder Puffer zwischen Zentraleinheit und einem peripheren Gerät geschalteter Speicher
zyklische Programmierung	Form der Programmierung, bei dem die Instruktionen nicht nachein-

	ander, sondern in Form von Programmschleifen angeordnet sind
Zykluszeit	Gesamtzeit für das Schreiben oder Lesen einer Speicherinformation einschl. Regenerierung (beim Magnetkernspeicher)
Zylinder	Ausdruck aus der Speichertechnik bei Magnetplattenspeicher; unter einem Zylinder versteht man die übereinanderliegenden Spuren aller Magnetplatten eines Plattenstapels
Zylinder-Index	Begriff aus der index-sequentiellen Speicherorganisation; der Zylinder-Index nennt die Zuordnung eines Ordnungsbegriffs zu einem Speicherplatz, bezogen auf einen Zylinder
Zylinder-Zugriff	Ausdruck für den Zugriff bei Speichern mit mehreren Zugriffsarmen (siehe Zugriffskamm); mit einer einzigen Einstellung aller Zugriffsarme werden die Daten der übereinanderliegenden Plattenspuren angesprochen

Sachregister

A

B

C

D

E

FSC
www.fsc.org
MIX
Papier | Fördert gute Waldnutzung
FSC® C083411

Kolibri 360 GmbH
Ferdinand-Jühlke-Straße 7
99095 Erfurt, Deutschland
produktsicherheit@kolibri360.de